MATHEMATIQUES
&
APPLICATIONS

Directeurs de la collection:
J. M. Ghidaglia et P. Lascaux

10

MATHEMATIQUES & APPLICATIONS

Comité de Lecture / Editorial Board

Instructions aux auteurs:

Les textes ou projets peuvent être soumis directement à l'un des membres du comité de lecture avec copie à J. M. GHIDAGLIA ou P. LASCAUX. Les manuscrits devront être remis à l'Éditeur *in fine* prêts à être reproduits par procédé photographique.

Christine Bernardi Yvon Maday

Approximations spectrales de problèmes aux limites elliptiques

Springer-Verlag
Paris Berlin Heidelberg New York
Londres Tokyo Hong Kong
Barcelone Budapest

Christine Bernardi
Yvon Maday

Laboratoire d'Analyse Numérique
Tour 55–65, 5ème étage
Université Pierre et Marie Curie
4, place Jussieu
75252 Paris Cedex 05, France

Mathematics Subject Classification (1991): 65-01, 65 D 05, 65 N 30, 65 D 32, 65 N 35

ISBN 978-3-540-59576-2 Springer-Verlag Paris Berlin Heidelberg New York
Londres Tokyo Hong Kong Barcelone Budapest

Imprimé en Allemagne

91/3140 – 5 4 3 2 1 0 – Imprimé sur papier non acide

Préface

Les méthodes spectrales sont des techniques d'approximation des solutions d'équations aux dérivées partielles. Leur principale caractéristique est que les solutions discrètes sont cherchées dans des espaces de polynômes de haut degré. En ce sens, la précision de ces méthodes n'est limitée que par la régularité de la fonction à approcher, au contraire des autres types d'approximation tels que les différences finies ou les éléments finis (il est en effet bien connu que la distance d'une fonction analytique à un espace de polynômes de degré $\leq N$ décroît exponentiellement avec le paramètre N). La technique pour calculer la solution approchée repose essentiellement sur la formulation variationnelle du problème continu: la discrétisation s'effectue alors en remplaçant l'espace de fonctions test par un espace de polynômes et en évaluant les intégrales au moyen de formules de quadrature appropriées.

Par suite, il n'est pas difficile de décrire en quelques lignes les méthodes spectrales. On considère un problème

$$Lu = f,$$

muni d'une condition aux limites (que l'on prendra homogène uniquement pour simplifier)

$$Bu = 0.$$

On suppose connue une formulation variationnelle de ce problème: *trouver une fonction u dans X telle que*

$$\forall v \in X, \quad \ell(u,v) = < f, v > .$$

La solution discrète est maintenant cherchée dans un espace de polynômes Y_N, où le paramètre de discrétisation N est un entier positif représentant le degré maximal des polynômes utilisés. On note alors X_N l'espace $Y_N \cap X$ (c'est-à-dire que les polynômes de X_N vérifient tout ou partie de la condition aux limites). On trouve dans la littérature trois types de méthodes pour construire un problème discret:
(i) La tau-méthode, dont l'usage tend maintenant à diminuer, consiste à minimiser le résidu au sens suivant: *trouver u_N dans X_N tel que*

$$\forall v_N \in Z_N, \quad < Lu_N - f, v_N > = 0,$$

où Z_N est un espace de même dimension que X_N mais en général différent (par exemple, si X_N est l'espace des polynômes de degré $\leq N$ sur un intervalle s'annulant aux extrémités de l'intervalle, Z_N peut être choisi comme l'espace des polynômes de degré $\leq N-2$ sur cet intervalle). Toutefois, à nombre de degrés de liberté égal, on peut prouver que la précision de cette technique est inférieure à celle des deux méthodes suivantes, c'est pourquoi il n'en sera plus question dans cet ouvrage.

(ii) La méthode de Galerkin consiste simplement à remplacer X par X_N dans la formulation variationnelle. Le problème s'écrit: *trouver* u_N *dans* X_N *tel que*

$$\forall v_N \in X_N, \quad \ell(u_N, v_N) = < f, v_N > .$$

Toutefois, cette technique ne peut pas s'appliquer sauf dans des cas très particuliers, car les intégrales figurant dans le second membre ne peuvent pas en général être calculées de façon exacte. Elle n'aura d'intérêt dans ce livre que d'un point de vue théorique, pour simplifier l'analyse et concentrer l'étude sur des propriétés fonctionnelles.
(iii) Dans la méthode avec intégration numérique, on remplace de plus les intégrales figurant dans les quantités $\ell(u, v)$ et $< f, v >$ par des formules de quadrature numérique de type gaussien, en utilisant un nombre de nœuds égal à la dimension de X_N. Le problème discret s'écrit alors: *trouver* u_N *dans* X_N *tel que*

$$\forall v_N \in X_N, \quad \ell_N(u_N, v_N) = < f, v_N >_N .$$

Dans la plupart des cas, ceci a pour conséquence importante que le problème discret s'écrit de façon équivalente sous forme d'équations de collocation: *trouver* u_N *dans* Y_N *tel que*

$$\begin{cases} Lu_N(\boldsymbol{x}) = f(\boldsymbol{x}), & \boldsymbol{x} \in \Xi_N, \\ Bu_N(\boldsymbol{x}) = 0, & \boldsymbol{x} \in \Xi'_N, \end{cases}$$

où Ξ_N et Ξ'_N sont des ensembles finis de points construits à partir des nœuds des formules de quadrature; la somme des cardinaux de Ξ_N et de Ξ'_N est alors égale à la dimension de Y_N.

Les méthodes spectrales sont nées il y a une vingtaine d'années, pour des problèmes munis de conditions aux limites périodiques. L'espace où est cherchée la solution approchée est dans ce cas formé de sommes finies de séries de Fourier. La combinaison de ce type d'approximation, connu depuis longtemps pour les techniques de développements asymptotiques, avec la Transformée de Fourier Rapide inventée par Cooley et Tukey [23] en 1965, a rendu ces méthodes compétitives dans le cadre du calcul scientifique. On précise tout de suite qu'il n'en sera pas question dans ce livre, car les conditions aux limites périodiques semblent de moindre intérêt pour les applications (actuellement, ceci est principalement utilisé pour la simulation directe des phénomènes de turbulence). Les premières idées sont dues indépendamment à Kreiss et Oliger [34] et à Orszag [50], et un grand nombre de résultats des dix premières années figurent dans le livre de Gottlieb et Orszag [29]. On réfère aussi au livre de Mercier [45] pour l'analyse numérique des méthodes spectrales en séries de Fourier.

L'étape suivante a consisté à traiter des problèmes munis de conditions aux limites de type Dirichlet et pour cela à prendre des espaces d'approximation formés de polynômes, ce qui sera toujours le cas dans cet ouvrage. L'utilisation de l'algorithme de Transformée de Fourier Rapide a eu pour conséquence que les premières formules de quadrature utilisées reposaient sur les zéros de polynômes de type Tchebycheff. Les bonnes propriétés de l'opérateur d'interpolation aux zéros de ces polynômes sont bien connues, toutefois la mesure pour laquelle ils sont deux à deux orthogonaux n'est pas l'habituelle mesure de Lebesgue. Comme on le verra dans ce qui suit, ceci a pour effet de rendre les discrétisations utilisant les polynômes de Tchebycheff assez difficiles à analyser d'une part et à mettre en œuvre numériquement d'autre part.

L'idée est alors de remplacer les formules de quadrature basées sur les polynômes de Tchebycheff par celles basées sur les polynômes de Legendre qui sont, eux, deux à deux orthogonaux pour la mesure de Lebesgue. Il n'y a plus ici de Transformée Rapide possible, mais les nouvelles générations d'ordinateurs et l'utilisation d'algorithmes de plus en plus performants tendent à diminuer l'intérêt numérique d'une telle transformation. En particulier, suivant une idée d'Orszag [51], les calculs dans des domaines bidimensionnels ou tridimensionnels reposent sur des bases tensorisées de polynômes, et l'utilisation maximale des propriétés de tensorisation se révèle être un facteur de compétitivité plus important, en dimension 2 et 3, que celui dû à la Transformée de Fourier Rapide. En outre, il a été prouvé récemment [39] que l'opérateur d'interpolation aux zéros des polynômes de Legendre possédaient les mêmes propriétés d'approximation optimale que celui aux zéros des polynômes de Tchebycheff. Finalement, il faut aussi noter que la discrétisation d'opérateurs symétriques par les méthodes spectrales utilisant les polynômes de Legendre préserve la propriété de symétrie.

Cet ouvrage est donc essentiellement consacré aux discrétisations reposant sur les polynômes de Legendre, toutefois celles utilisant les polynômes de Tchebycheff sont également étudiées. Les paragraphes qui leur sont consacrés sont, afin que le lecteur puisse les repérer facilement, écrits en caractères plus petits et précédés d'un panneau portant la lettre ч, initiale en russe de Tchebycheff (prononcer "tch"!). Comme on le verra par la suite, l'origine du terme *spectral* est que les polynômes de Legendre comme ceux de Tchebycheff sont des fonctions propres d'opérateurs de Sturm–Liouville, ce qui est un outil fondamental pour l'analyse numérique des méthodes. On réfère à l'article essentiel de Canuto et Quarteroni [19] pour les premiers résultats d'approximation par des polynômes dans des espaces de Sobolev.

La première application des méthodes spectrales a été la mécanique des fluides visqueux incompressibles. Des essais de calcul ont été effectués dans un grand nombre de laboratoires de recherche, d'abord pour des conditions aux limites périodiques, puis avec les conditions aux limites venues de la physique. Le problème essentiel était le choix d'espaces discrets compatibles pour les différentes inconnues à approcher: vitesse, pression, température. Il s'est avéré que, comme dans le cadre des méthodes d'éléments finis, l'argument fondamental est l'existence de conditions inf-sup. Dans le cas particulier des équations de Navier–Stokes, l'analyse numérique est maintenant presque achevée et on connaît des méthodes stables permettant une approximation optimale de la vitesse et quasi-optimale de la pression.

Les méthodes spectrales ont connu ces dernières années un énorme développement dans le cadre universitaire: on ne cite qu'une faible partie des centaines d'articles de recherche qui leur sont consacrés dans la dernière décennie, et des codes de calcul spectraux y sont nés, dont certains sont maintenant commercialisés. Elles commencent également à intéresser les milieux industriels, essentiellement dans les domaines de l'aéronautique, de la météorologie, de la mécanique des solides non linéaire. Une grande partie de leur succès vient de leur haute précision, qui, grâce au développement gigantesque des moyens informatiques, s'avère un atout de plus en plus important dans la simulation numérique.

Il existe déjà un certain nombre d'ouvrages sur les méthodes spectrales: on a déjà cité le livre de base de Gottlieb et Orszag [29] ainsi que le livre de Mercier [45]. Un volume [46] publié par l'E.D.F. regroupe un cours donné par Gottlieb en 1986 et les textes d'une série de conférences. Plus récemment parus, les livres de Canuto, Hussaini, Quarteroni et Zang [18], et de Boyd [15] présentent de façon détaillée des résultats nouveaux dans des domaines spécialisés. Un livre de D. Funaro [27] précède de peu celui-ci. Le présent ouvrage est consacré à l'analyse numérique et à la mise en œuvre des méthodes de base pour des problèmes modèles. Il correspond à un cours du D.E.A. de l'Université Pierre et Marie Curie (Paris 6). Ceci signifie que les chercheurs ou ingénieurs ayant à résoudre sur leur ordinateur un problème réel n'y trouveront pas la solution toute faite. Par contre, il contient les éléments permettant à un utilisateur éventuel de déterminer la méthode qui s'adapte le mieux à son problème. Il est donc destiné aussi bien à un public d'étudiants en maîtrise ou D.E.A. qu'aux scientifiques attirés par la grande précision des résultats.

Les problèmes considérés dans ce livre sont des équations aux dérivées partielles de type elliptique, posées dans un carré et munies de conditions aux limites soit de type Dirichlet soit de type Neumann. Il s'agit des équations associées au laplacien, à l'opérateur de Stokes et au bilaplacien. L'analyse numérique de la discrétisation est effectuée de façon détaillée, en particulier des estimations d'erreur optimales ou presque optimales sont démontrées dans tous les cas considérés. Un certain nombre de précisions sont apportées sur les techniques de mise en œuvre de ces méthodes, de façon à ce que l'utilisateur ait en main tous les atouts pour s'asseoir devant sa console et créer un code de calcul spectral. Bien entendu, il s'agit là d'un cadre très restreint en ce qui concerne les méthodes spectrales. On cite juste les principales extensions déjà réalisées:
(i) traitement de géométries complexes bidimensionnelles ou tridimensionnelles: transformation de domaines, décomposition de domaine (méthode d'éléments spectraux, méthode de joint);
(ii) équations elliptiques à coefficients variables, équations elliptiques non linéaires (en particulier, les équations de Navier–Stokes);
(iii) utilisation de familles de polynômes de Jacobi et espaces de Sobolev à poids;
(iv) utilisation de la famille de polynômes de Laguerre dans des domaines non bornés;
(v) approximation de fonctions singulières, discontinues ou de gradient discontinu (singularités liées à la géométrie du domaine par exemple);
(vi) lois de conservation scalaires, systèmes d'équations hyperboliques.

Le plan de cet ouvrage est le suivant. Dans le premier chapitre, on effectue quelques rappels sur les résultats de base qui seront utilisés par la suite: espaces de Sobolev, polynômes orthogonaux, formules de quadrature de Gauss et de Gauss–Lobatto. Le chapitre II est consacré à l'étude de l'approximation polynômiale, c'est-à-dire à l'évaluation de la distance d'une fonction donnée à un espace de polynômes pour des normes d'espace de Sobolev. La majoration de ces distances s'avère optimale par rapport à la régularité de la fonction. Une conséquence immédiate est l'analyse numérique de la méthode de Galerkin, qu'on effectue pour deux problèmes modèles: l'équation du laplacien avec conditions aux limites soit de Dirichlet soit de Neumann. Le chapitre III ressemble beaucoup au précédent. Il traite de l'interpolation polynômiale: on associe à une fonction le polynôme qui prend les mêmes valeurs qu'elle en un certain nombre de points liés aux nœuds des formules de quadrature, puis on majore la distance entre la fonction et le polynôme, toujours dans des normes d'espaces de Sobolev; on montre que cette distance est du même ordre que celle de la fonction à sa meilleure approximation dans l'espace considéré. L'application est alors l'analyse numérique de la méthode avec intégration numérique, que l'on effectue pour les mêmes problèmes que précédemment et avec des résultats identiques.

Le chapitre IV traite de l'approximation spectrale des équations de Stokes qui régissent l'écoulement d'un fluide visqueux incompressible à faible vitesse: plusieurs techniques de discrétisation sont proposées, étudiées, comparées. Comme pour les méthodes d'éléments finis, l'analyse repose sur l'existence de conditions inf-sup adéquates, parfois difficiles à démontrer (mais qui facilitent l'extension aux équations non linéaires de Navier–Stokes). Finalement, l'approximation d'un problème modèle du quatrième ordre, à savoir l'équation du bilaplacien avec des conditions aux limites de Dirichlet, est présentée et analysée dans le chapitre V.

Chaque chapitre se termine par quelques exercices (écrits en caractères différents) permettant au lecteur d'appliquer ce qu'il vient d'apprendre. Les énoncés de dix problèmes concernant les méthodes spectrales sont donnés à la fin de l'ouvrage: ils correspondent en général à des travaux de recherche récents des auteurs et de leur équipe de travail; un certain nombre d'entre eux ont été posés comme sujet d'examen du cours du D.E.A. d'Analyse Numérique de l'Université Pierre et Marie Curie. Un formulaire regroupe les résultats de base sur les polynômes de Legendre, dont l'usage est constant dans ce livre.

Les chapitres sont numérotés par des chiffres romains, les paragraphes par des chiffres arabes. Les énoncés de lemmes, propositions, théorèmes, corollaires et remarques portent le numéro du paragraphe suivi du numéro courant. Il en est de même pour les formules, toutefois les nombres sont alors entre parenthèses. Les références à l'intérieur d'un même chapitre ne comportent pas le numéro du chapitre (par exemple, Proposition 2.3 ou formule (4.5)), à l'opposé de celles faisant appel à un résultat d'un chapitre précédent où le numéro du chapitre est ajouté (par exemple, Proposition I.2.3 ou formule (I.4.5)).

Les auteurs remercient tous ceux qui les ont aidés pour le contenu scientifique, la rédaction et la publication de ce livre. Ils ont eu beaucoup de plaisir à l'écrire et ils en souhaitent autant à leurs lecteurs.

Table des matières

Chapitre I

Préliminaires

Dans ce chapitre, on rappelle les définitions et propriétés fondamentales des espaces de Sobolev qui constituent le cadre de l'analyse numérique des méthodes spectrales: il s'agit des espaces de Sobolev classiques, ainsi que des espaces de Sobolev avec poids de Tchebycheff. On utilise ces espaces pour donner la formulation variationnelle des problèmes elliptiques fondamentaux: le lemme de Lax–Milgram permet alors de prouver l'existence et l'unicité de la solution. On étudie ensuite les propriétés de deux familles de polynômes orthogonaux, ceux de Legendre et ceux de Tchebycheff, qui seront sans cesse utilisées par la suite. On utilise ces propriétés pour la construction des formules de quadrature de Gauss et de Gauss–Lobatto. On prouve également un résultat de base: l'inégalité inverse, qui compare les valeurs de différentes normes de Sobolev pour des polynômes d'une variable de degré fixé.

I.1. Rappels d'analyse fonctionnelle

Les notations utilisées dans ce livre pour les espaces de Sobolev sont classiques. Les démonstrations des propriétés indiquées figurent en particulier dans les ouvrages de référence suivants: Adams [1], Dautray et Lions [25], Grisvard [30], Lions et Magenes [37] et Nečas [49], et dans le livre de Bernardi, Dauge et Maday [9] pour les espaces à poids.

Dans ce qui suit, d est un entier positif représentant la dimension de l'espace dans lequel on se place. Le symbole ∂ suivi d'un nom d'ouvert, désigne sa frontière. Deux définitions sont nécessaires pour caractériser la géométrie des ouverts que l'on considère.

Définition 1.1. Un ouvert borné $\mathcal{O}$ de $\mathbb{R}^d$ est dit *lipschitzien* si, pour tout point $\boldsymbol{x}$ de $\partial\mathcal{O}$, il existe un système de coordonnées orthogonales $(y_1, \dots, y_d)$, un hypercube $U^{\boldsymbol{x}} = \prod_{i=1}^{d}]-a_i, a_i[$ et une application lipschitzienne $\Phi^{\boldsymbol{x}}$ de $\prod_{i=1}^{d-1}]-a_i, a_i[$ dans $]-\frac{a_d}{2}, \frac{a_d}{2}[$ tels que

$$\begin{aligned}\mathcal{O} \cap U^{\boldsymbol{x}} &= \{(y_1, \dots, y_d) \in U^{\boldsymbol{x}}; y_d > \Phi^{\boldsymbol{x}}(y_1, \dots, y_{d-1})\},\\ \partial\mathcal{O} \cap U^{\boldsymbol{x}} &= \{(y_1, \dots, y_d) \in U^{\boldsymbol{x}}; y_d = \Phi^{\boldsymbol{x}}(y_1, \dots, y_{d-1})\}.\end{aligned}$$

Cette propriété signifie que la frontière coïncide localement avec le graphe d'une fonction lipschitzienne. Elle sera satisfaite par tous les ouverts considérés dans ce livre. En particulier, il est facile de vérifier que les polygones (sans fissures) sont des ouverts lipschitziens. Tout ouvert borné convexe est également lipschitzien (voir Grisvard [30, Corollary 1.2.2.3]).

Définition 1.2. Soit m un entier ≥ 0. Une partie ouverte Γ de la frontière d'un ouvert borné lipschitzien est dite *de classe* $\mathcal{C}^{m,1}$ si, pour tout point $\boldsymbol{x}$ de Γ, l'application $\Phi^{\boldsymbol{x}}$ de la Définition 1.1 peut être choisie différentiable jusqu'à l'ordre m avec la différentielle d'ordre m lipschitzienne. Elle est dite *de classe* $\mathcal{C}^\infty$ si elle est de classe $\mathcal{C}^{m,1}$ pour tout entier m positif.

En particulier, la frontière d'une sphère est de classe $\mathcal{C}^\infty$. Chacun des côtés d'un polygone est de classe $\mathcal{C}^\infty$.

Dans la suite de ce paragraphe, on note $\mathcal{O}$ un ouvert borné lipschitzien connexe de $\mathbb{R}^d$. On rappelle que $\mathcal{D}(\mathcal{O})$ désigne l'espace des fonctions indéfiniment différentiables à support compact dans $\mathcal{O}$, et que $\mathcal{D}(\overline{\mathcal{O}})$ désigne l'espace des restrictions à $\overline{\mathcal{O}}$ des fonctions indéfiniment différentiables à support compact dans $\mathbb{R}^d$. Le dual $\mathcal{D}'(\mathcal{O})$ de $\mathcal{D}(\mathcal{O})$ est l'espace des distributions sur $\mathcal{O}$. On note maintenant $L^2(\mathcal{O})$ l'espace des fonctions définies sur $\mathcal{O}$ à valeurs réelles de carré intégrable sur $\mathcal{O}$ pour la mesure de Lebesgue, c'est-à-dire l'espace des fonctions v mesurables telles que

$$\int_{\mathcal{O}} v^2(\boldsymbol{x})\, d\boldsymbol{x} < +\infty.$$

C'est un espace de Hilbert pour le produit scalaire

$$(u, v) \mapsto \int_{\mathcal{O}} u(\boldsymbol{x}) v(\boldsymbol{x})\, d\boldsymbol{x}.$$

On note $\|.\|_{L^2(\mathcal{O})}$ la norme

$$\|v\|_{L^2(\mathcal{O})} = \Big(\int_{\mathcal{O}} v^2(\boldsymbol{x})\, d\boldsymbol{x}\Big)^{\frac{1}{2}}. \tag{1.1}$$

On sait que l'espace $L^2(\mathcal{O})$ contient les deux espaces $\mathcal{D}(\mathcal{O})$ et $\mathcal{D}(\overline{\mathcal{O}})$ comme sous-espaces denses, et que l'espace $L^2(\mathcal{O})$ est contenu dans l'espace $\mathcal{D}'(\mathcal{O})$, le produit de dualité entre les espaces $\mathcal{D}(\mathcal{O})$ et $\mathcal{D}'(\mathcal{O})$ étant alors une extension du produit scalaire dans $L^2(\mathcal{O})$. La théorie des distributions (voir Schwartz [58]) permet de définir, pour les fonctions de $L^2(\mathcal{O})$, des dérivées d'ordre quelconque à valeurs dans $\mathcal{D}'(\mathcal{O})$: pour tout d–uplet $\alpha = (\alpha_1, \dots, \alpha_d)$ de $\mathbb{N}^d$, $|\alpha|$ représente la longueur $\alpha_1 + \ldots + \alpha_d$ et on note ∂^α la dérivée partielle d'ordre total $|\alpha|$, d'ordre α_j par rapport à la j–ième variable, $1 \le j \le d$; on utilisera également la notation $\frac{\partial}{\partial x_1}$, ..., $\frac{\partial}{\partial x_d}$ pour désigner les dérivées partielles d'ordre 1 par rapport aux différentes variables $x_1, \dots, x_d$, et le symbole **grad** pour le vecteur à d composantes formé par ces dérivées. Lorsque d est égal à 1, on écrira plus simplement $\frac{d^k}{d\zeta^k}$ la dérivée d'ordre k, où k est un entier positif, et on désignera aussi par les symboles $'$, $''$, ..., les premières dérivées.

Définition 1.3. Soit m un entier positif. On définit l'espace de Sobolev $H^m(\mathcal{O})$ par

$$H^m(\mathcal{O}) = \{v \in L^2(\mathcal{O});\ \forall \alpha \in \mathbb{N}^d, |\alpha| \le m, \partial^\alpha v \in L^2(\mathcal{O})\}. \tag{1.2}$$

On le munit de la norme

$$\|v\|_{H^m(\mathcal{O})} = \Big(\int_{\mathcal{O}} \sum_{|\alpha| \le m} (\partial^\alpha v)^2(\boldsymbol{x})\, d\boldsymbol{x}\Big)^{\frac{1}{2}}. \tag{1.3}$$

Il est facile de vérifier que l'espace $H^m(\mathcal{O})$ est un espace de Hilbert pour le produit scalaire associé à la norme (1.3):

$$(u, v) \mapsto \int_{\mathcal{O}} \sum_{|\alpha| \le m} (\partial^\alpha u)(\boldsymbol{x})(\partial^\alpha v)(\boldsymbol{x})\, d\boldsymbol{x}.$$

Une autre propriété fondamentale est rappelée dans le lemme suivant (la démonstration se trouve dans le livre d'Adams [1, Thm 3.16] par exemple).

Lemme 1.4. *Pour tout entier positif m, l'espace $\mathcal{D}(\overline{\mathcal{O}})$ est dense dans l'espace $H^m(\mathcal{O})$.*

Ce résultat conduit à la définition suivante.

Définition 1.5. Soit m un entier positif. On note $H_0^m(\mathcal{O})$ l'adhérence de l'espace $\mathcal{D}(\mathcal{O})$ dans l'espace $H^m(\mathcal{O})$.

L'espace $H_0^m(\mathcal{O})$ est donc un sous-espace fermé de $H^m(\mathcal{O})$. On rappelle maintenant un résultat de base, connu sous le nom d'inégalité de Poincaré–Friedrichs (voir Adams [1, Thm 6.28]).

Lemme 1.6. (Inégalité de Poincaré–Friedrichs) *Il existe une constante $\mathcal{P}$ ne dépendant que de la géométrie de $\mathcal{O}$ telle que toute fonction v de $\mathcal{D}(\mathcal{O})$ vérifie*

$$\|v\|_{L^2(\mathcal{O})} \leq \mathcal{P}\left(\int_{\mathcal{O}} \sum_{j=1}^{d} (\frac{\partial v}{\partial x_j})^2(x)\, dx\right)^{\frac{1}{2}}. \tag{1.4}$$

Cette inégalité, appliquée avec un argument de densité, permet de démontrer facilement le résultat suivant.

Corollaire 1.7. *Pour tout entier positif m, la semi-norme*

$$|v|_{H^m(\mathcal{O})} = \left(\int_{\mathcal{O}} \sum_{|\alpha|=m} (\partial^\alpha v)^2(x)\, dx\right)^{\frac{1}{2}} \tag{1.5}$$

est une norme sur l'espace $H_0^m(\mathcal{O})$, équivalente à la norme $\|.\|_{H^m(\mathcal{O})}$.

Définition 1.8. Soit m un entier positif. On note $H^{-m}(\mathcal{O})$ le dual de l'espace $H_0^m(\mathcal{O})$, et on le munit de la norme duale

$$\|f\|_{H^{-m}(\mathcal{O})} = \sup_{v \in H_0^m(\mathcal{O}), v \neq 0} \frac{< f, v >}{|v|_{H^m(\mathcal{O})}}, \tag{1.6}$$

où $< .,. >$ désigne le produit de dualité entre $H_0^m(\mathcal{O})$ et son dual.

Le lemme suivant est une version simple du lemme de Bramble–Hilbert dont une des premières démonstrations se trouve dans le livre de Nečas [49, Chap. 1, §1.7] (voir aussi Ciarlet [21, Thm 4.1.3] pour un énoncé général et l'Exercice 1).

Lemme 1.9. *La semi-norme $|.|_{H^1(\mathcal{O})}$ est une norme, équivalente à la norme $\|.\|_{H^1(\mathcal{O})}$, sur l'espace $H^1(\mathcal{O})/\mathbb{R}$ quotient de l'espace $H^1(\mathcal{O})$ par les fonctions constantes.*

On donne ici une version simple du théorème d'injection de Sobolev, qui permet de "comparer", au sens de l'inclusion, les espaces de Sobolev aux espaces de fonctions continues habituels.

Théorème 1.10. *Soit m un entier positif. L'espace $H^m(\mathcal{O})$ est inclus, avec injection continue, dans l'espace des fonctions continues sur $\overline{\mathcal{O}}$ si et seulement si*

$$2m > d. \tag{1.7}$$

Ceci indique qu'en dimension 2 par exemple, l'espace $H^1(\mathcal{O})$ contient des fonctions non continues. Par exemple, la fonction v définie par:

$$v(x,y) = \log(\log \frac{2}{\sqrt{x^2+y^2}})$$

n'est pas continue en $(0,0)$, mais on peut vérifier facilement qu'elle appartient à $H^1(\mathcal{O})$ lorsque $\mathcal{O}$ est la boule $\{(x,y) \in \mathbb{R}^2; x^2+y^2 < 1\}$.

La caractérisation des espaces $H_0^m(\mathcal{O})$ s'effectue au moyen du théorème de traces, que l'on trouve démontré dans Grisvard [30]. On rappelle que, l'ouvert $\mathcal{O}$ étant lipschitzien, il existe en presque tout point de la frontière $\partial\mathcal{O}$, un vecteur unitaire normal à $\partial\mathcal{O}$ et dirigé vers l'extérieur de $\mathcal{O}$, que l'on note $\boldsymbol{n}$. Si les composantes de $\boldsymbol{n}$ s'écrivent $(n_1, \dots, n_d)$, on désigne par $\frac{\partial}{\partial n}$ l'opérateur de dérivée normale $n_1 \frac{\partial}{\partial x_1} + \dots + n_d \frac{\partial}{\partial x_d}$.

Théorème 1.11. *Soit m un entier positif, et soit Γ une partie ouverte de $\partial\mathcal{O}$, de classe $\mathcal{C}^{m-1,1}$. L'application trace T_m^Γ:*

$$v \mapsto T_m^\Gamma v = \left(v_{|\Gamma}, (\frac{\partial v}{\partial n})_{|\Gamma}, \dots (\frac{\partial^{m-1} v}{\partial n^{m-1}})_{|\Gamma}\right), \tag{1.8}$$

défini sur $\mathcal{D}(\overline{\mathcal{O}})$ à valeurs dans $L^2(\Gamma)^m$, se prolonge par densité à l'espace $H^m(\mathcal{O})$.

Proposition 1.12. *Soit m un entier positif. On suppose que la frontière $\partial\mathcal{O}$ se décompose en un nombre fini de parties Γ_J de classe $\mathcal{C}^{m-1,1}$. On a alors la caractérisation*

$$H_0^m(\mathcal{O}) = \{v \in H^m(\mathcal{O});\ \forall J,\ T_m^{\Gamma_J} v = 0\}. \tag{1.9}$$

Lorsque Γ est contenu dans un hyperplan de $\mathbb{R}^d$, on peut bien évidemment y définir les espaces de Sobolev $H^k(\Gamma)$ pour tout entier positif k. Il est alors facile de constater que l'image par l'application T_1^Γ de l'espace $H^m(\mathcal{O})$ contient l'espace $H^m(\Gamma)$ et est incluse dans l'espace $H^{m-1}(\Gamma)$. Ceci conduit à introduire la notation suivante. Nous référons à Lions et Magenes [37] pour sa justification complète.

Notation 1.13. Soit m un entier positif, et soit Γ une partie ouverte de $\partial\mathcal{O}$, de classe $\mathcal{C}^{m-1,1}$. L'image de l'espace $H^m(\mathcal{O})$ par l'application trace T_1^Γ est notée $H^{m-\frac{1}{2}}(\Gamma)$ et est munie de la norme

$$\|\varphi\|_{H^{m-\frac{1}{2}}(\Gamma)} = \inf\{\|v\|_{H^m(\mathcal{O})},\ v \in H^m(\mathcal{O}) \text{ et } v_{|\Gamma} = \varphi\}. \tag{1.10}$$

Lorsque la frontière $\partial\mathcal{O}$ est toute entière de classe $\mathcal{C}^{m-1,1}$, on sait (voir Grisvard [30, Thm 1.5.1.2]) que l'on peut construire un opérateur de relèvement de traces données sur la frontière, comme indiqué dans le théorème suivant. Il faut noter que, l'indice m de l'application trace $T_m^{\partial\mathcal{O}}$ à relever étant fixé, le même opérateur de relèvement est continu dans des espaces de Sobolev d'ordres différents, limités seulement par la régularité de l'ouvert.

Théorème 1.14. *Soit m_0 et m deux entiers positifs, $m \le m_0$. On suppose la frontière $\partial\mathcal{O}$ de classe $\mathcal{C}^{m_0-1,1}$. Il existe un opérateur R_m, continu de $\prod_{\ell=0}^{m-1} H^{k-\ell-\frac{1}{2}}(\partial\mathcal{O})$ dans $H^k(\mathcal{O})$ pour tout entier k compris entre m et m_0, tel que $T_m^{\partial\mathcal{O}} \circ R_m$ soit égal à l'identité.*

Les résultats de ce type ne sont plus vrais en général lorsque la frontière n'est pas globalement régulière, mais se décompose en un nombre fini de parties régulières. En particulier, dans le cas de la dimension 2, étant données des traces sur les parties régulières, on peut se demander quelles conditions elles doivent vérifier aux points de raccord pour qu'un tel relèvement existe. Ce problème est résolu dans Grisvard [30] et Bernardi, Dauge et Maday [9]. On se limite ici au cas très particulier d'un carré, que l'on utilisera par la suite.

Notation 1.15. Soit Ω le carré $]-1,1[^2$. On note respectivement $\boldsymbol{a}_1$, $\boldsymbol{a}_2$, $\boldsymbol{a}_3$ et $\boldsymbol{a}_4 = \boldsymbol{a}_0$, les sommets $(-1,-1)$, $(1,-1)$, $(1,1)$ et $(-1,1)$. Pour $J = 1,2,3,4$, on désigne par Γ_J le côté d'extrémités $\boldsymbol{a}_{J-1}$ et $\boldsymbol{a}_J$; sur le côté Γ_J, on définit également le vecteur unitaire $\boldsymbol{n}_J$, normal à Γ_J et extérieur à Ω, et le vecteur unitaire $\boldsymbol{\tau}_J$, directement orthogonal à $\boldsymbol{n}_J$. On leur associe comme précédemment les opérateurs différentiels $\frac{\partial}{\partial n_J}$ et $\frac{\partial}{\partial \tau_J}$, plus précisément on a

$$\frac{\partial}{\partial n_1} = -\frac{\partial}{\partial x}, \quad \frac{\partial}{\partial n_2} = -\frac{\partial}{\partial y}, \quad \frac{\partial}{\partial n_3} = \frac{\partial}{\partial x}, \quad \frac{\partial}{\partial n_4} = \frac{\partial}{\partial y},$$

$$\frac{\partial}{\partial \tau_1} = -\frac{\partial}{\partial y}, \quad \frac{\partial}{\partial \tau_2} = \frac{\partial}{\partial x}, \quad \frac{\partial}{\partial \tau_3} = \frac{\partial}{\partial y}, \quad \frac{\partial}{\partial \tau_4} = -\frac{\partial}{\partial x}.$$

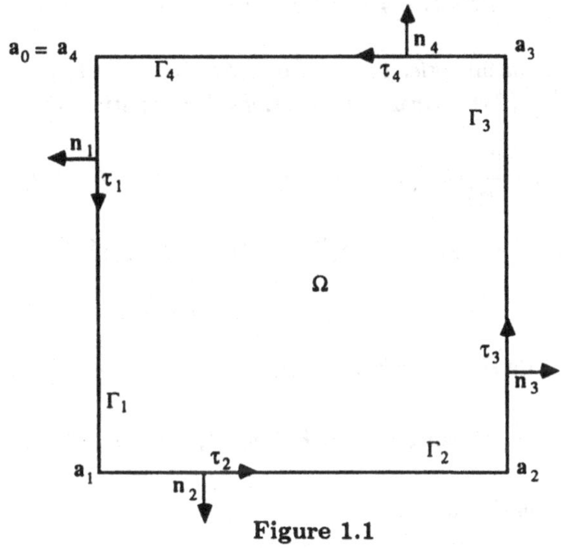

Figure 1.1

Étant donnée une fonction de $H^1(\Omega)$, on sait que sa trace appartient à $H^{\frac{1}{2}}(\partial\Omega)$ et que les restrictions de cette trace à chaque côté Γ_J, $J = 1,2,3,4$, appartiennent à $H^{\frac{1}{2}}(\Gamma_J)$. Réciproquement, on peut se demander si tout quadruplet de $\prod_{J=1}^4 H^{\frac{1}{2}}(\Gamma_J)$ est l'image d'une fonction de $H^1(\Omega)$ par la fonction trace sur les côtés. Le théorème suivant indique des conditions nécessaires pour que cette propriété soit vérifiée.

Théorème 1.16. *Pour tout quadruplet* $(\varphi_J)_{J=1,2,3,4}$ *de* $\prod_{J=1}^4 H^{\frac{1}{2}}(\Gamma_J)$ *vérifiant les conditions de compatibilité:*

$$\mathcal{A}_J = \int_0^2 |\varphi_J(\boldsymbol{a}_J - t\boldsymbol{\tau}_J) - \varphi_{J+1}(\boldsymbol{a}_J + t\boldsymbol{\tau}_{J+1})|^2 \frac{dt}{t} < +\infty, \quad J = 1,2,3,4, \tag{1.11}$$

il existe une fonction v de $H^1(\Omega)$ telle que

$$v = \varphi_J \quad \text{sur } \Gamma_J, \quad J = 1,2,3,4, \tag{1.12}$$

et qui vérifie la condition de stabilité

$$\|v\|_{H^1(\Omega)} \le c\Big(\sum_{J=1}^{4}(\|\varphi_J\|^2_{H^{\frac{1}{2}}(\Gamma_J)} + \mathcal{A}_J)\Big)^{\frac{1}{2}}. \tag{1.13}$$

On sait d'après le Théorème 1.10 que les fonctions de $H^1(\Omega)$ ne sont pas nécessairement continues sur $\overline{\Omega}$. Par conséquent, les fonctions de $H^{\frac{1}{2}}(\Gamma_J)$ ne sont pas non plus forcément continues sur Γ_J. Toutefois, on constate que, lorsque les fonctions φ_J, pour $J = 1,2,3,4$, sont lipschitziennes sur $\overline{\Gamma}_J$ ou bien appartiennent à $H^1(\Gamma_J)$ ou à $H^{\frac{3}{2}}(\Gamma_J)$, les conditions (1.11) sont équivalentes aux relations plus simples (et naturelles):

$$\varphi_J(\boldsymbol{a}_J) = \varphi_{J+1}(\boldsymbol{a}_J), \quad J = 1,2,3,4. \tag{1.14}$$

Théorème 1.17. *Soit m un entier positif. Pour tout $4m$–uplet $(\varphi_J^0, \dots, \varphi_J^{m-1})_{J=1,2,3,4}$ de $\prod_{J=1}^4 \prod_{k=0}^{m-1} H^{m-k-\frac{1}{2}}(\Gamma_J)$ vérifiant les conditions de compatibilité:*

$$\begin{aligned}
&\Big(\frac{d^r\varphi_J^k}{d\tau_J^r}\Big)(\boldsymbol{a}_J) = (-1)^k\Big(\frac{d^k\varphi_{J+1}^r}{d\tau_{J+1}^k}\Big)(\boldsymbol{a}_J), \quad 0 \le k+r \le m-2, \quad J=1,2,3,4,\\
&\mathcal{A}_J^{k,r} = \int_0^2 |\Big(\frac{d^r\varphi_J^k}{d\tau_J^r}\Big)(\boldsymbol{a}_J - t\boldsymbol{\tau}_J) - (-1)^k\Big(\frac{d^k\varphi_{J+1}^r}{d\tau_{J+1}^k}\Big)(\boldsymbol{a}_J + t\boldsymbol{\tau}_{J+1})|^2 \frac{dt}{t} < +\infty,\\
&\qquad\qquad k+r = m-1, \quad J = 1,2,3,4,
\end{aligned} \tag{1.15}$$

il existe une fonction v de $H^m(\Omega)$ telle que

$$\frac{\partial^k v}{\partial n_J^k} = \varphi_J^k \quad \text{sur } \Gamma_J, \quad 0 \le k \le m-1, \quad J = 1,2,3,4, \tag{1.16}$$

et qui vérifie la condition de stabilité

$$\|v\|_{H^m(\Omega)} \le c\Big(\sum_{J=1}^{4}\sum_{k=0}^{m-1}(\|\varphi_J^k\|^2_{H^{m-k-\frac{1}{2}}(\Gamma_J)} + \mathcal{A}_J^{k,m-1-k})\Big)^{\frac{1}{2}}. \tag{1.17}$$

Remarque 1.18. Soit E un espace de Banach séparable de norme $\|.\|_E$. On peut étendre toutes les définitions précédentes aux fonctions définies de $\mathcal{O}$ dans E. Plus précisément, on notera $L^2(\mathcal{O}; E)$ l'espace des fonctions v mesurables de $\mathcal{O}$ dans E telles que la fonction: $v \mapsto \|v\|_E$ appartienne à $L^2(\mathcal{O})$. Pour tout entier $m > 0$, on désigne par $H^m(\mathcal{O}; E)$

l'espace des fonctions de $L^2(\mathcal{O}; E)$ dont toutes les dérivées partielles d'ordre $\leq m$ sont dans $L^2(\mathcal{O}; E)$; on définit $H_0^m(\mathcal{O}; E)$ comme l'adhérence dans $H^m(\mathcal{O}; E)$ des fonctions indéfiniment différentiables de $\mathcal{O}$ dans E à support compact dans $\mathcal{O}$, et $H^{-m}(\mathcal{O}; E)$ comme son dual. Les espaces $H^m(\mathcal{O}; E)$ sont munis de la norme

$$\|v\|_{H^m(\mathcal{O};E)} = \left(\int_{\mathcal{O}} \sum_{|\alpha| \leq m} \|(\partial^\alpha v)(x)\|_E^2 \, dx \right)^{\frac{1}{2}} \tag{1.18}$$

et de la semi-norme

$$|v|_{H^m(\mathcal{O};E)} = \left(\int_{\mathcal{O}} \sum_{|\alpha| = m} \|(\partial^\alpha v)(x)\|_E^2 \, dx \right)^{\frac{1}{2}}. \tag{1.19}$$

Comme on le découvrira plus tard, l'analyse numérique des méthodes spectrales de type Tchebycheff requiert des espaces de Sobolev à poids d'un type particulier qui vont être décrits ci-dessous, d'abord pour un intervalle réel, puis pour un carré. Les démonstrations des propriétés qui sont énoncées ici sont données dans Bernardi, Dauge et Maday [9][10] dans un cadre plus général.

On désigne par Λ l'intervalle ouvert $]-1, 1[$, et on y définit le poids

$$\forall \zeta \in \Lambda, \quad \rho_{\checkmark}(\zeta) = (1 - \zeta^2)^{-\frac{1}{2}}. \tag{1.20}$$

On note que cette fonction est positive et intégrable sur Λ. On introduit l'espace des fonctions de carré intégrable pour la mesure $\rho_{\checkmark}(\zeta) \, d\zeta$:

$$L_{\checkmark}^2(\Lambda) = \{\varphi : \Lambda \to \mathbb{R} \text{ mesurable}; \int_{-1}^{1} \varphi^2(\zeta) \, \rho_{\checkmark}(\zeta) \, d\zeta < +\infty\}. \tag{1.21}$$

Puis, pour tout entier positif m, on désigne par $H_{\checkmark}^m(\Lambda)$ l'espace

$$H_{\checkmark}^m(\Lambda) = \{\varphi \in L_{\checkmark}^2(\Lambda); \forall k = 1, \ldots, m, \frac{d^k \varphi}{d\zeta^k} \in L_{\checkmark}^2(\Lambda)\}, \tag{1.22}$$

que l'on munit de la norme

$$\|\varphi\|_{H_{\checkmark}^m(\Lambda)} = \left(\int_{-1}^{1} \sum_{k=0}^{m} (\frac{d^k \varphi}{d\zeta^k})^2(\zeta) \, \rho_{\checkmark}(\zeta) \, d\zeta \right)^{\frac{1}{2}}. \tag{1.23}$$

Là encore, on prouve que l'espace $\mathcal{D}(\overline{\Lambda})$, qui est contenu dans l'espace $H_{\checkmark}^m(\Lambda)$ puisque le poids $\rho_{\checkmark}$ est intégrable, y est dense. On définit l'espace $H_{\checkmark,0}^m(\Lambda)$ comme l'adhérence de $\mathcal{D}(\Lambda)$ dans $H_{\checkmark}^m(\Lambda)$, et l'espace $H_{\checkmark}^{-m}(\Lambda)$ comme son dual. La semi-norme

$$|\varphi|_{H_{\checkmark}^m(\Lambda)} = \left(\int_{-1}^{1} (\frac{d^m \varphi}{d\zeta^m})^2(\zeta) \, \rho_{\checkmark}(\zeta) \, d\zeta \right)^{\frac{1}{2}}, \tag{1.24}$$

est sur $H^m_{\natural,0}(\Lambda)$ une norme équivalente à la norme $\|.\|_{H^m_\natural(\Lambda)}$. En conclusion, on remarque que, le poids $\rho_\natural$ étant supérieur à 1, l'espace $L^2_\natural(\Lambda)$ est inclus avec injection continue dans l'espace $L^2(\Lambda)$; de même, pour tout entier positif m fixé, l'espace $H^m_\natural(\Lambda)$ est inclus avec injection continue dans l'espace $H^m(\Lambda)$.

On considère également le carré Ω de la Notation 1.15. On y introduit le poids

$$\forall \boldsymbol{x} = (x, y) \in \Omega, \quad \varpi_\natural(\boldsymbol{x}) = \rho_\natural(x)\rho_\natural(y). \tag{1.25}$$

Ceci mène aux définitions suivantes, où m est un entier positif:

$$L^2_\natural(\Omega) = \{v \in L^2(\Omega);\ \int_\Omega v^2(\boldsymbol{x})\, \varpi_\natural(\boldsymbol{x})\, d\boldsymbol{x} < +\infty\}. \tag{1.26}$$

$$H^m_\natural(\Omega) = \{v \in L^2_\natural(\Omega);\ \forall \alpha \in \mathbb{N}^2, |\alpha| \leq m, \partial^\alpha v \in L^2_\natural(\Omega)\}. \tag{1.27}$$

On munit ce dernier espace de la norme

$$\|v\|_{H^m_\natural(\Omega)} = \Big(\int_\Omega \sum_{|\alpha|\leq m} (\partial^\alpha v)^2(\boldsymbol{x})\, \varpi_\natural(\boldsymbol{x})\, d\boldsymbol{x}\Big)^{\frac{1}{2}}, \tag{1.28}$$

et de la semi-norme

$$|v|_{H^m_\natural(\Omega)} = \Big(\int_\Omega \sum_{|\alpha|= m} (\partial^\alpha v)^2(\boldsymbol{x})\, \varpi_\natural(\boldsymbol{x})\, d\boldsymbol{x}\Big)^{\frac{1}{2}}. \tag{1.29}$$

Là encore, on note $H^m_{\natural,0}(\Omega)$ l'adhérence de $\mathcal{D}(\Omega)$ dans $H^m_\natural(\Omega)$, et $H^{-m}_\natural(\Omega)$ son espace dual. Finalement, puisque $H^m_\natural(\Omega)$ est inclus dans $H^m(\Omega)$, on peut y définir les opérateurs de traces $T^{\Gamma_J}_m$, $J = 1, 2, 3, 4$, et on prouve alors la caractérisation:

$$H^m_{\natural,0}(\Omega) = \{v \in H^m_\natural(\Omega);\ T^{\Gamma_J}_m v = 0,\ J = 1, 2, 3, 4\}. \tag{1.30}$$

On réfère à Bernardi, Dauge et Maday [9][10] pour les propriétés des espaces de traces et les théorèmes de relèvement dans les espaces à poids de ce type.

I.2. Rappels sur le lemme de Lax–Milgram

On écrit tout de suite l'énoncé de ce lemme, dû à Lax et Milgram [35], qui est à la base de l'étude de certaines équations aux dérivées partielles.

Lemme 2.1. (Lemme de Lax–Milgram) *Soit X un espace de Banach réflexif, de norme $\|.\|_X$. On désigne par $< .,. >$ le produit de dualité entre le dual X' de X et X. On considère une forme bilinéaire $a(.,.)$ continue sur $X \times X$, et on suppose qu'elle est elliptique sur X, c'est-à-dire qu'il existe une constante $\alpha > 0$ telle que*

$$\forall v \in X, \quad a(v, v) \geq \alpha \|v\|^2_X. \tag{2.1}$$

Alors, pour tout élément f de X', le problème: trouver u dans X tel que:

$$\forall v \in X, \quad a(u, v) = < f, v >, \tag{2.2}$$

admet une solution unique u. De plus, cette solution vérifie

$$\|u\|_X \leq \frac{1}{\alpha} \sup_{v \in X, v \neq 0} \frac{< f, v >}{\|v\|_X}. \tag{2.3}$$

On présente maintenant deux exemples fondamentaux: il s'agit de l'équation de Laplace, lorsque elle est munie de conditions aux limites soit de type Dirichlet (dans ce cas, elle s'appelle aussi équation de Poisson) soit de type Neumann.

Exemple 1 (conditions aux limites de Dirichlet): Sur un ouvert borné lipschitzien $\mathcal{O}$ de $\mathbb{R}^d$, on considère l'équation:

$$\begin{cases} -\Delta u = f & \text{dans } \mathcal{O}, \\ u = g & \text{sur } \partial\mathcal{O}. \end{cases} \tag{2.4}$$

On suppose la distribution f dans $H^{-1}(\mathcal{O})$ et la donnée sur la frontière g dans $H^{\frac{1}{2}}(\partial\mathcal{O})$. La première équation étant satisfaite au sens des distributions, on la multiplie par une fonction v de $\mathcal{D}(\mathcal{O})$ et on utilise la définition de la dérivation au sens des distributions:

$$\int_{\mathcal{O}} (\mathbf{grad}\, u)(\boldsymbol{x}) \,.\, (\mathbf{grad}\, v)(\boldsymbol{x}) \, d\boldsymbol{x} = < f, v > .$$

Par densité, on voit que cette équation est vraie pour tout v dans $H_0^1(\mathcal{O})$ si la fonction u appartient à $H^1(\mathcal{O})$. Dans ce cas, la condition aux limites se traduit, d'après la Proposition 1.12, par le fait qu'il existe un relèvement de $u - g$ dans $H_0^1(\mathcal{O})$. On sait (voir Notation 1.13) qu'il existe une fonction u_b de $H^1(\mathcal{O})$ dont la trace sur $\partial\mathcal{O}$ coïncide avec g. Le problème (2.4) admet donc la formulation variationnelle suivante: *trouver u dans $H^1(\mathcal{O})$, avec $u - u_b$ dans $H_0^1(\mathcal{O})$, tel que*

$$\forall v \in H_0^1(\mathcal{O}), \quad \int_{\mathcal{O}} (\mathbf{grad}\, u)(\boldsymbol{x}) \,.\, (\mathbf{grad}\, v)(\boldsymbol{x}) \, d\boldsymbol{x} = < f, v > . \tag{2.5}$$

Réciproquement, on voit que, si une fonction u est solution de (2.5), elle satisfait la première équation de (2.4) au sens des distributions et la seconde presque partout sur $\partial\mathcal{O}$. Les problèmes (2.4) et (2.5) sont donc équivalents. Il faut maintenant appliquer le lemme de Lax–Milgram à la formulation (2.5).

Théorème 2.2. *Pour toute distribution f de $H^{-1}(\mathcal{O})$ et toute fonction g de $H^{\frac{1}{2}}(\partial\mathcal{O})$, le problème (2.5) admet une solution unique u dans $H^1(\mathcal{O})$. De plus, cette solution vérifie*

$$\|u\|_{H^1(\mathcal{O})} \leq c\,(\|f\|_{H^{-1}(\mathcal{O})} + \|g\|_{H^{\frac{1}{2}}(\partial\mathcal{O})}). \tag{2.6}$$

Démonstration: On pose: $u^* = u - u_b$, où u_b est une fonction de $H^1(\mathcal{O})$ dont la trace sur Γ coïncide avec g et qui vérifie

$$\|u_b\|_{H^1(\mathcal{O})} \leq c\, \|g\|_{H^{\frac{1}{2}}(\partial\mathcal{O})} \tag{2.7}$$

(par exemple, u_b peut être la fonction $R_1 g$, où l'opérateur R_1 est celui du Théorème 1.14). On voit que la fonction u est solution du problème (2.5) si et seulement si la fonction u^* est solution du problème: *trouver u^* dans $H_0^1(\mathcal{O})$ tel que*

$$\forall v \in H_0^1(\mathcal{O}),$$
$$\int_{\mathcal{O}} (\mathbf{grad}\, u^*)(\boldsymbol{x}) \,.\, (\mathbf{grad}\, v)(\boldsymbol{x})\, d\boldsymbol{x} = < f, v > - \int_{\mathcal{O}} (\mathbf{grad}\, u_b)(\boldsymbol{x}) \,.\, (\mathbf{grad}\, v)(\boldsymbol{x})\, d\boldsymbol{x}.$$

Or, il suffit d'appliquer le lemme de Lax–Milgram avec $X = H_0^1(\Omega)$ pour établir l'existence de u^*: en effet, la continuité de la forme bilinéaire est évidente par l'inégalité de Cauchy–Schwarz, et son ellipticité est une conséquence directe du Lemme 1.6. La majoration (2.6) s'en déduit en appliquant (2.3) pour la fonction u^* et en combinant ce résultat avec (2.7). Comme le problème (2.5) est linéaire, elle est suffisante pour entraîner l'unicité de la solution u.

On considère ensuite le problème (2.4) avec l'ouvert $\mathcal{O}$ égal à $\Omega =]-1,1[^2$, et on suppose la fonction g identiquement nulle pour simplifier. On multiplie alors la première équation par $v\,\varpi_*$, où v est une fonction de $\mathcal{D}(\Omega)$, et on intègre par parties. Si la distribution f est supposée donnée dans le dual $H_*^{-1}(\Omega)$, on obtient la formulation variationnelle équivalente suivante: *trouver u dans $H_{*,0}^1(\Omega)$ tel que*

$$\forall v \in H_{*,0}^1(\Omega), \quad \int_{\Omega} (\mathbf{grad}\, u)(\boldsymbol{x}) \,.\, \big(\mathbf{grad}\,(v\,\varpi_*)\big)(\boldsymbol{x})\, d\boldsymbol{x} = < f, v >_*, \tag{2.8}$$

où $< .,. >_*$ désigne le produit de dualité entre $H_*^{-1}(\Omega)$ et $H_{*,0}^1(\Omega)$. L'analyse du problème repose sur les propriétés de la forme bilinéaire

$$(u,v) \mapsto \int_{\Omega} (\mathbf{grad}\, u)(\boldsymbol{x}) \,.\, \big(\mathbf{grad}\,(v\,\varpi_*)\big)(\boldsymbol{x})\, d\boldsymbol{x}, \tag{2.9}$$

que l'on étudie dans le lemme et la proposition qui suivent.

Le résultat que l'on va démontrer est une des inégalités dites de Hardy.

Lemm 2.3. *Toute fonction φ de $H_{*,0}^1(\Lambda)$ vérifie*

$$\int_{-1}^{1} \varphi^2(\zeta)\,(1+\zeta^2)(1-\zeta^2)^{-\frac{5}{2}}\, d\zeta \leq \int_{-1}^{1} \varphi'^2(\zeta)\,(1-\zeta^2)^{-\frac{1}{2}}\, d\zeta. \tag{2.10}$$

Démonstration: Pour toute fonction φ de $\mathcal{D}(\Lambda)$, on calcule la quantité

$$\int_{-1}^{1} \big(\varphi'(\zeta) + \varphi(\zeta)\,\zeta(1-\zeta^2)^{-1}\big)^2\,(1-\zeta^2)^{-\frac{1}{2}}\, d\zeta$$
$$= \int_{-1}^{1} \varphi'^2(\zeta)\,(1-\zeta^2)^{-\frac{1}{2}}\, d\zeta + \int_{-1}^{1} \varphi^2(\zeta)\,\zeta^2(1-\zeta^2)^{-\frac{5}{2}}\, d\zeta,$$

d'où, par intégration par parties,

$$\int_{-1}^{1} \left(\varphi'(\zeta) + \varphi(\zeta)\,\zeta(1-\zeta^2)^{-1}\right)^2 (1-\zeta^2)^{-\frac{1}{2}}\,d\zeta$$
$$+ \int_{-1}^{1} (\varphi^2)'(\zeta)\,\zeta(1-\zeta^2)^{-\frac{3}{2}}\,d\zeta$$
$$= \int_{-1}^{1} \varphi'^2(\zeta)\,(1-\zeta^2)^{-\frac{1}{2}}\,d\zeta + \int_{-1}^{1} \varphi^2(\zeta)\,\zeta^2(1-\zeta^2)^{-\frac{5}{2}}\,d\zeta$$
$$- \int_{-1}^{1} \varphi^2(\zeta)\,(1-\zeta^2+3\zeta^2)(1-\zeta^2)^{-\frac{5}{2}}\,d\zeta$$
$$= \int_{-1}^{1} \varphi'^2(\zeta)\,(1-\zeta^2)^{-\frac{1}{2}}\,d\zeta - \int_{-1}^{1} \varphi^2(\zeta)\,(1+\zeta^2)(1-\zeta^2)^{-\frac{5}{2}}\,d\zeta.$$

Comme le premier membre de l'équation est positif ou nul, ceci prouve l'inégalité (2.10) pour toute fonction φ de $\mathcal{D}(\Lambda)$ et, par densité, pour toute fonction φ de $H^1_{\varpi,0}(\Lambda)$.

Proposition 2.4. *Pour toutes fonctions u et v de $H^1_{\varpi,0}(\Omega)$, on a les propriétés de continuité*

$$\int_\Omega (\mathbf{grad}\,u)(\boldsymbol{x}) \,.\, \big(\mathbf{grad}\,(v\,\varpi)\big)(\boldsymbol{x})\,d\boldsymbol{x} \le 2|u|_{H^1_\varpi(\Omega)}|v|_{H^1_\varpi(\Omega)}, \tag{2.11}$$

et d'ellipticité

$$\int_\Omega (\mathbf{grad}\,u)(\boldsymbol{x}) \,.\, \big(\mathbf{grad}\,(u\,\varpi)\big)(\boldsymbol{x})\,d\boldsymbol{x} \ge \frac{1}{4}\,|u|^2_{H^1_\varpi(\Omega)}. \tag{2.12}$$

Démonstration: Pour démontrer la continuité, on écrit le développement

$$\int_\Omega (\mathbf{grad}\,u)(\boldsymbol{x}) \,.\, \big(\mathbf{grad}\,(v\,\varpi)\big)(\boldsymbol{x})\,d\boldsymbol{x}$$
$$= \int_\Omega (\frac{\partial u}{\partial x})(x,y)\big((\frac{\partial v}{\partial x})(x,y)\,(1-x^2)^{-\frac{1}{2}} + v(x,y)\,x(1-x^2)^{-\frac{3}{2}}\big)\,(1-y^2)^{-\frac{1}{2}}\,dx\,dy$$
$$+ \int_\Omega (\frac{\partial u}{\partial y})(x,y)\big((\frac{\partial v}{\partial y})(x,y)\,(1-y^2)^{-\frac{1}{2}} + v(x,y)\,y(1-y^2)^{-\frac{3}{2}}\big)\,(1-x^2)^{-\frac{1}{2}}\,dx\,dy.$$

En utilisant l'inégalité de Cauchy–Schwarz, on en déduit

$$\int_\Omega (\mathbf{grad}\,u)(\boldsymbol{x}) \,.\, \big(\mathbf{grad}\,(v\,\varpi)\big)(\boldsymbol{x})\,d\boldsymbol{x}$$
$$\le \|\frac{\partial u}{\partial x}\|_{L^2_\varpi(\Omega)}\big(\|\frac{\partial v}{\partial x}\|_{L^2_\varpi(\Omega)} + \big(\int_\Omega v^2(x,y)\,x^2(1-x^2)^{-\frac{5}{2}}(1-y^2)^{-\frac{1}{2}}\,dx\,dy\big)^{\frac{1}{2}}\big)$$
$$+ \|\frac{\partial u}{\partial y}\|_{L^2_\varpi(\Omega)}\big(\|\frac{\partial v}{\partial y}\|_{L^2_\varpi(\Omega)} + \big(\int_\Omega v^2(x,y)\,y^2(1-y^2)^{-\frac{5}{2}}(1-x^2)^{-\frac{1}{2}}\,dx\,dy\big)^{\frac{1}{2}}\big).$$

En majorant x^2 par $1+x^2$, y^2 par $1+y^2$ et en utilisant le Lemme 2.3 une fois par rapport à chaque variable, on obtient

$$\int_\Omega (\mathbf{grad}\,u)(\boldsymbol{x}) \,.\, \big(\mathbf{grad}\,(v\,\varpi)\big)(\boldsymbol{x})\,d\boldsymbol{x}$$
$$\le 2(\|\frac{\partial u}{\partial x}\|_{L^2_\varpi(\Omega)}\|\frac{\partial v}{\partial x}\|_{L^2_\varpi(\Omega)} + \|\frac{\partial u}{\partial y}\|_{L^2_\varpi(\Omega)}\|\frac{\partial v}{\partial y}\|_{L^2_\varpi(\Omega)}),$$

d'où l'inégalité (2.11). Pour établir l'ellipticité, on note que

$$\begin{aligned}
&\int_\Omega (\mathbf{grad}\, u)(\boldsymbol{x}) \,.\, \big(\mathbf{grad}\,(u\, \varpi_{\frac14})\big)(\boldsymbol{x})\, d\boldsymbol{x} \\
&= \int_\Omega \Big((\frac{\partial u}{\partial x})^2(x,y)\,(1-x^2)^{-\frac12} + \frac12 (\frac{\partial (u^2)}{\partial x})(x,y)\, x(1-x^2)^{-\frac32}\Big)\,(1-y^2)^{-\frac12}\, dx\, dy \\
&+ \int_\Omega \Big((\frac{\partial u}{\partial y})^2(x,y)\,(1-y^2)^{-\frac12} + \frac12 (\frac{\partial (u^2)}{\partial y})(x,y)\, y(1-y^2)^{-\frac32}\Big)\,(1-x^2)^{-\frac12}\, dx\, dy \\
&= \|\frac{\partial u}{\partial x}\|^2_{L^2_{\frac14}(\Omega)} - \frac12 \int_\Omega u^2(x,y)\,(1+2x^2)(1-x^2)^{-\frac52}(1-y^2)^{-\frac12}\, dx\, dy \\
&+ \|\frac{\partial u}{\partial y}\|^2_{L^2_{\frac14}(\Omega)} - \frac12 \int_\Omega u^2(x,y)\,(1+2y^2)(1-y^2)^{-\frac52}(1-x^2)^{-\frac12}\, dx\, dy,
\end{aligned}$$

et on conclut en majorant $1+2x^2$ par $\frac32(1+x^2)$, $1+2y^2$ par $\frac32(1+y^2)$ et en utilisant le Lemme 2.3.

Le lemme de Lax-Milgram, combiné avec la Proposition 2.4, permet alors de prouver que le problème (2.8) est bien posé.

Théorème 2.5. *Pour toute distribution f de $H^{-1}_{\frac14}(\Omega)$, le problème* (2.8) *admet une solution unique u dans $H^1_{\frac14,0}(\Omega)$.*

Pour le carré Ω, on a donc écrit deux formulations variationnelles du même problème! On verra toutefois que ce travail supplémentaire peut s'avérer utile pour la discrétisation de l'équation.

Exemple 2 (Conditions aux limites de Neumann): Sur un ouvert lipschitzien $\mathcal{O}$ de $\mathbb{R}^d$, on considère l'équation:

$$\begin{cases} -\Delta u = f & \text{dans } \mathcal{O}, \\ \frac{\partial u}{\partial n} = g & \text{sur } \partial\mathcal{O}. \end{cases} \tag{2.13}$$

On suppose maintenant la fonction f dans $L^2(\mathcal{O})$ et la donnée sur la frontière g dans le dual $\big(H^{\frac12}(\partial\mathcal{O})\big)'$ de $H^{\frac12}(\partial\mathcal{O})$. Il est clair que la fonction u n'est définie qu'à une constante additive près, elle doit donc être cherchée dans l'espace quotient $H^1(\mathcal{O})/\mathbb{R}$ de l'espace $H^1(\mathcal{O})$ par les fonctions constantes. On considère alors le problème variationnel suivant: *trouver u dans $H^1(\mathcal{O})/\mathbb{R}$ tel que*

$$\begin{aligned}
&\forall v \in H^1(\mathcal{O})/\mathbb{R}, \\
&\int_{\mathcal{O}} (\mathbf{grad}\, u)(\boldsymbol{x}) \,.\, (\mathbf{grad}\, v)(\boldsymbol{x})\, d\boldsymbol{x} = \int_{\mathcal{O}} f(\boldsymbol{x}) v(\boldsymbol{x})\, d\boldsymbol{x} + < g, v >_{\partial\mathcal{O}},
\end{aligned} \tag{2.14}$$

où $< .,. >_{\partial\mathcal{O}}$ désigne le produit de dualité entre $H^{\frac12}(\partial\mathcal{O})$ et son espace dual. On voit que toute solution u de (2.14) vérifie l'équation $-\Delta u = f$ au sens des distributions, donc $-\Delta u$ appartient à $L^2(\mathcal{O})$. La condition aux limites se déduit de (2.14) par une intégration par parties et la formule de Stokes:

$$\int_{\mathcal{O}} (\mathbf{grad}\, u)(\boldsymbol{x}) \,.\, (\mathbf{grad}\, v)(\boldsymbol{x})\, d\boldsymbol{x} = -\int_{\mathcal{O}} (\Delta u)(\boldsymbol{x}) v(\boldsymbol{x})\, d\boldsymbol{x} + < \frac{\partial u}{\partial n}, v >_{\partial\mathcal{O}},$$

puisque, grâce à cette formule, on peut définir pour les fonctions de $H^1(\mathcal{O})$ à laplacien dans $L^2(\mathcal{O})$, une "dérivée normale" dans $\big(H^{\frac{1}{2}}(\partial\mathcal{O})\big)'$. On note aussi que l'équation (2.14) n'a de sens que si le membre de droite est nul lorsque v est constant, c'est-à-dire lorsque la condition suivante est satisfaite:

$$\int_{\mathcal{O}} f(x)\,dx + < g, 1 >_{\partial\mathcal{O}} = 0. \tag{2.15}$$

Théorème 2.6. *Pour toute fonction f de $L^2(\mathcal{O})$ et toute distribution g de $\big(H^{\frac{1}{2}}(\partial\mathcal{O})\big)'$ vérifiant la condition de compatibilité* (2.15), *le problème* (2.14) *admet une solution unique u dans $H^1(\mathcal{O})/\mathbb{R}$. De plus, cette solution vérifie*

$$\|u\|_{H^1(\mathcal{O})} \leq c\,(\|f\|_{L^2(\mathcal{O})} + \|g\|_{(H^{\frac{1}{2}}(\partial\mathcal{O}))'}). \tag{2.16}$$

Démonstration: Le théorème est une conséquence directe du lemme de Lax–Milgram appliqué au problème (2.14) avec $X = H^1(\mathcal{O})/\mathbb{R}$. L'ellipticité de la forme bilinéaire sur cet espace est donnée par le Lemme 1.9, donc les hypothèses du Lemme de Lax–Milgram sont vérifiées.

On ne peut établir pour le problème de Neumann une formulation variationnelle dans l'espace $H^1_{\text{ч}}(\Omega)$ analogue à (2.8), en effet dans l'ouvert $\Omega =]-1,1[^2$, la forme bilinéaire: $(u,v) \mapsto \int_\Omega (\mathbf{grad}\, u)(x) \,.\, \big(\mathbf{grad}\,(v\,\varpi_{\text{ч}})\big)(x)\,dx$ n'est pas continue sur $H^1_{\text{ч}}(\Omega) \times H^1_{\text{ч}}(\Omega)$ (ce que l'on constate immédiatement en prenant par exemple u égal à la première coordonnée et v égal à 1).

Remarque 2.7. Une question importante est celle de la régularité de la solution du problème (2.4) ou du problème (2.13): plus précisément, on se demande pour quels entiers positifs k l'application: $(f,g) \mapsto u$, où u est la solution du problème (2.4) (respectivement (2.13)), est continue de $H^{k-2}(\mathcal{O}) \times H^{k-\frac{1}{2}}(\partial\mathcal{O})$ dans $H^k(\mathcal{O})$ (respectivement de $H^{k-2}(\mathcal{O}) \times H^{k-\frac{3}{2}}(\partial\mathcal{O})$ dans $H^k(\mathcal{O})$). En général, ceci n'est pas vrai pour toutes les valeurs de k, car les singularités de la frontière $\partial\mathcal{O}$ donnent naissance à des singularités de la solution, même pour des conditions aux limites homogènes et une donnée f régulière. On se contentera de citer trois résultats importants:
(i) lorsque la frontière $\partial\mathcal{O}$ est de classe $\mathcal{C}^{m-1,1}$, la propriété est vraie pour tout entier $k \leq m$;
(ii) lorsque l'ouvert $\mathcal{O}$ est convexe, la propriété est vraie pour k égal à 2;
(iii) lorsque l'ouvert $\mathcal{O}$ est un polygone, la propriété est vraie pour tout entier k inférieur à $1 + \frac{\pi}{\omega}$, où ω désigne le plus grand angle du polygone.

I.3. Rappels sur les polynômes orthogonaux

Dans ce paragraphe, vont être rappelées et démontrées plusieurs propriétés importantes des polynômes de Legendre, puis de Tchebycheff, qui seront utiles par la suite. On réfère à Szegö [59] pour des résultats beaucoup plus complets dans cette direction. On remarque aussi que la plupart de ces propriétés sont encore vraies pour d'autres familles de polynômes orthogonaux, par exemple ceux de Jacobi, avec des démonstrations pratiquement identiques (voir Exercice 2), mais on se limite au cas qui nous intéresse par souci de simplicité. Les résultats essentiels sont regroupés dans un formulaire à la fin de l'ouvrage, toutefois le lecteur est vivement incité à en lire les démonstrations, si élémentaires soient-elles. On désigne par Λ l'intervalle ouvert $]-1,1[$.

Les polynômes de Legendre forment une famille de polynômes deux à deux orthogonaux dans l'espace $L^2(\Lambda)$. Une famille de polynômes unitaires satisfaisant cette dernière propriété peut facilement être construite par le procédé de Gram-Schmidt: on fixe le polynôme $\tilde{L}_0$ égal à 1; puis, en supposant connus les polynômes unitaires $\tilde{L}_m$ de degré m, deux à deux orthogonaux, $0 \le m \le n-1$, on choisit le polynôme $\tilde{L}_n$ par

$$\tilde{L}_n(\zeta) = \zeta^n - \sum_{m=0}^{n-1} \frac{\int_{-1}^{1} \zeta^n \tilde{L}_m(\zeta)\, d\zeta}{\|\tilde{L}_m\|^2_{L^2(\Lambda)}} \tilde{L}_m. \tag{3.1}$$

Ceci permet de définir les polynômes de Legendre en multipliant chaque $\tilde{L}_n$ par une constante appropriée. Il est facile de vérifier l'unicité de la famille $(\tilde{L}_n)_n$. D'autre part, en notant que tout polynôme pair est orthogonal à tout polynôme impair dans $L^2(\Lambda)$, on en déduit que les polynômes $\tilde{L}_n$, et par conséquent les polynômes de Legendre, ont la parité de leur degré.

On commence par rappeler une propriété fondamentale, vraie pour toutes les familles de polynômes orthogonaux sur un intervalle réel. La démonstration adoptée ici est celle de Crouzeix et Mignot [24].

Lemme 3.1. *Pour tout entier positif n, les zéros du polynôme $\tilde{L}_n$ sont réels, distincts et strictement compris entre -1 et 1.*

Démonstration: Soit ℓ le nombre de zéros distincts de $\tilde{L}_n$ qui sont réels, strictement compris entre -1 et 1 et d'ordre impair, et soit ζ_1, ζ_2, ... et ζ_ℓ les zéros correspondants. Si ℓ est inférieur à n, comme le polynôme $\tilde{L}_n$ est orthogonal à tous les polynômes de degré $\le n-1$ dans $L^2(\Lambda)$, la quantité $\int_{-1}^{1} \tilde{L}_n(\zeta-\zeta_1)\dots(\zeta-\zeta_\ell)\, d\zeta$ est nulle. Ceci est impossible car la fonction intégrée ne change pas de signe sur Λ. Donc, ℓ est égal à n, ce qui prouve le lemme.

Ceci montre que les $\tilde{L}_n$ ne s'annulent pas en 1, on peut alors définir les polynômes de Legendre.

Définition 3.2. On appelle famille des *polynômes de Legendre* la famille $(L_n)_n$ de polynômes sur Λ, deux à deux orthogonaux dans l'espace $L^2(\Lambda)$ et tels que, pour tout entier positif ou nul n, le polynôme L_n soit de degré n et vérifie: $L_n(1) = 1$.

Notation 3.3. Pour tout entier $n \ge 0$, on note k_n le coefficient de ζ^n dans $L_n(\zeta)$.

L'équation qui suit est à la base des techniques de discrétisation spectrale.

Proposition 3.4. (Équation différentielle) *Pour tout entier $n \ge 0$, le polynôme L_n vérifie l'équation différentielle:*

$$\frac{d}{d\zeta}\big((1-\zeta^2)\, L_n'\big) + n(n+1)\, L_n = 0. \tag{3.2}$$

Démonstration: On remarque que le polynôme $\frac{d}{d\zeta}\big((1-\zeta^2)\, L_n'\big)$ est de degré $\le n$ et qu'il vérifie, pour tout polynôme φ de degré $\le n-1$:

$$\int_{-1}^{1} \frac{d}{d\zeta}((1-\zeta^2)\,L_n')(\zeta)\,\varphi(\zeta)\,d\zeta = -\int_{-1}^{1}(1-\zeta^2)\,L_n'(\zeta)\varphi'(\zeta)\,d\zeta$$
$$= \int_{-1}^{1} L_n(\zeta)\,\frac{d}{d\zeta}((1-\zeta^2)\,\varphi')(\zeta)\,d\zeta = 0.$$

On en déduit qu'il existe un nombre réel λ_n tel que

$$\frac{d}{d\zeta}((1-\zeta^2)\,L_n') + \lambda_n\,L_n = 0.$$

Pour calculer λ_n, on regarde le coefficient de ζ^n dans l'égalité ci-dessus et on obtient

$$-k_n\,n(n+1) + k_n\,\lambda_n = 0,$$

ce qui termine la démonstration.

L'opérateur A défini par

$$A\varphi = -\frac{d}{d\zeta}((1-\zeta^2)\,\varphi'), \tag{3.3}$$

qui est auto-adjoint et positif dans $L^2(\Lambda)$, est de type Sturm–Liouville (cf. Dautray et Lions [25, Chap. 8, §2]). L'équation (3.2) se traduit par le fait que tous les polynômes de Legendre en sont des fonctions propres, ceci est à l'origine du qualificatif "spectral" qui caractérise les méthodes étudiées dans cet ouvrage. Une conséquence immédiate de l'équation (3.2) est que l'on obtient par intégration par parties, pour tous entiers m et n positifs ou nuls:

$$\int_{-1}^{1} L_m'(\zeta)L_n'(\zeta)\,(1-\zeta^2)\,d\zeta = n(n+1)\int_{-1}^{1} L_m(\zeta)L_n(\zeta)\,d\zeta. \tag{3.4}$$

Ceci signifie que les L_n', $n \geq 1$, forment une famille de polynômes deux à deux orthogonaux pour la mesure $(1-\zeta^2)\,d\zeta$ dans Λ, ce qui sera largement utilisé par la suite. Une dernière conséquence de l'équation (3.2), appliquée en 1, est l'égalité

$$L_n'(1) = \frac{n(n+1)}{2}. \tag{3.5}$$

Lemme 3.5. (Formule de Rodrigues) *Pour tout entier $n \geq 0$, le polynôme L_n est donné par*

$$L_n = \frac{(-1)^n}{2^n n!}\,(\frac{d^n}{d\zeta^n})((1-\zeta^2)^n). \tag{3.6}$$

Démonstration: On remarque que la fonction $(1-\zeta^2)^n$ est un polynôme de degré $2n$ qui s'annule en ± 1, ainsi que toutes ses dérivées jusqu'à l'ordre $n-1$. En intégrant n fois par parties, on vérifie que pour tout polynôme φ de degré $\leq n-1$,

$$\int_{-1}^{1}(\frac{d^n}{d\zeta^n})((1-\zeta^2)^n)(\zeta)\varphi(\zeta)\,d\zeta = (-1)^n\int_{-1}^{1}(1-\zeta^2)^n(\frac{d^n\varphi}{d\zeta^n})(\zeta)\,d\zeta = 0,$$

donc $(\frac{d^n}{d\zeta^n})\big((1-\zeta^2)^n\big)$ est égal à une constante que multiplie L_n. Pour déterminer la constante, on calcule

$$(\frac{d^n}{d\zeta^n})\big((1-\zeta^2)^n\big)(1) = (\frac{d^n}{d\zeta^n})\big((1-\zeta)^n(1+\zeta)^n\big)(1) = (-1)^n n! 2^n,$$

ce qu'on compare à $L_n(1) = 1$.

Le lemme précédent a deux conséquences, dont la première est immédiate.

Corollaire 3.6. *Pour tout entier $n \geq 0$, le coefficient k_n est donné par*

$$k_n = \frac{(2n)!}{2^n (n!)^2}. \tag{3.7}$$

Corollaire 3.7. *Pour tout entier $n \geq 0$, le polynôme L_n vérifie*

$$\int_{-1}^{1} L_n^2(\zeta)\, d\zeta = \frac{1}{n+\frac{1}{2}}. \tag{3.8}$$

Démonstration: Du Lemme 3.5, on déduit en effectuant n intégration par parties

$$\int_{-1}^{1} L_n^2(\zeta)\, d\zeta = \frac{(-1)^n}{2^n n!} \int_{-1}^{1} (\frac{d^n}{d\zeta^n})\big((1-\zeta^2)^n\big)(\zeta) L_n(\zeta)\, d\zeta = \frac{1}{2^n n!} \int_{-1}^{1} (1-\zeta^2)^n\, k_n n!\, d\zeta$$
$$= \frac{(2n)!}{2^{2n}(n!)^2} \int_{-1}^{1} (1-\zeta^2)^n\, d\zeta.$$

Cette dernière intégrale est une intégrale de Wallis, que l'on sait calculer par récurrence sur n:

$$\int_{-1}^{1} (1-\zeta^2)^n\, d\zeta = 2\int_{0}^{1} (1-\zeta^2)^n\, d\zeta = 2\int_{0}^{\frac{\pi}{2}} (\sin\theta)^{2n+1}\, d\theta = \frac{2^{2n+1}(n!)^2}{(2n+1)!}.$$

Lemme 3.8. (Équation intégrale) *Pour tout entier positif n, on a la formule*

$$\int_{-1}^{\zeta} L_n(\xi)\, d\xi = \frac{1}{2n+1}\big(L_{n+1}(\zeta) - L_{n-1}(\zeta)\big). \tag{3.9}$$

Démonstration: Soit K_{n+1} la fonction $\int_{-1}^{\zeta} L_n(\xi)\, d\xi$, qui est en fait un polynôme de degré $n+1$. On note d'abord que K_{n+1} s'annule non seulement en -1 mais aussi en $+1$ par définition de L_n (n est positif). On en déduit l'identité, vraie pour tout entier $m \geq 0$:

$$\int_{-1}^{1} K_{n+1}(\zeta) L_m(\zeta)\, d\zeta = \int_{-1}^{1} L_n(\zeta) K_{m+1}(\zeta)\, d\zeta.$$

Cette quantité est donc nulle pour $m > n+1$ et pour $n > m+1$, par suite on peut écrire K_{n+1} sous la forme

$$K_{n+1} = \alpha_{n-1}\, L_{n-1} + \alpha_n\, L_n + \alpha_{n+1}\, L_{n+1}. \tag{3.10}$$

Le coefficient α_n est nul, puisque les polynômes L_n d'une part, K_{n+1}, L_{n-1} et L_{n+1} d'autre part, sont de parité différentes. Il reste donc à calculer α_{n-1} et α_{n+1}. En comparant les coefficients de ζ^{n+1} dans la formule (3.10), on voit que

$$\frac{k_n}{n+1} = \alpha_{n+1}\, k_{n+1},$$

donc, d'après le Corollaire 3.6, α_{n+1} est égal à $\frac{1}{2n+1}$. Finalement, comme K_{n+1} s'annule en 1, on a

$$0 = \alpha_{n+1} + \alpha_{n-1} = \frac{1}{2n+1} + \alpha_{n-1},$$

ce qui permet de conclure.

Pour des raisons techniques, on aura aussi besoin de polynômes de norme 1. On pose donc, pour tout entier $n \geq 0$:

$$L_n^* = \frac{L_n}{\|L_n\|_{L^2(\Lambda)}} = \sqrt{n+\tfrac{1}{2}}\, L_n, \tag{3.11}$$

et on désigne par k_n^* le coefficient de ζ^n dans $L_n^*(\zeta)$. On commence par démontrer une relation de récurrence vérifiée par ces polynômes.

Lemme 3.9. *Pour tout entier positif n, on a la formule de récurrence:*

$$L_{n+1}^* = \frac{k_{n+1}^*}{k_n^*}\, \zeta L_n^* - \frac{k_{n-1}^* k_{n+1}^*}{k_n^{*2}}\, L_{n-1}^*. \tag{3.12}$$

Démonstration: On voit que le polynôme $L_{n+1}^* - \frac{k_{n+1}^*}{k_n^*}\, \zeta L_n^*$ est de degré $\leq n$ et orthogonal à tous les polynômes de degré $\leq n-2$. Il existe donc deux constantes μ_n et ν_n telles que l'on ait

$$L_{n+1}^* - \frac{k_{n+1}^*}{k_n^*}\, \zeta L_n^* = \mu_n\, L_n^* - \nu_n\, L_{n-1}^*.$$

On a déjà remarqué que les polynômes L_{n+1}^*, ζL_n^* et L_{n-1}^* ont la même parité que $n+1$, tandis que le polynôme L_n^* a la parité de n. Ceci prouve que μ_n est nul. Il reste à calculer ν_n, ce qui s'effectue en écrivant

$$0 = \int_{-1}^{1} L_{n+1}^*(\zeta) L_{n-1}^*(\zeta)\, d\zeta = \frac{k_{n+1}^*}{k_n^*} \int_{-1}^{1} L_n^*(\zeta) \zeta L_{n-1}^*(\zeta)\, d\zeta - \nu_n \int_{-1}^{1} L_{n-1}^{*2}(\zeta)\, d\zeta.$$

En notant que ζL_{n-1}^* est la somme de $\frac{k_{n-1}^*}{k_n^*}\, L_n^*$ et d'un polynôme de degré $\leq n-1$, on en déduit

$$0 = \frac{k_{n-1}^* k_{n+1}^*}{k_n^{*2}} - \nu_n,$$

ce qui termine la démonstration.

En remplaçant chaque L_n^* par L_n divisé par $\|L_n\|_{L^2(\Lambda)}$ et chaque k_n^* par k_n divisé par $\|L_n\|_{L^2(\Lambda)}$, et en utilisant les Corollaires 3.6 et 3.7, le lecteur en déduira la relation de récurrence pour les polynômes de Legendre.

Corollaire 3.10. (Formule de récurrence) *La famille* $(L_n)_n$ *est donnée par les relations:*

$$\begin{cases} L_0(\zeta) = 1 \quad \text{et} \quad L_1(\zeta) = \zeta, \\ (n+1)\, L_{n+1}(\zeta) = (2n+1)\, \zeta L_n(\zeta) - n\, L_{n-1}(\zeta), \quad n \geq 1. \end{cases} \tag{3.13}$$

On donne une dernière formule, qui sera utilisée dans la mise en œuvre numérique des méthodes de collocation.

Lemme 3.11. (Formule de Christoffel–Darboux) *Pour tout entier* $n \geq 0$, *on a la formule:*

$$\forall \zeta \in \Lambda, \forall \eta \in \Lambda,$$
$$L_0^*(\zeta)L_0^*(\eta) + \ldots + L_n^*(\zeta)L_n^*(\eta) = \frac{k_n^*}{k_{n+1}^*}\, \frac{L_{n+1}^*(\zeta)L_n^*(\eta) - L_{n+1}^*(\eta)L_n^*(\zeta)}{\zeta - \eta}. \tag{3.14}$$

Démonstration: Cette formule étant évidente pour $n = 0$, la démonstration s'effectue par récurrence sur n, à partir de l'égalité:

$$\begin{aligned} &\frac{k_n^*}{k_{n+1}^*}\, \frac{L_{n+1}^*(\zeta)L_n^*(\eta) - L_{n+1}^*(\eta)L_n^*(\zeta)}{\zeta - \eta} \\ &\quad = \frac{1}{\zeta - \eta}\, \frac{k_n^*}{k_{n+1}^*} \Big(\frac{k_{n+1}^*}{k_n^*}\, \zeta L_n^*(\zeta)L_n^*(\eta) - \frac{k_{n-1}^* k_{n+1}^*}{k_n^{*2}}\, L_{n-1}^*(\zeta)L_n^*(\eta) \\ &\qquad\qquad - \frac{k_{n+1}^*}{k_n^*}\, \eta L_n^*(\eta)L_n^*(\zeta) + \frac{k_{n-1}^* k_{n+1}^*}{k_n^{*2}}\, L_{n-1}^*(\eta)L_n^*(\zeta) \Big) \\ &\quad = L_n^*(\zeta)L_n^*(\eta) + \frac{k_{n-1}^*}{k_n^*}\, \frac{L_n^*(\zeta)L_{n-1}^*(\eta) - L_n^*(\eta)L_{n-1}^*(\zeta)}{\zeta - \eta}. \end{aligned}$$

En faisant tendre η vers ζ dans la formule (3.14), on obtient en outre la formule:

$$\forall \zeta \in \Lambda, \quad L_0^{*2}(\zeta) + \ldots + L_n^{*2}(\zeta) = \frac{k_n^*}{k_{n+1}^*}\, \big(L_{n+1}^{*\prime}(\zeta)L_n^*(\zeta) - L_{n+1}^*(\zeta)L_n^{*\prime}(\zeta) \big). \tag{3.15}$$

Les polynômes de Tchebycheff possèdent des propriétés très semblables à celles des polynômes de Legendre. Elles sont toutefois plus faciles à démontrer, grâce à la définition explicite de ces polynômes. Pour tout entier $n \geq 0$, on pose

$$T_n(\zeta) = \cos\big(n(\arccos \zeta)\big). \tag{3.16}$$

Le changement de variable $\zeta = \cos\theta$ indique immédiatement que

$$\int_{-1}^{1} T_m(\zeta)T_n(\zeta)\,(1-\zeta^2)^{-\frac{1}{2}}\, d\zeta = \int_0^{\pi} \cos(m\theta)\cos(n\theta)\, d\theta.$$

En d'autres termes, les polynômes T_n, $n \geq 0$, sont deux à deux orthogonaux sur $]-1,1[$ pour la mesure $(1-\zeta^2)^{-\frac{1}{2}}\, d\zeta$, c'est-à-dire dans l'espace $L^2_{\varphi}(\Lambda)$ défini en (1.21). Leur norme est donnée par

$$\|T_0\|_{L^2_{\varphi}(\Lambda)} = \pi \quad \text{et} \quad \|T_n\|_{L^2_{\varphi}(\Lambda)} = \frac{\pi}{2}, \quad n \geq 1. \tag{3.17}$$

Pour tout entier positif n, les zéros de T_n sont les $\cos(\frac{(2j-1)\pi}{2n})$, $1 \leq j \leq n$; ils sont réels, distincts et strictement compris entre -1 et 1.

Proposition 3.12. (Équation différentielle) *Pour tout entier $n \geq 0$, le polynôme T_n vérifie l'équation différentielle:*

$$\frac{d}{d\zeta}\big((1-\zeta^2)^{\frac{1}{2}}\, T_n'\big) + n^2\,(1-\zeta^2)^{-\frac{1}{2}}\, T_n = 0. \tag{3.18}$$

Démonstration: Dans le changement de variable $\zeta = \cos\theta$, on voit que

$$\frac{d\theta}{d\zeta} = -\frac{1}{\sin\theta} = -(1-\zeta^2)^{-\frac{1}{2}}.$$

Par suite, T_n' est égal à $n(1-\zeta^2)^{-\frac{1}{2}}\,\sin\big(n(\arccos\zeta)\big)$, et on dérive $n\,\sin\big(n(\arccos\zeta)\big)$ pour conclure.

Ce lemme indique que les polynômes sont encore les fonctions propres d'un opérateur de Sturm–Liouville $A_\text{ч}$, donné par

$$A_\text{ч}\varphi = -(1-\zeta^2)^{\frac{1}{2}}\,\frac{d}{d\zeta}\big((1-\zeta^2)^{\frac{1}{2}}\,\varphi'\big). \tag{3.19}$$

Les formules trigonométriques élémentaires donnent aussi le résultat suivant.

Lemme 3.13. (Formule de récurrence) *La famille $(T_n)_n$ est donnée par les relations:*

$$\begin{cases} T_0(\zeta) = 1 \quad \text{et} \quad T_1(\zeta) = \zeta, \\ T_{n+1}(\zeta) = 2\zeta T_n(\zeta) - T_{n-1}(\zeta), \quad n \geq 1. \end{cases} \tag{3.20}$$

I.4. Formules de quadrature

Il est bien connu que les zéros et les extrema des polynômes de Legendre ou de Tchebycheff (ou appartenant à une famille quelconque de polynômes orthogonaux) servent à la construction de formules de quadrature numérique de grande précision, c'est-à-dire qui sont exactes sur un espace de polynômes de degré élevé: il s'agit principalement des formules de Gauss et de Gauss–Lobatto. On réfère à Crouzeix et Mignot [24] et à Davis et Rabinowitz [26] pour leur analyse numérique complète. Une famille de formules englobant les deux précédentes est étudiée en détail dans Bernardi et Maday [13] (voir aussi l'Exercice 3 et le chapitre V).

Dans cet ouvrage, sont rappelées les caractéristiques des formules de Gauss et de Gauss–Lobatto pour approcher l'intégrale sur Λ successivement pour la mesure $d\zeta$ (cas Legendre) et pour la mesure $\rho_\text{ч}(\zeta)\,d\zeta$ (cas Tchebycheff).

Notation 4.1. Pour tout entier positif ou nul n, on note $\mathbb{P}_n(\Lambda)$ l'espace des polynômes à une variable de degré $\leq n$, restreints à Λ.

Proposition 4.2. *Soit N un entier positif fixé. Il existe un unique ensemble de N points ζ_j de Λ, $1 \leq j \leq N$, et un unique ensemble de N réels ω_j, $1 \leq j \leq N$, tels que l'égalité suivante ait lieu pour tout polynôme Φ de $\mathbb{P}_{2N-1}(\Lambda)$:*

$$\int_{-1}^{1} \Phi(\zeta)\,d\zeta = \sum_{j=1}^{N} \Phi(\zeta_j)\,\omega_j. \tag{4.1}$$

Les ζ_j, $1 \le j \le N$, sont les zéros du polynôme L_N. Les ω_j, $1 \le j \le N$, sont positifs.

Démonstration: Soit ζ_j, $1 \le j \le N$, les zéros de L_N. Pour $1 \le k \le N$, on note h_k le polynôme de Lagrange associé à ζ_k, c'est-à-dire l'unique polynôme de $\mathbb{P}_{N-1}(\Lambda)$ qui vaut 1 en ζ_k et s'annule en ζ_j, $1 \le j \le N$, $j \ne k$. On pose:

$$\omega_k = \int_{-1}^{1} h_k(\zeta)\, d\zeta.$$

On vérifie alors facilement que, pour $1 \le j \le N$,

$$\int_{-1}^{1} h_k(\zeta)\, d\zeta = h_k(\zeta_k)\, \omega_k = \sum_{j=1}^{N} h_k(\zeta_j)\omega_j,$$

de sorte que l'égalité (4.1) est vraie lorsque Φ appartient à l'ensemble $\{h_1, \dots, h_N\}$. Comme cet ensemble forme une base de $\mathbb{P}_{N-1}(\Lambda)$, l'égalité (4.1) est satisfaite pour tout polynôme Φ de $\mathbb{P}_{N-1}(\Lambda)$. Soit maintenant Φ un polynôme quelconque de $\mathbb{P}_{2N-1}(\Lambda)$, on effectue sa division euclidienne par L_N: il existe deux polynômes Q et R, nécessairement dans $\mathbb{P}_{N-1}(\Lambda)$, tels que Φ soit égal à $Q\, L_N + R$. On calcule alors

$$\int_{-1}^{1} \Phi(\zeta)\, d\zeta = \int_{-1}^{1} Q(\zeta) L_N(\zeta)\, d\zeta + \int_{-1}^{1} R(\zeta)\, d\zeta.$$

Comme L_N est orthogonal à tous les polynômes de degré $\le N-1$, donc à Q, et que l'égalité (4.1) est exacte pour le polynôme R, on en déduit

$$\int_{-1}^{1} \Phi(\zeta)\, d\zeta = \int_{-1}^{1} R(\zeta)\, d\zeta = \sum_{j=1}^{N} R(\zeta_j)\, \omega_j.$$

Finalement, comme les nœuds de la formule de quadrature sont les zéros de L_N, on obtient

$$\int_{-1}^{1} \Phi(\zeta)\, d\zeta = \sum_{j=1}^{N} (Q\, L_N + R)(\zeta_j)\, \omega_j = \sum_{j=1}^{N} \Phi(\zeta_j)\, \omega_j,$$

ce qui prouve l'exactitude de la formule de quadrature sur $\mathbb{P}_{2N-1}(\Lambda)$. Comme les h_j, $1 \le j \le N$, appartiennent à $\mathbb{P}_{N-1}(\Lambda)$, les h_j^2 appartiennent à $\mathbb{P}_{2N-2}(\Lambda)$ et on a

$$\omega_j = \int_{-1}^{1} h_j^2(\zeta)\, d\zeta,$$

ce qui montre que les ω_j sont positifs. Réciproquement, soit ζ_j et ω_j, $1 \le j \le N$, $2N$ nombres réels tels que la formule (4.1) soit vraie pour tout Φ dans $\mathbb{P}_{2N-1}(\Lambda)$. Comme précédemment, on note h_j, $1 \le j \le N$, les polynômes de Lagrange associés aux ζ_j dans $\mathbb{P}_{N-1}(\Lambda)$ et, en appliquant la formule à h_j, on voit que l'on a nécessairement:

$$\omega_j = \int_{-1}^{1} h_j(\zeta)\, d\zeta,$$

donc les ω_j, $1 \le j \le N$, sont déterminés de façon unique en fonction des ζ_j. Puis, en choisissant Φ égal à $L_N\, h_j$, on obtient

$$0 = \int_{-1}^{1} L_N(\zeta) h_j(\zeta)\, d\zeta = \sum_{k=1}^{N} L_N(\zeta_k) h_j(\zeta_k)\, \omega_k = L_N(\zeta_j)\, \omega_j.$$

Comme ω_j est aussi égal à $\int_{-1}^{1} h_j^2(\zeta)\, d\zeta$, donc est positif, $L_N(\zeta_j)$ est nul et les N points distincts ζ_j, $1 \le j \le N$, sont les zéros de L_N.

Dans tout ce qui suit, on désignera par ζ_j, $1 \le j \le N$, les zéros de L_N, qui sont les nœuds de la formule de quadrature (on omet l'indice N pour simplifier les notations) et par ω_j, $1 \le j \le N$, les poids qui leur sont associés de façon unique d'après la Proposition 4.2. La formule de quadrature:

$$\int_{-1}^{1} \Phi(\zeta)\, d\zeta \simeq \sum_{j=1}^{N} \Phi(\zeta_j)\, \omega_j, \tag{4.2}$$

est appelée *formule de Gauss de type Legendre* à N points. Il reste à donner une expression des poids ω_j, $1 \le j \le N$. Le plus simple est d'utiliser la formule de Christoffel–Darboux (3.14) avec η égal à ζ_j:

$$L_0^*(\zeta) L_0^*(\zeta_j) + \cdots + L_{N-1}^*(\zeta) L_{N-1}^*(\zeta_j) = \frac{k_{N-1}^*}{k_N^*}\, \frac{L_N^*(\zeta) L_{N-1}^*(\zeta_j)}{\zeta - \zeta_j}.$$

On obtient en intégrant cette équation:

$$1 = \frac{k_{N-1}^*}{k_N^*}\, L_{N-1}^*(\zeta_j) \int_{-1}^{1} \frac{L_N^*(\zeta)}{\zeta - \zeta_j}\, d\zeta,$$

puis en calculant l'intégrale grâce à la formule de quadrature:

$$1 = \frac{k_{N-1}^*}{k_N^*}\, L_N^{*\prime}(\zeta_j) L_{N-1}^*(\zeta_j)\, \omega_j. \tag{4.3}$$

En utilisant le Corollaire 3.7 pour "enlever les étoiles", puis le Corollaire 3.6, on en déduit finalement l'expression:

$$\omega_j = \frac{2}{N L_N'(\zeta_j) L_{N-1}(\zeta_j)}. \tag{4.4}$$

Remarque 4.3. Le calcul rapide des nœuds de la formule de quadrature est la première étape pour l'utilisation des méthodes spectrales. Pour de grandes valeurs de N, il semble que l'algorithme le plus performant pour obtenir les ζ_j, $1 \le j \le N$, soit le suivant: on fait appel à la formule de récurrence (3.12) et, en notant d'après les Corollaires 3.6 et 3.7 que

$$k_n^* = \sqrt{n + \frac{1}{2}}\, \frac{(2n)!}{2^n (n!)^2},$$

on l'écrit sous la forme:

$$\zeta L_n^* = \frac{n+1}{\sqrt{(2n+1)(2n+3)}} L_{n+1}^* + \frac{n}{\sqrt{(2n-1)(2n+1)}} L_{n-1}^*.$$

Si l'on pose

$$\beta_n = \frac{n}{\sqrt{4n^2-1}},$$

ceci équivaut à:

$$\zeta \begin{pmatrix} L_0^* \\ L_1^* \\ \cdots \\ L_{N-2}^* \\ L_{N-1}^* \end{pmatrix} = \begin{pmatrix} 0 & \beta_1 & \cdots & 0 & 0 \\ \beta_1 & 0 & \cdots & 0 & 0 \\ \cdots & \cdots & \cdots & \cdots & \cdots \\ 0 & 0 & \cdots & 0 & \beta_{N-1} \\ 0 & 0 & \cdots & \beta_{N-1} & 0 \end{pmatrix} \begin{pmatrix} L_0^* \\ L_1^* \\ \cdots \\ L_{N-2}^* \\ L_{N-1}^* \end{pmatrix} + \beta_N \begin{pmatrix} 0 \\ 0 \\ \cdots \\ 0 \\ L_N^* \end{pmatrix}.$$

En d'autres termes, les ζ_j, $1 \le j \le N$, sont les valeurs propres de la matrice

$$M = \begin{pmatrix} 0 & \beta_1 & \cdots & 0 & 0 \\ \beta_1 & 0 & \cdots & 0 & 0 \\ \cdots & \cdots & \cdots & \cdots & \cdots \\ 0 & 0 & \cdots & 0 & \beta_{N-1} \\ 0 & 0 & \cdots & \beta_{N-1} & 0 \end{pmatrix},$$

qui est tridiagonale symétrique à diagonale nulle; on les calcule donc facilement, avec par exemple un algorithme de Givens–Householder (voir Ciarlet [22]). On remarque également qu'en appliquant une fois de plus la formule de Christoffel–Darboux (3.15) dans (4.3), on a l'expression:

$$\omega_j = \left(L_0^{*2}(\zeta_j) + \ldots + L_{N-1}^{*2}(\zeta_j)\right)^{-1},$$

et on en déduit que, si x_{j0} est la première composante d'un vecteur propre normé de la matrice M, associé à la valeur propre ζ_j, ω_j est égal à $2x_{j0}^2$.

La proposition suivante permet de construire une formule de quadrature similaire pour la mesure $\rho_{\text{ч}}(\zeta)\,d\zeta$. Sa démonstration est absolument identique à celle de la Proposition 4.2.

Proposition 4.4. *Soit N un entier positif fixé. Il existe un unique ensemble de N points $\zeta_j^{\text{ч}}$ de Λ, $1 \le j \le N$, et un unique ensemble de N réels $\omega_j^{\text{ч}}$, $1 \le j \le N$, tels que l'égalité suivante ait lieu pour tout polynôme Φ de $\mathbb{P}_{2N-1}(\Lambda)$:*

$$\int_{-1}^{1} \Phi(\zeta)\,\rho_{\text{ч}}(\zeta)\,d\zeta = \sum_{j=1}^{N} \Phi(\zeta_j^{\text{ч}})\,\omega_j^{\text{ч}}. \tag{4.5}$$

Les $\zeta_j^{\text{ч}}$, $1 \le j \le N$, sont les zéros $\cos(\frac{(N-j+\frac{1}{2})\pi}{N})$ du polynôme T_N. Les $\omega_j^{\text{ч}}$, $1 \le j \le N$, sont positifs.

On posera par la suite:

$$\zeta_j^{\text{ч}} = \cos(\frac{(N-j+\frac{1}{2})\pi}{N}), \quad 1 \le j \le N, \tag{4.6}$$

et on notera ω_j^*, $1 \le j \le N$, les poids qui leur sont associés dans la Proposition 4.4. La formule de quadrature:

$$\int_{-1}^{1} \Phi(\zeta)\,\rho_*(\zeta)\,d\zeta \simeq \sum_{j=1}^{N} \Phi(\zeta_j^*)\,\omega_j^*, \tag{4.7}$$

est appelée *formule de Gauss de type Tchebycheff* à N points. Pour calculer les poids ω_j^*, on part de l'égalité, valable pour tout entier $k < 2N$:

$$\sum_{j=1}^{N} \cos(\frac{(2j-1)k\pi}{2N}) = \Re(e^{\frac{ik\pi}{2N}} \sum_{j=0}^{N-1} e^{\frac{ijk\pi}{N}}) = \begin{cases} 0 & \text{si } k \text{ est non nul,} \\ N & \text{si } k \text{ est nul,} \end{cases}$$

où $\Re$ désigne la partie réelle. On en déduit l'identité, vraie pour $0 \le k \le 2N-1$:

$$\int_0^\pi \cos(k\theta)\,d\theta = \frac{\pi}{N} \sum_{j=1}^{N} \cos(\frac{(2j-1)k\pi}{2N}),$$

ou, de façon équivalente, en utilisant la formule de quadrature,

$$\frac{\pi}{N} \sum_{j=1}^{N} \cos(\frac{(2j-1)k\pi}{2N}) = \int_{-1}^{1} T_k(\zeta)\,\rho_*(\zeta)\,d\zeta = \sum_{j=1}^{N} \cos(\frac{(2j-1)k\pi}{2N})\,\omega_j^*.$$

Cette formule étant vraie pour tout k compris entre 0 et $2N-1$, on obtient donc

$$\omega_j^* = \frac{\pi}{N}, \quad 1 \le j \le N, \tag{4.8}$$

puisque ce choix assure que la formule de quadrature est exacte sur $\mathbb{P}_{2N-1}(\Lambda)$.

On étudie maintenant une autre formule de quadrature, qui diffère de la première essentiellement par le fait que les extrémités -1 et 1 de l'intervalle sont des nœuds de la formule.

Proposition 4.5. *Soit N un entier positif fixé. On pose $\xi_0 = -1$ et $\xi_N = 1$. Il existe un unique ensemble de $N-1$ points ξ_j de Λ, $1 \le j \le N-1$, et un unique ensemble de $N+1$ réels ρ_j, $0 \le j \le N$, tels que l'égalité suivante ait lieu pour tout polynôme Φ de $\mathbb{P}_{2N-1}(\Lambda)$:*

$$\int_{-1}^{1} \Phi(\zeta)\,d\zeta = \sum_{j=0}^{N} \Phi(\xi_j)\,\rho_j. \tag{4.9}$$

Les ξ_j, $1 \le j \le N-1$, sont les zéros du polynôme L_N'. Les ρ_j, $0 \le j \le N$, sont positifs.

Démonstration: On note d'abord que, si F_{N-1} désigne le polynôme $\prod_{j=1}^{N-1}(\zeta - \xi_j)$, tout polynôme Φ de $\mathbb{P}_{2N-1}(\Lambda)$ s'écrit sous la forme

$$\Phi(\zeta) = \Phi(-1)\,\frac{(1-\zeta)\,F_{N-1}(\zeta)}{2F_{N-1}(-1)} + \Phi(1)\,\frac{(1+\zeta)\,F_{N-1}(\zeta)}{2F_{N-1}(1)} + (1-\zeta^2)\,\Psi(\zeta),$$

où Ψ est un polynôme de $\mathbb{P}_{2N-3}(\Lambda)$. En posant

$$\begin{cases} \rho_0 = \frac{1}{2F_{N-1}(-1)} \int_{-1}^{1} (1-\zeta)\,F_{N-1}(\zeta)\,d\zeta \\ \rho_N = \frac{1}{2F_{N-1}(1)} \int_{-1}^{1} (1+\zeta)\,F_{N-1}(\zeta)\,d\zeta, \end{cases} \tag{4.10}$$

on voit que la première partie de la proposition est équivalente à l'énoncé suivant: il existe un unique ensemble de $N-1$ points ξ_j de Λ, $1 \leq j \leq N-1$, et un unique ensemble de $N-1$ réels ρ_j, $1 \leq j \leq N-1$, tels que l'égalité suivante ait lieu pour tout polynôme Ψ de $\mathbb{P}_{2N-3}(\Lambda)$:

$$\int_{-1}^{1} \Psi(\zeta)\,(1-\zeta^2)\,d\zeta = \sum_{j=1}^{N-1} \Psi(\xi_j)\,(1-\xi_j^2)\,\rho_j. \tag{4.11}$$

Ceci est similaire à la Proposition 4.2, avec N remplacé par $N-1$ et la mesure $d\zeta$ remplacée par la mesure $(1-\zeta^2)\,d\zeta$. On termine donc la démonstration de la Proposition 4.5 exactement par les mêmes arguments que pour la Proposition 4.2 en remarquant que, d'après la formule (3.4), les polynômes L'_n, $n \geq 1$, forment une famille orthogonale pour le produit scalaire: $(\varphi, \psi) \mapsto \int_{-1}^{1} \varphi(\zeta)\psi(\zeta)\,(1-\zeta^2)\,d\zeta$.

Dans tout ce qui suit, on notera ξ_j, $0 \leq j \leq N$, les zéros de $(1-\zeta^2)\,L'_N$ rangés par ordre croissant et ρ_j, $0 \leq j \leq N$, les poids qui leur sont associés de façon unique d'après la Proposition 4.5. Le formule de quadrature:

$$\int_{-1}^{1} \Phi(\zeta)\,d\zeta \simeq \sum_{j=0}^{N} \Phi(\xi_j)\,\rho_j, \tag{4.12}$$

est appelée *formule de Gauss–Lobatto de type Legendre* à $N+1$ points. Le mode de calcul des poids ρ_j, $0 \leq j \leq N$, est donné dans les deux lemmes suivants.

Lemme 4.6. *Les poids ρ_0 et ρ_N sont égaux à $\frac{2}{N(N+1)}$.*

Démonstration: On déduit de la formule (4.10) la formule équivalente

$$\begin{cases} \rho_0 = \frac{1}{2L'_N(-1)} \int_{-1}^{1} (1-\zeta)\,L'_N(\zeta)\,d\zeta \\ \rho_N = \frac{1}{2L'_N(1)} \int_{-1}^{1} (1+\zeta)\,L'_N(\zeta)\,d\zeta, \end{cases}$$

ce qui conduit à distinguer les deux cas: N pair et N impair.

1) Lorsque N est impair, le polynôme L'_N est pair, de sorte que $2L'_N(-1)$ et $2L'_N(1)$ sont tous deux égaux à $N(N+1)$; de plus, le polynôme $\zeta L'_N$ est impair, donc d'intégrale nulle sur Λ. On en déduit

$$\rho_0 = \rho_N = \frac{1}{N(N+1)} \int_{-1}^{1} L'_N(\zeta)\,d\zeta = \frac{1}{N(N+1)} \big(L_N(1) - L_N(-1)\big),$$

d'où le résultat.

2) Lorsque N est pair, les arguments de symétrie impliquent

$$\rho_0 = \rho_N = \frac{1}{N(N+1)} \int_{-1}^{1} \zeta L'_N(\zeta)\,d\zeta.$$

On intègre par parties:

$$\rho_0 = \rho_N = \frac{1}{N(N+1)} \Big(L_N(1) + L_N(-1) - \int_{-1}^{1} L_N(\zeta)\,d\zeta\Big),$$

et on obtient le résultat cherché.

Lemme 4.7. *Les poids ρ_j, $1 \le j \le N-1$, sont donnés par*

$$\rho_j = \frac{2}{N(N+1)\,L_N^2(\xi_j)}. \tag{4.13}$$

Démonstration: En appliquant la formule (4.12) au polynôme $\frac{L'_N(\zeta)}{\zeta-\xi_j}\,(1-\zeta^2)$, on voit que

$$\int_{-1}^{1} \frac{L'_N(\zeta)}{\zeta-\xi_j}\,(1-\zeta^2)\,d\zeta = \big(\frac{d}{d\zeta}\big)\big((1-\zeta^2)\,L'_N\big)(\xi_j)\,\rho_j,$$

d'où, d'après l'équation différentielle (3.2):

$$\rho_j = -\frac{1}{N(N+1)\,L_N(\xi_j)} \int_{-1}^{1} \frac{L'_N(\zeta)}{\zeta-\xi_j}\,(1-\zeta^2)\,d\zeta. \tag{4.14}$$

Pour évaluer l'intégrale, on va calculer par récurrence sur n la quantité

$$S_n(\zeta,\eta) = \frac{L'_{n+1}(\zeta)L'_n(\eta) - L'_{n+1}(\eta)L'_n(\zeta)}{\zeta-\eta}.$$

On établit la formule de récurrence sur les L'_n, $n \ge 1$, en dérivant la formule (3.13):

$$(n+1)\,L'_{n+1}(\zeta) = (2n+1)\,\zeta L'_n(\zeta) + (2n+1)\,L_n(\zeta) - n\,L'_{n-1}(\zeta),$$

puis en remplaçant $(2n+1)\,L_n$ par $L'_{n+1} - L'_{n-1}$ d'après la formule (3.9). On obtient

$$n\,L'_{n+1}(\zeta) = (2n+1)\,\zeta L'_n(\zeta) - (n+1)\,L'_{n-1}(\zeta). \tag{4.15}$$

En utilisant cette formule, on a

$$S_n(\zeta,\eta) = \frac{(2n+1)(\zeta-\eta)\,L'_n(\zeta)L'_n(\eta) - (n+1)\big(L'_{n-1}(\zeta)L'_n(\eta) - L'_{n-1}(\eta)L'_n(\zeta)\big)}{n\,(\zeta-\eta)},$$

ce qui s'écrit:

$$\frac{S_n(\zeta,\eta)}{n+1} = \frac{2n+1}{n(n+1)}\,L'_n(\zeta)L'_n(\eta) + \frac{S_{n-1}(\zeta,\eta)}{n}.$$

Puisque S_0 est identiquement nul, on obtient

$$\frac{L'_{n+1}(\zeta)L'_n(\eta) - L'_{n+1}(\eta)L'_n(\zeta)}{\zeta-\eta} = (n+1)\sum_{k=1}^{n} \frac{2k+1}{k(k+1)}\,L'_k(\zeta)L'_k(\eta),$$

qui est en fait la formule de Christoffel–Darboux pour les L'_n, $n \ge 1$. On utilise maintenant cette formule avec $n = N-1$ et $\eta = \xi_j$: on la multiplie par $(1-\zeta^2)$ et on l'intègre sur Λ par rapport à la variable ζ. En rappelant que les L'_n sont deux à deux orthogonaux pour la mesure $(1-\zeta^2)\,d\zeta$, donc d'intégrale nulle pour cette mesure lorsque n est ≥ 2, on en déduit

$$L'_{N-1}(\xi_j)\int_{-1}^{1}\frac{L'_N(\zeta)}{\zeta-\xi_j}(1-\zeta^2)\,d\zeta=\frac{3N}{2}\int_{-1}^{1}(1-\zeta^2)\,d\zeta=2N.$$

En combinant ce résultat avec (4.14), on arrive à la formule

$$\rho_j=-\frac{2}{(N+1)\,L_N(\xi_j)L'_{N-1}(\xi_j)}. \tag{4.16}$$

La formule (4.15) et la formule (3.9) dérivée, appliquées en ξ_j, s'écrivent

$$N\,L'_{N+1}(\xi_j)=-(N+1)\,L'_{N-1}(\xi_j)\quad\text{et}\quad(2N+1)\,L_N(\xi_j)=L'_{N+1}(\xi_j)-L'_{N-1}(\xi_j),$$

donc $L'_{N-1}(\xi_j)$ est égal à $-N L_N(\xi_j)$, ce qui permet de conclure.

Remarque 4.8. D'autres formules équivalentes sont possibles pour donner la valeur des ρ_j, $1\leq j\leq N-1$, par exemple la formule (4.16) ou encore, grâce à l'équation (3.2),

$$\rho_j=\frac{2N}{(1-\xi_j^2)\,L''_N(\xi_j)L'_{N-1}(\xi_j)}. \tag{4.17}$$

On peut noter que cette formule présente une certaine analogie avec (4.4) avec les L_n remplacés par les L'_n. Toutefois, la formule (4.13) est la plus simple.

Remarque 4.9. Comme pour la formule de Gauss, une manière simple et efficace de calculer les nœuds ξ_j, $1\leq j\leq N-1$, consiste à exhiber une matrice symétrique dont ils sont les valeurs propres. Pour cela, on pose:

$$J_n^*=L'_{n+1}\sqrt{\frac{n+\frac{3}{2}}{(n+1)(n+2)}},$$

ce qui signifie que les J_n^*, $0\leq n\leq N$, forment une base orthonormée de $\mathbb{P}_N(\Lambda)$ pour le produit scalaire: $(\varphi,\psi)\mapsto\int_{-1}^{1}\varphi(\zeta)\psi(\zeta)\,(1-\zeta^2)\,d\zeta$. La formule de récurrence (4.15) s'écrit

$$n\sqrt{\frac{(n+1)(n+2)}{n+\frac{3}{2}}}\,J_n^*(\zeta)=(2n+1)\sqrt{\frac{n(n+1)}{n+\frac{1}{2}}}\,\zeta J_{n-1}^*(\zeta)-(n+1)\sqrt{\frac{n(n-1)}{n-\frac{1}{2}}}\,J_{n-2}^*(\zeta),$$

ou encore

$$2\zeta\,J_{n-1}^*(\zeta)=\sqrt{\frac{n(n+2)}{(n+\frac{1}{2})(n+\frac{3}{2})}}\,J_n^*(\zeta)+\sqrt{\frac{(n-1)(n+1)}{(n-\frac{1}{2})(n+\frac{1}{2})}}\,J_{n-2}^*(\zeta).$$

Ceci prouve que les ξ_j, $1\leq j\leq N-1$, sont les valeurs propres de la matrice

$$\begin{pmatrix}0&\gamma_1&\cdots&0&0\\ \gamma_1&0&\cdots&0&0\\ \cdots&\cdots&\cdots&\cdots&\cdots\\ 0&0&\cdots&0&\gamma_{N-2}\\ 0&0&\cdots&\gamma_{N-2}&0\end{pmatrix},$$

avec

$$\gamma_n = \frac{1}{2}\sqrt{\frac{n(n+2)}{(n+\frac{1}{2})(n+\frac{3}{2})}}, \quad 1 \le n \le N-2. \tag{4.18}$$

Cette matrice est encore tridiagonale symétrique à diagonale nulle. Finalement, les poids ρ_j, $1 \le j \le N-1$, peuvent se calculer soit à partir des vecteurs propres de cette matrice comme pour la formule de Gauss, soit par la formule (4.13), ce qui en l'occurrence, n'est pas beaucoup plus compliqué. Les poids ρ_0 et ρ_N sont donnés dans le Lemme 4.6.

Une formule similaire existe pour approcher l'intégrale par rapport à la mesure $\rho_*(\zeta)\,d\zeta$. La démonstration de la proposition suivante est laissée au lecteur.

Proposition 4.10. *Soit N un entier positif fixé. On pose $\xi_0^* = -1$ et $\xi_N^* = 1$. Il existe un unique ensemble de $N-1$ points ξ_j^* de Λ, $1 \le j \le N-1$, et un unique ensemble de $N+1$ réels ρ_j^*, $0 \le j \le N$, tels que l'égalité suivante ait lieu pour tout polynôme Φ de $\mathbb{P}_{2N-1}(\Lambda)$:*

$$\int_{-1}^{1} \Phi(\zeta)\,\rho_*(\zeta)\,d\zeta = \sum_{j=0}^{N} \Phi(\xi_j^*)\,\rho_j^*. \tag{4.19}$$

Les ξ_j^*, $1 \le j \le N-1$, sont les zéros $\cos(\frac{(N-j)\pi}{N})$ du polynôme T_N'. Les ρ_j^*, $0 \le j \le N$, sont positifs.

On posera par la suite:

$$\xi_j^* = \cos(\frac{(N-j)\pi}{N}), \quad 0 \le j \le N, \tag{4.20}$$

et on notera ρ_j^*, $0 \le j \le N$, les poids qui leur sont associés dans la Proposition 4.10. La formule de quadrature:

$$\int_{-1}^{1} \Phi(\zeta)\,\rho_*(\zeta)\,d\zeta \simeq \sum_{j=0}^{N} \Phi(\xi_j^*)\,\rho_j^*, \tag{4.21}$$

est la *formule de Gauss-Lobatto de type Tchebycheff* à $N+1$ points. On vérifie aisément que les poids ρ_j^*, $0 \le j \le N$, sont donnés par:

$$\begin{cases} \rho_0^* = \rho_N^* = \frac{\pi}{2N}, & \\ \rho_j^* = \frac{\pi}{N}, & 1 \le j \le N-1. \end{cases} \tag{4.22}$$

I.5. Inégalités inverses pour des polynômes

On rappelle les deux constatations suivantes:

(i) Pour tout ouvert $\mathcal{O}$ non vide borné lipschitzien, l'espace $H^1(\mathcal{O})$ est strictement inclus dans l'espace $L^2(\mathcal{O})$ avec injection continue;

(ii) Sur un espace vectoriel de dimension finie, toutes les normes sont équivalentes.

Ceci signifie d'abord que la norme $\|.\|_{L^2(\mathcal{O})}$ est bornée par une constante fois la norme $\|.\|_{H^1(\mathcal{O})}$, mais que l'inverse est faux. Et cela indique aussi que, sur un espace de polynômes restreints à l'ouvert $\mathcal{O}$ de degré inférieur à un entier fixé, il existe une constante ne dépendant que de cet entier et du diamètre de $\mathcal{O}$ telle que la norme $\|.\|_{H^1(\mathcal{O})}$ des polynômes soit majorée par cette constante fois leur norme $\|.\|_{L^2(\mathcal{O})}$. Cette dernière inégalité est dite *inverse*, et le but de ce paragraphe est de préciser la dépendance exacte de la constante par rapport au degré des polynômes, sur l'intervalle de référence $\Lambda =]-1, 1[$. La première démonstration en a été donnée par Canuto et Quarteroni [19].

On commençe par un résultat utile.

Lemme 5.1. *Pour tout entier $n \geq 1$, le polynôme L'_n vérifie*

$$\int_{-1}^{1} L'^2_n(\zeta)\, d\zeta = n(n+1). \tag{5.1}$$

Démonstration: Grâce à la propriété d'orthogonalité des polynômes de Legendre, une intégration par parties donne

$$\begin{aligned}\int_{-1}^{1} L'^2_n(\zeta)\, d\zeta &= -\int_{-1}^{1} L_n(\zeta) L''_n(\zeta)\, d\zeta + L'_n(1)L_n(1) - L'_n(-1)L_n(-1)\\ &= L'_n(1) - (-1)^n L'_n(-1).\end{aligned}$$

La valeur de $L'_n(1)$ est donnée en (3.5), la valeur de $L'_n(-1)$ s'en déduit par parité ou imparité.

Théorème 5.2. *La majoration suivante est vérifiée pour tout entier N positif et par tout polynôme φ_N de $\mathbb{P}_N(\Lambda)$:*

$$|\varphi_N|_{H^1(\Lambda)} \leq \sqrt{3}\, N^2\, \|\varphi_N\|_{L^2(\Lambda)}. \tag{5.2}$$

Démonstration: Tout polynôme φ_N de $\mathbb{P}_N(\Lambda)$ s'écrit dans la base des polynômes de Legendre:

$$\varphi_N = \sum_{n=0}^{N} \varphi^n\, L_n,$$

et on a d'après le Corollaire 3.7

$$\|\varphi_N\|^2_{L^2(\Lambda)} = \sum_{n=0}^{N} \frac{(\varphi^n)^2}{n+\frac{1}{2}}.$$

Le Lemme 5.1 permet d'écrire la majoration

$$|\varphi_N|_{H^1(\Lambda)} \leq \sum_{n=0}^{N} |\varphi^n| |L_n|_{H^1(\Lambda)} \leq \sum_{n=0}^{N} |\varphi^n| \sqrt{n(n+1)}.$$

On utilise alors l'inégalité de Cauchy–Schwarz pour en déduire

$$\begin{aligned}|\varphi_N|_{H^1(\Lambda)} &\leq \Big(\sum_{n=0}^{N} \frac{(\varphi^n)^2}{n+\frac{1}{2}}\Big)^{\frac{1}{2}} \Big(\sum_{n=0}^{N} n(n+1)(n+\frac{1}{2})\Big)^{\frac{1}{2}}\\ &\leq N^2\, \|\varphi_N\|_{L^2(\Lambda)} \Big(\sup_{1\leq n\leq N} \frac{n}{N}\big(\frac{n}{N}+1\big)\big(\frac{n}{N}+\frac{1}{2}\big)\Big)^{\frac{1}{2}},\end{aligned}$$

ce qui donne le résultat cherché.

À la vue de majorations pour les polynômes simples, par exemple:

$$\|\zeta^N\|_{L^2(\Lambda)} = \frac{1}{\sqrt{N+\frac{1}{2}}} \quad \text{et} \quad |\zeta^N|_{H^1(\Lambda)} = \frac{N}{\sqrt{N-\frac{1}{2}}},$$

on s'attendrait peut-être à ce que la puissance du paramètre N dans l'inégalité (5.2) soit égale à 1, ou tout au moins plus petite que 2. On va montrer que cette puissance ne peut être diminuée, en exhibant pour tout entier N un polynôme φ_N de $\mathbb{P}_N(\Lambda)$ tel que

$$|\varphi_N|_{H^1(\Lambda)} \geq c\,N^2\,\|\varphi_N\|_{L^2(\Lambda)}. \tag{5.3}$$

Pour cela, on rappelle que $\|L'_N\|_{L^2(\Lambda)}$ est égal à $\sqrt{N(N+1)}$, donc inférieur ou égal à $\sqrt{2}\,N$. Pour calculer $|L'_N|_{H^1(\Lambda)} = \|L''_N\|_{L^2(\Lambda)}$, on utilise la formule de quadrature (4.12). Comme les poids ρ_j, $1 \leq j \leq N-1$, sont positifs et que les poids ρ_0 et ρ_N sont donnés par le Lemme 4.6, on voit que

$$|L'_N|^2_{H^1(\Lambda)} = \sum_{j=0}^{N} L''^2_N(\xi_j)\,\rho_j \geq L''^2_N(-1)\rho_0 + L''^2_N(1)\rho_N \geq \frac{2}{N(N+1)}\big(L''^2_N(-1) + L''^2_N(1)\big).$$

Pour calculer $L''_N(\pm 1)$, on utilise l'équation différentielle (3.2):

$$(1-\zeta^2)\,L''_N(\zeta) - 2\zeta L'_N(\zeta) + N(N+1)\,L_N(\zeta) = 0,$$

que l'on dérive:

$$(1-\zeta^2)\,L'''_N(\zeta) - 4\zeta L''_N(\zeta) + (N-1)(N+2)\,L'_N(\zeta) = 0.$$

On en déduit que $L''_N(1)$ est égal à $\frac{(N-1)(N+2)}{4}\,L'_N(1)$, donc que

$$L''_N(1) = \frac{(N-1)N(N+1)(N+2)}{8}.$$

Comme $L''_N(-1)$ est égal à $(-1)^N L''_N(1)$, on obtient

$$|L'_N|^2_{H^1(\Lambda)} \geq \frac{(N-1)^2 N(N+1)(N+2)^2}{16},$$

donc que $|L'_N|_{H^1(\Lambda)}$ est supérieur ou égal à $c\,N^3$ pour $N \geq 2$. En comparant les deux normes, on voit que le polynôme $\varphi_N = L'_N$ vérifie (5.3).

En appliquant le Théorème 5.2 aux dérivées successives des polynômes, on obtient immédiatement le

Corollaire 5.3. *Soit m et r des entiers, $0 \leq r \leq m$. La majoration suivante est vérifiée pour tout entier N positif et par tout polynôme φ_N de $\mathbb{P}_N(\Lambda)$:*

$$|\varphi_N|_{H^m(\Lambda)} \leq 3^{\frac{m-r}{2}}\,N^{2(m-r)}\,|\varphi_N|_{H^r(\Lambda)}. \tag{5.4}$$

Toutefois, une inégalité inverse avec un exposant plus faible que dans le Théorème 5.2 peut être obtenue en introduisant un "poids" $(1-\zeta^2)$ dans le premier membre.

Proposition 5.4. *La majoration suivante est vérifiée pour tout entier N positif et par tout polynôme φ_N de $\mathbb{P}_N(\Lambda)$:*

$$\left(\int_{-1}^{1} \varphi_N'^2(\zeta)\,(1-\zeta^2)\,d\zeta\right)^{\frac{1}{2}} \leq \sqrt{2}\,N\,\|\varphi_N\|_{L^2(\Lambda)}. \tag{5.5}$$

Démonstration: En utilisant la décomposition: $\varphi_N = \sum_{n=0}^{N} \varphi^n L_n$, on constate que

$$\int_{-1}^{1} \varphi_N'^2(\zeta)\,(1-\zeta^2)\,d\zeta = \sum_{m=0}^{N}\sum_{n=0}^{N} \varphi^m \varphi^n \int_{-1}^{1} L_m'(\zeta) L_n'(\zeta)\,(1-\zeta^2)\,d\zeta,$$

d'où, d'après la formule (3.4),

$$\int_{-1}^{1} \varphi_N'^2(\zeta)\,(1-\zeta^2)\,d\zeta = \sum_{n=0}^{N} (\varphi^n)^2\, n(n+1) \int_{-1}^{1} L_n^2(\zeta)\,d\zeta.$$

Ceci donne immédiatement la conclusion.

La démonstration des inégalités inverses dans les espaces avec poids de Tchebycheff s'effectue exactement de la même manière, en remarquant que, d'après la formule de quadrature (4.19), pour tout entier positif n:

$$\int_{-1}^{1} T_n'^2(\zeta)\,\rho_*(\zeta)\,d\zeta = \frac{\pi}{2n}\left(T_n'^2(-1) + T_n'^2(1)\right) = \pi\, n^3.$$

La démonstration est laissée au lecteur.

Théorème 5.5. *Soit m et r des entiers, $0 \leq r \leq m$. La majoration suivante est vérifiée pour tout entier N positif et par tout polynôme φ_N de $\mathbb{P}_N(\Lambda)$:*

$$|\varphi_N|_{H_*^m(\Lambda)} \leq c\,N^{2(m-r)}\,|\varphi_N|_{H_*^r(\Lambda)}. \tag{5.6}$$

Proposition 5.6. *La majoration suivante est vérifiée pour tout entier N positif et par tout polynôme φ_N de $\mathbb{P}_N(\Lambda)$:*

$$\left(\int_{-1}^{1} \varphi_N'^2(\zeta)\,(1-\zeta^2)\,\rho_*(\zeta)\,d\zeta\right)^{\frac{1}{2}} \leq c\,N\,\|\varphi_N\|_{L_*^2(\Lambda)}. \tag{5.7}$$

I.6. Exercices

Exercice 1: Le but de cet exercice est de démontrer le Lemme 1.9 de Bramble–Hilbert dans des cas simples.

1) Montrer que le Lemme 1.9 est équivalent à l'énoncé suivant: toute fonction v de $H^1(\mathcal{O})$ à moyenne nulle vérifie

$$\|v\|_{L^2(\mathcal{O})} \leq c\,|v|_{H^1(\mathcal{O})}.$$

2) Démontrer cette inégalité et donner une majoration de la constante c dans le cas où $\mathcal{O}$ est un intervalle réel (on pourra partir de la formule

$$v(x') = v(x) + \int_x^{x'} v'(t)\, dt,$$

et l'intégrer par rapport à x).
3) Démontrer la même inégalité dans un carré (on pourra partir de la formule

$$v(\boldsymbol{x}') = v(\boldsymbol{x}) + \int_C \mathbf{grad}\, v \,.\, \boldsymbol{\tau}\, d\tau,$$

où C est une ligne brisée formée de deux segments parallèles aux axes de coordonnées et $\boldsymbol{\tau}$ est son vecteur unitaire tangent).

Exercice 2: Soit α un paramètre réel strictement supérieur à -1. On note $(J_n^\alpha)_{n\geq 0}$ la famille des polynômes tels que

$$\int_{-1}^{1} J_m^\alpha(\zeta) J_n^\alpha(\zeta)\, (1-\zeta^2)^\alpha\, d\zeta = 0, \quad 0 \leq m < n,$$

le polynôme J_n^α, $n \geq 0$, étant de degré n et vérifiant

$$J_n^\alpha(1) = \frac{\Gamma(n+\alpha+1)}{n!\Gamma(\alpha+1)},$$

où Γ désigne la fonction Gamma d'Euler: $\Gamma(z) = \int_0^{+\infty} e^{-t}\, t^z\, \frac{dt}{t}$. Ces polynômes sont un cas particulier des polynômes de Jacobi.
1) Montrer que les polynômes L_n, L'_{n+1}, T_n, T'_{n+1} sont proportionnels à un polynôme J_n^α. Préciser la valeur de α et la constante de proportionnalité.
2) Établir successivement l'analogue du Lemme 3.2, de la Proposition 3.4, du Lemme 3.5, des Corollaires 3.6, 3.7, 3.10 et du Lemme 3.11 pour les polynômes J_n^α, $n \geq 0$.

Exercice 3: On pose, pour tout entier positif n:

$$M_n = \frac{L_{n+1} - L_n}{1-\zeta}.$$

1) Vérifier que les M_n, $n \geq 0$, sont des polynômes de degré n, deux à deux orthogonaux pour le produit scalaire: $(\varphi, \psi) \mapsto \int_{-1}^{1} \varphi(\zeta)\psi(\zeta)\,(1-\zeta)\, d\zeta$.
2) Soit N un entier positif fixé. Démontrer la proposition suivante: il existe un unique ensemble de N points η_j de Λ, $1 \leq j \leq N$, et un unique ensemble de $N+1$ réels τ_j, $0 \leq j \leq N$, tels que l'égalité suivante ait lieu pour tout polynôme Φ de $\mathbb{P}_{2N}(\Lambda)$:

$$\int_{-1}^{1} \Phi(\zeta)\, d\zeta = \sum_{j=1}^{N} \Phi(\eta_j)\, \tau_j + \Phi(1)\, \tau_0.$$

Caractériser les η_j, $1 \leq j \leq N$, et montrer la positivité des τ_j, $0 \leq j \leq N$.
3) La formule de quadrature précédente est dite *formule de Gauss–Radau de type Legendre*. Sauriez-vous construire une formule de Gauss–Radau de type Tchebycheff?

Exercice 4: Écrire dans deux langages différents un programme de calcul des nœuds et des poids des formules de Gauss et de Gauss–Lobatto de type Legendre. Comparer les temps de calcul.

Exercice 5: Le but est d'établir plusieurs inégalités inverses sur des espaces de polynômes.
1) Démontrer l'inégalité inverse

$$\forall \varphi_N \in \mathbb{P}_N(\Lambda), \quad \int_{-1}^{1} |\varphi_N'(\zeta)|\, d\zeta \leq c\, N \sup_{-1\leq\zeta\leq 1} |\varphi_N(\zeta)|$$

(on décomposera l'intégrale à majorer sur les différents intervalles délimités par les zéros de φ_N'). Montrer que la puissance de N dans cette inégalité ne peut être diminuée.
2) Donner une majoration des constantes $\lambda(N)$ et $\mu(N)$ dans les inégalités inverses:

$$\forall \varphi_N \in \mathbb{P}_N(\Lambda), \quad \sup_{-1\leq\zeta\leq 1} |\varphi_N(\zeta)| \leq \lambda(N)\, \|\varphi_N\|_{L^2(\Lambda)},$$

$$\forall \varphi_N \in \mathbb{P}_N(\Lambda), \quad \|\varphi_N\|_{L^2(\Lambda)} \leq \mu(N) \int_{-1}^{1} |\varphi_N(\zeta)|\, d\zeta.$$

3) On note Ω le domaine $]-1,1[^d$, où d est un entier ≥ 2; pour tout entier $n \geq 0$, $\mathbb{P}_n(\Omega)$ désigne l'espace des polynômes sur Ω de degré par rapport à chacune des d variables $\leq n$. Établir l'analogue des inégalités inverses (5.2) et (5.4), puis des trois inégalités inverses précédentes, pour les polynômes de $\mathbb{P}_N(\Omega)$.

Exercice 6: Sur l'intervalle $\Lambda =]-1,1[$, démontrer l'inégalité dite de Gagliardo–Nirenberg, vraie pour toute fonction φ de $H^1(\Lambda)$:

$$\sup_{-1\leq\zeta\leq 1} |\varphi(\zeta)| \leq \|\varphi\|_{L^2(\Lambda)}^{\frac{1}{2}} \|\varphi\|_{H^1(\Lambda)}^{\frac{1}{2}}$$

(on pourra commencer par supposer la fonction φ à moyenne nulle). En déduire l'inégalité inverse, vraie pour tout polynôme φ_N de $\mathbb{P}_N(\Lambda)$:

$$\sup_{-1\leq\zeta\leq 1} |\varphi_N(\zeta)| \leq c\, N\, \|\varphi_N\|_{L^2(\Lambda)}.$$

Pour tout réel $p \geq 1$, donner une constante δ dépendant de p et de N telle que l'on ait pour tout polynôme φ_N de $\mathbb{P}_N(\Lambda)$:

$$\sup_{-1\leq\zeta\leq 1} |\varphi_N(\zeta)| \leq \delta \Big(\int_{-1}^{1} |\varphi_N(\zeta)|^p\, d\zeta \Big)^{\frac{1}{p}}$$

(on fixera un point ζ^* tel que $\sup_{-1\leq\zeta\leq 1} |\varphi_N(\zeta)|$ soit égal à $|\varphi_N(\zeta^*)|$; puis, en utilisant l'inégalité inverse de base et l'inégalité inverse précédente, on déterminera un réel $\varepsilon > 0$ dépendant de N tel que

$$\forall \xi \in]\zeta^* - \varepsilon, \zeta^* + \varepsilon[, \quad |\varphi_N(\xi)| \geq \frac{1}{2} \sup_{-1\leq\zeta\leq 1} |\varphi_N(\zeta)|$$

et on en tirera la conclusion). En déduire que, lorsque p est $\geq \log N$, tout polynôme φ_N de $\mathbb{P}_N(\Lambda)$ vérifie:

$$c \Big(\int_{-1}^{1} |\varphi_N(\zeta)|^p\, d\zeta \Big)^{\frac{1}{p}} \leq \sup_{-1\leq\zeta\leq 1} |\varphi_N(\zeta)| \leq c' \Big(\int_{-1}^{1} |\varphi_N(\zeta)|^p\, d\zeta \Big)^{\frac{1}{p}},$$

pour des constantes c et c' indépendantes de N. Que ne peut-on pas en déduire?

Chapitre II

Erreur d'approximation polynômiale, méthode de Galerkin

Les deux premiers paragraphes de ce chapitre ont pour but de majorer la distance de fonctions de régularité donnée à un espace de polynômes, pour les normes de Sobolev définies dans le chapitre I. Comme les espaces de Sobolev que l'on considère sont des espaces de Hilbert, cette distance sera calculée au moyen d'opérateurs de projection orthogonale sur l'espace de polynômes. L'étude s'effectue d'abord sur l'intervalle $\Lambda =]-1,1[$, puis sur des domaines du type $]-1,1[^d$, où d est un entier quelconque ≥ 2. L'application naturelle est l'analyse numérique de la méthode de Galerkin spectrale: pour discrétiser une équation elliptique, on écrit sa formulation variationnelle et on cherche une solution approchée dans un espace de polynômes fixé telle que la formulation variationnelle soit vérifiée par tout élément de ce même espace. Le problème discret est présenté pour une équation de Laplace, dans le troisième paragraphe lorsque les conditions aux limites sont de type Dirichlet et dans le quatrième paragraphe lorsqu'elles sont de type Neumann. Il est bien connu que, pour une équation elliptique, l'erreur entre la solution exacte et la solution approchée est majorée par une constante fois la distance de la solution exacte à l'espace de polynômes pour une norme appropriée. L'analyse numérique de la méthode repose donc directement sur les résultats des deux premiers paragraphes.

Notation 0.1. Dans ce chapitre, le paramètre de discrétisation est un entier positif, noté N. Le symbole c désigne une constante positive pouvant varier d'une ligne à l'autre mais toujours indépendante de N. La référence $(F.a)$ renvoie à la formule $(F.a)$ du formulaire sur les polynômes de Legendre.

II.1. Erreur d'approximation polynômiale en une dimension

On rappelle que, sur l'intervalle $\Lambda =]-1,1[$, $\mathbb{P}_N(\Lambda)$ désigne l'espace des polynômes de degré $\leq N$ sur Λ.

Notation 1.1. On note π_N l'opérateur de projection orthogonale de $L^2(\Lambda)$ sur $\mathbb{P}_N(\Lambda)$.

Ceci signifie que, pour toute fonction φ de $L^2(\Lambda)$, $\pi_N\varphi$ appartient à $\mathbb{P}_N(\Lambda)$ et vérifie

$$\forall \psi_N \in \mathbb{P}_N(\Lambda), \quad \int_{-1}^{1} (\varphi - \pi_N\varphi)(\zeta)\psi_N(\zeta)\, d\zeta = 0. \tag{1.1}$$

Une autre façon de caractériser cet opérateur consiste à remarquer que les polynômes sur Λ forment un sous-espace dense dans l'espace des fonctions continues sur $\overline{\Lambda}$ (voir Exercice 1) et donc dans $L^2(\Lambda)$. Par conséquent, la famille $(L_n)_n$ des polynômes de Legendre est une famille totale de l'espace $L^2(\Lambda)$. Comme ces polynômes sont deux à deux orthogonaux dans $L^2(\Lambda)$, toute fonction φ de l'espace $L^2(\Lambda)$ admet le développement

$$\varphi = \sum_{n=0}^{+\infty} \varphi^n L_n, \quad \text{avec } \varphi^n = \frac{1}{\|L_n\|^2_{L^2(\Lambda)}} \int_{-1}^{1} \varphi(\zeta) L_n(\zeta)\, d\zeta, \tag{1.2}$$

et l'on a

$$\pi_N \varphi = \sum_{n=0}^{N} \varphi^n L_n.$$

Théorème 1.2. *Pour tout entier $m \geq 0$, il existe une constante c positive ne dépendant que de m telle que, pour toute fonction φ de $H^m(\Lambda)$, on ait*

$$\|\varphi - \pi_N \varphi\|_{L^2(\Lambda)} \leq c N^{-m} \|\varphi\|_{H^m(\Lambda)}. \tag{1.3}$$

On ne saurait trop insister sur l'importance de ce théorème, sur lequel reposent tous les résultats suivants. On commence par prouver un résultat de continuité concernant l'opérateur auto-adjoint A défini en (I.3.3), qui intervient de façon essentielle dans la démonstration du théorème.

Lemme 1.3. *Pour tout entier $\ell \geq 0$, l'opérateur A est continu de $H^{\ell+2}(\Lambda)$ dans $H^\ell(\Lambda)$. Pour tous entiers $k \geq 0$ et $\ell \geq 0$, l'opérateur A^k est continu de $H^{\ell+2k}(\Lambda)$ dans $H^\ell(\Lambda)$.*

Démonstration: On vérifie facilement par récurrence sur r que, pour tout entier $r \geq 0$,

$$\frac{d^r(A\varphi)}{d\zeta^r} = -(1-\zeta^2)\frac{d^{r+2}\varphi}{d\zeta^{r+2}} + 2(r+1)\zeta\frac{d^{r+1}\varphi}{d\zeta^{r+1}} + r(r+1)\frac{d^r\varphi}{d\zeta^r}.$$

En appliquant cette formule, on voit que, pour tout r, $0 \leq r \leq \ell$,

$$\|\frac{d^r(A\varphi)}{d\zeta^r}\|_{L^2(\Lambda)} \leq c\,(\|\frac{d^{r+2}\varphi}{d\zeta^{r+2}}\|_{L^2(\Lambda)} + \|\frac{d^{r+1}\varphi}{d\zeta^{r+1}}\|_{L^2(\Lambda)} + \|\frac{d^r\varphi}{d\zeta^r}\|_{L^2(\Lambda)}),$$

d'où la première affirmation du lemme. On déduit alors la seconde en itérant k fois ce résultat.

Démonstration du théorème: Étant donnée une fonction φ de $H^m(\Lambda)$ pour laquelle on écrit la décomposition (1.2), il faut estimer

$$\|\varphi - \pi_N\varphi\|^2_{L^2(\Lambda)} = \sum_{n=N+1}^{+\infty} (\varphi^n)^2 \|L_n\|^2_{L^2(\Lambda)}.$$

On va distinguer deux cas, suivant que m est pair ou impair.
1) Lorsque m est pair égal à $2r$, d'après l'équation différentielle (F.3) vérifiée par les polynômes L_n, $n \geq 0$, on a

$$\varphi^n = \frac{1}{\|L_n\|^2_{L^2(\Lambda)}} \int_{-1}^{1} \varphi(\zeta) L_n(\zeta)\, d\zeta = \frac{1}{\|L_n\|^2_{L^2(\Lambda)}} \frac{1}{n(n+1)} \int_{-1}^{1} \varphi(\zeta)(AL_n)(\zeta)\, d\zeta.$$

Comme l'opérateur A est auto-adjoint dans $L^2(\Lambda)$, on obtient

$$\varphi^n = \frac{1}{\|L_n\|^2_{L^2(\Lambda)}} \frac{1}{n(n+1)} \int_{-1}^{1} (A\varphi)(\zeta) L_n(\zeta)\, d\zeta.$$

En itérant r fois ce résultat, on en déduit

$$\varphi^n = \frac{1}{\|L_n\|^2_{L^2(\Lambda)}} \frac{1}{\big(n(n+1)\big)^r} \int_{-1}^{1} (A^r\varphi)(\zeta) L_n(\zeta)\, d\zeta.$$

On constate donc que

$$\|\varphi - \pi_N \varphi\|^2_{L^2(\Lambda)} = \sum_{n=N+1}^{+\infty} \frac{1}{\big(n(n+1)\big)^{2r}} \Big(\frac{\int_{-1}^{1} (A^r\varphi)(\zeta) L_n(\zeta)\, d\zeta}{\|L_n\|^2_{L^2(\Lambda)}}\Big)^2 \|L_n\|^2_{L^2(\Lambda)}.$$

On minore alors les $n(n+1)$ par N^2, ce qui donne

$$\|\varphi - \pi_N \varphi\|^2_{L^2(\Lambda)} \leq N^{-4r} \sum_{n=N+1}^{+\infty} \Big(\frac{\int_{-1}^{1} (A^r\varphi)(\zeta) L_n(\zeta)\, d\zeta}{\|L_n\|^2_{L^2(\Lambda)}}\Big)^2 \|L_n\|^2_{L^2(\Lambda)},$$

d'où

$$\|\varphi - \pi_N \varphi\|^2_{L^2(\Lambda)} \leq N^{-4r} \sum_{n=0}^{+\infty} \Big(\frac{\int_{-1}^{1} (A^r\varphi)(\zeta) L_n(\zeta)\, d\zeta}{\|L_n\|^2_{L^2(\Lambda)}}\Big)^2 \|L_n\|^2_{L^2(\Lambda)} = N^{-2m} \|A^r\varphi\|^2_{L^2(\Lambda)}.$$

En utilisant le Lemme 1.3, on conclut

$$\|\varphi - \pi_N \varphi\|^2_{L^2(\Lambda)} \leq c\, N^{-2m} \|\varphi\|^2_{H^m(\Lambda)}.$$

2) Lorsque m est impair égal à $2r+1$, on obtient comme précédemment

$$\varphi^n = \frac{1}{\|L_n\|^2_{L^2(\Lambda)}} \frac{1}{\big(n(n+1)\big)^r} \int_{-1}^{1} (A^r\varphi)(\zeta) L_n(\zeta)\, d\zeta,$$

puis on utilise une fois de plus l'équation différentielle (F.3) et on intègre par parties. On en déduit

$$\varphi^n = \frac{1}{\|L_n\|^2_{L^2(\Lambda)}} \frac{1}{\big(n(n+1)\big)^{r+1}} \int_{-1}^{1} (A^r\varphi)'(\zeta) L_n'(\zeta)\,(1-\zeta^2)\, d\zeta.$$

On voit alors que

$$\|\varphi - \pi_N \varphi\|^2_{L^2(\Lambda)} = \sum_{n=N+1}^{+\infty} \frac{1}{\big(n(n+1)\big)^{2(r+1)}} \frac{\big(\int_{-1}^{1} (A^r\varphi)'(\zeta) L_n'(\zeta)\,(1-\zeta^2)\, d\zeta\big)^2}{\|L_n\|^2_{L^2(\Lambda)}}.$$

On note que, comme les polynômes L'_n, $n \geq 1$, sont deux à deux orthogonaux pour la mesure $(1-\zeta^2)\,d\zeta$, toute fonction ψ de $L^2(\Lambda)$ admet le développement

$$\psi = \sum_{n=0}^{+\infty} \psi^n L_n, \quad \text{avec } \psi^n = \frac{\int_{-1}^1 \psi'(\zeta) L'_n(\zeta)\,(1-\zeta^2)\,d\zeta}{\int_{-1}^1 L'^2_n(\zeta)\,(1-\zeta^2)\,d\zeta} \quad \text{pour } n \geq 1;$$

de la formule (I.3.4), on déduit alors

$$\begin{aligned}\int_{-1}^1 \psi'^2(\zeta)\,(1-\zeta^2)\,d\zeta &= \sum_{n=0}^{+\infty} \frac{\left(\int_{-1}^1 \psi'(\zeta) L'_n(\zeta)\,(1-\zeta^2)\,d\zeta\right)^2}{\left(\int_{-1}^1 L'^2_n(\zeta)\,(1-\zeta^2)\,d\zeta\right)^2} \int_{-1}^1 L'^2_n(\zeta)\,(1-\zeta^2)\,d\zeta \\ &= \sum_{n=0}^{+\infty} \frac{1}{n(n+1)} \frac{\left(\int_{-1}^1 \psi'(\zeta) L'_n(\zeta)\,(1-\zeta^2)\,d\zeta\right)^2}{\|L_n\|^2_{L^2(\Lambda)}}.\end{aligned}$$

En appliquant cette formule pour la fonction $\psi = A^r\varphi$ et en minorant $\big(n(n+1)\big)^{2r+1}$ par $N^{2(2r+1)}$, on voit que

$$\|\varphi - \pi_N\varphi\|^2_{L^2(\Lambda)} \leq N^{-2(2r+1)} \int_{-1}^1 (A^r\varphi)'^2(\zeta)\,(1-\zeta^2)\,d\zeta.$$

Et on conclut

$$\|\varphi - \pi_N\varphi\|^2_{L^2(\Lambda)} \leq c\,N^{-2m}\,\|(A^r\varphi)'\|^2_{L^2(\Lambda)} \leq c\,N^{-2m}\,\|A^r\varphi\|^2_{H^1(\Lambda)},$$

d'où, d'après le Lemme 1.3,

$$\|\varphi - \pi_N\varphi\|^2_{L^2(\Lambda)} \leq c\,N^{-2m}\,\|\varphi\|^2_{H^m(\Lambda)}.$$

Remarque 1.4. Le Théorème 1.2 fournit une majoration d'erreur d'ordre optimal entre une fonction quelconque de $L^2(\Lambda)$ et sa projection sur $\mathbb{P}_N(\Lambda)$, c'est-à-dire que la puissance de $\frac{1}{N}$ dans la formule (1.3) est égale à la différence des ordres des espaces de Sobolev entre les membres de droite et de gauche de l'équation. On constate en effet facilement que ce résultat ne peut être amélioré: si une fonction φ s'écrit $\sum_{n=0}^{+\infty} \alpha_n\,(L_{n+1} - L_{n-1})$, on a d'après la formule (F.4):

$$\|\varphi - \pi_N\varphi\|^2_{L^2(\Lambda)} = 2 \sum_{n=N+1}^{+\infty} \frac{(\alpha_{n+1} - \alpha_{n-1})^2}{2n+1} \quad \text{et} \quad |\varphi|^2_{H^1(\Lambda)} = 2\sum_{n=0}^{+\infty} \alpha_n^2(2n+1);$$

on choisit alors

$$\alpha_n = \begin{cases} (2n+1)^{-\gamma} & \text{si } n \text{ est divisible par 4,} \\ 0 & \text{autrement,} \end{cases}$$

et on vérifie que la fonction φ appartient à $H^1(\Lambda)$ pour tout réel $\gamma > 1$ et que la quantité $\|\varphi - \pi_N\varphi\|_{L^2(\Lambda)}$ est de l'ordre de $N^{-\gamma}$. Toutefois, le résultat du Théorème 1.2 peut être amélioré pour les fonctions présentant des singularités aux *extrémités* de l'intervalle (voir Exercice 2).

Si l'on essaie d'écrire une majoration du même type pour $|\varphi - \pi_N\varphi|_{H^1(\Lambda)}$, on s'aperçoit qu'elle ne peut pas être optimale. En effet, on peut seulement démontrer que

$$\forall \varphi \in H^m(\Lambda), \quad \|\varphi - \pi_N\varphi\|_{H^1(\Lambda)} \leq c\, N^{\frac{3}{2}-m}\, \|\varphi\|_{H^m(\Lambda)}$$

(voir Exercice 3). En particulier, pour tout entier positif N, il existe une fonction φ_N de $H^1(\Lambda)$ telle que

$$|\varphi_N - \pi_N\varphi_N|_{H^1(\Lambda)} \geq c\, N^{\frac{1}{2}}\, |\varphi_N|_{H^1(\Lambda)}.$$

On peut par exemple choisir $\varphi_N = L_{N+1} - L_{N-1}$: φ_N' est égal à $(2N+1)\, L_N$, de sorte que d'après $(F.1)$, $|\varphi_N|_{H^1(\Lambda)}$ est égal à $2\sqrt{N+\frac{1}{2}}$, tandis que $\pi_N\varphi_N$ coincide avec $-L_{N-1}$, de sorte que, d'après le Lemme I.5.1, $|\varphi_N - \pi_N\varphi_N|_{H^1(\Lambda)}$ est égal à $\sqrt{N(N+1)}$. Il s'agit donc de construire un autre opérateur, pour lequel des majorations d'erreur optimales soient vérifiées dans la norme $\|.\|_{H^1(\Lambda)}$. On s'intéresse dans un premier temps à l'approximation de fonctions de $H_0^1(\Lambda)$.

Notation 1.5. Soit N un entier ≥ 1. On note $\mathbb{P}_N^0(\Lambda)$ l'espace des polynômes de $\mathbb{P}_N(\Lambda)$ qui s'annulent en ± 1.

Notation 1.6. On note $\pi_N^{1,0}$ l'opérateur de projection orthogonale de $H_0^1(\Lambda)$ sur $\mathbb{P}_N^0(\Lambda)$ pour le produit scalaire associé à la norme $|.|_{H^1(\Lambda)}$. Ceci équivaut à dire que, pour toute fonction φ de $H_0^1(\Lambda)$, $\pi_N^{1,0}\varphi$ appartient à $\mathbb{P}_N^0(\Lambda)$ et vérifie:

$$\forall \psi_N \in \mathbb{P}_N^0(\Lambda), \quad \int_{-1}^{1} (\varphi' - (\pi_N^{1,0}\varphi)')(\zeta)\psi_N'(\zeta)\, d\zeta = 0. \tag{1.4}$$

Théorème 1.7. *Pour tout entier $m \geq 1$, il existe une constante c positive ne dépendant que de m telle que, pour toute fonction φ de $H^m(\Lambda) \cap H_0^1(\Lambda)$, on ait*

$$|\varphi - \pi_N^{1,0}\varphi|_{H^1(\Lambda)} \leq c\, N^{1-m} \|\varphi\|_{H^m(\Lambda)}, \tag{1.5}$$

et

$$\|\varphi - \pi_N^{1,0}\varphi\|_{L^2(\Lambda)} \leq c\, N^{-m} \|\varphi\|_{H^m(\Lambda)}. \tag{1.6}$$

Démonstration: On commence par établir la première majoration. Comme elle est évidente pour $N = 1$, on suppose N supérieur ou égal à 2. On va d'abord établir l'identité:

$$(\pi_N^{1,0}\varphi)' = \pi_{N-1}\varphi', \tag{1.7}$$

vraie pour toute fonction φ de $H_0^1(\Lambda)$. Pour cela, on considère un polynôme quelconque χ_{N-1} de $\mathbb{P}_{N-1}(\Lambda)$ et, en posant

$$\psi_N(\zeta) = \int_{-1}^{\zeta} \Big(\chi_{N-1}(\xi) - \frac{1}{2}\int_{-1}^{1} \chi_{N-1}(\eta)\, d\eta\Big)\, d\xi,$$

on s'aperçoit qu'il s'écrit comme la somme d'une constante λ et de la dérivée ψ_N' d'un polynôme de $\mathbb{P}_N^0(\Lambda)$. On a alors

$$\int_{-1}^{1} (\varphi' - (\pi_N^{1,0}\varphi)')(\zeta)\chi_{N-1}(\zeta)\, d\zeta$$
$$= \int_{-1}^{1} (\varphi' - (\pi_N^{1,0}\varphi)')(\zeta)\psi_N'(\zeta)\, d\zeta + \lambda \int_{-1}^{1} (\varphi' - (\pi_N^{1,0}\varphi)')(\zeta)\, d\zeta.$$

En utilisant d'une part la définition (1.4) de l'opérateur $\pi_N^{1,0}$ et d'autre part le fait que $\varphi - \pi_N^{1,0}\varphi$ s'annule en ± 1, on obtient

$$\int_{-1}^{1} (\varphi' - (\pi_N^{1,0}\varphi)')(\zeta)\chi_{N-1}(\zeta)\, d\zeta = 0.$$

Comme $(\pi_N^{1,0}\varphi)'$ appartient bien à $\mathbb{P}_{N-1}(\Lambda)$, on en déduit l'identité (1.7). On a alors

$$|\varphi - \pi_N^{1,0}\varphi|_{H^1(\Lambda)} = \|\varphi' - \pi_{N-1}(\varphi')\|_{L^2(\Lambda)},$$

et, en utilisant le Théorème 1.2, on voit que

$$|\varphi - \pi_N^{1,0}\varphi|_{H^1(\Lambda)} \leq c\,(N-1)^{-(m-1)}\, \|\varphi'\|_{H^{m-1}(\Lambda)}.$$

Comme le rapport $\frac{N-1}{N}$ est borné, ceci entraîne

$$|\varphi - \pi_N^{1,0}\varphi|_{H^1(\Lambda)} \leq c\,N^{-(m-1)}\, \|\varphi\|_{H^m(\Lambda)},$$

ce qui est la majoration (1.5).

La majoration de $\|\varphi - \pi_N^{1,0}\varphi\|_{L^2(\Lambda)}$ s'obtient grâce à la méthode classique de dualité d'Aubin–Nitsche, qui consiste à remarquer que

$$\|\varphi - \pi_N^{1,0}\varphi\|_{L^2(\Lambda)} = \sup_{g \in L^2(\Lambda)} \frac{\int_{-1}^{1} (\varphi - \pi_N^{1,0}\varphi)(\zeta)g(\zeta)\, d\zeta}{\|g\|_{L^2(\Lambda)}}. \tag{1.8}$$

Pour toute fonction g dans $L^2(\Lambda)$, on note χ l'unique solution dans $H_0^1(\Lambda)$ du problème (voir à ce sujet le Théorème I.2.2)

$$\forall \psi \in H_0^1(\Lambda), \quad \int_{-1}^{1} \chi'(\zeta)\psi'(\zeta)\, d\zeta = \int_{-1}^{1} g(\zeta)\psi(\zeta)\, d\zeta.$$

Grâce à l'inégalité de Poincaré–Friedrichs, en prenant ψ égal à χ, on a tout de suite la majoration

$$\|\chi\|_{H^1(\Lambda)} \leq c\, \|g\|_{L^2(\Lambda)}.$$

Puis, en prenant ψ dans $\mathcal{D}(\Lambda)$, on voit que χ'' est égal à $-g$ et on obtient

$$\|\chi\|_{H^2(\Lambda)} \leq c\, \|g\|_{L^2(\Lambda)}. \tag{1.9}$$

L'argument-clé de la méthode est le calcul de

$$\int_{-1}^{1} (\varphi - \pi_N^{1,0}\varphi)(\zeta)g(\zeta)\, d\zeta = \int_{-1}^{1} (\varphi' - (\pi_N^{1,0}\varphi)')(\zeta)\chi'(\zeta)\, d\zeta.$$

D'après la définition (1.4) de l'opérateur $\pi_N^{1,0}$, ceci implique pour tout χ_N dans $\mathbb{P}_N^0(\Lambda)$:

$$\begin{aligned}\int_{-1}^{1} (\varphi - \pi_N^{1,0}\varphi)(\zeta)g(\zeta)\, d\zeta &= \int_{-1}^{1} (\varphi' - (\pi_N^{1,0}\varphi)')(\zeta)(\chi' - \chi_N')(\zeta)\, d\zeta \\ &\leq |\varphi - \pi_N^{1,0}\varphi|_{H^1(\Lambda)} |\chi - \chi_N|_{H^1(\Lambda)}.\end{aligned}$$

On choisit alors χ_N égal à $\pi_N^{1,0}\chi$ et on applique la majoration (1.5) à la fonction χ avec $m = 2$, ce qui donne

$$\int_{-1}^{1} (\varphi - \pi_N^{1,0}\varphi)(\zeta)g(\zeta)\,d\zeta \le c\,N^{-1}\,|\varphi - \pi_N^{1,0}\varphi|_{H^1(\Lambda)}\|\chi\|_{H^2(\Lambda)}.$$

Puis, grâce à (1.9), on en déduit

$$\int_{-1}^{1} (\varphi - \pi_N^{1,0}\varphi)(\zeta)g(\zeta)\,d\zeta \le c\,N^{-1}\,|\varphi - \pi_N^{1,0}\varphi|_{H^1(\Lambda)}\|g\|_{L^2(\Lambda)},$$

ce qui, combiné avec (1.8), entraîne

$$\|\varphi - \pi_N^{1,0}\varphi\|_{L^2(\Lambda)} \le c\,N^{-1}\,|\varphi - \pi_N^{1,0}\varphi|_{H^1(\Lambda)}.$$

Il suffit alors d'appliquer la majoration (1.5) pour conclure.

On peut bien entendu être intéressé par l'approximation dans $H^1(\Lambda)$ de fonctions qui ne s'annulent pas en ± 1. Soit φ une telle fonction. L'espace $H^1(\Lambda)$ étant contenu dans l'espace des fonctions continues sur $\overline{\Lambda}$ (voir Théorème I.1.10), on a en particulier

$$|\varphi(-1)| + |\varphi(1)| \le \sup_{\zeta\in\overline{\Lambda}} |\varphi(\zeta)| \le c\,\|\varphi\|_{H^1(\Lambda)}.$$

On pose maintenant:

$$\tilde{\varphi}(\zeta) = \varphi(\zeta) - \varphi(-1)\,\frac{1-\zeta}{2} - \varphi(1)\,\frac{1+\zeta}{2}, \tag{1.10}$$

de sorte que, d'après l'inégalité précédente, on a pour tout entier $m \ge 1$:

$$\|\tilde{\varphi}\|_{H^m(\Lambda)} \le c\,\|\varphi\|_{H^m(\Lambda)}. \tag{1.11}$$

De plus, la fonction $\tilde{\varphi}$ appartient à $H_0^1(\Lambda)$, ce qui permet de donner la définition ci-dessous.

Définition 1.8. On définit l'opérateur $\tilde{\pi}_N^1$ sur $H^1(\Lambda)$ de la façon suivante: pour toute fonction φ de $H^1(\Lambda)$, on pose:

$$(\tilde{\pi}_N^1\varphi)(\zeta) = (\pi_N^{1,0}\tilde{\varphi})(\zeta) + \varphi(-1)\,\frac{1-\zeta}{2} + \varphi(1)\,\frac{1+\zeta}{2}, \tag{1.12}$$

où la fonction $\tilde{\varphi}$ est définie en (1.10).

On constate alors l'identité:

$$\varphi - \tilde{\pi}_N^1\varphi = \tilde{\varphi} - \pi_N^{1,0}\tilde{\varphi},$$

de sorte que le corollaire qui suit est une conséquence immédiate du Théorème 1.7 combiné avec l'inégalité (1.11).

Corollaire 1.9. Pour tout entier $m \ge 1$, il existe une constante c positive ne dépendant que de m telle que, pour toute fonction φ de $H^m(\Lambda)$, on ait

$$|\varphi - \tilde{\pi}_N^1\varphi|_{H^1(\Lambda)} + N\,\|\varphi - \tilde{\pi}_N^1\varphi\|_{L^2(\Lambda)} \le c\,N^{1-m}\|\varphi\|_{H^m(\Lambda)}. \tag{1.13}$$

Remarque 1.10. Il faut noter que l'opérateur $\tilde{\pi}_N^1$ n'est pas l'opérateur de projection orthogonale dans $H^1(\Lambda)$ (c'est pourquoi il est surmonté d'un symbole $\tilde{}$), toutefois son usage s'avérera suffisant. Il possède en outre la propriété de conserver les valeurs aux extrémités de l'intervalle.

Les résultats du Théorème 1.7 se généralisent à la projection orthogonale dans $H_0^k(\Lambda)$ pour tout entier k positif, on donne ici le théorème correspondant et une démonstration plus rapide.

Notation 1.11. Soit N un entier ≥ 1. Pour tout entier positif k, on note $\mathbb{P}_N^{k,0}(\Lambda)$ l'espace des polynômes de $\mathbb{P}_N(\Lambda)$ qui appartiennent à $H_0^k(\Lambda)$, c'est-à-dire qu'ils s'annulent en ± 1 ainsi que leurs dérivées jusqu'à l'ordre $k-1$.

Notation 1.12. Pour tout entier positif k, on note $\pi_N^{k,0}$ l'opérateur de projection orthogonale de $H_0^k(\Lambda)$ sur $\mathbb{P}_N^{k,0}(\Lambda)$ pour le produit scalaire associé à la norme $|.|_{H^k(\Lambda)}$.

Avant d'énoncer le résultat concernant l'opérateur $\pi_N^{k,0}$, on commence par étudier la régularité de la solution du problème: *trouver* χ *dans* $H_0^k(\Lambda)$ *tel que*

$$\forall \psi \in H_0^k(\Lambda), \quad \int_{-1}^{1} (\frac{d^k\chi}{d\zeta^k})(\zeta)(\frac{d^k\psi}{d\zeta^k})(\zeta)\, d\zeta = \int_{-1}^{1} g(\zeta)\psi(\zeta)\, d\zeta. \tag{1.14}$$

L'existence et l'unicité de cette solution, pour tout g dans $H^{-k}(\Lambda)$, sont une conséquence immédiate du Lemme I.2.1 de Lax–Milgram, l'ellipticité de la forme bilinéaire dans le membre de gauche de l'équation (1.14) étant donnée par le Corollaire I.1.7.

Lemme 1.13. *Pour tout entier positif k et pour toute fonction g de* $L^2(\Lambda)$, *la solution* χ *du problème* (1.14) *appartient à* $H^{2k}(\Lambda)$ *et vérifie*

$$\|\chi\|_{H^{2k}(\Lambda)} \leq c\, \|g\|_{L^2(\Lambda)}. \tag{1.15}$$

Démonstration: En choisissant ψ quelconque dans $\mathcal{D}(\Lambda)$ dans l'équation (1.14), on voit que $\frac{d^{2k}\chi}{d\zeta^{2k}}$ est égal à $(-1)^k g$ au sens des distributions, donc appartient à $L^2(\Lambda)$. On note P l'opérateur qui, à une fonction φ de $L^2(\Lambda)$, associe la fonction $P\varphi$ définie par:

$$(P\varphi)(\zeta) = \int_0^{\zeta} \varphi(\xi)\, d\xi.$$

On a nécessairement

$$\chi = (-1)^k P^{2k} g + p,$$

où p est l'unique polynôme de $\mathbb{P}_{2k-1}(\Lambda)$ tel que

$$\frac{d^\ell p}{d\zeta^\ell}(\pm 1) = -(-1)^k (P^{2k-\ell} g)(\pm 1), \quad 0 \leq \ell \leq k-1.$$

On calcule maintenant, pour $0 \leq r \leq 2k$:

$$|\chi|_{H^r(\Lambda)} \leq \|P^{2k-r} g\|_{L^2(\Lambda)} + \|\frac{d^r p}{d\zeta^r}\|_{L^2(\Lambda)}.$$

On sait que les coefficients du polynôme p sont des fonctions linéaires, donc continues, des quantités $(P^{2k-\ell}g)(\pm 1)$, $0 \leq \ell \leq k-1$. La majoration cherchée est alors une conséquence directe des inégalités

$$\|P\varphi\|_{L^2(\Lambda)} \leq \sqrt{2} \sup_{\zeta\in\overline{\Lambda}} |(P\varphi)(\zeta)| \leq \sqrt{2}\, \|\varphi\|_{L^2(\Lambda)}.$$

L'inégalité suivante sera utilisée dans la démonstration du théorème.

Lemme 1.14. *Pour tous entiers k et ℓ, $k \geq \ell$, toute fonction ψ de $H_0^k(\Lambda)$ vérifie*

$$|\psi|_{H^\ell(\Lambda)} \leq \|\psi\|_{L^2(\Lambda)}^{1-\frac{\ell}{k}}\, |\psi|_{H^k(\Lambda)}^{\frac{\ell}{k}}. \tag{1.16}$$

Démonstration: La démonstration s'effectue par récurrence sur k. Le résultat étant évident pour $k = 0$, on suppose qu'il est vrai pour $k-1$. On calcule alors pour toute fonction ψ de $H_0^k(\Lambda)$:

$$|\psi|^2_{H^{k-1}(\Lambda)} = \int_{-1}^{1} \Big(\frac{d^{k-1}\psi}{d\zeta^{k-1}}\Big)^2(\zeta)\, d\zeta = -\int_{-1}^{1} \Big(\frac{d^{k-2}\psi}{d\zeta^{k-2}}\Big)(\zeta)\Big(\frac{d^k\psi}{d\zeta^k}\Big)(\zeta)\, d\zeta \leq |\psi|_{H^{k-2}(\Lambda)}|\psi|_{H^k(\Lambda)},$$

et on applique l'hypothèse de récurrence avec $\ell = k-2$, ce qui donne

$$|\psi|^2_{H^{k-1}(\Lambda)} \leq \|\psi\|_{L^2(\Lambda)}^{\frac{1}{k-1}}\, |\psi|_{H^{k-1}(\Lambda)}^{\frac{k-2}{k-1}}\, |\psi|_{H^k(\Lambda)},$$

ou, de façon équivalente,

$$|\psi|_{H^{k-1}(\Lambda)} \leq \|\psi\|_{L^2(\Lambda)}^{\frac{1}{k}}\, |\psi|_{H^k(\Lambda)}^{1-\frac{1}{k}}.$$

On a donc prouvé le résultat pour ℓ égal à $k-1$. Pour $\ell \leq k-2$, on combine l'hypothèse de récurrence avec le résultat précédent:

$$|\psi|_{H^\ell(\Lambda)} \leq \|\psi\|_{L^2(\Lambda)}^{1-\frac{\ell}{k-1}}\, |\psi|_{H^{k-1}(\Lambda)}^{\frac{\ell}{k-1}} \leq \|\psi\|_{L^2(\Lambda)}^{1-\frac{\ell}{k-1}+\frac{\ell}{k-1}(1-\frac{k-1}{k})}\, |\psi|_{H^k(\Lambda)}^{\frac{\ell}{k-1}\frac{k-1}{k}},$$

ce qui donne l'inégalité cherchée.

Remarque 1.15. Une inégalité analogue à (1.16) est encore vraie, pour tout ouvert $\mathcal{O}$ borné lipschitzien de $\mathbb{R}^d$ et pour toute fonction de $H^k(\mathcal{O})$ (voir par exemple Adams [1, Thm 4.17]):

$$\|\psi\|_{H^\ell(\mathcal{O})} \leq \|\psi\|_{L^2(\mathcal{O})}^{1-\frac{\ell}{k}}\, \|\psi\|_{H^k(\mathcal{O})}^{\frac{\ell}{k}}, \quad 0 \leq \ell \leq k. \tag{1.17}$$

Toutefois, on n'en aura pas besoin dans ce qui suit.

Théorème 1.16. *Pour tout entier positif k et pour tout entier $m \geq k$, il existe une constante c positive ne dépendant que de k et de m telle que, pour toute fonction φ de $H^m(\Lambda) \cap H_0^k(\Lambda)$, on ait*

$$|\varphi - \pi_N^{k,0}\varphi|_{H^\ell(\Lambda)} \leq c\, N^{\ell-m}\|\varphi\|_{H^m(\Lambda)}, \quad 0 \leq \ell \leq k. \tag{1.18}$$

Démonstration: On va démontrer la majoration (1.18) en trois étapes, suivant que ℓ est égal à k, à 0, ou est compris entre les deux.
1) La démonstration pour $\ell = k$ s'effectue par récurrence sur k. Le résultat ayant été prouvé pour k égal à 1 dans le Théorème 1.7, on suppose qu'il est vrai pour $k-1$. On peut supposer N supérieur ou égal à $2k-1$, puisque la constante c du théorème dépend de k. On a par définition de l'opérateur $\pi_N^{k,0}$:

$$|\varphi - \pi_N^{k,0}\varphi|_{H^k(\Lambda)} = \inf_{\varphi_N \in \mathbb{P}_N^{k,0}(\Lambda)} |\varphi - \varphi_N|_{H^k(\Lambda)}. \qquad (1.19)$$

On choisit maintenant:

$$\varphi_N(\zeta) = \int_{-1}^{\zeta} (\pi_{N-1}^{k-1,0}(\varphi'))(\xi)\, d\xi.$$

Ce polynôme s'annule en -1, et toutes ses dérivées jusqu'à l'ordre $k-1$ s'annulent en ± 1. Pour vérifier qu'il appartient bien à $\mathbb{P}_N^{k,0}(\Lambda)$, il faut montrer que $\varphi_N(1)$ est nul. On applique la définition de l'opérateur $\pi_{N-1}^{k-1,0}$ à la fonction $(1-\zeta^2)^{k-1}$ (d'où la nécessité de l'hypothèse $N \geq 2k-1$) et on a

$$\int_{-1}^{1} (\frac{d^{k-1}}{d\zeta^{k-1}})(\pi_{N-1}^{k-1,0}(\varphi'))(\zeta)(\frac{d^{k-1}}{d\zeta^{k-1}})((1-\zeta^2)^{k-1})\, d\zeta$$
$$= \int_{-1}^{1} (\frac{d^{k-1}\varphi'}{d\zeta^{k-1}})(\zeta)(\frac{d^{k-1}}{d\zeta^{k-1}})((1-\zeta^2)^{k-1})\, d\zeta.$$

Après $(k-1)$ intégrations par parties, ceci donne

$$(2(k-1))! \int_{-1}^{1} (\pi_{N-1}^{k-1,0}(\varphi'))(\zeta)\, d\zeta = (2(k-1))! \int_{-1}^{1} \varphi'(\zeta)\, d\zeta,$$

et on en déduit

$$\varphi_N(1) = \int_{-1}^{1} \varphi'(\zeta)\, d\zeta = \varphi(1) - \varphi(-1) = 0,$$

ce qui est le résultat cherché. On vérifie finalement que

$$|\varphi - \varphi_N|_{H^k(\Lambda)} \leq c\, |\varphi' - \pi_{N-1}^{k-1,0}(\varphi')|_{H^{k-1}(\Lambda)},$$

de sorte que l'hypothèse de récurrence combinée avec (1.19) donne la majoration pour $\ell = k$.
2) Pour obtenir la majoration pour $\ell = 0$, on utilise de nouveau la méthode d'Aubin–Nitsche:

$$\|\varphi - \pi_N^{k,0}\varphi\|_{L^2(\Lambda)} = \sup_{g \in L^2(\Lambda)} \frac{\int_{-1}^{1} (\varphi - \pi_N^{k,0}\varphi)(\zeta) g(\zeta)\, d\zeta}{\|g\|_{L^2(\Lambda)}}.$$

Pour g quelconque dans $L^2(\Lambda)$, on considère la solution χ du problème (1.14) et on voit qu'elle vérifie (1.15). On a alors

$$\int_{-1}^{1} (\varphi - \pi_N^{k,0}\varphi)(\zeta) g(\zeta)\, d\zeta = \int_{-1}^{1} (\frac{d^k}{d\zeta^k})(\varphi - \pi_N^{k,0}\varphi)(\zeta)(\frac{d^k\chi}{d\zeta^k})(\zeta)\, d\zeta$$
$$= \int_{-1}^{1} (\frac{d^k}{d\zeta^k})(\varphi - \pi_N^{k,0}\varphi)(\zeta)(\frac{d^k}{d\zeta^k})(\chi - \pi_N^{k,0}\chi)(\zeta)\, d\zeta$$
$$\leq |\varphi - \pi_N^{k,0}\varphi|_{H^k(\Lambda)}\, |\chi - \pi_N^{k,0}\chi|_{H^k(\Lambda)}$$

et on conclut en appliquant deux fois la majoration pour $\ell = k$.
3) Finalement, la majoration pour ℓ quelconque se déduit immédiatement des majorations pour $\ell = k$ et $\ell = 0$ grâce à la formule (1.16).

Remarque 1.17. Par des arguments analogues à (1.12), on peut construire un opérateur $\tilde{\pi}_N^k$ de $H^k(\Lambda)$ dans $\mathbb{P}_N(\Lambda)$ tel que les inégalités suivantes soient vérifiées pour toute fonction φ de $H^m(\Lambda)$, $m \geq k$:

$$|\varphi - \tilde{\pi}_N^k \varphi|_{H^\ell(\Lambda)} \leq c\, N^{\ell-m} \|\varphi\|_{H^m(\Lambda)}, \quad 0 \leq \ell \leq k. \tag{1.20}$$

Il faut maintenant établir des majorations du même type dans les espaces de Sobolev avec poids de Tchebycheff. Les démonstrations étant pour la plupart analogues à celles du cas des polynômes de Legendre, on se contentera d'en présenter les principaux arguments.

Notation 1.18. On note π_N^* l'opérateur de projection orthogonale de $L^2_*(\Lambda)$ sur $\mathbb{P}_N(\Lambda)$, c'est-à-dire l'opérateur tel que, pour toute fonction φ de $L^2_*(\Lambda)$, $\pi_N^* \varphi$ appartienne à $\mathbb{P}_N(\Lambda)$ et vérifie

$$\forall \psi_N \in \mathbb{P}_N(\Lambda), \quad \int_{-1}^{1} (\varphi - \pi_N^* \varphi)(\zeta) \psi_N(\zeta)\, \rho_*(\zeta)\, d\zeta. \tag{1.21}$$

Comme précédemment, on peut aisément vérifier la continuité de l'opérateur A^* introduit en (I.3.19) de $H^{\ell+2}_*(\Lambda)$ dans $H^\ell_*(\Lambda)$ pour tout entier $\ell \geq 0$. D'après l'équation (I.3.18), on note aussi que, pour toute fonction φ de $H^2_*(\Lambda)$,

$$\int_{-1}^{1} \varphi(\zeta) T_n(\zeta)\, \rho_*(\zeta)\, d\zeta = \frac{1}{n^2} \int_{-1}^{1} (A^* \varphi)(\zeta) T_n(\zeta)\, \rho_*(\zeta)\, d\zeta.$$

Ces deux propriétés permettent de démontrer le théorème suivant, de manière analogue au Théorème 1.2.

Théorème 1.19. *Pour tout entier $m \geq 0$, il existe une constante c positive ne dépendant que de m telle que, pour toute fonction φ de $H^m_*(\Lambda)$, on ait*

$$\|\varphi - \pi_N^* \varphi\|_{L^2_*(\Lambda)} \leq c\, N^{-m} \|\varphi\|_{H^m_*(\Lambda)}. \tag{1.22}$$

On introduit ensuite l'opérateur de projection orthogonale de $H^1_{*,0}(\Lambda)$.

Notation 1.20. On note $\pi_N^{*1,0}$ l'opérateur de projection orthogonale de $H^1_{*,0}(\Lambda)$ sur $\mathbb{P}_N^0(\Lambda)$: pour toute fonction φ de $H^1_{*,0}(\Lambda)$, $\pi_N^{*1,0} \varphi$ appartient à $\mathbb{P}_N^0(\Lambda)$ et vérifie:

$$\forall \psi_N \in \mathbb{P}_N^0(\Lambda), \quad \int_{-1}^{1} (\varphi' - (\pi_N^{*1,0} \varphi)')(\zeta) \psi_N'(\zeta)\, \rho_*(\zeta)\, d\zeta = 0. \tag{1.23}$$

Théorème 1.21. *Pour tout entier $m \geq 1$, il existe une constante c positive ne dépendant que de m telle que, pour toute fonction φ de $H^m_*(\Lambda) \cap H^1_{*,0}(\Lambda)$, on ait*

$$|\varphi - \pi_N^{*1,0} \varphi|_{H^1_*(\Lambda)} \leq c\, N^{1-m} \|\varphi\|_{H^m_*(\Lambda)}. \tag{1.24}$$

Démonstration: On a comme précédemment l'inégalité

$$|\varphi - \pi_N^{\text{\tiny$\mathfrak{u}$}1,0}\varphi|_{H^1_{\text{\tiny$\mathfrak{u}$}}(\Lambda)} = \inf_{\varphi_N \in \mathbb{P}_N^0(\Lambda)} |\varphi - \varphi_N|_{H^1_{\text{\tiny$\mathfrak{u}$}}(\Lambda)},$$

et on introduit l'approximation

$$\varphi_N(\zeta) = \int_{-1}^{\zeta} \Big((\pi_{N-1}^{\text{\tiny$\mathfrak{u}$}}\varphi')(\xi) - \frac{1}{2}\int_{-1}^{1} (\pi_{N-1}^{\text{\tiny$\mathfrak{u}$}}\varphi')(\eta)\, d\eta \Big)\, d\xi.$$

On vérifie que cette fonction appartient bien à $\mathbb{P}_N^0(\Lambda)$. On note alors que

$$\begin{aligned} \Big|\int_{-1}^{1} (\pi_{N-1}^{\text{\tiny$\mathfrak{u}$}}\varphi')(\eta)\, d\eta\Big| &= \Big|\int_{-1}^{1} (\varphi' - \pi_{N-1}^{\text{\tiny$\mathfrak{u}$}}\varphi')(\eta)\, d\eta\Big| \\ &\leq \Big(\int_{-1}^{1} (1-\zeta^2)^{\frac{1}{2}}\, d\zeta\Big)^{\frac{1}{2}} \|\varphi' - \pi_{N-1}^{\text{\tiny$\mathfrak{u}$}}\varphi'\|_{L^2_{\text{\tiny$\mathfrak{u}$}}(\Lambda)}, \end{aligned}$$

de sorte que

$$|\varphi - \varphi_N|_{H^1_{\text{\tiny$\mathfrak{u}$}}(\Lambda)} \leq c\, \|\varphi' - \pi_{N-1}^{\text{\tiny$\mathfrak{u}$}}\varphi'\|_{L^2_{\text{\tiny$\mathfrak{u}$}}(\Lambda)}.$$

On conclut en appliquant le Théorème 1.19.

Pour une fonction φ de $H^m_{\text{\tiny$\mathfrak{u}$}}(\Lambda) \cap H^1_{\text{\tiny$\mathfrak{u}$},0}(\Lambda)$, $m \geq 1$, on peut prouver (voir Bernardi et Maday [10, Thm 4.2]) que la distance $\|\varphi - \pi_N^{\text{\tiny$\mathfrak{u}$}1,0}\varphi\|_{L^2_{\text{\tiny$\mathfrak{u}$}}(\Lambda)}$ est majorée par une constante fois N^{-m} fois la norme $\|\varphi\|_{H^m_{\text{\tiny$\mathfrak{u}$}}(\Lambda)}$. Toutefois, cette démonstration est extrêmement technique. Il semble préférable ici d'introduire un autre opérateur pour lequel la majoration est plus naturelle, construit à partir de la forme bilinéaire: $(\varphi, \psi) \mapsto \int_{-1}^{1} \varphi'(\zeta)(\psi\,\rho_{\text{\tiny$\mathfrak{u}$}})'(\zeta)\, d\zeta$. En effet, on peut démontrer facilement à partir du Lemme I.2.3 que cette forme est continue sur $H^1_{\text{\tiny$\mathfrak{u}$},0}(\Lambda) \times H^1_{\text{\tiny$\mathfrak{u}$},0}(\Lambda)$ et elliptique sur $H^1_{\text{\tiny$\mathfrak{u}$},0}(\Lambda)$, ce qui permet d'introduire la notation suivante.

Notation 1.22. On note $\tilde{\pi}_N^{\text{\tiny$\mathfrak{u}$}1,0}$ l'opérateur de projection de $H^1_{\text{\tiny$\mathfrak{u}$},0}(\Lambda)$ sur $\mathbb{P}_N^0(\Lambda)$ défini de la façon suivante: pour toute fonction φ de $H^1_{\text{\tiny$\mathfrak{u}$},0}(\Lambda)$, $\tilde{\pi}_N^{\text{\tiny$\mathfrak{u}$}1,0}\varphi$ appartient à $\mathbb{P}_N^0(\Lambda)$ et vérifie:

$$\forall \psi_N \in \mathbb{P}_N^0(\Lambda), \quad \int_{-1}^{1} \psi_N'(\zeta)\big((\varphi - \tilde{\pi}_N^{\text{\tiny$\mathfrak{u}$}1,0}\varphi)\,\rho_{\text{\tiny$\mathfrak{u}$}}\big)'(\zeta)\, d\zeta = 0. \tag{1.25}$$

Théorème 1.23. *Pour tout entier $m \geq 1$, il existe une constante c positive ne dépendant que de m telle que, pour toute fonction φ de $H^m_{\text{\tiny$\mathfrak{u}$}}(\Lambda) \cap H^1_{\text{\tiny$\mathfrak{u}$},0}(\Lambda)$, on ait*

$$|\varphi - \tilde{\pi}_N^{\text{\tiny$\mathfrak{u}$}1,0}\varphi|_{H^1_{\text{\tiny$\mathfrak{u}$}}(\Lambda)} \leq c\, N^{1-m} \|\varphi\|_{H^m_{\text{\tiny$\mathfrak{u}$}}(\Lambda)}, \tag{1.26}$$

et

$$\|\varphi - \tilde{\pi}_N^{\text{\tiny$\mathfrak{u}$}1,0}\varphi\|_{L^2_{\text{\tiny$\mathfrak{u}$}}(\Lambda)} \leq c\, N^{-m} \|\varphi\|_{H^m_{\text{\tiny$\mathfrak{u}$}}(\Lambda)}. \tag{1.27}$$

Démonstration: La majoration (1.26) se déduit du théorème précédent, puisque la continuité et l'ellipticité de la forme bilinéaire entraînent

$$|\varphi - \tilde{\pi}_N^{\text{\tiny$\mathfrak{u}$}1,0}\varphi|_{H^1_{\text{\tiny$\mathfrak{u}$}}(\Lambda)} \leq c\, |\varphi - \pi_N^{\text{\tiny$\mathfrak{u}$}1,0}\varphi|_{H^1_{\text{\tiny$\mathfrak{u}$}}(\Lambda)}.$$

De plus, la définition de l'opérateur $\tilde{\pi}_N^{*1,0}$ permet d'utiliser sans difficulté nouvelle la méthode de dualité d'Aubin–Nitsche. En effet, on a la formule

$$\|\varphi - \tilde{\pi}_N^{*1,0}\varphi\|_{L^2_*(\Lambda)} = \sup_{g \in L^2_*(\Lambda)} \frac{\int_{-1}^1 (\varphi - \tilde{\pi}_N^{*1,0}\varphi)(\zeta) g(\zeta)\, \rho_*(\zeta)\, d\zeta}{\|g\|_{L^2_*(\Lambda)}},$$

on associe à toute fonction g de $L^2_*(\Lambda)$ l'unique solution χ dans $H^1_{*,0}(\Lambda)$ du problème

$$\forall \psi \in H^1_{*,0}(\Lambda), \quad \int_{-1}^1 \chi'(\zeta)(\psi \rho_*)'(\zeta)\, d\zeta = \int_{-1}^1 g(\zeta)\psi(\zeta)\, \rho_*(\zeta)\, d\zeta.$$

On vérifie sans peine que χ'' est égal à $-g$. On en déduit

$$\|\chi\|_{H^2_*(\Lambda)} \leq c\, \|g\|_{L^2_*(\Lambda)}.$$

On note alors que

$$\begin{aligned}\int_{-1}^1 (\varphi - \tilde{\pi}_N^{*1,0}\varphi)(\zeta) g(\zeta)\, \rho_*(\zeta)\, d\zeta &= \int_{-1}^1 (\chi' - (\tilde{\pi}_N^{*1,0}\chi)')(\zeta)\big((\varphi - (\tilde{\pi}_N^{*1,0}\varphi))\, \rho_*\big)'(\zeta)\, d\zeta \\ &\leq |\varphi - \tilde{\pi}_N^{*1,0}\varphi|_{H^1_*(\Lambda)} |\chi - \tilde{\pi}_N^{*1,0}\chi|_{H^1_*(\Lambda)},\end{aligned}$$

ce qui permet de conclure grâce à la majoration établie précédemment.

Définition 1.24. On définit l'opérateur $\tilde{\pi}_N^{*1}$ sur $H^1(\Lambda)$ de la façon suivante: pour toute fonction φ de $H^1(\Lambda)$, on pose:

$$(\tilde{\pi}_N^{*1}\varphi)(\zeta) = (\tilde{\pi}_N^{*1,0}\tilde{\varphi})(\zeta) + \varphi(-1)\, \frac{1-\zeta}{2} + \varphi(1)\, \frac{1+\zeta}{2}, \tag{1.28}$$

où la fonction $\tilde{\varphi}$ est définie en (1.10).

On en déduit également le

Corollaire 1.25. Pour tout entier $m \geq 1$, il existe une constante c positive ne dépendant que de m telle que, pour toute fonction φ de $H^m_*(\Lambda)$, on ait

$$|\varphi - \tilde{\pi}_N^{*1}\varphi|_{H^1_*(\Lambda)} + N\, \|\varphi - \tilde{\pi}_N^{*1}\varphi\|_{L^2_*(\Lambda)} \leq c N^{1-m} \|\varphi\|_{H^m_*(\Lambda)}. \tag{1.29}$$

Finalement, on considère les opérateurs de projection dans des espaces de Sobolev d'ordre général, dont les propriétés se démontrent par récurrence sur l'ordre.

Notation 1.26. Pour tout entier positif k, on note $\pi_N^{*k,0}$ l'opérateur de projection orthogonale de $H^k_{*,0}(\Lambda)$ sur $\mathbb{P}_N^{k,0}(\Lambda)$ pour le produit scalaire associé à la norme $|.|_{H^k_*(\Lambda)}$.

Théorème 1.27. *Pour tout entier positif k et pour tout entier $m \geq k$, il existe une constante c positive ne dépendant que de k et m telle que, pour toute fonction φ de $H^m_*(\Lambda) \cap H^k_{*,0}(\Lambda)$, on ait*

$$|\varphi - \pi_N^{*k,0}\varphi|_{H^k_*(\Lambda)} \leq c N^{k-m} \|\varphi\|_{H^m_*(\Lambda)}. \tag{1.30}$$

II.2. Erreur d'approximation polynômiale en dimension quelconque

Dans ce qui suit, on note Ω l'ouvert $]-1,1[^2$. On désignera par $\boldsymbol{x}=(x,y)$ le point générique de Ω. Le but de ce paragraphe est d'établir des majorations, analogues à celles du paragraphe 1, de la distance, dans un espace $H^k(\Omega)$, d'une fonction de régularité connue à un certain espace de polynômes. Les résultats présentés ici s'étendent de façon triviale à l'ouvert $]-1,1[^d$, où d est un entier positif quelconque, on les prouve dans le cas $d=2$ uniquement pour simplifier les notations.

Les démonstrations reposent essentiellement sur les résultats du paragraphe 1, utilisés sur chaque variable avec un argument de "tensorisation". Ceci signifie que l'on va faire appel à la propriété suivante:

$$\begin{aligned} L^2(\Omega) &= \{v:\Omega\rightarrow \mathbb{R};\ \int_\Omega v^2(\boldsymbol{x})\,d\boldsymbol{x} < +\infty\} \\ &= \{v:\Lambda\times\Lambda\rightarrow\mathbb{R};\ \int_{-1}^1 (\int_{-1}^1 v^2(x,y)\,dy)\,dx < +\infty\} \\ &= \{v:\Lambda\rightarrow L^2(\Lambda);\ \int_{-1}^1 \|v(x,.)\|^2_{L^2(\Lambda)}\,dx < +\infty\} = L^2(\Lambda;L^2(\Lambda)). \end{aligned}$$

De la même façon, on voit facilement que

$$H^1(\Omega) = L^2(\Lambda;H^1(\Lambda)) \cap H^1(\Lambda;L^2(\Lambda)),$$

(voir la Remarque I.1.18 pour la définition de ces espaces).

On donne une version générale du résultat énoncé ci-dessus, qui sera de grande importance dans ce qui suit.

Lemme 2.1. *Pour tout entier $m\geq 0$ et pour tout entier r, $0\leq r\leq m$, l'espace $H^m(\Omega)$ est inclus avec injection continue dans l'espace $H^r(\Lambda;H^{m-r}(\Lambda))$.*

Démonstration: C'est une conséquence immédiate de l'inégalité

$$\begin{aligned} \|v\|^2_{H^r(\Lambda;H^{m-r}(\Lambda))} &= \int_{-1}^1 \sum_{k=0}^r \|(\frac{\partial^k v}{\partial x^k})(x,.)\|^2_{H^{m-r}(\Lambda)}\,dx \\ &= \int_{-1}^1 \sum_{k=0}^r (\int_{-1}^1 \sum_{\ell=0}^{m-r} (\frac{\partial^{k+\ell} v}{\partial x^k \partial y^\ell})^2(x,y)\,dy)\,dx \\ &\leq \int_\Omega \sum_{k+\ell=0}^m (\frac{\partial^{k+\ell} v}{\partial x^k\partial y^\ell})^2(\boldsymbol{x})\,d\boldsymbol{x} = \|v\|^2_{H^m(\Omega)}. \end{aligned}$$

On introduit maintenant les espaces de polynômes.

Notation 2.2. Pour tout entier $n\geq 0$, on note $\mathbb{P}_n(\Omega)$ l'espace des polynômes sur Ω, de degré $\leq n$ par rapport à chacune des deux variables x et y.

Comme on va le voir, ce choix d'espaces de polynômes est particulièrement adapté aux démonstrations qui vont suivre, puisque $\mathbb{P}_n(\Omega)$ est l'espace des polynômes en x sur Λ, de degré $\leq n$, à coefficients dans l'espace $\mathbb{P}_n(\Lambda)$ des polynômes de degré $\leq n$ par rapport à y. On note aussi que l'ensemble $\{L_k(x)L_m(y), 0 \leq k, m \leq n\}$ forme une base de $\mathbb{P}_n(\Omega)$.

Notation 2.3. On note Π_N l'opérateur de projection orthogonale de $L^2(\Omega)$ sur $\mathbb{P}_N(\Omega)$.

Dans ce qui suit, le symbole $^{(x)}$ ou $^{(y)}$ après un opérateur monodimensionnel indiquera que l'on fait agir cet opérateur par rapport à la variable x ou y respectivement. Étant donnée une fonction v de $L^2(\Omega)$, on a par exemple pour presque tout y dans Λ:

$$\int_{-1}^{1} \big(v(x,y) - \pi_N^{(x)} v(x,y)\big)\, L_k(x)\, dx = 0, \quad 0 \leq k \leq N.$$

On applique cette formule avec v remplacé par $\pi_N^{(y)} v$ et on en déduit , pour $0 \leq k \leq N$ et $0 \leq m \leq N$:

$$\begin{aligned}
&\int_\Omega \big(v(\boldsymbol{x}) - \pi_N^{(x)} \circ \pi_N^{(y)} v(\boldsymbol{x})\big)\, L_k(x) L_m(y)\, d\boldsymbol{x} \\
&\qquad = \int_{-1}^{1} L_m(y) \Big(\int_{-1}^{1} \big(v(x,y) - \pi_N^{(x)} \circ \pi_N^{(y)} v(x,y)\big) L_k(x)\, dx \Big)\, dy \\
&\qquad = \int_{-1}^{1} L_m(y) \Big(\int_{-1}^{1} \big(v(x,y) - \pi_N^{(y)} v(x,y)\big) L_k(x)\, dx \Big)\, dy \\
&\qquad = \int_{-1}^{1} L_k(x) \Big(\int_{-1}^{1} \big(v(x,y) - \pi_N^{(y)} v(x,y)\big) L_m(y)\, dy \Big)\, dx = 0.
\end{aligned}$$

Comme $\pi_N^{(x)} \circ \pi_N^{(y)} v$ appartient à $\mathbb{P}_N(\Omega)$ et que les $L_k(x)L_m(y)$, $0 \leq k, m \leq N$, forment une base de $\mathbb{P}_N(\Omega)$, on obtient l'identité:

$$\Pi_N = \pi_N^{(x)} \circ \pi_N^{(y)}. \tag{2.1}$$

On peut aussi facilement vérifier que les opérateurs $\pi_N^{(x)}$ et $\pi_N^{(y)}$ commutent.

Théorème 2.4. *Pour tout entier $m \geq 0$, il existe une constante c positive ne dépendant que de m telle que, pour toute fonction v de $H^m(\Omega)$, on ait*

$$\|v - \Pi_N v\|_{L^2(\Omega)} \leq c\, N^{-m} \|v\|_{H^m(\Omega)}. \tag{2.2}$$

Démonstration: En utilisant l'identité (2.1), on voit que

$$\begin{aligned}
\|v - \Pi_N v\|_{L^2(\Omega)} &= \|v - \pi_N^{(x)} \circ \pi_N^{(y)} v\|_{L^2(\Lambda; L^2(\Lambda))} \\
&\leq \|v - \pi_N^{(x)} v\|_{L^2(\Lambda; L^2(\Lambda))} + \|\pi_N^{(x)} (v - \pi_N^{(y)} v)\|_{L^2(\Lambda; L^2(\Lambda))}.
\end{aligned}$$

Pour majorer le premier terme, on applique le Théorème 1.2 par rapport à la variable x:

$$\|v - \pi_N^{(x)} v\|_{L^2(\Lambda; L^2(\Lambda))} \leq c\, N^{-m}\, \|v\|_{H^m(\Lambda; L^2(\Lambda))}.$$

Pour majorer le second terme, on utilise la continuité de l'opérateur π_N de l'espace $L^2(\Lambda)$ dans lui-même, puis on applique le Théorème 1.2 par rapport à la variable y:

$$\|\pi_N^{(x)} (v - \pi_N^{(y)} v)\|_{L^2(\Lambda; L^2(\Lambda))} \leq \|v - \pi_N^{(y)} v\|_{L^2(\Lambda; L^2(\Lambda))} \leq c\, N^{-m}\, \|v\|_{L^2(\Lambda; H^m(\Lambda))}.$$

On conclut en regroupant ces deux estimations et en utilisant le Lemme 2.1 pour $r = m$ et pour $r = 0$.

Notation 2.5. Soit N un entier ≥ 1. On note $\mathbb{P}_N^0(\Omega)$ l'espace des polynômes de $\mathbb{P}_N(\Omega)$ qui sont nuls sur $\partial\Omega$, c'est-à-dire l'espace $\mathbb{P}_N(\Omega) \cap H_0^1(\Omega)$ des polynômes de la forme $(1-x^2)(1-y^2)\, v_{N-2}$, où v_{N-2} appartient à $\mathbb{P}_{N-2}(\Omega)$.

Notation 2.6. On note $\Pi_N^{1,0}$ l'opérateur de projection orthogonale de $H_0^1(\Omega)$ sur $\mathbb{P}_N^0(\Omega)$ pour le produit scalaire associé à la norme $|.|_{H^1(\Omega)}$.

Les propriétés d'approximation de l'opérateur $\Pi_N^{1,0}$ vont être étudiées en deux temps.

Théorème 2.7. *Pour tout entier $m \geq 1$, il existe une constante c positive ne dépendant que de m telle que, pour toute fonction v de $H^m(\Omega) \cap H_0^1(\Omega)$, on ait*

$$|v - \Pi_N^{1,0} v|_{H^1(\Omega)} \leq c\, N^{1-m} \|v\|_{H^m(\Omega)}. \tag{2.3}$$

Démonstration: Le résultat étant évident pour m égal à 1, on peut supposer la fonction v dans $H^m(\Omega) \cap H_0^1(\Omega)$, $m \geq 2$. On a

$$|v - \Pi_N^{1,0} v|_{H^1(\Omega)} = \inf_{v_N \in \mathbb{P}_N^0(\Omega)} |v - v_N|_{H^1(\Omega)},$$

il suffit donc de trouver un polynôme v_N de $\mathbb{P}_N^0(\Omega)$ tel que

$$|v - v_N|_{H^1(\Omega)} \leq c\, N^{1-m} \|v\|_{H^m(\Omega)}. \tag{2.4}$$

D'après le Lemme 2.1, la fonction v appartient à $H^1(\Lambda; H^1(\Lambda))$ et même, puisqu'elle s'annule sur $\partial\Omega$, à $H_0^1(\Lambda; H_0^1(\Lambda))$. On choisit alors v_N égal à $\pi_N^{1,0(x)} \circ \pi_N^{1,0(y)}$, qui appartient bien sûr à $\mathbb{P}_N^0(\Omega)$. Comme on a

$$|v - v_N|^2_{H^1(\Omega)} = \|(\frac{\partial}{\partial x})(v - v_N)\|^2_{L^2(\Omega)} + \|(\frac{\partial}{\partial y})(v - v_N)\|^2_{L^2(\Omega)},$$

et puisque la définition de v_N est symétrique en x et en y (les opérateurs $\pi_N^{1,0(x)}$ et $\pi_N^{1,0(y)}$ commutent!), il suffit de majorer par exemple $\|(\frac{\partial}{\partial x})(v - v_N)\|_{L^2(\Omega)}$. On fait appel pour cela à l'inégalité triangulaire

$$\begin{aligned}
&\|(\frac{\partial}{\partial x})(v - v_N)\|_{L^2(\Omega)} \\
&\qquad \leq \|(\frac{\partial}{\partial x})(v - \pi_N^{1,0(x)} v)\|_{L^2(\Lambda; L^2(\Lambda))} + \|(\frac{\partial}{\partial x})\pi_N^{1,0(x)}(v - \pi_N^{1,0(y)} v)\|_{L^2(\Lambda; L^2(\Lambda))}.
\end{aligned}$$

On utilise alors la majoration (1.5) par rapport à la variable x dans le premier terme, et la continuité de l'opérateur $\pi_N^{1,0}$ de $H_0^1(\Lambda)$ dans lui-même dans le second terme. On obtient

$$\|(\frac{\partial}{\partial x})(v - v_N)\|_{L^2(\Omega)} \leq c\, N^{1-m} \|v\|_{H^m(\Lambda; L^2(\Lambda))} + \|(\frac{\partial}{\partial x})(v - \pi_N^{1,0(y)} v)\|_{L^2(\Lambda; L^2(\Lambda))}.$$

Comme l'opérateur $\pi_N^{1,0(y)}$ commute avec la dérivation en x, ceci s'écrit

$$\|(\frac{\partial}{\partial x})(v - v_N)\|_{L^2(\Omega)} \leq c\, N^{1-m} \|v\|_{H^m(\Lambda; L^2(\Lambda))} + \|\frac{\partial v}{\partial x} - \pi_N^{1,0(y)} \frac{\partial v}{\partial x}\|_{L^2(\Lambda; L^2(\Lambda))},$$

et on utilise la majoration (1.6) par rapport à la variable y:

$$\|(\frac{\partial}{\partial x})(v - v_N)\|_{L^2(\Omega)} \leq c\,N^{1-m}\,\|v\|_{H^m(\Lambda;L^2(\Lambda))} + c\,N^{1-m}\,\|\frac{\partial v}{\partial x}\|_{L^2(\Lambda;H^{m-1}(\Lambda))}.$$

Le Lemme 2.1 donne alors la conclusion:

$$\|(\frac{\partial}{\partial x})(v - v_N)\|_{L^2(\Omega)} \leq c\,N^{1-m}\,\|v\|_{H^m(\Omega)}.$$

Théorème 2.8. *Pour tout entier $m \geq 1$, il existe une constante c positive ne dépendant que de m telle que, pour toute fonction v de $H^m(\Omega) \cap H_0^1(\Omega)$, on ait*

$$\|v - \Pi_N^{1,0} v\|_{L^2(\Omega)} \leq c\,N^{-m} \|v\|_{H^m(\Omega)}. \tag{2.5}$$

Démonstration: Là encore, on utilise la méthode de dualité d'Aubin–Nitsche, grâce à l'égalité:

$$\|v - \Pi_N^{1,0} v\|_{L^2(\Omega)} = \sup_{g \in L^2(\Omega)} \frac{\int_\Omega (v - \Pi_N^{1,0} v)(\boldsymbol{x}) g(\boldsymbol{x})\, d\boldsymbol{x}}{\|g\|_{L^2(\Omega)}}. \tag{2.6}$$

Pour toute fonction g de $L^2(\Omega)$, on considère la solution w dans $H_0^1(\Omega)$ du problème

$$\forall v \in H_0^1(\Omega), \quad \int_\Omega (\mathbf{grad}\, w)(\boldsymbol{x}) \,.\, (\mathbf{grad}\, v)(\boldsymbol{x})\, d\boldsymbol{x} = \int_\Omega g(\boldsymbol{x}) v(\boldsymbol{x})\, d\boldsymbol{x}$$

(voir Théorème I.2.2). Puisque Ω est un ouvert convexe, on peut démontrer (voir Grisvard [30, Thm 3.2.1.2]) que la fonction w appartient en fait à $H^2(\Omega)$ et vérifie

$$\|w\|_{H^2(\Omega)} \leq c\,\|g\|_{L^2(\Omega)} \tag{2.7}$$

(ce résultat se prouve de façon très simple dans le cas d'un carré, voir Exercice 4). Grâce à la définition de l'opérateur $\Pi_N^{1,0}$, on a

$$\begin{aligned}\int_\Omega (v - \Pi_N^{1,0} v)(\boldsymbol{x}) g(\boldsymbol{x})\, d\boldsymbol{x} &= \int_\Omega \big(\mathbf{grad}\,(v - \Pi_N^{1,0} v)\big)(\boldsymbol{x}) \,.\, (\mathbf{grad}\, w)(\boldsymbol{x})\, d\boldsymbol{x} \\ &= \int_\Omega \big(\mathbf{grad}\,(v - \Pi_N^{1,0} v)\big)(\boldsymbol{x}) \,.\, \big(\mathbf{grad}\,(w - \Pi_N^{1,0} w)\big)(\boldsymbol{x})\, d\boldsymbol{x} \\ &\leq |v - \Pi_N^{1,0} v|_{H^1(\Omega)} |w - \Pi_N^{1,0} w|_{H^1(\Omega)}.\end{aligned}$$

On utilise le Théorème 2.7 et l'inégalité (2.7) pour obtenir

$$\int_\Omega (v - \Pi_N^{1,0} v)(\boldsymbol{x}) g(\boldsymbol{x})\, d\boldsymbol{x} \leq c\,N^{-1}\, |v - \Pi_N^{1,0} v|_{H^1(\Omega)} \|g\|_{L^2(\Omega)}.$$

La formule (2.6) et le Théorème 2.7 permettent alors de conclure.

Pour étudier l'approximation des fonctions de $H^1(\Omega)$, on utilise ici un opérateur de projection orthogonale.

Notation 2.9. On note Π_N^1 l'opérateur de projection orthogonale de $H^1(\Omega)$ sur $\mathbb{P}_N(\Omega)$

pour le produit scalaire associé à la norme $\|.\|_{H^1(\Omega)}$, c'est-à-dire que, pour toute fonction v de $H^1(\Omega)$, $\Pi_N^1 v$ appartient à $\mathbb{P}_N(\Omega)$ et vérifie

$$\forall w_N \in \mathbb{P}_N(\Omega),\quad \int_\Omega (\mathbf{grad}\,(v-\Pi_N^1 v))(\boldsymbol{x})\,.\,(\mathbf{grad}\,w_N)(\boldsymbol{x})\,d\boldsymbol{x} + \int_\Omega (v-\Pi_N^1 v)(\boldsymbol{x})w_N(\boldsymbol{x})\,d\boldsymbol{x} = 0. \tag{2.8}$$

Théorème 2.10. *Pour tout entier $m \geq 1$, il existe une constante c positive ne dépendant que de m telle que, pour toute fonction v de $H^m(\Omega)$, on ait*

$$|v-\Pi_N^1 v|_{H^1(\Omega)} \leq c\,N^{1-m}\|v\|_{H^m(\Omega)}, \tag{2.9}$$

et

$$\|v-\Pi_N^1 v\|_{L^2(\Omega)} \leq c\,N^{-m}\|v\|_{H^m(\Omega)}. \tag{2.10}$$

Démonstration: Comme pour le Théorème 2.7, on peut supposer $m \geq 2$, et on a

$$\|v-\Pi_N^1 v\|_{H^1(\Omega)} = \inf_{v_N\in\mathbb{P}_N(\Omega)} \|v-v_N\|_{H^1(\Omega)} \leq \|v-\tilde{\pi}_N^{1(x)}\circ\tilde{\pi}_N^{1(y)}v\|_{H^1(\Omega)}.$$

On est donc ramené à étudier les trois termes

$$\|v-\tilde{\pi}_N^{1(x)}\circ\tilde{\pi}_N^{1(y)}v\|_{L^2(\Omega)},\quad \|(\frac{\partial}{\partial x})(v-\tilde{\pi}_N^{1(x)}\circ\tilde{\pi}_N^{1(y)}v)\|_{L^2(\Omega)} \text{ et } \|(\frac{\partial}{\partial y})(v-\tilde{\pi}_N^{1(x)}\circ\tilde{\pi}_N^{1(y)}v)\|_{L^2(\Omega)}.$$

La majoration du second et du troisième terme s'effectue exactement comme dans la démonstration du Théorème 2.7, en utilisant la majoration (1.13) au lieu de (1.5) et (1.6). Pour le premier on écrit l'inégalité triangulaire:

$$\begin{aligned}\|v-\tilde{\pi}_N^{1(x)}\circ\tilde{\pi}_N^{1(y)}v\|_{L^2(\Omega)} \leq \|v-\tilde{\pi}_N^{1(x)}v\|_{L^2(\Lambda;L^2(\Lambda))} + \|v-\tilde{\pi}_N^{1(y)}v\|_{L^2(\Lambda;L^2(\Lambda))}\\ + \|(id-\tilde{\pi}_N^{1(x)})\circ(id-\tilde{\pi}_N^{1(y)})v\|_{L^2(\Lambda;L^2(\Lambda))}.\end{aligned}$$

Puis on fait appel à la majoration (1.13):

$$\begin{aligned}&\|v-\tilde{\pi}_N^{1(x)}\circ\tilde{\pi}_N^{1(y)}v\|_{L^2(\Omega)}\\ &\quad\leq c\,(N^{-m}\,\|v\|_{H^m(\Lambda;L^2(\Lambda))} + N^{-m}\,\|v\|_{L^2(\Lambda;H^m(\Lambda))} + N^{-1}\|v-\tilde{\pi}_N^{1(y)}v\|_{H^1(\Lambda;L^2(\Lambda))})\\ &\quad\leq c\,(N^{-m}\,\|v\|_{H^m(\Lambda;L^2(\Lambda))} + N^{-m}\,\|v\|_{L^2(\Lambda;H^m(\Lambda))} + N^{-m}\|v\|_{H^1(\Lambda;H^{m-1}(\Lambda))}),\end{aligned}$$

et le Lemme 2.1 permet de conclure.

Pour obtenir la majoration (2.10), on utilise l'argument de dualité:

$$\|v-\Pi_N^1 v\|_{L^2(\Omega)} = \sup_{g\in L^2(\Omega)} \frac{\int_\Omega (v-\Pi_N^1 v)(\boldsymbol{x})g(\boldsymbol{x})\,d\boldsymbol{x}}{\|g\|_{L^2(\Omega)}},$$

et on considère maintenant, pour tout g dans $L^2(\Omega)$, la solution w dans $H^1(\Omega)$ du problème:

$$\forall v \in H^1(\Omega),\quad \int_\Omega (\mathbf{grad}\,w)(\boldsymbol{x})\,.\,(\mathbf{grad}\,v)(\boldsymbol{x})\,d\boldsymbol{x} + \int_\Omega w(\boldsymbol{x})v(\boldsymbol{x})\,d\boldsymbol{x} = \int_\Omega g(\boldsymbol{x})v(\boldsymbol{x})\,d\boldsymbol{x}$$

(il est facile de vérifier que les hypothèses du Lemme de Lax-Milgram I.2.1 sont encore vraies pour ce problème). La définition de l'opérateur Π_N^1 entraîne alors

$$\int_\Omega (v-\Pi_N^1 v)(\boldsymbol{x}) g(\boldsymbol{x})\, d\boldsymbol{x} = \int_\Omega \big(\mathbf{grad}\,(v-\Pi_N^1 v)\big)(\boldsymbol{x}) \,.\, \big(\mathbf{grad}\,(w-\Pi_N^1 w)\big)(\boldsymbol{x})\, d\boldsymbol{x} + \int_\Omega (v-\Pi_N^1 v)(\boldsymbol{x})(w-\Pi_N^1 w)(\boldsymbol{x})\, d\boldsymbol{x},$$

et la continuité de l'application: $g \mapsto w$ de $L^2(\Omega)$ dans $H^2(\Omega)$ permet de conclure.

On termine cette étude par un résultat d'approximation dans $H_0^k(\Omega)$ (qui sera essentiellement utilisé pour k égal à 2).

Notation 2.11. Soit N un entier ≥ 1. Pour tout entier positif k, on note $\mathbb{P}_N^{k,0}(\Omega)$ l'espace $\mathbb{P}_N(\Omega) \cap H_0^k(\Omega)$.

Notation 2.12. Pour tout entier positif k, on note $\Pi_N^{k,0}$ l'opérateur de projection orthogonale de $H_0^k(\Omega)$ sur $\mathbb{P}_N^{k,0}(\Omega)$ pour le produit scalaire associé à la norme $|.|_{H^k(\Omega)}$.

Théorème 2.13. *Pour tout entier positif k et pour tout entier $m \geq k$, il existe une constante c positive ne dépendant que de k et m telle que, pour toute fonction v de $H^m(\Omega) \cap H_0^k(\Omega)$, on ait*

$$|v - \Pi_N^{k,0} v|_{H^k(\Omega)} \leq c\, N^{k-m}\, \|v\|_{H^m(\Omega)}. \tag{2.11}$$

La démonstration du théorème pour les fonctions peu régulières fait appel au lemme suivant, qui relève de la théorie générale de l'interpolation entre espaces de Banach. On réfère à Berg et Löfström [6] et à Lions et Magenes [37] pour cette théorie.

Lemme 2.14. *Soit deux entiers r et s, $r \leq s$. Étant donnés un ouvert borné lipschitzien $\mathcal{O}$ et un espace de Banach E, on considère une application linéaire continue de $H^r(\mathcal{O})$ dans E, de norme α, et de $H^s(\mathcal{O})$ dans E, de norme β. Alors, pour tout entier t, $r \leq t \leq s$, elle est linéaire continue de $H^t(\mathcal{O})$ dans E, de norme $\leq \alpha^{\frac{s-t}{s-r}} \beta^{\frac{t-r}{s-r}}$. Ce résultat est encore vrai avec les espaces $H^r(\mathcal{O})$, $H^s(\mathcal{O})$ et $H^t(\mathcal{O})$ remplacés par leurs intersections respectives avec l'espace $H_0^k(\mathcal{O})$, pour tout entier k positif $\leq r$.*

Démonstration du théorème: On suppose d'abord $m \geq 2k$, de sorte qu'une fonction v de $H^m(\Omega) \cap H_0^k(\Omega)$ appartient à $H_0^k(\Lambda; H_0^k(\Lambda))$. Par définition de l'opérateur $\Pi_N^{k,0}$, on a alors:

$$|v - \Pi_N^{k,0} v|_{H^k(\Omega)} \leq |v - \pi_N^{k,0(x)} \circ \pi_N^{k,0(y)} v|_{H^k(\Omega)}.$$

Il faut maintenant majorer $\|(\frac{\partial^k}{\partial x^\ell \partial y^{k-\ell}})(v - \pi_N^{k,0(x)} \circ \pi_N^{k,0(y)} v)\|_{L^2(\Omega)}$, ce qu'on fait en appliquant l'inégalité triangulaire à la somme

$$v - \pi_N^{k,0(x)} \circ \pi_N^{k,0(y)} v = (v - \pi_N^{k,0(x)} v) + (v - \pi_N^{k,0(y)} v) - \big((id - \pi_N^{k,0(x)}) \circ (id - \pi_N^{k,0(y)}) v\big),$$

et en utilisant 4 fois l'estimation (1.18): par rapport à la variable x pour le premier terme, par rapport à la variable y pour le second et successivement par rapport aux deux variables pour le troisième. On conclut en utilisant le Lemme 2.1. Le résultat étant évident pour m égal à k, il reste à vérifier les cas intermédiaires $k < m < 2k$, ce qui se fait par l'intermédiaire du Lemme 2.14: en effet, on a prouvé que l'application $Id - \Pi_N^{k,0}$ est linéaire continue de $H_0^k(\Omega)$ dans lui-même de norme 1 et de $H^{2k}(\Omega) \cap H_0^k(\Omega)$ dans $H_0^k(\Omega)$ de norme $\leq c\,N^{-k}$. Si m est compris entre k et $2k$, elle est donc linéaire continue de $H^m(\Omega) \cap H_0^k(\Omega)$ dans $H_0^k(\Omega)$, de norme $\leq (c\,N^{-k})^{\frac{m-k}{k}} \leq c'\,N^{k-m}$.

Remarque 2.15. Lorsque k est égal à 2, on peut encore démontrer, sous les hypothèses du Théorème 2.13, la majoration

$$\|v - \Pi_N^{2,0} v\|_{L^2(\Omega)} \leq c\,N^{-m}\,\|v\|_{H^m(\Omega)}. \tag{2.12}$$

En effet, la méthode de dualité requiert dans ce cas la continuité de $L^2(\Omega)$ dans $H^4(\Omega)$ de l'application: $g \mapsto w$, où w est la solution dans $H_0^2(\Omega)$ du problème

$$\forall v \in H_0^2(\Omega), \quad \int_\Omega (\Delta w)(x)(\Delta v)(x)\,dx = \int_\Omega g(x)v(x)\,dx,$$

que l'on sait démontrer dans un carré (voir Grisvard [30, Thm 7.2.2.1]).

Remarque 2.16. Comme on l'a déjà indiqué, on peut vérifier que les démonstrations de ce paragraphe se généralisent toutes sans difficultés au cas du domaine $\Omega_d =]-1,1[^d$, pour tout entier $d \geq 3$, si l'on introduit l'espace $\mathbb{P}_N(\Omega_d)$ des polynômes à d variables sur Ω_d, de degré inférieur à N par rapport à chaque variable. Les résultats des Théorèmes 2.4, 2.7, 2.8, 2.10 et 2.13 sont encore vrais pour ce domaine.

La démonstration de résultats analogues aux précédents dans le cadre des espaces à poids de Tchebycheff repose sur les mêmes arguments: en effet, les résultats sur l'ouvert Λ, établis dans le paragraphe 1, sont de même type et, comme le poids sur Ω est le produit d'un poids identique par rapport à chacune des variables x et y, l'argument de tensorisation s'étend parfaitement à ces espaces. Seules, les démonstrations utilisant une méthode de dualité sont à refaire, puiqu'elles nécessitent la régularité du problème de Dirichlet et de Neumann dans les espaces à poids: ces résultats sont vrais (voir Bernardi et Maday [10, §3]) mais leur démonstration est compliquée, c'est pourquoi on préfère ne pas les indiquer ici. Dans ce qui suit, on énonce donc seulement les majorations qui se prouvent facilement par analogie aux résultats précédents (les démonstrations sont laissées en exercice).

Notation 2.17. On note $\Pi_N^{\text{ч}}$ l'opérateur de projection orthogonale de $L^2_{\text{ч}}(\Omega)$ sur $\mathbb{P}_N(\Omega)$.

Théorème 2.18. *Pour tout entier $m \geq 0$, il existe une constante c positive ne dépendant que de m telle que, pour toute fonction v de $H^m_{\text{ч}}(\Omega)$, on ait*

$$\|v - \Pi_N^{\text{ч}} v\|_{L^2_{\text{ч}}(\Omega)} \leq c\,N^{-m}\|v\|_{H^m_{\text{ч}}(\Omega)}. \tag{2.13}$$

Notation 2.19. On note $\Pi_N^{\text{ч}1,0}$ l'opérateur de projection orthogonale de $H^1_{\text{ч},0}(\Omega)$ sur $\mathbb{P}_N^0(\Omega)$ pour le produit scalaire associé à la norme $|.|_{H^1_{\text{ч}}(\Omega)}$.

Théorème 2.20. *Pour tout entier $m \geq 1$, il existe une constante c positive ne dépendant que de m telle que, pour toute fonction v de $H^m_{\text{ч}}(\Omega) \cap H^1_{\text{ч},0}(\Omega)$, on ait*

$$|v - \Pi_N^{\text{ч}1,0} v|_{H^1_{\text{ч}}(\Omega)} \leq c\,N^{1-m}\|v\|_{H^m_{\text{ч}}(\Omega)}. \tag{2.14}$$

Notation 2.21. On note $\Pi_N^{\star 1}$ l'opérateur de projection orthogonale de $H^1_\star(\Omega)$ sur $\mathbb{P}_N(\Omega)$ pour le produit scalaire associé à la norme $\|.\|_{H^1_\star(\Omega)}$.

Théorème 2.22. *Pour tout entier $m \geq 1$, il existe une constante c positive ne dépendant que de m telle que, pour toute fonction v de $H^m_\star(\Omega)$, on ait*

$$\|v - \Pi_N^{\star 1} v\|_{H^1_\star(\Omega)} \leq c\, N^{1-m} \|v\|_{H^m_\star(\Omega)}. \tag{2.15}$$

Notation 2.23. Pour tout entier positif k, on note $\Pi_N^{\star k,0}$ l'opérateur de projection orthogonale de $H^k_{\star,0}(\Omega)$ sur $\mathbb{P}_N^{k,0}(\Omega)$ pour le produit scalaire associé à la norme $|.|_{H^k_\star(\Omega)}$.

Théorème 2.24. *Pour tout entier positif k et pour tout entier $m \geq k$, il existe une constante c positive ne dépendant que de k et m telle que, pour toute fonction v de $H^m_\star(\Omega) \cap H^k_{\star,0}(\Omega)$, on ait*

$$|v - \Pi_N^{\star k,0} v|_{H^k_\star(\Omega)} \leq c\, N^{k-m}\, \|v\|_{H^m_\star(\Omega)}. \tag{2.16}$$

II.3. Méthode de Galerkin pour le problème de Dirichlet

Le domaine considéré dans ce paragraphe est l'hypercube $\Omega_d =]-1,1[^d$, où d est un entier ≥ 2. Pour une distribution donnée f dans $H^{-1}(\Omega_d)$, on s'intéresse à l'approximation du problème (avec condition aux limites homogène):

$$\begin{cases} -\Delta u = f & \text{dans } \Omega_d, \\ u = 0 & \text{sur } \partial\Omega_d. \end{cases} \tag{3.1}$$

Comme dans le paragraphe 2 du chapitre I, on en écrit la formulation variationnelle: *trouver u dans $H^1_0(\Omega_d)$ tel que*

$$\forall v \in H^1_0(\Omega_d), \quad a(u,v) = \langle f, v \rangle, \tag{3.2}$$

où la forme bilinéaire $a(.,.)$ est définie par

$$\forall u \in H^1(\Omega_d), \forall v \in H^1(\Omega_d), \quad a(u,v) = \int_{\Omega_d} (\mathbf{grad}\, u)(\boldsymbol{x}) \,.\, (\mathbf{grad}\, v)(\boldsymbol{x})\, d\boldsymbol{x}, \tag{3.3}$$

et où $\langle .,. \rangle$ désigne le produit de dualité entre $H^{-1}(\Omega_d)$ et $H^1_0(\Omega_d)$. L'existence et l'unicité de la solution de ce problème ont été données dans le Théorème I.2.2.

Notation 3.1. Pour tout entier $n \geq 0$, on note $\mathbb{P}_n(\Omega_d)$ l'espace des polynômes sur Ω_d, de degré $\leq n$ par rapport à chacune des d variables. On note $\mathbb{P}_n^0(\Omega_d)$ l'espace $\mathbb{P}_n(\Omega_d) \cap H^1_0(\Omega_d)$.

La méthode de Galerkin consiste à remplacer, dans la formulation variationnelle d'un problème, l'espace de fonctions par un sous-espace vectoriel de dimension finie. Dans le cadre de l'approximation spectrale du problème (3.2), ceci se traduit par le problème discret suivant: *trouver u_N dans $\mathbb{P}_N^0(\Omega_d)$ tel que*

$$\forall v_N \in \mathbb{P}_N^0(\Omega_d), \quad a(u_N, v_N) = \langle f, v_N \rangle. \tag{3.4}$$

En comparant cet énoncé avec la Notation 2.6 (généralisée à la dimension d), on constate immédiatement qu'un polynôme u_N de $\mathbb{P}_N^0(\Omega_d)$ est solution du problème (3.4) si et seulement si il est égal à $\Pi_N^{1,0}u$, où u est la solution du problème (3.2). L'analyse numérique du problème (3.4) est donc immédiate, à partir des Théorèmes 2.7 et 2.8.

Théoème 3.2. *Pour toute distribution f de $H^{-1}(\Omega_d)$, le problème (3.4) admet une solution unique u_N dans $\mathbb{P}_N^0(\Omega_d)$. De plus, cette solution vérifie*

$$\|u_N\|_{H^1(\Omega_d)} \leq c\,\|f\|_{H^{-1}(\Omega_d)}. \tag{3.5}$$

Théorème 3.3. *On suppose la solution u du problème (3.2) dans $H^m(\Omega_d)$ pour un entier $m \geq 1$. Alors, pour le problème discret (3.4), on a la majoration d'erreur*

$$|u - u_N|_{H^1(\Omega_d)} + N\,\|u - u_N\|_{L^2(\Omega_d)} \leq c\,N^{1-m}\,\|u\|_{H^m(\Omega_d)}. \tag{3.6}$$

Remarque 3.4. On se limite pour un temps au cas $d = 2$ du carré Ω, et on suppose la donnée f dans $L^2(\Omega)$. Une base de l'espace $\mathbb{P}_N^0(\Lambda)$ est donnée par exemple par les $(1-\zeta^2)\,L_n'$, $1 \leq n \leq N-1$. En écrivant la décomposition de u_N dans cette base:

$$u_N(x,y) = (1-x^2)(1-y^2)\sum_{m=1}^{N-1}\sum_{n=1}^{N-1} u^{mn} L_m'(x) L_n'(y),$$

et en utilisant l'équation différentielle ($F.3$), on voit que u_N est solution du problème (3.4) si et seulement si les u^{mn}, $1 \leq m,n \leq N-1$, sont solutions du système linéaire carré d'ordre $(N-1)^2$:

$$\begin{aligned}\frac{k(k+1)}{k+\frac{1}{2}} &\sum_{n=1}^{N-1} u^{kn} \int_{-1}^{1} L_n'(y)L_\ell'(y)\,(1-y^2)^2\,dy \\ &+ \frac{\ell(\ell+1)}{\ell+\frac{1}{2}} \sum_{m=1}^{N-1} u^{m\ell} \int_{-1}^{1} L_m'(x)L_k'(x)\,(1-x^2)^2\,dx \\ &= \int_{-1}^{1}\int_{-1}^{1} f(x,y)\,L_k'(x)L_\ell'(y)\,(1-x^2)(1-y^2)\,dx\,dy, \quad 1 \leq k,\ell \leq N-1.\end{aligned} \tag{3.7}$$

La résolution de ce système nécessite donc le calcul exact des $(N-1)^2$ termes

$$\int_{-1}^{1}\int_{-1}^{1} f(x,y)\,L_k'(x)L_\ell'(y)\,(1-x^2)(1-y^2)\,dx\,dy$$

qui forment le second membre. Ce calcul est souvent impossible, en tous cas toujours coûteux. De plus, le résultat obtenu après la résolution est un vecteur de coefficients dans la base choisie, il faut donc encore $(N-1)^2$ opérations pour en déduire une valeur ponctuelle de la solution u_N. Pour toutes ces raisons, la méthode de Galerkin n'est pas utilisable sur le plan numérique. Son seul intérêt est théorique: il réside dans la simplicité de l'analyse et permet de comprendre l'importance des résultats d'approximation polynômiale.

Lorsque d est égal à 2, en notant Ω le carré $]-1,1[^2$ et en supposant la donnée f dans $H_{\text{ч}}^{-1}(\Omega)$, on peut également considérer la formulation variationnelle (I.2.8) du problème (3.1): *trouver u dans $H^1_{\text{ч},0}(\Omega)$ tel que*

$$\forall v \in H^1_{\text{ч},0}(\Omega), \quad a_{\text{ч}}(u,v) = < f\,,\, v >_{\text{ч}}, \tag{3.8}$$

où la forme bilinéaire $a_{\text{ч}}(.,.)$ est définie par

$$\forall u \in H^1_{\text{ч}}(\Omega), \forall v \in H^1_{\text{ч},0}(\Omega), \quad a_{\text{ч}}(u,v) = \int_\Omega (\mathbf{grad}\, u)(x)\,.\,\big((\mathbf{grad}\,(v\, \varpi_{\text{ч}})\big)(x)\, dx, \tag{3.9}$$

et où $< .\,,\,. >_{\text{ч}}$ désigne le produit de dualité entre $H_{\text{ч}}^{-1}(\Omega)$ et $H^1_{\text{ч},0}(\Omega)$. Là encore, ce problème admet une solution unique. Le problème discret s'écrit alors: *trouver u_N dans $\mathbb{P}^0_N(\Omega)$ tel que*

$$\forall v_N \in \mathbb{P}^0_N(\Omega), \quad a_{\text{ч}}(u_N, v_N) = < f\,,\, v_N >_{\text{ч}}. \tag{3.10}$$

Grâce aux propriétés de continuité et d'ellipticité de la forme $a_{\text{ч}}(.,.)$ (voir Proposition I.2.4) et au Théorème 2.20, il est facile de démontrer les deux théorèmes suivants.

Théoème 3.5. *Pour toute distribution f de $H_{\text{ч}}^{-1}(\Omega)$, le problème* (3.10) *admet une solution unique u_N dans $\mathbb{P}^0_N(\Omega)$. De plus, cette solution vérifie*

$$\|u_N\|_{H^1_{\text{ч}}(\Omega)} \le c\,\|f\|_{H_{\text{ч}}^{-1}(\Omega)}. \tag{3.11}$$

Théorème 3.6. *On suppose la solution u du problème* (3.8) *dans $H^m_{\text{ч}}(\Omega)$ pour un entier $m \ge 1$. Alors, pour le problème discret* (3.10), *on a la majoration d'erreur*

$$|u - u_N|_{H^1_{\text{ч}}(\Omega)} \le c\,N^{1-m}\,\|u\|_{H^m_{\text{ч}}(\Omega)}. \tag{3.12}$$

Remarque 3.7. Sous les hypothèses du Théorème 3.6, la majoration d'erreur

$$\|u - u_N\|_{L^2_{\text{ч}}(\Omega)} \le c\,N^{-m}\,\|u\|_{H^m_{\text{ч}}(\Omega)}, \tag{3.13}$$

est également vraie, toutefois sa démonstration est très technique (voir Bernardi et Maday [10, Thm IV.5]).

II.4. Méthode de Galerkin pour le problème de Neumann

On se place de nouveau dans l'hypercube $\Omega_d =]-1,1[^d$ du paragraphe précédent et l'on considère maintenant le problème

$$\begin{cases} -\Delta u = f & \text{dans } \Omega_d, \\ \frac{\partial u}{\partial n} = g & \text{sur } \partial\Omega_d. \end{cases} \tag{4.1}$$

On suppose que la fonction f est dans $L^2(\Omega_d)$, que la distribution g est dans $\big(H^{\frac{1}{2}}(\partial\Omega_d)\big)'$ et qu'elles vérifient la condition de compatibilité

$$\int_{\Omega_d} f(x)\, dx + < g, 1 >_{\partial\Omega_d} = 0. \tag{4.2}$$

Le problème (4.1) s'écrit alors sous forme variationnelle: *trouver u dans $H^1(\Omega_d)/\mathbb{R}$ tel que*

$$\forall v \in H^1(\Omega_d)/\mathbb{R}, \quad a(u,v) = \int_{\Omega_d} f(\boldsymbol{x})v(\boldsymbol{x})\,d\boldsymbol{x} + < g, v >_{\partial\Omega_d}, \tag{4.3}$$

où la forme bilinéaire $a(.,.)$ est définie en (3.3). Il admet une solution unique (voir Théorème I.2.6).

Pour ce problème, la méthode de Galerkin consiste à remplacer $H^1(\Omega_d)/\mathbb{R}$ par l'espace de dimension finie $\mathbb{P}_N(\Omega_d)/\mathbb{R}$. Plus précisément, le problème discret s'écrit: *trouver u_N dans $\mathbb{P}_N(\Omega_d)/\mathbb{R}$ tel que*

$$\forall v_N \in \mathbb{P}_N(\Omega_d)/\mathbb{R}, \quad a(u_N, v_N) = \int_{\Omega_d} f(\boldsymbol{x})v_N(\boldsymbol{x})\,d\boldsymbol{x} + < g, v_N >_{\partial\Omega_d}. \tag{4.4}$$

Les propriétés de continuité et d'ellipticité de la forme $a(.,.)$ permettent d'énoncer le

Théorème 4.1. *Pour toute fonction f de $L^2(\Omega_d)$ et toute distribution g de $\big(H^{\frac{1}{2}}(\partial\Omega_d)\big)'$ vérifiant la condition de compatibilité (4.2), le problème (4.4) admet une solution unique u_N dans $\mathbb{P}_N(\Omega_d)/\mathbb{R}$. De plus, cette solution vérifie*

$$|u_N|_{H^1(\Omega_d)} \leq c\,(\|f\|_{L^2(\Omega_d)} + \|g\|_{(H^{\frac{1}{2}}(\partial\Omega_d))'}). \tag{4.5}$$

On termine ce paragraphe en donnant une majoration d'erreur entre les solutions u et u_N.

Théorème 4.2. *On suppose la solution u du problème (4.3) dans $H^m(\Omega_d)$ pour un entier $m \geq 1$. Alors, pour le problème discret (4.4), on a la majoration d'erreur*

$$|u - u_N|_{H^1(\Omega_d)} \leq c\,N^{1-m}\,\|u\|_{H^m(\Omega_d)}. \tag{4.6}$$

Démonstration: Des propriétés de continuité et d'ellipticité de la forme $a(.,.)$, on déduit immédiatement la majoration:

$$|u - u_N|_{H^1(\Omega_d)} \leq c \inf_{v_N \in \mathbb{P}_N(\Omega_d)} |u - v_N|_{H^1(\Omega_d)},$$

et en particulier

$$|u - u_N|_{H^1(\Omega_d)} \leq c\,|u - \Pi_N^1 u|_{H^1(\Omega_d)}.$$

Le théorème se démontre alors par application du Théorème 2.10.

Jusqu'à présent, les solutions u et u_N appartiennent à $H^1(\Omega_d)/\mathbb{R}$, c'est-à-dire qu'elles sont définies à une constante additive près. Pour fixer cette constante, on impose la condition habituelle:

$$\int_{\Omega_d} u(\boldsymbol{x})\,d\boldsymbol{x} = 0 \quad \text{et} \quad \int_{\Omega_d} u_N(\boldsymbol{x})\,d\boldsymbol{x} = 0. \tag{4.7}$$

Théorème 4.3. *On suppose la condition (4.7) vérifiée. Sous les hypothèses du Théorème 4.2, pour le problème discret (4.4), on a la majoration d'erreur*

$$\|u - u_N\|_{L^2(\Omega_d)} \leq c\,N^{-m}\,\|u\|_{H^m(\Omega_d)}. \tag{4.8}$$

Démonstration: On fait appel à la méthode de dualité:

$$\|u-u_N\|_{L^2(\Omega_d)} = \sup_{g\in L^2(\Omega_d)} \frac{\int_{\Omega_d}(u-u_N)(x)g(x)\,dx}{\|g\|_{L^2(\Omega_d)}}. \tag{4.9}$$

Pour toute fonction g de $L^2(\Omega_d)$, on définit g_0 par

$$g_0 = g - 2^{-d}\int_{\Omega_d} g(x)\,dx.$$

Comme la fonction g_0 est à moyenne nulle dans Ω_d, le problème de Neumann: trouver w dans $H^1(\Omega_d)/\mathbb{R}$ tel que

$$\forall v \in H^1(\Omega_d), \qquad \int_{\Omega_d} (\mathbf{grad}\, w)(x)\,.\,(\mathbf{grad}\, v)(x)\,dx = \int_{\Omega_d} g_0(x)v(x)\,dx,$$

admet une solution unique dans $H^1(\Omega_d)/\mathbb{R}$ (voir Théorème I.2.6); on impose en outre que cette solution soit à moyenne nulle. L'ouvert Ω_d étant convexe, on sait alors (voir Grisvard [30, Thm 3.2.1.3]) que la fonction w appartient à $H^2(\Omega_d)$ et vérifie

$$\|w\|_{H^2(\Omega_d)} \le c\,\|g_0\|_{L^2(\Omega_d)} \le c'\,\|g\|_{L^2(\Omega_d)}. \tag{4.10}$$

On calcule maintenant, en tenant compte de (4.7),

$$\begin{aligned}\int_{\Omega_d}(u-u_N)(x)g(x)\,dx &= \int_{\Omega_d}(u-u_N)(x)g_0(x)\,dx\\ &= \int_{\Omega_d}\big(\mathbf{grad}\,(u-u_N)\big)(x)\,.\,(\mathbf{grad}\,w)(x)\,dx\\ &= \int_{\Omega_d}\big(\mathbf{grad}\,(u-u_N)\big)(x)\,.\,\big(\mathbf{grad}\,(w-\Pi_N^1 w)\big)(x)\,dx\\ &\le |u-u_N|_{H^1(\Omega_d)}|w-\Pi_N^1 w|_{H^1(\Omega_d)},\end{aligned}$$

et on conclut en appliquant les Théorèmes 4.2 et 2.10, combinés avec (4.9) et (4.10).

II.5. Exercices

Exercice 1: Le but est de prouver le théorème de Stone–Weierstrass dans un cas particulier: pour toute fonction f continue sur $[0,1]$, il existe une suite de polynômes qui converge uniformément vers f sur $[0,1]$.

1) Montrer les identités

$$\begin{aligned}1 &= \sum_{k=0}^{n}\frac{n!}{k!(n-k)!}x^k(1-x)^{n-k}\\ x &= \sum_{k=0}^{n}\frac{k}{n}\frac{n!}{k!(n-k)!}x^k(1-x)^{n-k}\\ x^2+\frac{1}{n}x(1-x) &= \sum_{k=0}^{n}(\frac{k}{n})^2\frac{n!}{k!(n-k)!}x^k(1-x)^{n-k}.\end{aligned}$$

En déduire la formule

$$\frac{1}{n}x(1-x) = \sum_{k=0}^{n}(x-\frac{k}{n})^2\frac{n!}{k!(n-k)!}x^k(1-x)^{n-k}.$$

D'après les trois premiers exemples, il semble que le polynôme

$$P_nf(x) = \sum_{k=0}^{n} f(\frac{k}{n})\frac{n!}{k!(n-k)!}x^k(1-x)^{n-k}$$

approche la fonction f dans les cas où $f(x)$ est égal à 1, x ou x^2.
2) Étant donnée une fonction f continue sur l'intervalle $[0,1]$, on pose $M = \sup_{0\le x\le 1}|f(x)|$ et, pour tout $\varepsilon > 0$, on définit un réel $\delta(\varepsilon)$ tel que

$$|x-y| < \delta(\varepsilon) \implies |f(x)-f(y)| \le \varepsilon.$$

Pour $\varepsilon > 0$ fixé, on choisit maintenant n tel que

$$n \ge \max\{(\frac{1}{\delta(\frac{\varepsilon}{2})})^4, (\frac{M}{\varepsilon})^2\}$$

et, pour x dans $[0,1]$, on définit les deux ensemble d'indices

$$\mathcal{S} = \{k, \quad 0 \le k \le n, \quad \text{tels que } |x-\frac{k}{n}| < n^{-1/4}\}$$

et

$$\mathcal{L} = \{k, \quad 0 \le k \le n, \quad \text{tels que } |x-\frac{k}{n}| \ge n^{-1/4}\}.$$

En décomposant la somme intervenant dans la définition de P_nf sur $\mathcal{S}$ et $\mathcal{L}$, montrer que

$$|f(x) - P_nf(x)| \le \varepsilon.$$

3) En déduire le théorème de Stone–Weierstrass.

Exercice 2: On note Λ l'intervalle $]-1,1[$. On considère l'opérateur A défini par:

$$A\varphi = -\big((1-\zeta^2)\,\varphi'\big)'.$$

Pour tout entier $m \ge 0$, on note $\tilde{H}^m(\Lambda)$ l'espace des fonctions de $L^2(\Lambda)$ telles que la quantité $\|\varphi\|_{\tilde{H}^m(\Lambda)}$ soit finie, avec

$$\|\varphi\|_{\tilde{H}^m(\Lambda)} = \left(\|\varphi\|^2_{L^2(\Lambda)} + \int_{-1}^{1}(A^m\varphi)(\zeta)\varphi(\zeta)\,d\zeta\right)^{\frac{1}{2}}.$$

1) Montrer que, pour tout entier $m \ge 0$, l'espace $H^m(\Lambda)$ est inclus dans l'espace $\tilde{H}^m(\Lambda)$. Montrer que c'est un espace de Hilbert.
2) Pour toute fonction φ de $\tilde{H}^m(\Lambda)$, en écrivant la décomposition de φ dans la base $(L_n)_n$,

calculer la quantité $\|\varphi\|_{\tilde{H}^m(\Lambda)}$ en fonction des coefficients de φ et en déduire une majoration de $\|\varphi - \pi_N\varphi\|_{L^2(\Lambda)}$ en fonction de $\|\varphi\|_{\tilde{H}^m(\Lambda)}$.

3) Soit α un paramètre réel $> -\frac{1}{2}$. Déterminer le plus grand entier m tel que la fonction ψ définie par:

$$\psi(\zeta) = (1-\zeta)^\alpha,$$

appartienne à $H^m(\Lambda)$. En déduire une majoration de $\|\varphi - \pi_N\varphi\|_{L^2(\Lambda)}$.

4) En utilisant la formule de Rodrigues, calculer les coefficients de la fonction ψ dans la base $(L_n)_n$. Puis déterminer le plus grand entier m tel que la fonction ψ appartienne à $\tilde{H}^m(\Lambda)$. Que peut-on en déduire sur la quantité $\|\varphi - \pi_N\varphi\|_{L^2(\Lambda)}$?

Exercice 3: Le but de cet exercice est d'étudier la stabilité d'opérateurs de projection.

1) Démontrer l'inégalité inverse, vraie pour tout polynôme φ_N de $\mathbb{P}_N(\Lambda)$:

$$\sup_{\zeta\in\overline{\Lambda}} |\varphi_N(\zeta)| \le c\,N\,\|\varphi_N\|_{L^2(\Lambda)}.$$

2) Montrer que l'application: $\varphi \mapsto \varphi''$ est une bijection de $\mathbb{P}_N^0(\Lambda)$ sur $\mathbb{P}_{N-2}(\Lambda)$.

3) Pour une fonction quelconque φ de $H_0^1(\Lambda)$, démontrer les identités

$$\pi_{N-2}\varphi = \pi_N^{1,0}\varphi - \frac{1}{2}\Big(\int_{-1}^{1} \varphi'(\zeta)L_{N-2}(\zeta)\,d\zeta\Big)L_{N-1} - \frac{1}{2}\Big(\int_{-1}^{1} \varphi'(\zeta)L_{N-1}(\zeta)\,d\zeta\Big)L_N$$

$$\pi_N^{1,0}\varphi = \pi_{N-2}\varphi + \frac{1}{2}\big((-1)^N(\pi_{N-2}\varphi)(-1) - (\pi_{N-2}\varphi)(1)\big)L_{N-1} + \frac{1}{2}\big((-1)^{N-1}(\pi_{N-2}\varphi)(-1) - (\pi_{N-2}\varphi)(1)\big)L_N.$$

4) En déduire une majoration de la norme de l'opérateur π_{N-2} défini de $H_0^1(\Omega)$ dans $H^1(\Omega)$.

5) Montrer que l'opérateur $\pi_N^{1,0}$ peut s'étendre à un opérateur continu de $L^2(\Lambda)$ dans lui-même et calculer sa norme.

Exercice 4: Soit Ω le carré $]-1,1[^2$. Le but de cet exercice est de montrer qu'une fonction de $H_0^1(\Omega)$ à laplacien dans $L^2(\Omega)$ appartient en fait à $H^2(\Omega)$.

1) Résoudre l'équation différentielle: $-\varphi'' = \lambda\varphi$ pour n'importe quel paramètre λ complexe. En déduire les valeurs propres de l'opérateur de Laplace avec conditions de Dirichlet dans Λ, c'est-à-dire les nombres complexes λ tels que l'équation: $-\varphi'' = \lambda\varphi$ ait une solution non identiquement nulle dans $H_0^1(\Lambda)$. On note λ_k, $k \ge 0$, ces valeurs propres rangées par ordre croissant et φ_k un vecteur propre associé à λ_k.

2) Montrer que les φ_k forment une famille totale de $L^2(\Lambda)$.

3) Calculer la constante de Poincaré–Friedrichs sur Λ, c'est-à-dire la plus petite constante c telle que

$$\forall v \in H_0^1(\Lambda), \quad \|v\|_{L^2(\Lambda)} \le c\,|v|_{H^1(\Lambda)}.$$

Calculer de même la constante de Poincaré–Friedrichs sur le carré Ω.

4) Étant donnée une fonction u de $H_0^1(\Omega)$, écrire le développement de Δu dans la base formée par les $\varphi_k(x)\varphi_\ell(y)$, $k \ge 0$, $\ell \ge 0$.

5) En déduire que, pour toute fonction f dans $L^2(\Omega)$, la solution u dans $H^1(\Omega)$ du problème

$$\begin{cases} -\Delta u = f & \text{dans } \Omega, \\ u = 0 & \text{sur } \partial\Omega, \end{cases}$$

appartient à $H^2(\Omega)$. Écrire la majoration correspondante.
6) Démontrer un résultat analogue pour le problème de Neumann.

Chapitre III

Erreur d'interpolation polynômiale, méthode de collocation

Du chapitre précédent vient la double conclusion que:
(i) des fonctions quelconques, de régularité donnée, peuvent être approchées par des polynômes avec une erreur se comportant comme une puissance négative du degré des polynômes, cette puissance ne dépendant que de la régularité de la fonction;
(ii) la méthode de Galerkin permet d'approcher la solution du problème de Dirichlet ou de Neumann pour le laplacien par des polynômes; l'erreur de discrétisation est du même ordre que l'erreur de meilleure approximation dans les espaces de Sobolev appropriés.
Toutefois, ces résultats ont peu d'applications du point de vue numérique: en effet, pour obtenir les polynômes d'approximation, on doit calculer les intégrales de la fonction ou du second membre, multiplié par les polynômes de Legendre ou de Tchebycheff; ce calcul est très coûteux et enlève toute compétitivité à la méthode. L'idée consiste alors à approcher ces intégrales au moyen de formules de quadrature de grande précision, plus exactement par les formules de Gauss et de Gauss–Lobatto étudiées dans le chapitre I. On va en effet montrer que ceci ne nuit en rien à la précision de l'approximation et que la simplicité et le coût de la mise en œuvre sont grandement améliorés.

Au point de vue de l'analyse numérique, l'introduction de la nouvelle méthode de discrétisation a pour effet:
(i) que les opérateurs de projection orthogonale introduits dans le chapitre 2 sont remplacés par des opérateurs d'interpolation aux nœuds de la formule de quadrature;
(ii) que les méthodes de Galerkin sont remplacées par des méthodes dites avec intégration numérique, qui reposent encore sur la formulation variationnelle du problème exact mais où les intégrales sont évaluées par la formule de quadrature. Comme on le constatera, ceci équivaut dans certains cas à une méthode de collocation, c'est-à-dire à une méthode où l'équation de départ est satisfaite en un nombre fini de points.

L'étude des opérateurs d'interpolation fait l'objet des paragraphes 1 et 2, respectivement en dimension 1 et en dimension quelconque. La méthode de Galerkin avec intégration numérique pour le problème de Dirichlet pour le laplacien est analysée dans le paragraphe 3, et celle pour le problème de Neumann dans le paragraphe 4. La mise en œuvre de cette méthode est expliquée dans le paragraphe 5.

Notation 0.1. Le paramètre de discrétisation est un entier positif noté N, et c désigne une constante positive, toujours indépendante de N. La référence $(F.a)$ renvoie à la formule $(F.a)$ du formulaire.

III.1. Erreur d'interpolation polynômiale en une dimension

On commence par l'étude de l'opérateur d'interpolation aux points de Gauss.

Notation 1.1. On désigne par ζ_j, $1 \leq j \leq N$, les zéros du polynôme L_N et par ω_j,

$1 \le j \le N$, les nombres réels positifs tels que

$$\forall \Phi \in \mathbb{P}_{2N-1}(\Lambda), \quad \int_{-1}^{1} \Phi(\zeta)\, d\zeta = \sum_{j=1}^{N} \Phi(\zeta_j)\, \omega_j \tag{1.1}$$

(voir Proposition I.4.2). On note j_{N-1} l'opérateur d'interpolation aux points de Gauss: pour toute fonction φ continue sur Λ, $j_{N-1}\varphi$ appartient à $\mathbb{P}_{N-1}(\Lambda)$ et vérifie

$$(j_{N-1}\varphi)(\zeta_j) = \varphi(\zeta_j), \quad 1 \le j \le N. \tag{1.2}$$

En utilisant la base canonique $\{1, \zeta, \ldots, \zeta^{N-1}\}$ de $\mathbb{P}_{N-1}(\Lambda)$, on voit que les équations (1.2) sont équivalentes à un système linéaire dont la solution est le vecteur des coefficients de $j_{N-1}\varphi$ dans cette base et dont la matrice est une matrice de Vandermonde; ces coefficients sont donc définis de façon unique, puisque les ζ_j, $1 \le j \le N$, sont deux à deux distincts.

Le résultat de base consiste à majorer la distance entre une fonction et son image par l'opérateur j_{N-1} dans l'espace $L^2(\Lambda)$. Pour cela, on va admettre deux propriétés concernant les nœuds et les poids de la formule de Gauss. Leur démonstration se trouve dans Szegö [59, Thm 6.21.3 & (15.3.14)]. On suppose les ζ_j, $1 \le j \le N$, rangés par ordre croissant et on pose:

$$\theta_j = \arccos \zeta_j, \quad 1 \le j \le N. \tag{1.3}$$

Lemme 1.2. *Les nœuds $\zeta_j = \cos\theta_j$, $1 \le j \le N$, vérifient*

$$\frac{(N - j + \frac{1}{2})\pi}{N} \le \theta_j \le \frac{(N - j + 1)\pi}{N}. \tag{1.4}$$

Les poids ω_j, $1 \le j \le N$, vérifient

$$c\, N^{-1} (1 - \zeta_j^2)^{\frac{1}{2}} \le \omega_j \le c'\, N^{-1} (1 - \zeta_j^2)^{\frac{1}{2}}. \tag{1.5}$$

Les inégalités (1.4) mettent en évidence une propriété importante des points ζ_j, à savoir que, pour les grandes valeurs de N, ils sont les cosinus de nombres presque équidistants sur $]0, \pi[$. Ceci montre une "accumulation" des points ζ_j au voisinage des extrémités de l'intervalle Λ: la distance entre ζ_1 et ζ_2 par exemple est de l'ordre de $\frac{1}{N^2}$, tandis que la distance entre $\zeta_{\frac{N}{2}}$ et $\zeta_{\frac{N}{2}+1}$ (en supposant N pair) est de l'ordre de $\frac{1}{N}$. Cette propriété est illustrée dans le tableau et la figure ci-dessous, présentant les ζ_j et les θ_j, $1 \le j \le N$, pour N égal à 10.

j	ζ_j	θ_j	j	ζ_j	θ_j
1	$-0,97390653$	$0,92712477\pi$	6	$0,14887434$	$0,45243501\pi$
2	$-0,86506337$	$0,83272190\pi$	7	$0,43339539$	$0,35731537\pi$
3	$-0,67940957$	$0,73776401\pi$	8	$0,67940957$	$0,26223599\pi$
4	$-0,43339539$	$0,64268463\pi$	9	$0,86506337$	$0,16727810\pi$
5	$-0,14887434$	$0,54756499\pi$	10	$0,97390653$	$0,07287523\pi$

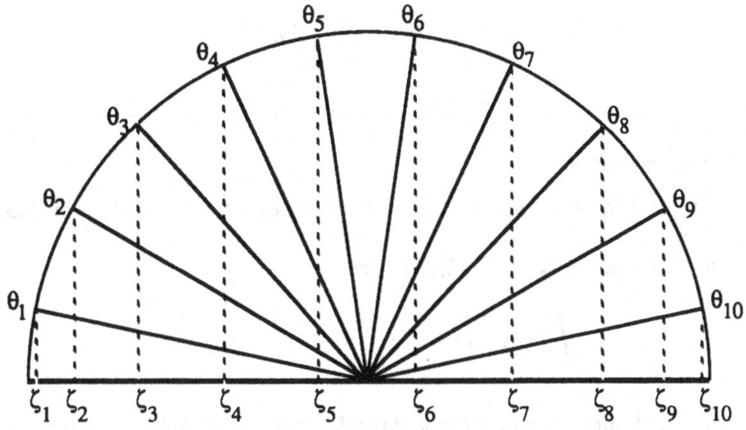

Figure 1.1

La majoration de l'erreur entre une fonction et son interpolé dans $L^2(\Lambda)$, qui est une conséquence du théorème suivant, est optimale puiqu'elle est du même ordre que celle entre la fonction et sa projection orthogonale dans $L^2(\Lambda)$ (voit Théorème II.1.2). La première démonstration de ce résultat est due à Maday [39], elle fait appel à une technique inventée par Pasciak [52] et utilisée par Quarteroni [55] dans le cas des polynômes de Tchebycheff.

Théorème 1.3. *Il existe une constante c positive telle que, pour toute fonction φ de $H_0^1(\Lambda)$, on ait*

$$\|j_{N-1}\varphi\|_{L^2(\Lambda)} \leq c\,(\|\varphi\|_{L^2(\Lambda)} + N^{-1}\,|\varphi|_{H^1(\Lambda)}). \tag{1.6}$$

Avant de démontrer ce théorème, on prouve deux résultats techniques. Le premier fournit une version plus précise du Théorème I.1.10 d'injection de Sobolev dans un cas particulier.

Lemme 1.4. *Il existe une constante c positive telle que, pour tous réels a et b, a < b, et pour toute fonction ψ de $H^1(a,b)$, on ait*

$$\sup_{a\leq\theta\leq b} |\psi(\theta)| \leq c\,\big(\frac{1}{b-a}\|\psi\|^2_{L^2(a,b)} + (b-a)|\psi|^2_{H^1(a,b)}\big)^{\frac{1}{2}}. \tag{1.7}$$

Démonstration: Soit c_0 la norme de l'injection de $H^1(\Lambda)$ dans l'espace des fonctions continues sur $\overline{\Lambda}$ (cette injection est continue d'après le Théorème I.1.10). Pour toute fonction ψ de $H^1(a,b)$, on pose

$$\tilde{\psi}(\zeta) = \psi\big(a + \frac{b-a}{2}(1+\zeta)\big),$$

et on vérifie aisément que la fonction $\tilde{\psi}$ appartient à $H^1(\Lambda)$. On a

$$\sup_{a\leq\theta\leq b} |\psi(\theta)| \leq \sup_{-1\leq\zeta\leq 1} |\tilde{\psi}(\zeta)| \leq c_0\,\|\tilde{\psi}\|_{H^1(\Lambda)},$$

et on calcule

$$\|\tilde{\psi}\|^2_{H^1(\Lambda)} = \int_{-1}^{1} (\tilde{\psi}^2(\zeta) + \tilde{\psi}'^2(\zeta))\, d\zeta$$
$$= \int_a^b (\psi^2(\theta) + \psi'^2(\theta)\, \frac{(b-a)^2}{4})\, \frac{2}{b-a}\, d\theta,$$

ce qui donne le résultat.

L'inégalité du lemme qui suit est une des inégalités dites de Hardy (voir [49, Chap. 6, Lemme 2.1]).

Lemme 1.5. *Toute fonction ψ de $H^1_0(\Lambda)$ vérifie*

$$\int_{-1}^{1} \psi^2(\zeta)\,(1-\zeta^2)^{-2}\, d\zeta \le \int_{-1}^{1} \psi'^2(\zeta)\, d\zeta. \tag{1.8}$$

Démonstration: Pour toute fonction ψ dans $\mathcal{D}(\Lambda)$, on calcule l'expression

$$\int_{-1}^{1} (\psi'(\zeta) + \psi(\zeta)\,\zeta(1-\zeta^2)^{-1})^2\, d\zeta$$
$$= \int_{-1}^{1} (\psi'^2(\zeta) + \psi^2(\zeta)\,\zeta^2(1-\zeta^2)^{-2} + (\psi^2)'(\zeta)\,\zeta(1-\zeta^2)^{-1})\, d\zeta$$
$$= \int_{-1}^{1} (\psi'^2(\zeta) - \psi^2(\zeta)\,(1-\zeta^2)^{-2})\, d\zeta.$$

Cette expression étant positive, on obtient la majoration (1.8) pour φ dans $\mathcal{D}(\Lambda)$ et on utilise la densité de $\mathcal{D}(\Lambda)$ dans $H^1_0(\Lambda)$ pour conclure.

Démonstration du théorème: Puisque la formule de quadrature (1.1) est exacte sur $\mathbb{P}_{2N-1}(\Lambda)$, on a

$$\|j_{N-1}\varphi\|^2_{L^2(\Lambda)} = \sum_{j=1}^{N} (j_{N-1}\varphi)^2(\zeta_j)\,\omega_j,$$

et donc, par définition de l'opérateur j_{N-1},

$$\|j_{N-1}\varphi\|^2_{L^2(\Lambda)} = \sum_{j=1}^{N} \varphi^2(\zeta_j)\,\omega_j.$$

D'après l'inégalité (1.5), ceci entraîne

$$\|j_{N-1}\varphi\|^2_{L^2(\Lambda)} \le c\,N^{-1} \sum_{j=1}^{N} \varphi^2(\zeta_j)\,(1-\zeta_j^2)^{\frac{1}{2}}.$$

On effectue maintenant le changement de variable $\zeta = \cos\theta$, et on pose: $\hat{\varphi}(\theta) = \varphi(\zeta)$. On a alors

$$\|j_{N-1}\varphi\|^2_{L^2(\Lambda)} \le c\,N^{-1} \sum_{j=1}^{N} \hat{\varphi}^2(\theta_j)\,\sin\theta_j,$$

et, en notant K_j l'intervalle $]\frac{(N-j+\frac{1}{2})\pi}{N}, \frac{(N-j+1)\pi}{N}[$, on obtient grâce à la propriété (1.4):

$$\|j_{N-1}\varphi\|^2_{L^2(\Lambda)} \le c\, N^{-1} \sum_{j=1}^{N} \sup_{\theta \in \overline{K}_j} |\hat{\varphi}(\theta)\, \sin^{\frac{1}{2}}\theta|^2.$$

Maintenant, on note que la longueur des K_j est égale à $\frac{\pi}{2N}$, et, en appliquant le Lemme 1.4, on en déduit

$$\|j_{N-1}\varphi\|^2_{L^2(\Lambda)} \le c \sum_{j=1}^{N} \big(\|\hat{\varphi}\, \sin^{\frac{1}{2}}\theta\|^2_{L^2(K_j)} + N^{-2} |\hat{\varphi}\, \sin^{\frac{1}{2}}\theta|^2_{H^1(K_j)} \big).$$

On remarque que les intervalles K_j, $1 \le j \le N$, sont deux à deux disjoints et contenus dans l'intervalle $]0, \pi[$, de sorte que

$$\|j_{N-1}\varphi\|^2_{L^2(\Lambda)} \le c \big(\|\hat{\varphi}\, \sin^{\frac{1}{2}}\theta\|^2_{L^2(0,\pi)} + N^{-2} |\hat{\varphi}\, \sin^{\frac{1}{2}}\theta|^2_{H^1(0,\pi)} \big). \qquad (1.9)$$

On développe cette expression, en utilisant l'inégalité usuelle $2\alpha\beta \le \alpha^2 + \beta^2$:

$$\|j_{N-1}\varphi\|^2_{L^2(\Lambda)} \le c \int_0^\pi \big(\hat{\varphi}^2(\theta)\, \sin\theta + N^{-2} \hat{\varphi}^2(\theta)\, \frac{\cos^2\theta}{\sin\theta} + N^{-2} \hat{\varphi}'^2(\theta)\, \sin\theta \big)\, d\theta,$$

puis on effectue le changement de variable inverse:

$$\|j_{N-1}\varphi\|^2_{L^2(\Lambda)} \le c \int_{-1}^{1} \big(\varphi^2(\zeta) + N^{-2}\, \varphi^2(\zeta)\, \zeta^2\, (1-\zeta^2)^{-1} + N^{-2}\, \varphi'^2(\zeta)\, (1-\zeta^2) \big)\, d\zeta.$$

Comme ζ^2 et $1-\zeta^2$ sont ≤ 1, ceci peut encore s'écrire

$$\|j_{N-1}\varphi\|^2_{L^2(\Lambda)} \le c \big(\int_{-1}^{1} \varphi^2(\zeta) + N^{-2}\, \varphi^2(\zeta)\, (1-\zeta^2)^{-2} + N^{-2}\, \varphi'^2(\zeta) \big)\, d\zeta.$$

Grâce au Lemme 1.5, on en déduit

$$\|j_{N-1}\varphi\|^2_{L^2(\Lambda)} \le c \big(\|\varphi\|^2_{L^2(\Lambda)} + N^{-2} |\varphi|^2_{H^1(\Lambda)} \big),$$

ce qui donne la majoration cherchée.

Corollaire 1.6. *Pour tout entier $m \ge 1$, il existe une constante c positive ne dépendant que de m telle que, pour toute fonction φ de $H^m(\Lambda)$, on ait*

$$\|\varphi - j_{N-1}\varphi\|_{L^2(\Lambda)} \le c\, N^{-m} \|\varphi\|_{H^m(\Lambda)}. \qquad (1.10)$$

Démonstration: On note que, pour tout polynôme φ_{N-1} de $\mathbb{P}_{N-1}(\Lambda)$, $j_{N-1}\varphi_{N-1}$ coïncide avec φ_{N-1}. On suppose en outre que $\varphi - \varphi_{N-1}$ s'annule en ± 1 et, en appliquant le Théorème 1.3 à la fonction $\varphi - \varphi_{N-1}$, on obtient

$$\|j_{N-1}\varphi - \varphi_{N-1}\|_{L^2(\Lambda)} \le c \big(\|\varphi - \varphi_{N-1}\|_{L^2(\Lambda)} + N^{-1}\, |\varphi - \varphi_{N-1}|_{H^1(\Lambda)} \big),$$

d'où l'inégalité

$$\|\varphi - j_{N-1}\varphi\|_{L^2(\Lambda)} \leq c\,(\|\varphi - \varphi_{N-1}\|_{L^2(\Lambda)} + N^{-1}\,|\varphi - \varphi_{N-1}|_{H^1(\Lambda)}).$$

On choisit finalement φ_{N-1} égal à $\tilde{\pi}^1_{N-1}\varphi$ (voir Définition II.1.8). Ce polynôme coïncide bien avec φ en ± 1 (voir Remarque II.1.10) et la majoration cherchée est une conséquence immédiate de l'inégalité précédente combinée avec le Corollaire II.1.9.

Remarque 1.7. L'opérateur j_{N-1} possède une propriété légèrement différente, qui donne une majoration du même ordre sous une hypothèse de régularité un peu plus faible: pour tout entier positif m, on a pour toute fonction φ de $L^2(\Lambda)$ telle que $\varphi\,(1-\zeta^2)^{\frac{1}{2}}$ appartienne à $H^m(\Lambda)$ la majoration:

$$\|(\varphi - j_{N-1}\varphi)\;(1-\zeta^2)^{\frac{1}{2}}\|_{L^2(\Lambda)} \leq c\,N^{-m}\|\varphi\,(1-\zeta^2)^{\frac{1}{2}}\|_{H^m(\Lambda)}. \tag{1.11}$$

On réfère à Maday [39] et Bernardi, Dauge et Maday [9] pour la démonstration de cette inégalité.

Les propriétés de l'opérateur d'interpolation aux nœuds de la formule de Gauss de type Tchebycheff ont été établies par Canuto et Quarteroni [19]. Elles se démontrent de façon absolument identique à ce qui précède.

Notation 1.8. On désigne par ζ_j^*, $1 \leq j \leq N$, les points $\cos(\frac{(N-j+\frac{1}{2})\pi}{N})$, et on pose: $\omega_j^* = \frac{\pi}{N}$, $1 \leq j \leq N$, de sorte qu'on a l'égalité

$$\forall \Phi \in \mathbb{P}_{2N-1}(\Lambda), \quad \int_{-1}^{1} \Phi(\zeta)\,\rho_*(\zeta)\,d\zeta = \sum_{j=1}^{N} \Phi(\zeta_j^*)\,\omega_j^*. \tag{1.12}$$

On note j_{N-1}^* l'opérateur d'interpolation en ces points: pour toute fonction φ continue sur Λ, $j_{N-1}^*\varphi$ appartient à $\mathbb{P}_{N-1}(\Lambda)$ et vérifie

$$(j_{N-1}^*\varphi)(\zeta_j^*) = \varphi(\zeta_j^*), \quad 1 \leq j \leq N. \tag{1.13}$$

Théorème 1.9. *Il existe une constante c positive telle que, pour toute fonction φ de $H^1_{*,0}(\Lambda)$, on ait*

$$\|j_{N-1}^*\varphi\|_{L^2_*(\Lambda)} \leq c\,(\|\varphi\|_{L^2_*(\Lambda)} + N^{-1}\,|\varphi|_{H^1_*(\Lambda)}). \tag{1.14}$$

Démonstration: Elle est presque identique à celle du Théorème 1.3, on indique simplement les principales étapes, en conservant les notations. On a

$$\begin{aligned}
\|j_{N-1}^*\varphi\|^2_{L^2_*(\Lambda)} &= \frac{\pi}{N}\sum_{j=1}^{N} \varphi^2(\zeta_j^*) \leq \frac{\pi}{N}\sum_{j=1}^{N} \sup\{|\hat{\varphi}(\theta)|^2;\ \frac{(N-j)\pi}{N} \leq \theta \leq \frac{(N-j+1)\pi}{N}\} \\
&\leq c\,(\|\hat{\varphi}\|^2_{L^2(0,\pi)} + N^{-2}\,|\hat{\varphi}|^2_{H^1(0,\pi)}) \\
&\leq c\,(\int_{-1}^{1} \varphi^2(\zeta)\,(1-\zeta^2)^{-\frac{1}{2}}\,d\zeta + N^{-2}\int_{-1}^{1} \varphi'^2(\zeta)\,(1-\zeta^2)^{\frac{1}{2}}\,d\zeta).
\end{aligned}$$

Ici, il suffit de majorer $(1-\zeta^2)^{\frac{1}{2}}$ par $(1-\zeta^2)^{-\frac{1}{2}}$ pour conclure.

Comme précédemment, en appliquant le Théorème 1.9 à la fonction $\varphi - \tilde{\pi}^{*1}_{N-1}\varphi$ (voir (II.1.28) pour la définition de l'opérateur $\tilde{\pi}^{*1}_{N-1}$), on déduit du Corollaire II.1.25 le résultat suivant:

Corollaire 1.10. *Pour tout entier $m > 0$, il existe une constante c positive ne dépendant que de m telle que, pour toute fonction φ de $H^m(\Lambda)$, on ait*

$$\|\varphi - j^{*}_{N-1}\varphi\|_{L^2_{*}(\Lambda)} \leq c N^{-m} \|\varphi\|_{H^m_{*}(\Lambda)}. \tag{1.15}$$

On introduit maintenant l'opérateur d'interpolation aux points de Gauss–Lobatto.

Notation 1.11. On désigne par ξ_j, $0 \leq j \leq N$, les zéros du polynôme $(1-\zeta^2)L'_N$, rangés par ordre croissant, et par ρ_j, $0 \leq j \leq N$, les réels positifs tels que

$$\forall \Phi \in \mathbb{P}_{2N-1}(\Lambda), \quad \int_{-1}^{1} \Phi(\zeta)\, d\zeta = \sum_{j=0}^{N} \Phi(\xi_j)\, \rho_j \tag{1.16}$$

(voir Proposition I.4.5). On note i_N l'opérateur d'interpolation aux points de Gauss–Lobatto: pour toute fonction φ continue sur $\overline{\Lambda}$, $i_N\varphi$ appartient à $\mathbb{P}_N(\Lambda)$ et vérifie

$$(i_N\varphi)(\xi_j) = \varphi(\xi_j), \quad 0 \leq j \leq N. \tag{1.17}$$

La formule de quadrature de Gauss–Lobatto est exacte sur $\mathbb{P}_{2N-1}(\Lambda)$. On commence par démontrer un résultat de stabilité de cette formule sur $\mathbb{P}_{2N}(\Lambda)$, qui interviendra à plusieurs reprises dans l'analyse numérique des méthodes spectrales.

Lemme 1.12. *On a l'égalité*

$$\sum_{j=0}^{N} L_N^2(\xi_j)\, \rho_j = (2 + \frac{1}{N}) \|L_N\|^2_{L^2(\Lambda)}. \tag{1.18}$$

Démonstration: La formule (F.8) du formulaire indique que

$$\sum_{j=0}^{N} L_N^2(\xi_j)\, \rho_j = \sum_{j=0}^{N} L_N^2(\xi_j) \frac{2}{N(N+1)L_N^2(\xi_j)} = \frac{2}{N},$$

d'où le résultat d'après (F.1).

Corollaire 1.13. *Tout polynôme φ_N de $\mathbb{P}_N(\Lambda)$ vérifie les inégalités*

$$\|\varphi_N\|^2_{L^2(\Lambda)} \leq \sum_{j=0}^{N} \varphi_N^2(\xi_j)\, \rho_j \leq 3\|\varphi_N\|^2_{L^2(\Lambda)}. \tag{1.19}$$

Démonstration: On écrit le polynôme φ_N sous la forme $\sum_{n=0}^{N} \varphi^n L_n$, de sorte que l'on a

$$\|\varphi_N\|^2_{L^2(\Lambda)} = \sum_{n=0}^{N} (\varphi^n)^2 \frac{1}{n+\frac{1}{2}}.$$

En utilisant la propriété (1.16), on a aussi

$$\sum_{j=0}^{N} \varphi_N^2(\xi_j)\,\rho_j = \sum_{n=0}^{N-1} (\varphi^n)^2 \frac{1}{n+\frac{1}{2}} + (\varphi^{N-1})^2 \sum_{j=0}^{N} L_N^2(\xi_j)\,\rho_j.$$

Du Lemme 1.12, on déduit les inégalités

$$\|L_N\|_{L^2(\Lambda)}^2 \le \sum_{j=0}^{N} L_N^2(\xi_j)\,\rho_j \le 3\|L_N\|_{L^2(\Lambda)}^2,$$

d'où les mêmes inégalités sur le polynôme φ_N.

On aura également besoin de résultats concernant les nœuds et les poids de la formule de Gauss–Lobatto. On pose:

$$\eta_j = \arccos \xi_j, \quad 0 \le j \le N. \tag{1.20}$$

Les ξ_j, $1 \le j \le N-1$, étant les extrema de L_N, s'intercalent entre les zéros, plus précisément on a: $\zeta_j < \xi_j < \zeta_{j+1}$. On déduit ainsi de la propriété (1.4) les inégalités:

$$\frac{(N-j-\frac{1}{2})\pi}{N} \le \eta_j \le \frac{(N-j+1)\pi}{N}. \tag{1.21}$$

L'inégalité concernant les poids est du même type que (1.5), elle est démontrée dans Szegö [59, (15.3.14)].

Lemme 1.14. *Les poids ρ_j, $1 \le j \le N$, vérifient*

$$c N^{-1} (1-\xi_j^2)^{\frac{1}{2}} \le \rho_j \le c' N^{-1} (1-\xi_j^2)^{\frac{1}{2}}. \tag{1.22}$$

Le théorème suivant énonce une propriété de stabilité sur l'opérateur i_N, tout-à-fait analogue à celle du Théorème 1.3.

Théorème 1.15. *Il existe une constante c positive telle que, pour toute fonction φ de $H_0^1(\Lambda)$, on ait*

$$\|i_N \varphi\|_{L^2(\Lambda)} \le c\,(\|\varphi\|_{L^2(\Lambda)} + N^{-1}\,|\varphi|_{H^1(\Lambda)}). \tag{1.23}$$

Démonstration: Les arguments sont encore très semblables à ceux utilisés précédemment. En utilisant le Corollaire 1.13, on constate que

$$\|i_N \varphi\|_{L^2(\Lambda)}^2 \le \sum_{j=0}^{N} (i_N \varphi)^2(\xi_j)\,\rho_j \le \sum_{j=1}^{N-1} \varphi^2(\xi_j)\,\rho_j.$$

Le Lemme 1.14 implique alors que

$$\|i_N \varphi\|_{L^2(\Lambda)}^2 \le c N^{-1} \sum_{j=1}^{N-1} \varphi^2(\xi_j)\,(1-\xi_j^2)^{\frac{1}{2}}.$$

Le changement de variable $\zeta = \cos\theta$, avec la notation $\hat\varphi(\theta) = \varphi(\zeta)$, donne

$$\|i_N\varphi\|^2_{L^2(\Lambda)} \le c\,N^{-1}\sum_{j=1}^{N-1}\hat\varphi^2(\eta_j)\,\sin\eta_j,$$

et, en notant K_j^* l'intervalle $]\frac{(N-j-\frac12)\pi}{N}, \frac{(N-j+1)\pi}{N}[$, on obtient grâce à la propriété (1.21) et au Lemme 1.4:

$$\begin{aligned}\|i_N\varphi\|^2_{L^2(\Lambda)} &\le c\,N^{-1}\sum_{j=1}^{N-1}\sup_{\theta\in\overline{K}_j^*}|\hat\varphi(\theta)\,\sin^{\frac12}\theta|^2\\ &\le c\sum_{j=1}^{N-1}\big(\|\hat\varphi\,\sin^{\frac12}\theta\|^2_{L^2(K_j^*)} + N^{-2}|\hat\varphi\,\sin^{\frac12}\theta|^2_{H^1(K_j^*)}\big).\end{aligned}$$

Les intervalles K_j^*, $1\le j\le N$, recouvrent au plus deux fois l'intervalle $]0,\pi[$, de sorte que

$$\|i_N\varphi\|^2_{L^2(\Lambda)} \le c\,\big(\|\hat\varphi\,\sin^{\frac12}\theta\|^2_{L^2(0,\pi)} + N^{-2}|\hat\varphi\,\sin^{\frac12}\theta|^2_{H^1(0,\pi)}\big). \tag{1.24}$$

Le membre de droite est absolument identique à celui de la formule (1.9), on utilise donc les arguments de la démonstration du Théorème 1.3 pour conclure.

Ce théorème a pour conséquence la majoration d'erreur suivante, dans l'espace $L^2(\Lambda)$.

Corollaire 1.16. *Pour tout entier $m > 0$, il existe une constante c positive ne dépendant que de m telle que, pour toute fonction φ de $H^m(\Lambda)$, on ait*

$$\|\varphi - i_N\varphi\|_{L^2(\Lambda)} \le c\,N^{-m}\|\varphi\|_{H^m(\Lambda)}. \tag{1.25}$$

Toutefois, pour l'opérateur d'interpolation aux points de Gauss–Lobatto, on a une erreur optimale également en norme $H^1(\Lambda)$. C'est une conséquence de la propriété de stabilité suivante.

Proposition 1.17. *Il existe une constante c positive telle que, pour toute fonction φ de $H_0^1(\Lambda)$, on ait*

$$\Big(\int_{-1}^1 (i_N\varphi)^2(\zeta)\,(1-\zeta^2)^{-1}\,d\zeta\Big)^{\frac12} \le c\,\Big(\Big(\int_{-1}^1 \varphi^2(\zeta)\,(1-\zeta^2)^{-1}\,d\zeta\Big)^{\frac12} + N^{-1}\,|\varphi|_{H^1(\Lambda)}\Big). \tag{1.26}$$

Démonstration: On remarque que $(i_N\varphi)^2\,(1-\zeta^2)^{-1}$ est un polynôme de degré $\le 2N-2$. Par suite, la propriété d'exactitude (1.16) et l'inégalité (1.22) impliquent que

$$\int_{-1}^1 (i_N\varphi)^2(\zeta)\,(1-\zeta^2)^{-1}\,d\zeta = \sum_{j=0}^N (i_N\varphi)^2(\xi_j)\,(1-\xi_j^2)^{-1}\,\rho_j \le c\,N^{-1}\sum_{j=1}^{N-1}\varphi^2(\xi_j)\,(1-\xi_j^2)^{-\frac12}.$$

À partir de cette inégalité, les arguments de la démonstration du Théorème 1.15, appliqués à la fonction $\psi = \varphi\,(1-\zeta^2)^{-\frac12}$, donnent la majoration analogue de (1.24) (on garde la notation $\hat\varphi(\theta) = \varphi(\zeta)$):

$$\int_{-1}^1 (i_N\varphi)^2(\zeta)\,(1-\zeta^2)^{-1}\,d\zeta \le c\,\big(\|\hat\varphi\,\sin^{-\frac12}\theta\|^2_{L^2(0,\pi)} + N^{-2}\,|\hat\varphi\,\sin^{-\frac12}\theta|^2_{H^1(0,\pi)}\big),$$

ce qui s'écrit encore

$$\int_{-1}^{1} (i_N\varphi)^2(\zeta)\,(1-\zeta^2)^{-1}\,d\zeta \le c \int_0^{\pi} \big(\hat\varphi^2(\theta)\,\frac{1}{\sin\theta} + N^{-2}\,\hat\varphi^2(\theta)\,\frac{\cos^2\theta}{\sin^3\theta} + N^{-2}\hat\varphi'^2(\theta)\,\frac{1}{\sin\theta}\big)\,d\theta.$$

Le changement de variable inverse entraîne alors l'inégalité

$$\int_{-1}^{1} (i_N\varphi)^2(\zeta)\,(1-\zeta^2)^{-1}\,d\zeta$$
$$\le c \int_{-1}^{1} \big(\varphi^2(\zeta)\,(1-\zeta^2)^{-1} + N^{-2}\,\varphi^2(\zeta)\,\zeta^2(1-\zeta^2)^{-2} + N^{-2}\,\varphi'^2(\zeta)\big)\,d\zeta.$$

En majorant ζ^2 par 1 et en utilisant le Lemme 1.5, on obtient la majoration cherchée.

On a alors besoin d'une inégalité inverse, qui ressemble un peu à celle de la Proposition I.5.4.

Lemme 1.18. *La majoration suivante est vérifiée pour tout entier N positif et pour tout polynôme φ_N de $\mathbb{P}_N^0(\Lambda)$:*

$$|\varphi_N|_{H^1(\Lambda)} \le N\,\Big(\int_{-1}^{1} \varphi_N^2(\zeta)\,(1-\zeta^2)^{-1}\,d\zeta\Big)^{\frac12}. \tag{1.27}$$

Démonstration: Les polynômes $(1-\zeta^2)\,L_n'$, $1 \le n \le N-1$, forment une base de $\mathbb{P}_N^0(\Lambda)$. En écrivant la décomposition du polynôme φ_N dans cette base:

$$\varphi_N(\zeta) = (1-\zeta^2)\sum_{n=1}^{N-1} \varphi^{*n}\,L_n'(\zeta),$$

on obtient grâce à l'équation différentielle $(F.3)$ les identités:

$$|\varphi_N|^2_{H^1(\Lambda)} = \sum_{n=1}^{N-1} (\varphi^{*n})^2\,\big(n(n+1)\big)^2\,\|L_n\|^2_{L^2(\Lambda)},$$

et

$$\int_{-1}^{1} \varphi_N^2(\zeta)\,(1-\zeta^2)^{-1}\,d\zeta = \sum_{n=1}^{N-1} (\varphi^{*n})^2\,n(n+1)\,\|L_n\|^2_{L^2(\Lambda)}.$$

Il suffit de majorer $n(n+1)$ par N^2 pour conclure.

On peut maintenant énoncer la majoration de l'erreur d'interpolation dans $H^1(\Lambda)$.

Théorème 1.19. *Pour tout entier $m > 0$, il existe une constante c positive ne dépendant que de m telle que, pour toute fonction φ de $H^m(\Lambda)$, on ait*

$$|\varphi - i_N\varphi|_{H^1(\Lambda)} \le c\,N^{1-m}\,\|\varphi\|_{H^m(\Lambda)}. \tag{1.28}$$

Démonstration: On applique le Lemme 1.18 et la Proposition 1.17 à $i_N\varphi - \tilde\pi_N^1\varphi$ et, par une inégalité triangulaire, on obtient

$$|\varphi - i_N\varphi|_{H^1(\Lambda)} \le c\big(N\,\Big(\int_{-1}^{1} (\varphi - \tilde\pi_N^1\varphi)^2(\zeta)\,(1-\zeta^2)^{-1}\,d\zeta\Big)^{\frac12} + |\varphi - \tilde\pi_N^1\varphi|_{H^1(\Lambda)}\big). \tag{1.29}$$

Le Corollaire II.1.9 permet de majorer immédiatement le second terme:

$$|\varphi - \tilde{\pi}_N^1 \varphi|_{H^1(\Lambda)} \le c\, N^{1-m}\, \|\varphi\|_{H^m(\Lambda)}. \tag{1.30}$$

Pour estimer le premier, on rappelle la Définition II.1.8 de l'opérateur $\tilde{\pi}_N^1$: en particulier, on a l'identité $\varphi - \tilde{\pi}_N^1 \varphi = \tilde{\varphi} - \tilde{\pi}_N^1 \tilde{\varphi}$, où la fonction $\tilde{\varphi}$ est définie en (II.1.10) et appartient à $H_0^1(\Lambda)$. On déduit alors du Lemme 1.5 que la fonction $\tilde{\varphi}\,(1-\zeta^2)^{-1}$ appartient à $L^2(\Lambda)$ et, les polynômes formant un sous-espace dense de $L^2(\Lambda)$, on peut écrire la décomposition

$$\tilde{\varphi}(\zeta) = (1-\zeta^2) \sum_{n=1}^{+\infty} \tilde{\varphi}^{*n}\, L_n'(\zeta).$$

L'équation différentielle (F.3) et la formule (II.1.7) permettent de vérifier facilement que

$$\tilde{\pi}_N^1 \tilde{\varphi}(\zeta) = (1-\zeta^2) \sum_{n=1}^{N-1} \tilde{\varphi}^{*n}\, L_n'(\zeta).$$

On calcule maintenant, en utilisant une fois de plus (F.3),

$$\begin{aligned}\int_{-1}^{1} (\varphi - \tilde{\pi}_N^1 \varphi)^2(\zeta)\,(1-\zeta^2)^{-1}\, d\zeta &= \sum_{n=N}^{+\infty} (\tilde{\varphi}^{*n})^2 \int_{-1}^{1} L_n'(\zeta)^2\,(1-\zeta^2)\, d\zeta \\ &= \sum_{n=N}^{+\infty} (\tilde{\varphi}^{*n})^2 n(n+1) \|L_n\|_{L^2(\Lambda)}^2,\end{aligned}$$

et, en minorant $n(n+1)$ par N^2, on en déduit

$$\begin{aligned}&\int_{-1}^{1} (\varphi - \tilde{\pi}_N^1 \varphi)^2(\zeta)\,(1-\zeta^2)^{-1}\, d\zeta \\ &\qquad \le N^{-2} \sum_{n=N}^{+\infty} (\tilde{\varphi}^{*n})^2 \big(n(n+1)\big)^2 \|L_n\|_{L^2(\Lambda)}^2 = N^{-2}\, |\tilde{\varphi} - \tilde{\pi}_N^{1,0} \tilde{\varphi}|_{H^1(\Lambda)}^2,\end{aligned}$$

c'est-à-dire

$$\int_{-1}^{1} (\varphi - \tilde{\pi}_N^1 \varphi)^2(\zeta)\,(1-\zeta^2)^{-1}\, d\zeta \le N^{-2}\, |\varphi - \tilde{\pi}_N^1 \varphi|_{H^1(\Lambda)}^2.$$

Cette dernière inégalité, combinée avec (1.29) et (1.30), donne le résultat.

Remarque 1.20. Le Théorème 1.19 donne en particulier la propriété de stabilité, pour tout φ dans $H^1(\Lambda)$,

$$\|i_N \varphi\|_{H^1(\Lambda)} \le c\, \|\varphi\|_{H^1(\Lambda)}, \tag{1.31}$$

qui complète le résultat de la Proposition 1.17.

L'erreur d'interpolation pour les points de Gauss–Lobatto de type Tchebycheff, en norme $\|\cdot\|_{L^2_w(\Lambda)}$ et $|\cdot|_{H^1_w(\Lambda)}$ s'étudie de façon tout-à-fait analogue. On se contente donc d'énoncer les résultats et on laisse les démonstrations en exercice.

Notation 1.21. On définit les nœuds

$$\xi_j^* = \cos\left(\frac{(N-j)\pi}{N}\right), \quad 0 \le j \le N,$$

et les poids

$$\rho_j^* = \frac{\pi}{N}, \quad 1 \le j \le N-1, \quad \text{et} \quad \rho_0^* = \rho_N^* = \frac{\pi}{2N},$$

de sorte qu'on a l'égalité:

$$\forall \Phi \in \mathbb{P}_{2N-1}(\Lambda), \quad \int_{-1}^{1} \Phi(\zeta)\, \rho_*(\zeta)\, d\zeta = \sum_{j=0}^{N} \Phi(\xi_j^*)\, \rho_j^* \tag{1.32}$$

(voir Proposition I.4.10). On note i_N^* l'opérateur d'interpolation aux points de Gauss–Lobatto: pour toute fonction φ continue sur $\overline{\Lambda}$, $i_N^*\varphi$ appartient à $\mathbb{P}_N(\Lambda)$ et vérifie

$$(i_N^*\varphi)(\xi_j^*) = \varphi(\xi_j^*), \quad 0 \le j \le N. \tag{1.33}$$

Le changement de variable: $\zeta = \cos\theta$ permet de montrer immédiatement que

$$\sum_{j=0}^{N} T_N^2(\xi_j^*)\, \rho_j^* = 2 \int_{-1}^{1} T_N^2(\zeta)\, \rho_*(\zeta)\, d\zeta, \tag{1.34}$$

ce qui prouve le

Lemme 1.22. *Tout polynôme φ_N de $\mathbb{P}_N(\Lambda)$ vérifie les inégalités*

$$\|\varphi_N\|^2_{L^2_*(\Lambda)} \le \sum_{j=0}^{N} \varphi_N^2(\xi_j^*)\, \rho_j^* \le 2\|\varphi_N\|^2_{L^2_*(\Lambda)}. \tag{1.35}$$

À partir de ce lemme et du fait que les nœuds et les poids sont connus explicitement, on démontre les résultats d'erreur.

Théorème 1.23. *Pour tout entier $m > 0$, il existe une constante c positive ne dépendant que de m telle que, pour toute fonction φ de $H_*^m(\Lambda)$, on ait*

$$\|\varphi - i_N^*\varphi\|_{L^2_*(\Lambda)} \le c\,N^{-m}\|\varphi\|_{H_*^m(\Lambda)}. \tag{1.36}$$

Théorème 1.24. *Pour tout entier $m > 0$, il existe une constante c positive ne dépendant que de m telle que, pour toute fonction φ de $H_*^m(\Lambda)$, on ait*

$$|\varphi - i_N^*\varphi|_{H^1_*(\Lambda)} \le c\,N^{1-m}\|\varphi\|_{H_*^m(\Lambda)}. \tag{1.37}$$

III.2. Erreur d'interpolation polynômiale en dimension quelconque

Dans ce paragraphe, on va établir des majorations de l'erreur d'interpolation dans le cas du carré $\Omega =]-1,1[^2$, toutefois les démonstrations et les résultats s'étendent sans difficultés à une dimension quelconque. Les nœuds de l'interpolation sont définis par tensorisation à partir d'une formule de quadrature sur Λ, c'est-à-dire que leurs coordonnées appartiennent à l'ensemble des nœuds de cette formule. Ceci permet, comme pour les opérateurs de projection, de déduire les propriétés des opérateurs d'interpolation en dimension 2 de ceux en dimension 1 étudiés dans le paragraphe précédent.

Notation 2.1. On définit la *grille de Gauss* de type Legendre Σ_N par

$$\Sigma_N = \{\boldsymbol{x} = (\zeta_j, \zeta_k);\ 1 \leq j, k \leq N\} \tag{2.1}$$

(voir Figure 2.1). On note $\mathcal{J}_{N-1}$ l'opérateur d'interpolation sur cette grille: pour toute fonction v continue sur Ω, $\mathcal{J}_{N-1}v$ appartient à $\mathbb{P}_{N-1}(\Omega)$ et vérifie

$$(\mathcal{J}_{N-1}v)(\boldsymbol{x}) = v(\boldsymbol{x}), \quad \boldsymbol{x} \in \Sigma_N. \tag{2.2}$$

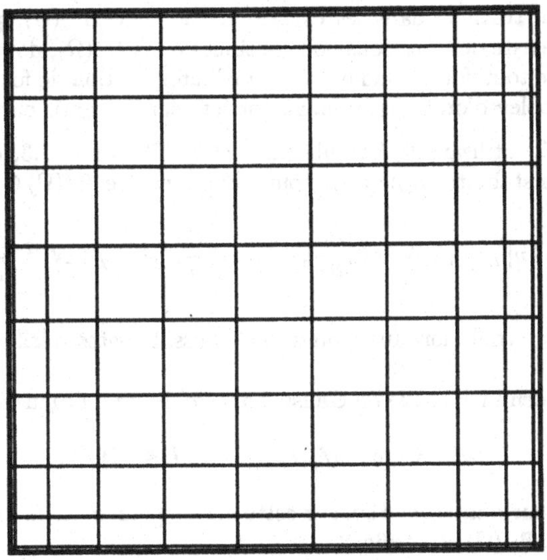

Figure 2.1

Cette définition se traduit bien sûr par l'identité:

$$\mathcal{J}_{N-1} = j_{N-1}^{(x)} \circ j_{N-1}^{(y)} = j_{N-1}^{(y)} \circ j_{N-1}^{(x)}, \tag{2.3}$$

où, comme dans le paragraphe 2 du chapitre II, l'exposant après l'opérateur indique par rapport à quelle variable il s'applique. La démonstration du théorème qui suit est alors immédiate.

Théorème 2.2. *Pour tout entier $m \geq 2$, il existe une constante c positive ne dépendant que de m telle que, pour toute fonction v de $H^m(\Omega)$, on ait*

$$\|v - \mathcal{J}_{N-1}v\|_{L^2(\Omega)} \leq c\,N^{-m}\|v\|_{H^m(\Omega)}. \tag{2.4}$$

Démonstration: De (2.3), on déduit l'inégalité

$$\begin{aligned}\|v - \mathcal{J}_{N-1}v\|_{L^2(\Omega)} \leq \|v - j_{N-1}^{(x)}v\|_{L^2(\Lambda;L^2(\Lambda))} + \|v - j_{N-1}^{(y)}v\|_{L^2(\Lambda;L^2(\Lambda))} \\ + \|(id - j_{N-1}^{(x)}) \circ (id - j_{N-1}^{(y)})v\|_{L^2(\Lambda;L^2(\Lambda))}.\end{aligned}$$

On applique le Corollaire 1.6 par rapport à la variable x dans le premier et le troisième termes, puis par rapport à la variable y dans le second et le troisième termes, et on obtient:

$$\begin{aligned}\|v - \mathcal{J}_{N-1}v\|_{L^2(\Omega)} \leq c\,N^{-m}\,\|v\|_{H^m(\Lambda;L^2(\Lambda))} + c\,N^{-m}\,\|v\|_{L^2(\Lambda;H^m(\Lambda))} \\ + c\,N^{-1}N^{-(m-1)}\,\|v\|_{H^1(\Lambda;H^{m-1}(\Lambda))}.\end{aligned}$$

Grâce au Lemme II.2.1, on en déduit la majoration cherchée.

Remarque 2.3. La majoration (2.4) est d'ordre optimal, par rapport au résultat de meilleure approximation donné dans le Théorème II.2.4. En outre, l'hypothèse $m \geq 2$ est nécessaire si l'on travaille dans les espaces de Sobolev $H^m(\Omega)$, puisque, d'après le Théorème I.1.10, il existe des fonctions non continues dans $H^1(\Omega)$, dont on ne peut définir l'interpolé. On réfère toutefois à Maday [39] pour l'interpolation de fonctions appartenant à des espaces de Sobolev d'ordre fractionnaire strictement compris entre 1 et 2.

Remarque 2.4. En utilisant la formule (2.3) et le Théorème 1.3, on peut également obtenir l'inégalité de stabilité, vraie pour toute fonction v de $H^2(\Omega) \cap H_0^1(\Omega)$:

$$\|\mathcal{J}_{N-1}v\|_{L^2(\Omega)} \leq c\,\big(\|v\|_{L^2(\Omega)} + N^{-1}\,(\|\frac{\partial v}{\partial x}\|_{L^2(\Omega)} + \|\frac{\partial v}{\partial y}\|_{L^2(\Omega)}) + N^{-2}\,\|\frac{\partial^2 v}{\partial x \partial y}\|_{L^2(\Omega)}\big). \tag{2.5}$$

L'opérateur d'interpolation aux points de Gauss–Lobatto vérifie le même type de propriétés.

Notation 2.5. On définit la *grille de Gauss–Lobatto* de type Legendre Ξ_N par

$$\Xi_N = \{\boldsymbol{x} = (\xi_j, \xi_k);\ 0 \leq j, k \leq N\}. \tag{2.6}$$

On note $\mathcal{I}_N$ l'opérateur d'interpolation sur cette grille: pour toute fonction v continue sur $\overline{\Omega}$, $\mathcal{I}_N v$ appartient à $\mathbb{P}_N(\Omega)$ et vérifie

$$(\mathcal{I}_N v)(\boldsymbol{x}) = v(\boldsymbol{x}), \quad \boldsymbol{x} \in \Xi_N. \tag{2.7}$$

La démonstration du théorème qui suit est exactement semblable à celle du Théorème 2.2, à condition d'utiliser le Corollaire 1.16 au lieu du Corollaire 1.6.

Théorème 2.6. *Pour tout entier $m \geq 2$, il existe une constante c positive ne dépendant que de m telle que, pour toute fonction v de $H^m(\Omega)$, on ait*

$$\|v - \mathcal{I}_N v\|_{L^2(\Omega)} \leq c\,N^{-m}\|v\|_{H^m(\Omega)}. \tag{2.8}$$

Pour l'opérateur d'interpolation $\mathcal{I}_N$, on a également une estimation d'erreur dans l'espace $H^1(\Omega)$.

Théorème 2.7. *Pour tout entier $m \geq 2$, il existe une constante c positive ne dépendant que de m telle que, pour toute fonction v de $H^m(\Omega)$, on ait*

$$|v - \mathcal{I}_N v|_{H^1(\Omega)} \leq c N^{1-m} \|v\|_{H^m(\Omega)}. \tag{2.9}$$

Démonstration: On remarque d'abord que, puisque la définition de l'opérateur $\mathcal{I}_N$ est symétrique par rapport aux variables x et y, il suffit de majorer par exemple la quantité $\|\frac{\partial}{\partial x}(v - \mathcal{I}_N v)\|_{L^2(\Omega)}$. L'inégalité triangulaire et le fait que l'opérateur $i_N^{(y)}$ commute avec la dérivation par rapport à x, impliquent

$$\begin{aligned}\|\frac{\partial}{\partial x}(v - \mathcal{I}_N v)\|_{L^2(\Omega)} \leq \|\frac{\partial}{\partial x}(v - i_N^{(x)} v)\|_{L^2(\Lambda;L^2(\Lambda))} + \|(id - i_N^{(y)})\frac{\partial v}{\partial x}\|_{L^2(\Lambda;L^2(\Lambda))} \\ + \|\frac{\partial}{\partial x}(id - i_N^{(x)}) \circ (id - i_N^{(y)}) v\|_{L^2(\Lambda;L^2(\Lambda))}.\end{aligned}$$

On applique d'abord le Théorème 1.19 au premier et au troisième termes, ce qui donne

$$\begin{aligned}\|\frac{\partial}{\partial x}(v - \mathcal{I}_N v)\|_{L^2(\Omega)} \leq c N^{1-m} \|v\|_{H^m(\Lambda;L^2(\Lambda))} + \|(id - i_N^{(y)})\frac{\partial v}{\partial x}\|_{L^2(\Lambda;L^2(\Lambda))} \\ + c \|v - i_N^{(y)} v\|_{H^1(\Lambda;L^2(\Lambda))}.\end{aligned}$$

Puis on applique le Corollaire 1.16 au second et au troisième terme, et on obtient

$$\begin{aligned}\|\frac{\partial}{\partial x}(v - \mathcal{I}_N v)\|_{L^2(\Omega)} \leq c N^{1-m} \|v\|_{H^m(\Lambda;L^2(\Lambda))} + c N^{1-m} \|\frac{\partial v}{\partial x}\|_{L^2(\Lambda;H^{m-1}(\Lambda))} \\ + c N^{1-m} \|v\|_{H^1(\Lambda;H^{m-1}(\Lambda))}.\end{aligned}$$

Le Lemme II.2.1 permet de conclure.

Exactement les mêmes arguments permettent de déduire du Corollaire 1.10 et des Théorèmes 1.23 et 1.24 les majorations de l'erreur d'interpolation sur les grilles de Tchebycheff, qu'on énonce maintenant.

Notation 2.8. On définit la *grille de Gauss* de type Tchebycheff $\Sigma_N^{\ast}$ par

$$\Sigma_N^{\ast} = \{\boldsymbol{x} = (\zeta_j^{\ast}, \zeta_k^{\ast});\ 1 \leq j, k \leq N\}. \tag{2.10}$$

On note $\mathcal{J}_{N-1}^{\ast}$ l'opérateur d'interpolation sur cette grille: pour toute fonction v continue sur Ω, $\mathcal{J}_{N-1}^{\ast} v$ appartient à $\mathbb{P}_{N-1}(\Omega)$ et vérifie

$$(\mathcal{J}_{N-1}^{\ast} v)(\boldsymbol{x}) = v(\boldsymbol{x}), \quad \boldsymbol{x} \in \Sigma_N^{\ast}. \tag{2.11}$$

Théorème 2.9. *Pour tout entier $m \geq 2$, il existe une constante c positive ne dépendant que de m telle que, pour toute fonction v de $H_{\ast}^m(\Omega)$, on ait*

$$\|v - \mathcal{J}_{N-1}^{\ast} v\|_{L_{\ast}^2(\Omega)} \leq c N^{-m} \|v\|_{H_{\ast}^m(\Omega)}. \tag{2.12}$$

Notation 2.10. On définit la *grille de Gauss–Lobatto* de type Tchebycheff Ξ_N^* par

$$\Xi_N^* = \{x = (\xi_j^*, \xi_k^*);\ 0 \le j, k \le N\}. \tag{2.13}$$

On note $\mathcal{I}_N^*$ l'opérateur d'interpolation sur cette grille: pour toute fonction v continue sur $\overline{\Omega}$, $\mathcal{I}_N^* v$ appartient à $\mathbb{P}_N(\Omega)$ et vérifie

$$(\mathcal{I}_N^* v)(x) = v(x), \quad x \in \Xi_N^*. \tag{2.14}$$

Théorème 2.11. *Pour tout entier $m \ge 2$, il existe une constante c positive ne dépendant que de m telle que, pour toute fonction v de $H_*^m(\Omega)$, on ait*

$$\|v - \mathcal{I}_N^* v\|_{L^2_*(\Omega)} \le c\, N^{-m} \|v\|_{H_*^m(\Omega)} \tag{2.15}$$

et

$$|v - \mathcal{I}_N^* v|_{H^1_*(\Omega)} \le c\, N^{1-m} \|v\|_{H_*^m(\Omega)}. \tag{2.16}$$

III.3. Méthode de collocation pour le problème de Dirichlet

Le but de ce paragraphe est d'effectuer l'analyse numérique d'une méthode avec intégration numérique pour l'équation $-\Delta u = f$, lorsqu'elle est munie de conditions aux limites de Dirichlet. On traitera successivement le cas de conditions aux limites homogènes, où la valeur sur la frontière est nulle, puis le cas de conditions aux limites non homogènes. Dans les deux cas, la formule de quadrature utilisée est la formule de Gauss-Lobatto appliquée dans chaque direction, puisque le fait que cette formule possède des nœuds aux extrémités de l'intervalle permet de traiter facilement les conditions aux limites. On montre aussi que, dans ce cas, cette méthode équivaut à une méthode de collocation (voir à ce sujet [53] et [43]).

Comme dans le paragraphe précédent, on se limite à la dimension 2, uniquement pour simplifier les notations. Dans le carré Ω, on considère donc la grille Ξ_N de Gauss–Lobatto de type Legendre définie en (2.6) et on lui associe la forme bilinéaire $(.,.)_N$ définie sur les fonctions continues sur $\overline{\Omega}$ par:

$$(u, v)_N = \sum_{j=0}^{N} \sum_{k=0}^{N} u(\xi_j, \xi_k) v(\xi_j, \xi_k)\, \rho_j \rho_k. \tag{3.1}$$

On déduit de la propriété d'exactitude (1.16) que la forme $(.,.)_N$ coïncide avec le produit scalaire de $L^2(\Omega)$ lorsqu'elle est appliquée à des fonctions u et v telles que le produit uv soit un polynôme de degré $\le 2N - 1$. En outre, on déduit facilement du Corollaire 1.13 que l'application: $v \mapsto (v, v)_N^{\frac{1}{2}}$ est une norme sur $\mathbb{P}_N(\Omega)$, équivalente à la norme $\|.\|_{L^2(\Omega)}$ avec des constantes d'équivalence indépendantes de N.

On s'intéresse d'abord à l'approximation de la solution du problème (voir Théorème I.2.2): *trouver u dans $H_0^1(\Omega)$ tel que*

$$\forall v \in H_0^1(\Omega), \quad a(u, v) = \int_\Omega f(x) v(x)\, dx, \tag{3.2}$$

où la forme bilinéaire $a(.,.)$ est donnée par

$$\forall u \in H^1(\Omega), \forall v \in H^1(\Omega), \quad a(u,v) = \int_\Omega (\mathbf{grad}\, u)(\boldsymbol{x}) \,.\, (\mathbf{grad}\, v)(\boldsymbol{x})\, d\boldsymbol{x}. \tag{3.3}$$

La fonction f est ici supposée continue sur $\overline{\Omega}$. On peut alors définir le problème discret: *trouver u_N dans $\mathbb{P}_N^0(\Omega)$ tel que*

$$\forall v_N \in \mathbb{P}_N^0(\Omega), \quad a_N(u_N, v_N) = (f, v_N)_N, \tag{3.4}$$

où la forme bilinéaire $a_N(.,.)$ est donnée par

$$\forall u_N \in \mathbb{P}_N(\Omega), \forall v_N \in \mathbb{P}_N(\Omega), \quad a_N(u_N, v_N) = \big(\mathbf{grad}\, u_N, \mathbf{grad}\, v_N\big)_N. \tag{3.5}$$

On constate que la seule modification par rapport au problème discret (II.3.4) consiste à remplacer le produit scalaire de $L^2(\Omega)$ par la forme bilinéaire $(.,.)_N$.

L'analyse numérique de ce nouveau problème repose comme d'habitude sur les propriétés de la forme bilinéaire $a_N(.,.)$, énoncées dans la proposition suivante.
Proposition 3.1. *La forme $a_N(.,.)$ satisfait les propriétés de continuité:*

$$\forall u_N \in \mathbb{P}_N(\Omega), \forall v_N \in \mathbb{P}_N(\Omega), \quad a_N(u_N, v_N) \le 3 |u_N|_{H^1(\Omega)} |v_N|_{H^1(\Omega)}, \tag{3.6}$$

et d'ellipticité:

$$\forall u_N \in \mathbb{P}_N(\Omega), \quad a_N(u_N, u_N) \ge |u_N|^2_{H^1(\Omega)}. \tag{3.7}$$

Démonstration: En utilisant une inégalité de Cauchy–Schwarz dans la définition (3.1), on voit que

$$(u,v)_N \le \Big(\sum_{j=0}^N \sum_{k=0}^N u^2(\xi_j, \xi_k)\, \rho_j \rho_k\Big)^{\frac12} \Big(\sum_{j=0}^N \sum_{k=0}^N v^2(\xi_j, \xi_k)\, \rho_j \rho_k\Big)^{\frac12},$$

donc que

$$(u,v)_N \le (u,u)_N^{\frac12} (v,v)_N^{\frac12}. \tag{3.8}$$

On est donc ramené à prouver que

$$\forall u_N \in \mathbb{P}_N(\Omega), \quad |u_N|^2_{H^1(\Omega)} \le a_N(u_N, u_N) \le 3 |u_N|^2_{H^1(\Omega)}. \tag{3.9}$$

Pour tout u_N dans $\mathbb{P}_N(\Omega)$, on a

$$a_N(u_N, u_N) = \sum_{j=0}^N \sum_{k=0}^N \Big(\frac{\partial u_N}{\partial x}\Big)^2 (\xi_j, \xi_k)\, \rho_j \rho_k + \sum_{j=0}^N \sum_{k=0}^N \Big(\frac{\partial u_N}{\partial y}\Big)^2 (\xi_j, \xi_k)\, \rho_j \rho_k.$$

On remarque alors que $\frac{\partial u_N}{\partial x}$ est un polynôme de degré $\le N-1$ par rapport à x, de sorte que la propriété d'exactitude (1.16) permet de remplacer la formule de quadrature appliquée à $(\frac{\partial u_N}{\partial x})^2$ par l'intégrale (mais uniquement par rapport à la variable x). En tenant un raisonnement symétrique pour $\frac{\partial u_N}{\partial y}$, on obtient

$$a_N(u_N,u_N) = \int_{-1}^{1} \sum_{k=0}^{N} (\frac{\partial u_N}{\partial x})^2(x,\xi_k)\,\rho_k\,dx + \int_{-1}^{1} \sum_{j=0}^{N} (\frac{\partial u_N}{\partial y})^2(\xi_j,y)\,\rho_j\,dy. \tag{3.10}$$

On applique alors le Corollaire 1.13 par rapport à la variable y dans le premier terme et par rapport à la variable x dans le second, et on obtient l'inégalité (3.9).

On en déduit immédiatement le

Théorème 3.2. *Pour toute fonction f continue sur $\overline{\Omega}$, le problème* (3.4) *admet une solution unique. De plus, cette solution vérifie*

$$\|u_N\|_{H^1(\Omega)} \leq c\,\|\mathcal{I}_N f\|_{L^2(\Omega)}. \tag{3.11}$$

Démonstration: La continuité et l'ellipticité de la forme $a_N(.,.)$ ont été démontrées dans la proposition précédente. Comme l'espace $\mathbb{P}_N^0(\Omega)$ est de dimension finie, la forme linéaire: $v_N \mapsto (f, v_N)_N$ est nécessairement continue sur $\mathbb{P}_N^0(\Omega)$. Le Lemme I.2.1 de Lax–Milgram dit alors que le problème (3.4) admet une solution unique. Pour obtenir l'inégalité de stabilité (3.11), on choisit v_N égal à u_N dans l'énoncé du problème (3.4) et on utilise la Proposition 3.1 et la définition (2.7) de l'opérateur $\mathcal{I}_N$:

$$|u_N|^2_{H^1(\Omega)} \leq a_N(u_N,u_N) = (f,u_N)_N = (\mathcal{I}_N f, u_N)_N.$$

puis on utilise (3.8) et le Corollaire 1.13 par rapport à chaque variable x et y, ce qui donne

$$|u_N|^2_{H^1(\Omega)} \leq (\mathcal{I}_N f, \mathcal{I}_N f)_N^{\frac{1}{2}} (u_N,u_N)_N^{\frac{1}{2}} \leq 9\|\mathcal{I}_N f\|_{L^2(\Omega)}\|u_N\|_{L^2(\Omega)}.$$

Grâce à l'inégalité de Poincaré–Friedrichs (I.1.4), on en déduit l'inégalité (3.11).

On va maintenant étudier l'erreur entre les solutions des problèmes (3.2) et (3.4).

Théorème 3.3. *Pour le problème discret* (3.4), *on a la majoration d'erreur*

$$\begin{aligned} |u-u_N|_{H^1(\Omega)} \leq c\big(&\inf_{v_{N-1}\in\mathbb{P}^0_{N-1}(\Omega)} |u-v_{N-1}|_{H^1(\Omega)} \\ &+ \|f-\mathcal{I}_N f\|_{L^2(\Omega)} + \inf_{f_{N-1}\in\mathbb{P}_{N-1}(\Omega)} \|f-f_{N-1}\|_{L^2(\Omega)}\big). \end{aligned} \tag{3.12}$$

Démonstration: Pour tout polynôme v_N de $\mathbb{P}_N^0(\Omega)$, en utilisant l'ellipticité de la forme $a_N(.,.)$, on déduit de l'énoncé du problème (3.4)

$$|u_N - v_N|^2_{H^1(\Omega)} \leq a_N(u_N-v_N, u_N-v_N) = (f, u_N-v_N)_N - a_N(v_N, u_N-v_N).$$

On introduit alors la solution u du problème (3.2):

$$
\begin{aligned}
&|u_N - v_N|^2_{H^1(\Omega)} \\
&\le a(u, u_N - v_N) - \int_\Omega f(x)(u_N - v_N)(x)\,dx + (f, u_N - v_N)_N - a_N(v_N, u_N - v_N) \\
&\le a(u - v_N, u_N - v_N) + a(v_N, u_N - v_N) - a_N(v_N, u_N - v_N) \\
&\qquad - \int_\Omega f(x)(u_N - v_N)(x)\,dx + (f, u_N - v_N)_N \\
&\le |u - v_N|_{H^1(\Omega)} |u_N - v_N|_{H^1(\Omega)} + \Big(\sup_{z_N \in \mathbb{P}_N^0(\Omega)} \frac{a(v_N, z_N) - a_N(v_N, z_N)}{|z_N|_{H^1(\Omega)}} \Big) |u_N - v_N|_{H^1(\Omega)} \\
&\qquad + \Big(\sup_{z_N \in \mathbb{P}_N^0(\Omega)} \frac{\int_\Omega f(x) z_N(x)\,dx - (f, z_N)_N}{|z_N|_{H^1(\Omega)}} \Big) |u_N - v_N|_{H^1(\Omega)}.
\end{aligned}
$$

On simplifie par $|u_N - v_N|_{H^1(\Omega)}$, on utilise l'inégalité triangulaire et on en déduit

$$
\begin{aligned}
|u - u_N|_{H^1(\Omega)} \le 2|u - v_N|_{H^1(\Omega)} &+ \sup_{z_N \in \mathbb{P}_N^0(\Omega)} \frac{a(v_N, z_N) - a_N(v_N, z_N)}{|z_N|_{H^1(\Omega)}} \\
&+ \sup_{z_N \in \mathbb{P}_N^0(\Omega)} \frac{\int_\Omega f(x) z_N(x)\,dx - (f, z_N)_N}{|z_N|_{H^1(\Omega)}}.
\end{aligned}
\tag{3.13}
$$

On note maintenant que, si l'on choisit v_N dans $\mathbb{P}_{N-1}^0(\Omega)$, la propriété d'exactitude (1.16) entraîne que, pour tout z_N dans $\mathbb{P}_N^0(\Omega)$,

$$
a_N(v_N, z_N) = a(v_N, z_N). \tag{3.14}
$$

Par conséquent, le second terme du membre de droite de (3.13) disparaît. Pour étudier le troisième, on introduit un polynôme quelconque f_{N-1} de $\mathbb{P}_{N-1}(\Omega)$ et, toujours d'après la formule (1.16), on voit que

$$
\begin{aligned}
\int_\Omega f(x) z_N(x)\,dx - (f, z_N)_N &= \int_\Omega (f - f_{N-1})(x) z_N(x)\,dx - (f - f_{N-1}, z_N)_N \\
&= \int_\Omega (f - f_{N-1})(x) z_N(x)\,dx - (\mathcal{I}_N f - f_{N-1}, z_N)_N.
\end{aligned}
$$

On applique alors la formule (3.8) et le Corollaire 1.13 pour en déduire

$$
\int_\Omega f(x) z_N(x)\,dx - (f, z_N)_N \le \|f - f_{N-1}\|_{L^2(\Omega)} \|z_N\|_{L^2(\Omega)} + 9\|\mathcal{I}_N f - f_{N-1}\|_{L^2(\Omega)} \|z_N\|_{L^2(\Omega)},
$$

et on utilise l'inégalité de Poincaré–Friedrichs et l'inégalité triangulaire pour conclure:

$$
\sup_{z_N \in \mathbb{P}_N^0(\Omega)} \frac{\int_\Omega f(x) z_N(x)\,dx - (f, z_N)_N}{|z_N|_{H^1(\Omega)}} \le c\big(\|f - f_{N-1}\|_{L^2(\Omega)} + \|f - \mathcal{I}_N f\|_{L^2(\Omega)}\big). \tag{3.15}
$$

Ce résultat, combiné avec (3.13) et (3.14), donne la majoration cherchée.

Remarque 3.4. L'inégalité (3.13) peut s'énoncer dans un cadre abstrait, où elle se démontre de façon absolument identique. Soit X un espace de Banach, de norme $\|.\|_X$; on considère une forme bilinéaire $a(.,.)$ continue sur $X \times X$ et elliptique sur X et on désigne par $< .,. >$ le produit de dualité entre le dual X' de X et X. Soit X_N un sous-espace de dimension finie de X, sur lequel on définit une forme bilinéaire $a_N(.,.)$ elliptique; on introduit aussi une forme bilinéaire $(.,.)_N$ sur $X' \times X_N$ (ou sur un sous-espace de X' multiplié par X_N). Alors, entre la solution u dans X du problème

$$\forall v \in X, \quad a(u,v) = < f, v >, \tag{3.16}$$

et la solution u_N dans X_N du problème

$$\forall v_N \in X_N, \quad a_N(u_N, v_N) = (f, v_N)_N, \tag{3.17}$$

on a la majoration d'erreur

$$\begin{aligned} \|u - u_N\|_X \le \frac{c}{\alpha_N} \Big(\inf_{v_N \in X_N} \big(\|u - v_N\|_X + \sup_{z_N \in X_N} \frac{a(v_N, z_N) - a_N(v_N, z_N)}{\|z_N\|_X} \big) \\ + \sup_{z_N \in X_N} \frac{< f, z_N > - (f, z_N)_N}{\|z_N\|_X} \Big), \end{aligned} \tag{3.18}$$

où α_N désigne la constante d'ellipticité de la forme $a_N(.,.)$ sur X_N.

Dans l'inégalité (3.12), on choisit maintenant v_{N-1} égal à $\Pi^{1,0}_{N-1} u$ et f_{N-1} égal à $\Pi_{N-1} f$. On déduit imédiatement des Théorèmes II.2.4, II.2.7 et 2.6, le

Corollaire 3.5. *On suppose la solution u du problème* (3.2) *dans $H^m(\Omega)$ pour un entier $m \ge 1$ et la donnée f dans $H^r(\Omega)$ pour un entier $r \ge 2$. Alors, pour le problème discret* (3.4), *on a la majoration d'erreur*

$$|u - u_N|_{H^1(\Omega)} \le c\,(N^{1-m} \|u\|_{H^m(\Omega)} + N^{-r} \|f\|_{H^r(\Omega)}). \tag{3.19}$$

La majoration en norme $\|u - u_N\|_{L^2(\Omega)}$ s'obtient par un argument de dualité.

Théorème 3.6. *Sous les hypothèses du Corollaire* 3.5, *pour le problème discret* (3.4), *on a la majoration d'erreur*

$$\|u - u_N\|_{L^2(\Omega)} \le c\,(N^{-m} \|u\|_{H^m(\Omega)} + N^{-r} \|f\|_{H^r(\Omega)}). \tag{3.20}$$

Démonstration: On a

$$\|u - u_N\|_{L^2(\Omega)} = \sup_{g \in L^2(\Omega)} \frac{\int_\Omega (u - u_N)(x) g(x)\, dx}{\|g\|_{L^2(\Omega)}}. \tag{3.21}$$

Pour toute fonction g dans $L^2(\Omega)$, on résout le problème: *trouver w dans $H^1_0(\Omega)$ tel que*

$$\forall v \in H^1_0(\Omega), \quad a(v, w) = \int_\Omega g(x) v(x)\, dx, \tag{3.22}$$

et on rappelle (voir Grisvard [30, Thm 3.2.1.2]) que, l'ouvert Ω étant convexe, la solution w vérifie

$$\|w\|_{H^2(\Omega)} \le c\,\|g\|_{L^2(\Omega)}. \tag{3.23}$$

On note en utilisant la formule (3.14) et les énoncés des problèmes (3.2) et (3.4) que, pour tout polynôme w_{N-1} de $\mathbb{P}^0_{N-1}(\Omega)$,

$$a(u-u_N, w_{N-1}) = a(u, w_{N-1}) - a_N(u_N, w_{N-1}) = \int_\Omega f(x) w_{N-1}(x)\,dx - (f, w_{N-1})_N,$$

et on peut calculer

$$\begin{aligned}\int_\Omega (u-u_N)(x) g(x)\,dx &= a(u-u_N, w)\\ &= a(u-u_N, w-w_{N-1}) + \int_\Omega f(x) w_{N-1}(x)\,dx - (f, w_{N-1})_N.\end{aligned}$$

En utilisant la formule (3.15), on en déduit immédiatement, pour tout polynôme f_{N-1} de $\mathbb{P}_{N-1}(\Omega)$,

$$\begin{aligned}\int_\Omega (u-u_N)(x) g(x)\,dx \le c\,\big(&|u-u_N|_{H^1(\Omega)} |w-w_{N-1}|_{H^1(\Omega)}\\ &+ (\|f-\mathcal{I}_N f\|_{L^2(\Omega)} + \|f-f_{N-1}\|_{L^2(\Omega)}) |w_{N-1}|_{H^1(\Omega)}\big).\end{aligned}$$

On choisit alors w_{N-1} égal à $\Pi^{1,0}_{N-1} w$ et f_{N-1} égal à $\Pi_{N-1} f$, et on obtient en utilisant les Théorèmes II.2.4, II.2.7 et 2.6

$$\int_\Omega (u-u_N)(x) g(x)\,dx \le c\,(N^{-1} |u-u_N|_{H^1(\Omega)} \|w\|_{H^2(\Omega)} + N^{-r}\, \|f\|_{H^r(\Omega)} |w|_{H^1(\Omega)}).$$

Le Corollaire 3.5 et les formules (3.21) et (3.23) donnent la conclusion.

Pour terminer cette étude, on va donner une autre interprétation du problème (3.4). Comme on l'a fait en (3.10), on remarque que, si u_N et v_N appartiennent à $\mathbb{P}^0_N(\Omega)$, leurs dérivées partielles premières par rapport à une des variables sont de degré $\le N-1$ par rapport à cette variable, de sorte qu'en utilisant la propriété d'exactitude (1.16), on peut écrire

$$\begin{aligned}a_N(u_N, v_N) = &\int_{-1}^1 \sum_{k=0}^N \Big(\frac{\partial u_N}{\partial x}\Big)(x, \xi_k) \Big(\frac{\partial v_N}{\partial x}\Big)(x, \xi_k)\, \rho_k\,dx\\ &+ \int_{-1}^1 \sum_{j=0}^N \Big(\frac{\partial u_N}{\partial y}\Big)(\xi_j, y) \Big(\frac{\partial v_N}{\partial y}\Big)(\xi_j, y)\, \rho_j\,dy.\end{aligned}$$

En intégrant par parties puis en utilisant (1.16) une fois de plus, on obtient

$$\begin{aligned}a_N(u_N, v_N) &= -\int_{-1}^1 \sum_{k=0}^N \Big(\frac{\partial^2 u_N}{\partial x^2}\Big)(x, \xi_k) v_N(x, \xi_k)\, \rho_k\,dx\\ &\quad - \int_{-1}^1 \sum_{j=0}^N \Big(\frac{\partial^2 u_N}{\partial y^2}\Big)(\xi_j, y) v_N(\xi_j, y)\, \rho_j\,dy\\ &= -\sum_{j=0}^N \sum_{k=0}^N (\Delta u_N)(\xi_j, \xi_k) v_N(\xi_j, \xi_k)\, \rho_j \rho_k.\end{aligned}$$

On remarque ensuite que les polynômes de Lagrange ℓ_j, $1 \le j \le N-1$, (c'est-à-dire les polynômes de $\mathbb{P}_N(\Lambda)$ qui valent 1 en ξ_j et s'annulent en ξ_k, $0 \le k \le N$, $k \ne j$) forment une base de $\mathbb{P}_N^0(\Lambda)$. Une base de $\mathbb{P}_N^0(\Omega)$ est donc donnée par $\{\ell_j(x)\ell_k(y),\ 1 \le j,k \le N-1\}$. L'équation (3.4) est satisfaite pour tout v_N dans $\mathbb{P}_N^0(\Omega)$ si et seulement si elle est satisfaite pour tout élément de cette base et, en utilisant la formule précédente et le fait que les poids ρ_j, $1 \le j \le N-1$, sont positifs, on voit qu'elle est satisfaite pour v_N égal à $\ell_j(x)\ell_k(y)$ si et seulement si

$$-\Delta u_N(\xi_j, \xi_k) = f(\xi_j, \xi_k).$$

De même, le fait que u_N s'annule sur $\partial\Omega$ se traduit par le fait que u_N s'annule en $N+1$ points sur chaque côté. Par ces arguments, on obtient une formulation équivalente du problème (3.4): *trouver u_N dans $\mathbb{P}_N(\Omega)$ tel que*

$$\begin{cases} -\Delta u_N(\boldsymbol{x}) = f(\boldsymbol{x}), & \boldsymbol{x} \in \Xi_N \cap \Omega, \\ u_N(\boldsymbol{x}) = 0, & \boldsymbol{x} \in \Xi_N \cap \partial\Omega. \end{cases} \tag{3.24}$$

Ainsi, la discrétisation utilisée s'avère être une méthode de *collocation*: ceci signifie que, à partir du problème d'origine équivalent à (3.2):

$$\begin{cases} -\Delta u = f & \text{dans } \Omega, \\ u = 0 & \text{sur } \partial\Omega, \end{cases} \tag{3.25}$$

on cherche une solution discrète telle que les équations soient exactement satisfaites en un nombre fini de points. Il s'agit d'une technique très naturelle, qui peut s'appliquer facilement à un grand nombre d'équations (voir Exercice 1).

Remarque 3.7. On peut définir un nouveau problème discret en évaluant les intégrales du problème (II.3.4) de la méthode de Galerkin au moyen de formules de quadrature beaucoup plus précises. On obtient alors les mêmes estimations d'erreur asymptotiques (3.19) et (3.20). En outre, pour un certain nombre de cas test, les courbes d'erreur sont indiscernables de celles du problème (3.4) (voir Maday et Rønquist [44]). Il n'y a donc aucun intérêt à utiliser cette technique, dont l'extension à d'autres équations est par ailleurs plus coûteuse.

Une méthode de collocation existe dans le cadre de l'approximation de Tchebycheff: la différence avec la précédente est que la formule de quadrature utilisée est maintenant de type Tchebycheff. Plus précisément, on rappelle qu'une autre formulation variationnelle du problème (3.25) s'écrit: *trouver u dans $H^1_{\star,0}(\Omega)$ tel que*

$$\forall v \in H^1_{\star,0}(\Omega), \quad a_\star(u,v) = \int_\Omega f(\boldsymbol{x})v(\boldsymbol{x})\,\varpi_\star(\boldsymbol{x})\,d\boldsymbol{x},$$

où la forme $a_\star(.,.)$ est définie par

$$a_\star(u,v) = \int_\Omega (\mathbf{grad}\,u)(\boldsymbol{x}) \,.\, \big((\mathbf{grad}\,(v\varpi_\star))(\boldsymbol{x})\,d\boldsymbol{x}$$

(voir l'équation (I.2.8)). On introduit une forme bilinéaire $(.,.)_{*,N}$ sur les fonctions continues sur $\overline{\Omega}$:

$$(u,v)_{*,N} = \sum_{j=0}^{N}\sum_{k=0}^{N} u(\xi_j^*,\xi_k^*)v(\xi_j^*,\xi_k^*)\,\rho_j^*\rho_k^*. \tag{3.26}$$

Le problème discret s'écrit alors: *trouver* u_N *dans* $\mathbb{P}_N^0(\Omega)$ *tel que*

$$\forall v_N \in \mathbb{P}_N^0(\Omega), \quad a_{*,N}(u_N,v_N) = (f,v_N)_{*,N}, \tag{3.27}$$

où la forme $a_{*,N}(.,.)$ est définie par

$$\begin{aligned}&\forall u_N \in \mathbb{P}_N(\Omega), \forall v_N \in \mathbb{P}_N^0(\Omega),\\ &\quad a_{*,N}(u_N,v_N) = \big(\mathbf{grad}\, u_N, (\mathbf{grad}\,(v_N\,\varpi_*))\,(\varpi_*)^{-1}\big)_{*,N}.\end{aligned} \tag{3.28}$$

Pour étudier ce problème, on commence par établir les propriétés de la forme $a_{*,N}(.,.)$.

Proposition 3.8. *La forme* $a_{*,N}(.,.)$ *satisfait les propriétés de continuité:*

$$\forall u_N \in \mathbb{P}_N(\Omega), \forall v_N \in \mathbb{P}_N^0(\Omega), \quad a_{*,N}(u_N,v_N) \le c\,|u_N|_{H_*^1(\Omega)}|v_N|_{H_*^1(\Omega)}, \tag{3.29}$$

et d'ellipticité:

$$\forall u_N \in \mathbb{P}_N^0(\Omega), \quad a_{*,N}(u_N,u_N) \ge \frac{1}{4}|u_N|_{H_*^1(\Omega)}^2. \tag{3.30}$$

Démonstration: Pour démontrer la propriété de continuité, on note que, pour tout polynôme φ_N de $\mathbb{P}_N^0(\Lambda)$, $(\rho_*)^{-1}(\varphi_N\rho_*)'$ est un polynôme de degré $\le N-1$ et, grâce à la propriété d'exactitude (1.32), on obtient

$$\begin{aligned}a_{*,N}(u_N,v_N) &= \sum_{k=0}^{N}\int_{-1}^{1}(\frac{\partial u_N}{\partial x})(x,\xi_k^*)(\frac{\partial(v_N\,\rho_*)}{\partial x})(x,\xi_k^*)\,\rho_k^*\,dx\\ &+\sum_{j=0}^{N}\int_{-1}^{1}(\frac{\partial u_N}{\partial y})(\xi_j^*,y)(\frac{\partial(v_N\,\rho_*)}{\partial y})(\xi_j^*,y)\,\rho_j^*\,dy,\end{aligned}$$

On déduit facilement du Lemme I.2.3 la continuité sur $H_*^1(\Lambda)\times H_{*,0}^1(\Lambda)$ de la forme bilinéaire: $(\varphi,\psi)\mapsto\int_{-1}^{1}\varphi'(\zeta)(\psi\rho_*)'(\zeta)\,d\zeta$ et, en appliquant ce résultat une fois par rapport à la variable x et une fois par rapport à la variable y, on obtient

$$\begin{aligned}a_{*,N}(u_N,v_N) \le c\Big(&\sum_{k=0}^{N}\|\frac{\partial u_N}{\partial x}(.,\xi_k^*)\|_{L_*^2(\Lambda)}\|\frac{\partial v_N}{\partial x}(.,\xi_k^*)\|_{L_*^2(\Lambda)}\,\rho_k^*\\ &+\sum_{j=0}^{N}\|\frac{\partial u_N}{\partial y}(\xi_j^*,.)\|_{L_*^2(\Lambda)}\|\frac{\partial v_N}{\partial y}(\xi_j^*,.)\|_{L_*^2(\Lambda)}\,\rho_j^*\Big).\end{aligned}$$

On utilise alors l'inégalité de Cauchy–Schwarz et le Lemme 1.22 pour conclure:

$$a_{*,N}(u_N,v_N) \le c\,\big(\|\frac{\partial u_N}{\partial x}\|_{L_*^2(\Omega)}\|\frac{\partial v_N}{\partial x}\|_{L_*^2(\Lambda)} + \|\frac{\partial u_N}{\partial y}\|_{L_*^2(\Omega)}\|\frac{\partial v_N}{\partial y}\|_{L_*^2(\Omega)}\big).$$

En ce qui concerne l'ellipticité, on écrit le polynôme u_N de $\mathbb{P}_N^0(\Omega)$ sous la double forme

$$u_N = \sum_{m=0}^{N} \alpha_m(y) T_m(x) = \sum_{n=0}^{N} \beta_n(x) T_n(y),$$

on remarque que, pour tout polynôme φ_N de $\mathbb{P}_N^0(\Lambda)$, $(\varphi_N \rho_*)' (\rho_*)^{-1}$ est un polynôme de degré $\leq N-1$ et on utilise la propriété (1.32). On arrive à l'égalité suivante:

$$\begin{aligned} a_{*,N}(u_N, u_N) - a_*(u_N, u_N) = \|\beta_N'\|_{L^2_*(\Lambda)}^2 \Big(\sum_{k=0}^{N} T_N^2(\xi_k^*)\, \rho_k^* - \int_{-1}^{1} T_N^2(\zeta)\, \rho_*(\zeta)\, d\zeta\Big) \\ + \|\alpha_N'\|_{L^2_*(\Lambda)}^2 \Big(\sum_{j=0}^{N} T_N^2(\xi_j^*)\, \rho_j^* - \int_{-1}^{1} T_N^2(\zeta)\, \rho_*(\zeta)\, d\zeta\Big). \end{aligned}$$

On déduit alors de (1.34) que

$$a_{*,N}(u_N, u_N) - a_*(u_N, u_N) = \|\beta_N'(x)\|_{L^2_*(\Lambda)}^2 \|T_N\|_{L^2_*(\Lambda)}^2 + \|\alpha_N'(y)\|_{L^2_*(\Lambda)}^2 \|T_N\|_{L^2_*(\Lambda)}^2 \geq 0,$$

et la Proposition I.2.4 donne la propriété d'ellipticité.

Grâce au Lemme de Lax-Milgram I.2.1, en utilisant la Proposition 3.8 et les mêmes arguments que pour le Théorème 3.2, on démontre que le problème (3.27) est bien posé.

Théorème 3.9. *Pour toute fonction f continue sur $\overline{\Omega}$, le problème (3.27) admet une solution unique. De plus, cette solution vérifie*

$$\|u_N\|_{H^1_*(\Omega)} \leq c\, \|\mathcal{I}_N^* f\|_{L^2_*(\Omega)}. \tag{3.31}$$

Théorème 3.10. *On suppose la solution u du problème (3.25) dans $H^m_*(\Omega)$ pour un entier $m \geq 1$ et la donnée f dans $H^r_*(\Omega)$ pour un entier $r \geq 2$. Alors, pour le problème discret (3.27), on a la majoration d'erreur*

$$|u - u_N|_{H^1_*(\Omega)} \leq c\,(N^{1-m}\, \|u\|_{H^m_*(\Omega)} + N^{-r}\, \|f\|_{H^r_*(\Omega)}). \tag{3.32}$$

Démonstration: Il suffit d'appliquer la majoration abstraite (3.18) en prenant l'espace X égal à $H^1_{*,0}(\Omega)$: pour v_{N-1} quelconque dans $\mathbb{P}_{N-1}^0(\Omega)$, on obtient

$$|u - u_N|_{H^1_*(\Omega)} \leq c\,\Big(|u - v_N|_{H^1_*(\Omega)} + \sup_{z_N \in \mathbb{P}_N^0(\Omega)} \frac{\int_\Omega f(\boldsymbol{x}) z_N(\boldsymbol{x})\, \varpi_*(\boldsymbol{x})\, d\boldsymbol{x} - (f, z_N)_{*,N}}{|z_N|_{H^1_*(\Omega)}}\Big).$$

Des arguments analogues à ceux de la démonstration de (3.15) mènent aussi à l'estimation, vraie pour tout polynôme f_{N-1} de $\mathbb{P}_{N-1}(\Omega)$:

$$\begin{aligned} \sup_{z_N \in \mathbb{P}_N^0(\Omega)} \frac{\int_\Omega f(\boldsymbol{x}) z_N(\boldsymbol{x})\, \varpi_*(\boldsymbol{x})\, d\boldsymbol{x} - (f, z_N)_{*,N}}{|z_N|_{H^1_*(\Omega)}} \\ \leq c\,(\|f - f_{N-1}\|_{L^2_*(\Omega)} + \|f - \mathcal{I}_N^* f\|_{L^2_*(\Omega)}). \end{aligned} \tag{3.33}$$

En combinant les deux inégalités précédentes, en choisissant v_{N-1} égal à $\Pi_{N-1}^{*1,0} u$ et f_{N-1} égal à $\Pi_{N-1}^* f$ et en utilisant les Théorèmes II.2.20 et II.2.18 ainsi que le Théorème 2.11, on obtient la majoration (3.32).

Finalement, on va écrire l'interprétation du problème (3.27). On réécrit la formulation

$$a_{\text{\char"}, N}(u_N, v_N) = \int_{-1}^{1} \sum_{k=0}^{N} (\frac{\partial u_N}{\partial x})(x, \xi_k^{\text{\char"}})(\frac{\partial (v_N\, \rho_{\text{\char"}})}{\partial x})(x, \xi_k^{\text{\char"}})\, \rho_k^{\text{\char"}}\, dx + \int_{-1}^{1} \sum_{j=0}^{N} (\frac{\partial u_N}{\partial y})(\xi_j^{\text{\char"}}, y)(\frac{\partial (v_N\, \rho_{\text{\char"}})}{\partial y})(\xi_j^{\text{\char"}}, y)\, \rho_j^{\text{\char"}}\, dy.$$

On peut alors intégrer par parties et on obtient

$$\begin{aligned} a_{\text{\char"}, N}(u_N, v_N) &= -\int_{-1}^{1} \sum_{k=0}^{N} (\frac{\partial^2 u_N}{\partial x^2})(x, \xi_k^{\text{\char"}}) v_N(x, \xi_k^{\text{\char"}})\, \rho_k^{\text{\char"}}\, \rho_{\text{\char"}}(x)\, dx \\ &\quad - \int_{-1}^{1} \sum_{j=0}^{N} (\frac{\partial^2 u_N}{\partial y^2})(\xi_j^{\text{\char"}}, y) v_N(\xi_j^{\text{\char"}}, y)\, \rho_j^{\text{\char"}}\, \rho_{\text{\char"}}(y)\, dy \\ &= -(\Delta u_N, v_N)_{\text{\char"}, N}. \end{aligned}$$

Les polynômes de Lagrange des points $\xi_j^{\text{\char"}}$, $1 \le j \le N-1$, formant une base de $\mathbb{P}_N^0(\Lambda)$, on vérifie maintenant, exactement comme pour le problème discret (3.4), que le problème (3.27) équivaut à *trouver* u_N *dans* $\mathbb{P}_N(\Omega)$ *tel que*

$$\begin{cases} -\Delta u_N(\boldsymbol{x}) = f(\boldsymbol{x}), & \boldsymbol{x} \in \Xi_N^{\text{\char"}} \cap \Omega, \\ u_N(\boldsymbol{x}) = 0, & \boldsymbol{x} \in \Xi_N^{\text{\char"}} \cap \partial\Omega. \end{cases} \tag{3.34}$$

où la grille $\Xi_N^{\text{\char"}}$ a été définie en (2.13). Il s'agit donc encore d'une discrétisation par collocation du même problème (3.25), seuls les points de collocation ont changé.

La méthode de collocation s'étend de façon très simple au cas de conditions aux limites non homogènes. En effet, on considère maintenant le problème (les notations concernant la géométrie de l'ouvert Ω sont celles du paragraphe I.1, voir Figure I.1.1):

$$\begin{cases} -\Delta u = f & \text{dans } \Omega, \\ u = g_J & \text{sur } \Gamma_J, \quad J = 1,2,3,4. \end{cases} \tag{3.35}$$

Ici, la fonction f est supposée continue sur $\overline{\Omega}$. Les fonctions g_J, $J = 1,2,3,4$, appartiennent à $H^{\frac{1}{2}}(\Gamma_J)$, sont continues sur $\overline{\Gamma}_J$ et vérifient la condition de compatibilité (voir (I.1.14)):

$$g_J(\boldsymbol{a}_J) = g_{J+1}(\boldsymbol{a}_J), \quad J = 1,2,3,4. \tag{3.36}$$

La méthode de collocation suggère le problème discret suivant: *trouver* u_N *dans* $\mathbb{P}_N(\Omega)$ *tel que*

$$\begin{cases} -\Delta u_N(\boldsymbol{x}) = f(\boldsymbol{x}), & \boldsymbol{x} \in \Xi_N \cap \Omega, \\ u(\boldsymbol{x}) = g_J(\boldsymbol{x}), & \boldsymbol{x} \in \Xi_N \cap \overline{\Gamma}_J, \quad J = 1,2,3,4. \end{cases} \tag{3.37}$$

Grâce aux équations de compatibilité (3.36), on note qu'une seule équation doit être satisfaite à chaque coin $\boldsymbol{a}_J$, $J = 1, 2, 3, 4$, de sorte que le problème (3.37) équivaut à un système de $(N+1)^2$ équations à $(N+1)^2$ inconnues.

Pour écrire la formulation variationnelle du problème (3.37), on rappelle que, d'après le Théorème I.1.16 et grâce aux hypothèses faites sur les fonctions g_J, $J = 1, 2, 3, 4$, il existe une fonction u_b de $H^1(\Omega)$ telle que

$$u_b = g_J \quad \text{sur } \Gamma_J, \quad J = 1, 2, 3, 4.$$

On suppose en outre que u_b est continu sur $\overline{\Omega}$ (ce qui est vrai dès que les fonctions g_J, $J = 1, 2, 3, 4$, sont un peu plus régulières). On vérifie ensuite, aussi aisément que pour les conditions aux limites homogènes, que le problème (3.37) admet la formulation équivalente: *trouver u_N dans $\mathbb{P}_N(\Omega)$, avec $u_N - \mathcal{I}_N u_b$ dans $\mathbb{P}_N^0(\Omega)$, tel que*

$$\forall v_N \in \mathbb{P}_N^0(\Omega), \quad a_N(u_N, v_N) = (f, v_N)_N. \tag{3.38}$$

Cette équation permet d'effectuer l'analyse numérique du problème.

Théorème 3.11. *Pour toute fonction f continue sur $\overline{\Omega}$ et toutes fonctions g_J de $H^{\frac{1}{2}}(\Gamma_J)$, $J = 1, 2, 3, 4$, continues sur $\overline{\Gamma}_J$ et vérifiant la condition de compatibilité* (3.36), *le problème* (3.37) *admet une solution unique.*

Démonstration: Le polynôme u_N est solution du problème (3.37) si et seulement si le polynôme $u_N^* = u_N - \mathcal{I}_N u_b$ (qui appartient à $\mathbb{P}_N^0(\Omega)$) est solution de

$$\forall v_N \in \mathbb{P}_N^0(\Omega), \quad a_N(u_N^*, v_N) = (f, v_N)_N - a_N(\mathcal{I}_N u_b, v_N). \tag{3.39}$$

L'existence et l'unicité de u_N^* sont une conséquence du Lemme de Lax–Milgram I.2.1, combiné avec la Proposition 3.1.

Remarque 3.12. On peut, comme dans le cas des conditions aux limites homogènes, obtenir la propriété de stabilité:

$$\|u_N\|_{H^1(\Omega)} \le c\,(\|\mathcal{I}_N f\|_{L^2(\Omega)} + \sum_{J=1}^{4} \|i_N^J g_J\|_{H^{\frac{1}{2}}(\Gamma_J)}), \tag{3.40}$$

où i_N^J désigne l'opérateur d'interpolation aux points de Gauss–Lobatto situés sur $\overline{\Gamma}_J$. La démonstration utilise des propriétés fines d'un opérateur de relèvement polynômial, qui sont établies dans Maday [38] et dans Bernardi, Dauge et Maday [9, Chap. III].

Il reste à établir la majoration d'erreur entre les solutions des problèmes (3.35) et (3.37).

Théorème 3.13. *On suppose la solution u du problème* (3.35) *dans $H^m(\Omega)$ pour un entier $m \ge 2$ et la donnée f dans $H^r(\Omega)$ pour un entier $r \ge 2$. Alors, pour le problème discret* (3.37), *on a la majoration d'erreur*

$$|u - u_N|_{H^1(\Omega)} \le c\,(N^{1-m}\,\|u\|_{H^m(\Omega)} + N^{-r}\,\|f\|_{H^r(\Omega)}). \tag{3.41}$$

Démonstration: On note que le polynôme $\tilde{u}_N = u_N - \mathcal{I}_N u$ appartient à $\mathbb{P}_N^0(\Omega)$ et vérifie

$$\forall v_N \in \mathbb{P}_N^0(\Omega), \quad a_N(\tilde{u}_N, v_N) = (f, v_N)_N - a_N(\mathcal{I}_N u, v_N).$$

On choisit v_N égal à $\tilde{u}_N$ et on utilise la propriété d'ellipticité (3.7):

$$|\tilde{u}_N|^2_{H^1(\Omega)} \leq (f, \tilde{u}_N)_N - a_N(\mathcal{I}_N u, \tilde{u}_N).$$

On rappelle que la solution u du problème (3.35) vérifie

$$\forall v \in H^1_0(\Omega), \quad a(u, v) = \int_\Omega f(x) v(x)\, dx,$$

équation que l'on introduit dans l'inégalité précédente:

$$|\tilde{u}_N|^2_{H^1(\Omega)} \leq (f, \tilde{u}_N)_N - \int_\Omega f(x)\tilde{u}_N(x)\, dx + a(u, \tilde{u}_N) - a_N(\mathcal{I}_N u, \tilde{u}_N).$$

On a alors, pour tout polynôme v_{N-1} de $\mathbb{P}^0_{N-1}(\Omega)$:

$$|\tilde{u}_N|^2_{H^1(\Omega)} \leq (f, \tilde{u}_N)_N - \int_\Omega f(x)\tilde{u}_N(x)\, dx + a(u - v_{N-1}, \tilde{u}_N) - a_N(\mathcal{I}_N u - v_{N-1}, \tilde{u}_N).$$

En utilisant (3.15) et la propriété de continuité (3.6), on obtient pour tout polynôme f_{N-1} de $\mathbb{P}_{N-1}(\Omega)$:

$$|\tilde{u}_N|_{H^1(\Omega)} \leq c\,(\|f - f_{N-1}\|_{L^2(\Omega)} + \|f - \mathcal{I}_N f\|_{L^2(\Omega)} + |u - v_{N-1}|_{H^1(\Omega)} + |u - \mathcal{I}_N u|_{H^1(\Omega)}),$$

ou encore, par l'inégalité triangulaire,

$$|u - u_N|_{H^1(\Omega)} \leq c\,(\|f - f_{N-1}\|_{L^2(\Omega)} + \|f - \mathcal{I}_N f\|_{L^2(\Omega)} + |u - v_{N-1}|_{H^1(\Omega)} + |u - \mathcal{I}_N u|_{H^1(\Omega)}).$$

On conclut en choisissant f_{N-1} égal à $\Pi_{N-1} f$ et v_{N-1} égal à $\Pi^1_{N-1} u$, et en appliquant les Théorèmes II.2.4 et II.2.10, ainsi que les Théorèmes 2.6 et 2.7.

Le même argument de dualité que pour les conditions aux limites homogènes permet d'établir une majoration en norme $\|.\|_{L^2(\Omega)}$.

Théorème 3.14. *On suppose la solution u du problème* (3.35) *dans $H^m(\Omega)$ pour un entier $m \geq 2$, la donnée f dans $H^r(\Omega)$ pour un entier $r \geq 2$ et les conditions aux limites g_J, $J = 1, 2, 3, 4$, dans $H^s(\Gamma_J)$ pour un entier $s \geq 1$. Alors, pour le problème discret* (3.37), *on a la majoration d'erreur*

$$\|u - u_N\|_{L^2(\Omega)} \leq c\,(N^{-m}\, \|u\|_{H^m(\Omega)} + N^{-r}\, \|f\|_{H^r(\Omega)} + N^{-s} \sum_{J=1}^{4} \|g_J\|_{H^s(\Gamma_J)}). \tag{3.42}$$

Démonstration: On a

$$\|u - u_N\|_{L^2(\Omega)} = \sup_{g \in L^2(\Omega)} \frac{\int_\Omega (u - u_N)(x) g(x)\, dx}{\|g\|_{L^2(\Omega)}}. \tag{3.43}$$

Pour toute fonction g dans $L^2(\Omega)$, on considère comme précédemment la solution w du problème (3.22) et on note qu'elle vérifie (3.23). Comme g est égal à $-\Delta w$, on calcule en intégrant par parties

$$\int_\Omega (u - u_N)(x) g(x)\, dx = a(u - u_N, w) - \sum_{J=1}^{4} (g_J - i^J_N g_J)(\tau) \frac{\partial w}{\partial n_J}(\tau)\, d\tau$$

où i_N^J désigne l'opérateur d'interpolation de Lagrange aux points de $\Xi_N \cap \overline{\Gamma}_J$. On sait que, pour tout polynôme w_{N-1} de $\mathbb{P}_{N-1}^0(\Omega)$,

$$a(u - u_N, w_{N-1}) = a(u, w_{N-1}) - a_N(u_N, w_{N-1}) = \int_\Omega f(\boldsymbol{x}) w_{N-1}(\boldsymbol{x})\, d\boldsymbol{x} - (f, w_{N-1})_N.$$

En combinant ces équations et en utilisant (3.15), on obtient la majoration, vraie pour tout polynôme f_{N-1} de $\mathbb{P}_{N-1}(\Omega)$:

$$\begin{aligned}\int_\Omega (u - u_N)(\boldsymbol{x}) g(\boldsymbol{x})\, d\boldsymbol{x} \le\ & |u - u_N|_{H^1(\Omega)} |w - w_{N-1}|_{H^1(\Omega)} \\ & + (\|f - f_{N-1}\|_{L^2(\Omega)} + \|f - \mathcal{I}_N f\|_{L^2(\Omega)}) |w_{N-1}|_{H^1(\Omega)} \\ & + \sum_{J=1}^4 \|g_J - i_N^J g_J\|_{L^2(\Gamma_J)} \|\frac{\partial w}{\partial n_J}\|_{H^{\frac12}(\Gamma_J)}.\end{aligned}$$

On conclut en choisissant w_{N-1} égal à $\Pi_{N-1}^{1,0} w$ et f_{N-1} égal à $\Pi_{N-1} f$ et en utilisant l'inégalité (3.23), les Théorèmes II.2.7 et II.2.4, ainsi que le Corollaire 1.16 et le Théorème 2.6.

III.4. Méthode avec intégration numérique pour le problème de Neumann

On s'intéresse maintenant à l'approximation du problème: *trouver* u *dans* $H^1(\Omega)/\mathbb{R}$ *tel que*

$$\forall v \in H^1(\Omega)/\mathbb{R}, \quad a(u, v) = \int_\Omega f(\boldsymbol{x}) v(\boldsymbol{x})\, d\boldsymbol{x} + \sum_{J=1}^4 \int_{\Gamma_J} g_J(\tau) v(\tau)\, d\tau, \tag{4.1}$$

où la forme $a(.,.)$ est définie en (3.3). Comme précédemment et pour des raisons analogues, la discrétisation repose sur l'utilisation de la formule de quadrature de Gauss–Lobatto. On suppose maintenant que la fonction f est continue sur $\overline{\Omega}$, que les fonctions g_J, $J = 1, 2, 3, 4$, sont continues sur $\overline{\Gamma}_J$ et que la condition de compatibilité suivante est vérifiée:

$$\int_\Omega f(\boldsymbol{x})\, d\boldsymbol{x} + \sum_{J=1}^4 \int_{\Gamma_J} g_J(\tau) d\tau = 0. \tag{4.2}$$

Le problème (4.1) admet alors une solution unique.

Pour définir le problème discret, on introduit d'abord une forme bilinéaire $(.,.)_{N,\Gamma_J}$ sur les fonctions continues sur $\overline{\Gamma}_J$, $J = 1, 2, 3, 4$: pour toutes fonctions φ et ψ continues sur $\overline{\Gamma}_J$, on pose

$$(\varphi, \psi)_{N,\Gamma_J} = \sum_{j=0}^N \varphi(\boldsymbol{a}_{J-1} + (\xi_j + 1)\boldsymbol{\tau}_J)\, \psi(\boldsymbol{a}_{J-1} + (\xi_j + 1)\boldsymbol{\tau}_J)\, \rho_j. \tag{4.3}$$

Comme précédemment, on définit aussi l'opérateur i_N^J d'interpolation de Lagrange aux points de $\Xi_N \cap \overline{\Gamma}_J$: pour toute fonction φ continue sur $\overline{\Gamma}_J$, $i_N^J \varphi$ appartient à $\mathbb{P}_N(\Gamma_J)$ et vérifie

$$(i_N^J \varphi)(\boldsymbol{x}) = \varphi(\boldsymbol{x}), \quad \boldsymbol{x} \in \Xi_N \cap \overline{\Gamma}_J. \tag{4.4}$$

Le problème discret s'écrit: *trouver* u_N *dans* $\mathbb{P}_N(\Omega)/\mathbb{R}$ *tel que*

$$\forall v_N \in \mathbb{P}_N(\Omega)/\mathbb{R}, \quad a_N(u_N, v_N) = (f_N, v_N)_N + \sum_{J=1}^{4} (g_J, v_N)_{N,\Gamma_J}, \tag{4.5}$$

où l'on aimerait prendre f_N "proche" de f. On voit tout de suite apparaître une difficulté: le problème n'est bien défini que si le second membre est nul lorsque v_N est une constante. Or, la condition de compatibilité (4.2) n'est pas nécessairement satisfaite avec f remplacé par $\mathcal{I}_N f$ et les g_J remplacés par les $i_N^J g_J$. On est donc amené à introduire la constante

$$\lambda_N = \int_\Omega (\mathcal{I}_N f)(\boldsymbol{x})\, d\boldsymbol{x} + \sum_{J=1}^{4} \int_{\Gamma_J} (i_N^J g_J)(\tau) d\tau = (f, 1)_N + \sum_{J=1}^{4} (g_J, 1)_{N,\Gamma_J}, \tag{4.6}$$

et on pose

$$f_N = \mathcal{I}_N f - \frac{\lambda_N}{4}. \tag{4.7}$$

On peut maintenant énoncer le premier théorème.

Théorème 4.1. *Pour toute fonction f continue sur $\overline{\Omega}$ et toutes fonctions g_J, $J = 1, 2, 3, 4$, continues sur $\overline{\Gamma}_J$, le problème (4.5) admet une solution unique. De plus, cette solution vérifie*

$$\|u_N\|_{H^1(\Omega)} \leq c\,(\|\mathcal{I}_N f\|_{L^2(\Omega)} + \sum_{J=1}^{4} \|i_N^J g_J\|_{L^2(\Gamma_J)}). \tag{4.8}$$

Démonstration: Les propriétés de la forme $a_N(.,.)$ ont été établies dans la Proposition 3.1; en particulier, elle est elliptique sur $\mathbb{P}_N(\Omega)/\mathbb{R}$ par le Lemme I.1.9. Grâce à l'introduction de la constante λ_N, le second membre est bien défini sur $\mathbb{P}_N(\Omega)/\mathbb{R}$. Ceci donne l'existence et l'unicité de la solution u_N. En utilisant (3.8) et le Corollaire 1.13, on voit aussi que

$$\begin{aligned} |u_N|^2_{H^1(\Omega)} &\leq a_N(u_N, u_N) \\ &\leq c\,(\|\mathcal{I}_N f\|_{L^2(\Omega)} \|u_N\|_{L^2(\Omega)} + \sum_{J=1}^{4} \|i_N^J g_J\|_{L^2(\Gamma_J)} \|u_N\|_{L^2(\Gamma_J)} + |\lambda_N| \|u_N\|_{L^2(\Omega)}), \end{aligned}$$

et on obtient l'inégalité (4.8) par le Lemme I.1.9 et le Théorème de traces I.1.11 et en notant que

$$|\lambda_N| \leq 2\|\mathcal{I}_N f\|_{L^2(\Omega)} + \sqrt{2} \sum_{J=1}^{4} \|i_N g_J\|_{L^2(\Gamma_J)}.$$

On va maintenant établir une majoration de l'erreur entre les solutions des problèmes (4.1) et (4.5).

Théorème 4.2. *On suppose la solution u du problème (4.1) dans $H^m(\Omega)$ pour un entier $m \geq 1$, la donnée f dans $H^r(\Omega)$ pour un entier $r \geq 2$ et les conditions aux limites g_J, $J = 1, 2, 3, 4$, dans $H^s(\Gamma_J)$ pour un entier $s \geq 1$. Alors, pour le problème discret (4.5), on a la majoration d'erreur*

$$|u - u_N|_{H^1(\Omega)} \leq c\,(N^{1-m} \|u\|_{H^m(\Omega)} + N^{-r} \|f\|_{H^r(\Omega)} + N^{-s} \sum_{J=1}^{4} \|g_J\|_{H^s(\Gamma_J)}). \tag{4.9}$$

Démonstration: On déduit de la majoration abstraite (3.18), appliquée dans l'espace $H^1(\Omega)/\mathbb{R}$, que, pour tout polynôme v_{N-1} de $\mathbb{P}_{N-1}(\Omega)$,

$$|u-u_N|_{H^1(\Omega)} \le c\left(|u-v_{N-1}|_{H^1(\Omega)} + \sup_{z_N\in\mathbb{P}_N(\Omega)/\mathbb{R}} \frac{K_N(z_N)}{|z_N|_{H^1(\Omega)}}\right),$$

avec

$$K_N(z_N) = \int_\Omega f(\boldsymbol{x}) z_N(\boldsymbol{x})\, d\boldsymbol{x} - (f, z_N)_N$$
$$+\sum_{J=1}^4 \Big(\int_{\Gamma_J} g_J(\tau) z_N(\tau)\, d\tau - (g_J, z_N)_{N,\Gamma_J}\Big) - \frac{\lambda_N}{4}(z_N, 1)_N.$$

On choisit v_{N-1} égal à $\Pi^1_{N-1}u$, de sorte que l'on peut majorer le premier terme grâce au Théorème II.2.10. Puis on utilise (3.15) avec $f_{N-1} = \Pi_{N-1}f$ pour majorer le terme $\int_\Omega f(\boldsymbol{x})z_N(\boldsymbol{x})\,d\boldsymbol{x} - (f, z_N)_N$ et on utilise les Théorèmes II.2.4 et 2.6. De la même manière, en notant π^J_{N-1} l'opérateur de projection orthogonale de $L^2(\Gamma_J)$ sur $\mathbb{P}_{N-1}(\Gamma_J)$, on vérifie que

$$\int_{\Gamma_J} g_J(\tau) v_N(\tau)\, d\tau - (g_J, v_N)_{N,\Gamma_J}$$
$$= \int_{\Gamma_J} (g_J - \pi^J_{N-1} g_J)(\tau) v_N(\tau)\, d\tau - (g_J - \pi^J_{N-1} g_J, v_N)_{N,\Gamma_J}$$
$$\le c\,(\|g_J - \pi^J_{N-1} g_J\|_{L^2(\Gamma_J)} + \|g_J - i^J_N g_J\|_{L^2(\Gamma_J)})\|v_N\|_{L^2(\Gamma_J)},$$

et on utilise le Théorème II.1.2 et le Corollaire 1.16 pour majorer les deux termes du membre de droite. Finalement, on note d'après (4.2) et (4.6) que

$$\lambda_N = -\int_\Omega (f - \mathcal{I}_N f)(\boldsymbol{x})\, d\boldsymbol{x} - \sum_{J=1}^4 \int_{\Gamma_J} (g_J - i^J_N g_J)(\tau) d\tau,$$

de sorte que

$$|\lambda_N| \le \|f - \mathcal{I}_N f\|_{L^2(\Omega)} + \sum_{J=1}^4 \|g_J - i^J_N g_J\|_{L^2(\Gamma_J)}.$$

On majore ces termes grâce au Théorème 2.6 et au Corollaire 1.16. La majoration (4.9) s'obtient en regroupant toutes ces estimations.

Par un argument de dualité, on va encore une fois établir une majoration en norme $\|\cdot\|_{L^2(\Omega)}$, à condition de supposer que les solutions u et u_N des problèmes (4.1) et (4.5) respectivement vérifient

$$\int_\Omega u(\boldsymbol{x})\, d\boldsymbol{x} = 0 \quad \text{et} \quad \int_\Omega u_N(\boldsymbol{x})\, d\boldsymbol{x} = (u_N, 1)_N = 0. \tag{4.10}$$

Théorème 4.3. *On suppose la condition* (4.10) *vérifiée. Sous les hypothèses du Théorème 4.2, pour le problème discret* (4.5), *on a la majoration d'erreur*

$$\|u-u_N\|_{L^2(\Omega)} \le c\,(N^{-m}\|u\|_{H^m(\Omega)} + N^{-r}\|f\|_{H^r(\Omega)} + N^{-s}\sum_{J=1}^4 \|g_J\|_{H^s(\Gamma_J)}). \tag{4.11}$$

Démonstration: On a

$$\|u - u_N\|_{L^2(\Omega)} = \sup_{g \in L^2(\Omega)} \frac{\int_\Omega (u - u_N)(\boldsymbol{x}) g(\boldsymbol{x})\, d\boldsymbol{x}}{\|g\|_{L^2(\Omega)}}. \tag{4.12}$$

Comme dans la démonstration du Théorème II.4.3, on pose

$$g_0 = g - \frac{1}{4} \int_\Omega g(\boldsymbol{x})\, d\boldsymbol{x}.$$

Puis on définit la solution w dans $H^1(\Omega)$, à moyenne nulle, du problème:

$$\forall v \in H^1(\Omega), \quad a(w, v) = \int_\Omega g_0(\boldsymbol{x}) v(\boldsymbol{x})\, d\boldsymbol{x},$$

et on rappelle que

$$\|w\|_{H^2(\Omega)} \le c\, \|g_0\|_{L^2(\Omega)} \le c'\, \|g\|_{L^2(\Omega)}.$$

Finalement, on calcule en utilisant (4.10), (4.1) et (4.5) et en introduisant un polynôme w_{N-1} quelconque de $\mathbb{P}_{N-1}(\Omega)$,

$$\begin{aligned}\int_\Omega (u - u_N)(\boldsymbol{x}) g(\boldsymbol{x})\, d\boldsymbol{x} &= \int_\Omega (u - u_N)(\boldsymbol{x}) g_0(\boldsymbol{x})\, d\boldsymbol{x} = a(u - u_N, w) \\ &= a(u - u_N, w - w_{N-1}) + \int_\Omega f(\boldsymbol{x}) w_{N-1}(\boldsymbol{x})\, d\boldsymbol{x} - (f, w_{N-1})_N \\ &\quad + \sum_{J=1}^{4} \Big(\int_{\Gamma_J} g_J(\tau) w_{N-1}(\tau)\, d\tau - (g_J, w_{N-1})_{N,\Gamma_J} \Big),\end{aligned}$$

de sorte que

$$\begin{aligned}\int_\Omega (u - u_N)(\boldsymbol{x}) g(\boldsymbol{x})\, d\boldsymbol{x} &\le |u - u_N|_{H^1(\Omega)} |w - w_{N-1}|_{H^1(\Omega)} + \|f - \mathcal{I}_N f\|_{L^2(\Omega)} \|w_{N-1}\|_{L^2(\Omega)} \\ &\quad + \sum_{J=1}^{4} \|g_J - i_N^J g_J\|_{L^2(\Gamma_J)} \|w_{N-1}\|_{L^2(\Gamma_J)}.\end{aligned}$$

On choisit w_{N-1} égal à $\Pi^1_{N-1} w$ et on conclut grâce aux Théorèmes 4.2 et II.2.10, au Corollaire 1.16 et au Théorème 2.6.

En conclusion, on va s'efforcer d'écrire une autre interprétation du problème (4.5). Pour cela, on note que la propriété d'exactitude (1.16) implique que, pour tous polynômes u_N et v_N de $\mathbb{P}_N(\Omega)$,

$$\begin{aligned}a_N(u_N, v_N) &= \int_{-1}^{1} \sum_{k=0}^{N} \Big(\frac{\partial u_N}{\partial x}\Big)(x, \xi_k) \Big(\frac{\partial v_N}{\partial x}\Big)(x, \xi_k)\, \rho_k\, dx \\ &\quad + \int_{-1}^{1} \sum_{j=0}^{N} \Big(\frac{\partial u_N}{\partial y}\Big)(\xi_j, y) \Big(\frac{\partial v_N}{\partial y}\Big)(\xi_j, y)\, \rho_j\, dy.\end{aligned}$$

On intègre par parties:

$$a_N(u_N,v_N) = -\int_{-1}^{1}\sum_{k=0}^{N}(\frac{\partial^2 u_N}{\partial x^2})(x,\xi_k)v_N(x,\xi_k)\,\rho_k\,dx$$
$$+\sum_{k=0}^{N}((\frac{\partial u_N}{\partial x})(+1,\xi_k)v_N(+1,\xi_k) - (\frac{\partial u_N}{\partial x})(-1,\xi_k)v_N(-1,\xi_k))\,\rho_k$$
$$-\int_{-1}^{1}\sum_{j=0}^{N}(\frac{\partial^2 u_N}{\partial y^2})(\xi_j,y)v_N(\xi_j,y)\,\rho_j\,dy$$
$$+\sum_{j=0}^{N}((\frac{\partial u_N}{\partial y})(\xi_j,+1)v_N(\xi_j,+1) - (\frac{\partial u_N}{\partial y})(\xi_j,-1)v_N(\xi_j,-1))\,\rho_j,$$

puis on réutilise la propriété (1.16):

$$a_N(u_N,v_N) = -(\Delta u_N, v_N)_N + \sum_{J=1}^{4}(\frac{\partial u_N}{\partial n_J}, v_N)_{N,\Gamma_J}. \tag{4.13}$$

On utilise cette expression dans le problème (4.5) et on fait parcourir à v_N la base $\{\ell_j(x)\ell_k(y), 0 \le j,k \le N\}$ de $\mathbb{P}_N(\Omega)$ (on rappelle que ℓ_j, $0 \le j \le N$, désigne le polynôme de Lagrange associé à ξ_j). On obtient alors trois sortes d'équations:

(i) aux points internes au domaine: comme en (3.24), on voit immédiatement que

$$-\Delta u_N(\boldsymbol{x}) = f(\boldsymbol{x}), \quad \boldsymbol{x} \in \Xi_N \cap \Omega. \tag{4.14}$$

(ii) aux points de la frontière qui ne sont pas des coins: par exemple au point $(-1,\xi_j)$, $1 \le j \le N-1$, on a

$$-\Delta u_N(-1,\xi_j)\,\rho_0\rho_j + (\frac{\partial u_N}{\partial n_1})(-1,\xi_j)\,\rho_j = f(-1,\xi_j)\,\rho_0\rho_j + g_1(-1,\xi_j)\,\rho_j.$$

En écrivant les équations similaires sur les trois autres côtés et en utilisant la formule $\rho_0 = \frac{2}{N(N+1)}$ (voir la formule (*F*.8)), on obtient les équations:

$$(\frac{\partial u_N}{\partial n_J})(\boldsymbol{x}) = g_J(\boldsymbol{x}) + \frac{2}{N(N+1)}(f+\Delta u_N)(\boldsymbol{x}), \quad \boldsymbol{x} \in \Xi_N \cap \Gamma_J, \quad J=1,2,3,4. \tag{4.15}$$

(iii) aux coins du domaine: par les mêmes arguments, on arrive à

$$(\frac{\partial u_N}{\partial n_J}+\frac{\partial u_N}{\partial n_{J+1}})(\boldsymbol{a}_J) = (g_J+g_{J+1})(\boldsymbol{a}_J)+\frac{2}{N(N+1)}(f+\Delta u_N)(\boldsymbol{a}_J), \quad J=1,2,3,4. \tag{4.16}$$

Il est facile de vérifier que le système formé par les équations (4.14), (4.15) et (4.16) est équivalent au problème (4.5). On voit donc que ce problème ne correspond pas vraiment à une approximation par collocation: si l'équation est réellement satisfaite aux nœuds internes au domaine, les conditions aux limites sont imposées avec un terme supplémentaire. Il faut noter toutefois que ce terme est un résidu $f+\Delta u_N$ de l'équation, que multiplie un facteur de l'ordre de N^{-2}; dans la pratique, il est en fait petit par rapport aux fonctions données g_J puisqu'il y a convergence spectrale de ce résidu vers 0 (voir Exercice 2). On ignore actuellement si, pour le problème discret obtenu en remplaçant les équations (4.15) et (4.16) par des équations de collocation sur la dérivée normale, la majoration d'erreur est optimale.

III.5. Mise en œuvre

Le but de ce paragraphe est d'indiquer comment les problèmes discrets définis dans les pages précédentes peuvent être mis en œuvre sur ordinateur. Pour simplifier, on se limite au cas du problème discret (3.37), mais la plupart des propriétés que l'on énonce sont également vraies pour le problème (4.5).

On désire calculer une bonne approximation de la solution du problème (3.35). On suppose donc connues les valeurs de la fonction f aux points de $\Xi_N \cap \Omega$ et les valeurs des fonctions g_J, $J = 1, 2, 3, 4$, aux points de $\Xi_N \cap \overline{\Gamma}_J$, la condition (3.36) étant supposée vérifiée. Les inconnues à calculer sont les valeurs u_{jk} de la solution u_N du problème (3.37) aux nœuds (ξ_j, ξ_k), $0 \le j, k \le N$, de la grille Ξ_N. Le polynôme de Lagrange associé au point ξ_j, $0 \le j \le N$, étant noté ℓ_j, on a

$$u_N(x,y) = \sum_{j=0}^{N} \sum_{k=0}^{N} u_{jk}\, \ell_j(x) \ell_k(y). \tag{5.1}$$

On coupe l'ensemble des couples (j, k), $0 \le j, k \le N$, en deux parties: on note $\mathcal{L}$ l'ensemble des couples (j, k) tels que le point (ξ_j, ξ_k) appartienne à l'ouvert Ω (c'est-à-dire tels que $1 \le j, k \le N-1$) et $\mathcal{M}$ l'ensemble des couples (j, k) tels que le point (ξ_j, ξ_k) appartienne à $\partial\Omega$. Il faut noter que les u_{jk}, $(j, k) \in \mathcal{M}$, sont donnés par les conditions aux limites, les inconnues réelles sont donc les valeurs u_{jk}, $(j, k) \in \mathcal{L}$.

En notant que les $\ell_r(x)\ell_s(y)$, $1 \le r, s \le N-1$, forment une base de $\mathbb{P}_N^0(\Omega)$, on écrit maintenant la formulation variationnelle (3.38) du problème (3.37) de la façon suivante:

$$\sum_{(j,k)\in\mathcal{L}} u_{jk}\, a_N(\ell_j\ell_k, \ell_r\ell_s) = f(\xi_r, \xi_s)\, \rho_r\rho_s - \sum_{(j,k)\in\mathcal{M}} g_{jk}\, a_N(\ell_j\ell_k, \ell_r\ell_s), \quad 1 \le r, s \le N-1, \tag{5.2}$$

où les g_{jk} désignent les valeurs d'une des fonctions g_J au point (ξ_j, ξ_k), $(j, k) \in \mathcal{M}$. Au total, on obtient un système linéaire de $(N-1)^2$ équations à $(N-1)^2$ inconnues, que l'on écrit

$$AU = \overline{F}. \tag{5.3}$$

Le vecteur U est formé des valeurs inconnues u_{jk}, $(j, k) \in \mathcal{L}$. La matrice A, dite *matrice de rigidité*, a pour coefficients les termes $a_N(\ell_j\ell_k, \ell_r\ell_s)$. Le vecteur $\overline{F}$ est formé par les termes

$$f(\xi_r, \xi_s)\, \rho_r\rho_s - \sum_{(j,k)\in\mathcal{M}} g_{jk}\, a_N(\ell_j\ell_k, \ell_r\ell_s), \quad (r, s) \in \mathcal{L},$$

que l'on peut calculer à partir des données. Il s'écrit de façon plus naturelle sous la forme $\overline{F} = BF$, où le vecteur F a pour composantes les termes

$$f(\xi_r, \xi_s) - \frac{1}{\rho_r\rho_s} \sum_{(j,k)\in\mathcal{M}} g_{jk}\, a_N(\ell_j\ell_k, \ell_r\ell_s), \quad (r, s) \in \mathcal{L},$$

ce qui correspond vraiment aux données du problème dans le cas de conditions aux limites homogènes. La matrice B, dite *matrice de masse*, est diagonale: les termes diagonaux sont les $\rho_r\rho_s$, $(r,s) \in \mathcal{L}$. Le coût du calcul vient de la résolution du système (5.3), il dépend donc essentiellement des propriétés de la matrice A que l'on va étudier ci-dessous. On peut déjà noter que, puisque la forme $a_N(.,.)$ est symétrique, la matrice A l'est également.

Remarque 5.1. En utilisant la décomposition (5.1) dans le problème de collocation (3.37), on voit qu'il s'écrit

$$\begin{aligned} &- \sum_{(j,k)\in\mathcal{L}} u_{jk}\,\big(\ell_j''(\xi_r)\ell_k(\xi_s) + \ell_j(\xi_r)\ell_k''(\xi_s)\big) \\ &= f(\xi_r,\xi_s) + \sum_{(j,k)\in\mathcal{M}} g_{jk}\,\big(\ell_j''(\xi_r)\ell_k(\xi_s) + \ell_j(\xi_r)\ell_k''(\xi_s)\big), \quad 1 \le r,s \le N-1. \end{aligned} \tag{5.4}$$

Ceci est également un système linéaire de $(N-1)^2$ équations à $(N-1)^2$ inconnues:

$$\tilde{A}U = F,$$

toutefois les coefficients de la matrice $\tilde{A}$, égale à $B^{-1}A$, sont les $\ell_j''(\xi_r)\ell_k(\xi_s) + \ell_j(\xi_r)\ell_k''(\xi_s)$, et on peut vérifier facilement que la matrice $\tilde{A}$ n'est pas symétrique. La résolution du système est alors beaucoup plus coûteuse, ce qui est l'inconvénient majeur de la formulation (5.4).

Remarque 5.2. Le problème discret (3.27) s'écrit également sous la forme d'un système linéaire

$$A^{\natural}U^{\natural} = \overline{F}^{\natural}, \tag{5.5}$$

où le vecteur $U^{\natural}$ a pour composantes les valeurs de la solution approchée aux points $(\xi_j^{\natural}, \xi_k^{\natural})$, $1 \le j,k \le N-1$, et le vecteur $\overline{F}^{\natural}$ a pour composantes les $f(\xi_r^{\natural}, \xi_s^{\natural})\,\rho_r^{\natural}\rho_s^{\natural}$, $1 \le r,s \le N-1$. Les coefficients de la matrice $A^{\natural}$ sont les $a_{\natural,N}(\ell_j^{\natural}\ell_k^{\natural}, \ell_r^{\natural}\ell_s^{\natural})$, où $\ell_j^{\natural}$ est le polynôme de Lagrange associé au nœud $\xi_j^{\natural}$. Toutefois, comme la forme bilinéaire $a_{\natural,N}(.,.)$ n'est pas symétrique, la matrice $A^{\natural}$ ne l'est pas non plus, ce qui rend la résolution du système (5.5) beaucoup plus difficile d'un point de vue numérique et fait que l'on résout plutôt dans la pratique un système construit de façon analogue à (5.4).

On pose:

$$\alpha_{jr} = \sum_{k=0}^{N} \ell_j'(\xi_k)\ell_r'(\xi_k)\,\rho_k, \quad 0 \le j,r \le N, \tag{5.6}$$

et on constate alors que les coefficients de la matrice A s'écrivent

$$a_N(\ell_j\ell_k, \ell_r\ell_s) = \alpha_{jr}\delta_{ks}\rho_k + \alpha_{ks}\delta_{jr}\rho_j, \tag{5.7}$$

où δ désigne le symbole de Kronecker. Le calcul de ces coefficients dépend donc du calcul des α_{jr}, ainsi d'ailleurs que le calcul du second membre pour des conditions aux limites non homogènes.

Lemme 5.3. *Pour j et r compris entre 1 et $N-1$, on a la formule*

$$\alpha_{jr} = \begin{cases} \dfrac{4}{N(N+1)L_N(\xi_j)L_N(\xi_r)(\xi_j-\xi_r)^2} & \text{si } j \ne r, \\[2ex] \dfrac{2}{3(1-\xi_j^2)L_N^2(\xi_j)} & \text{si } j = r. \end{cases} \tag{5.8}$$

Démonstration: On note d'abord que, d'après la propriété d'exactitude (1.16), on a

$$\alpha_{jr} = -\sum_{k=0}^{N} \ell_j''(\xi_k)\ell_r(\xi_k)\,\rho_k = -\ell_j''(\xi_r)\,\rho_r.$$

Il est facile de vérifier que, d'après l'équation différentielle (F.3) et pour $0 \le j \le N$, le polynôme ℓ_j est donné par

$$\ell_j(\zeta) = -\frac{(1-\zeta^2)L_N'(\zeta)}{N(N+1)L_N(\xi_j)(\zeta-\xi_j)}. \tag{5.9}$$

On en déduit d'une part, pour $\zeta \neq \xi_j$ et grâce à (F.3),

$$\ell_j'(\zeta) = \frac{L_N(\zeta)}{L_N(\xi_j)(\zeta-\xi_j)} + \frac{(1-\zeta^2)L_N'(\zeta)}{N(N+1)L_N(\xi_j)(\zeta-\xi_j)^2},$$

$$\ell_j''(\zeta) = \frac{L_N'(\zeta)}{L_N(\xi_j)(\zeta-\xi_j)} - 2\frac{L_N(\zeta)}{L_N(\xi_j)(\zeta-\xi_j)^2} - 2\frac{(1-\zeta^2)L_N'(\zeta)}{N(N+1)L_N(\xi_j)(\zeta-\xi_j)^3},$$

ce qui donne immédiatement la formule (5.8) pour $j \neq r$, le poids ρ_r étant donné par la formule (F.8). D'autre part, on écrit le développement de Taylor

$$-\frac{(1-\zeta^2)L_N'(\zeta)}{N(N+1)} = L_N(\xi_j)(\zeta-\xi_j) + L_N'(\xi_j)\frac{(\zeta-\xi_j)^2}{2} + L_N''(\xi)\frac{(\zeta-\xi_j)^3}{6},$$

avec ξ compris entre ζ et ξ_j, d'où

$$\ell_j(\zeta) = 1 + \frac{L_N''(\xi)}{3L_N(\xi_j)}\frac{(\zeta-\xi_j)^2}{2}.$$

Ceci donne la formule

$$\alpha_{jj} = -\frac{L_N''(\xi_j)}{3L_N(\xi_j)}\,\rho_j.$$

D'après (F.3), on a

$$(1-\xi_j^2)L_N''(\xi_j) = 2\xi_j L_N'(\xi_j) - N(N+1)L_N(\xi_j) = -N(N+1)L_N(\xi_j),$$

et, par suite,

$$\alpha_{jj} = \frac{N(N+1)}{3(1-\xi_j^2)}\,\rho_j, \tag{5.10}$$

et on conclut en utilisant (F.8).

Remarque 5.4. À partir des formules précédentes, on peut aussi calculer les quantités $\alpha_{j0} = \alpha_{0j}$ et $\alpha_{jN} = \alpha_{Nj}$, $0 \le j \le N$, qui sont nécessaires pour l'évaluation des composantes du vecteur F. D'autre part, à partir de la formule (5.10), on peut noter l'identité, vraie pour tout polynôme φ_N de $\mathbb{P}_N^0(\Lambda)$:

$$\sum_{j=0}^{N} \alpha_{jj}\varphi_N^2(\xi_j) = \frac{N(N+1)}{3}\sum_{j=1}^{N-1}\frac{\varphi_N^2(\xi_j)}{1-\xi_j^2}\,\rho_j,$$

ou, de façon équivalente,

$$\sum_{j=0}^{N} \alpha_{jj} \varphi_N^2(\xi_j) = \frac{N(N+1)}{3} \int_{-1}^{1} \varphi_N^2(\zeta)\,(1-\zeta^2)^{-1}\,d\zeta. \tag{5.11}$$

En dimension 1, la multiplication par la matrice diagonale de coefficients α_{jj} correspond donc à un changement de mesure.

On rappelle que le nombre de condition d'une matrice carrée inversible M, que l'on notera $\kappa(M)$, est la racine carrée du quotient de la plus grande valeur propre de la matrice $M^T M$ par sa plus petite valeur propre. Lorsque la matrice M est symétrique définie positive, $\kappa(M)$ coïncide avec le quotient de la plus grande valeur propre de M par la plus petite.

Lemme 5.5. *Le nombre de condition de la matrice A vérifie*

$$c\,N^3 \le \kappa(A) \le c'\,N^3. \tag{5.12}$$

Démonstration: On introduit tout d'abord la matrice A_0 dont les coefficients sont les α_{jr}, $1 \le j, r \le N-1$. Cette matrice, qui est symétrique, admet $N-1$ valeurs propres réelles λ^ℓ, $1 \le \ell \le N-1$, et les vecteurs propres associés φ^ℓ, $1 \le \ell \le N-1$, forment une base de $\mathbb{P}_N^0(\Lambda)$. Il est facile alors de vérifier que les vecteurs $\varphi^k(x)\varphi^\ell(y)$, $1 \le k, \ell \le N-1$, forment une base de $\mathbb{P}_N^0(\Omega)$ et sont des vecteurs propres de A associés aux valeurs propres $\lambda^k + \lambda^\ell$. On en déduit immédiatement que le nombre de condition de A est égal au nombre de condition de A_0, que l'on va estimer maintenant. Pour cela, on utilise la propriété suivante (dont la démonstration est laissée au lecteur): pour deux matrices M et N symétriques, on a l'inégalité

$$\kappa(N^{\frac{1}{2}} M N^{\frac{1}{2}}) \le \kappa(M)\,\kappa(N). \tag{5.13}$$

En introduisant la matrice diagonale B_0, dont les termes diagonaux sont égaux aux poids ρ_j, $1 \le j \le N-1$, on en déduit les inégalités

$$\kappa(A_0) \le \kappa(B_0^{\frac{1}{2}} A_0 B_0^{\frac{1}{2}})\,\kappa(B_0^{-1}) \quad \text{et} \quad \kappa(B_0^{-\frac{1}{2}} A_0 B_0^{-\frac{1}{2}}) \le \kappa(A)\,\kappa(B_0^{-1}).$$

D'après le Lemme 1.14, en tenant compte du fait que, d'après (1.21), $(1-\zeta_j^2)^{\frac{1}{2}}$ est compris entre $\frac{c}{N}$ et 1, il est facile de vérifier que le nombre de condition de B_0 vérifie

$$c\,N \le \kappa(B_0) = \kappa(B_0^{-1}) \le c'\,N. \tag{5.14}$$

Il reste donc à montrer que

$$\kappa(B_0^{\frac{1}{2}} A_0 B_0^{\frac{1}{2}}) \le c\,N^2 \quad \text{et} \quad \kappa(B_0^{-\frac{1}{2}} A_0 B_0^{-\frac{1}{2}}) \ge c\,N^4. \tag{5.15}$$

1) On vérifie qu'un réel λ est valeur propre de $B_0^{\frac{1}{2}} A_0 B_0^{\frac{1}{2}}$ s'il existe un polynôme φ_N de $\mathbb{P}_N^0(\Lambda)$ tel que

$$\forall \psi_N \in \mathbb{P}_N^0(\Lambda), \quad \sum_{j=0}^{N} \varphi_N'(\xi_j)\psi_N'(\xi_j)\,\rho_j = \lambda \sum_{j=0}^{N} \frac{\varphi_N(\xi_j)\psi_N(\xi_j)}{\rho_j} = \lambda \sum_{j=0}^{N} \frac{\varphi_N(\xi_j)\psi_N(\xi_j)}{\rho_j^2}\,\rho_j.$$

Le Lemme 1.14 et l'exactitude de la formule de quadrature permettent d'en déduire que

$$c\lambda N^2 \int_{-1}^{1} \varphi_N^2(\zeta)\,(1-\zeta^2)^{-1}\,d\zeta \le |\varphi_N|^2_{H^1(\Lambda)} \le c'\,\lambda N^2 \int_{-1}^{1} \varphi_N^2(\zeta)\,(1-\zeta^2)^{-1}\,d\zeta.$$

Or, on sait d'après les Lemmes 1.5 et 1.18, que

$$c \int_{-1}^{1} \varphi_N^2(\zeta)\,(1-\zeta^2)^{-1}\,d\zeta \le |\varphi_N|^2_{H^1(\Lambda)} \le c'\,N^2 \int_{-1}^{1} \varphi_N^2(\zeta)\,(1-\zeta^2)^{-1}\,d\zeta.$$

Ceci montre que la plus petite valeur propre λ est supérieure à $c\,N^{-2}$ et que la plus grande est inférieure à une constante, ce qui donne la première inégalité de (5.15).

2) Soit $\lambda_N^1, \dots, \lambda_N^{N-1}$ de la matrice $B_0^{-\frac{1}{2}} A_0 B_0^{-\frac{1}{2}}$, que l'on suppose rangées par ordre croissant. On sait alors qu'il existe $N-1$ polynômes associés $\varphi_N^1, \dots, \varphi_N^{N-1}$ de $\mathbb{P}_N^0(\Lambda)$ qui vérifient

$$\forall \psi_N \in \mathbb{P}_N^0(\Lambda), \quad \sum_{j=0}^{N} \varphi_N'(\xi_j)\psi_N'(\xi_j)\,\rho_j = \sum_{j=0}^{N} \varphi_N(\xi_j)\psi_N(\xi_j)\,\rho_j.$$

On a pour tout polynôme $\psi_{N-1} = \sum_{k=1}^{N-1} \alpha^k \varphi_N^k$ de $\mathbb{P}_{N-1}^0(\Lambda)$:

$$|\psi_N|^2_{H^1(\Lambda)} = \sum_{k=0}^{N} \lambda_N^k (\alpha^k)^2 \quad \text{et} \quad \|\psi_N\|^2_{L^2(\Lambda)} = \sum_{k=0}^{N} (\alpha^k)^2,$$

d'où

$$\lambda_N^1 \|\psi_N\|^2_{L^2(\Lambda)} \le |\psi_N|^2_{H^1(\Lambda)} \le \lambda_N^{N-1} \|\psi_N\|^2_{L^2(\Lambda)}.$$

En utilisant ces inégalités pour le polynôme $\psi_N = 1-\zeta^2$, on voit que λ_N^1 est inférieur à une constante. De la même façon, on vérifie que λ_N^{N-1} est $\ge c\,N^4$ en les utilisant pour un polynôme ψ_N tel que

$$|\psi_N|_{H^1(\Lambda)} \ge c\,N^2\,\|\psi_N\|_{L^2(\Lambda)}. \tag{5.16}$$

Un exemple de polynôme vérifiant (5.16) est donné par $\psi_N = \sum_{n=1}^{N-2} \tilde{\psi}^n (L_{n+1} - L_{n-1})$, avec

$$\tilde{\psi}^n = \begin{cases} n^2 & \text{si } 1 \le n \le \frac{N}{2}, \\ (N-n)^2 & \text{si } \frac{N}{2} < n \le N-2. \end{cases}$$

On en déduit la seconde inégalité de (5.13).

Remarque 5.6. De la même façon, on peut vérifier que le nombre de condition de la matrice $\tilde{A} = B^{-1}A$ est de l'ordre de $c\,N^4$, ce qui diminue encore l'intérêt du système (5.4).

À partir du Lemme 5.3, on vérifie que la matrice A est pleine. L'utilisation d'une méthode directe de résolution du système (5.3), par exemple de la méthode de Cholesky, se traduirait par un minimum d'une constante fois N^6 opérations élémentaires pour décomposer la matrice (voir Ciarlet [22] pour l'analyse numérique des méthodes classiques de résolution des systèmes linéaires) et une constante fois N^4 opérations supplémentaires à chaque résolution du système. Une méthode de diagonalisation partielle est toutefois employée dans [31] par exemple. On préfère ici utiliser une méthode de résolution itérative qui, comme on le constatera, permet de réduire considérablement le nombre d'opérations:

le principe est de construire une suite $(U_n)_n$ de vecteurs qui converge vers la solution U de (5.3). Parmi les méthodes de ce type, la plus performante dans ce cas particulier semble être le gradient conjugué. On réfère à Ciarlet [22] et à Joly [33] pour la description et l'analyse numérique de la méthode de gradient conjugué.

Il faut noter toutefois que, pour la plupart des méthodes itératives et pour celle de gradient conjugué en particulier, le nombre d'itérations pour atteindre une précision de convergence donnée est proportionnel à la racine carré du nombre de condition (voir Problème 1 à la fin de l'ouvrage). Dans notre cas, $\sqrt{\kappa(A)}$ est de l'ordre de $N^{\frac{3}{2}}$, donc le coût de la méthode de gradient conjugué appliquée directement au système (5.3) croît très vite avec N. Pour éviter cela, on utilise un préconditionnement, ce qui consiste à remplacer (5.3) par le système

$$P^{-\frac{1}{2}} A P^{-\frac{1}{2}} V = P^{-\frac{1}{2}} F, \quad \text{avec } U = P^{-\frac{1}{2}} V, \tag{5.17}$$

où P est une matrice symétrique définie positive. L'idée consiste à exhiber une matrice P facile à calculer telle que le nombre de condition de la matrice symétrique $P^{-\frac{1}{2}} A P^{-\frac{1}{2}}$ (c'est-à-dire le quotient de la plus grande valeur propre de $P^{-1}A$ par la plus petite) soit inférieur à $\kappa(A)$. On propose deux exemples de matrices P qui satisfont à cette propriété:
(i) la matrice P est choisie diagonale avec ses coefficients diagonaux égaux à ceux de la matrice A, c'est-à-dire à $\alpha_{jj}\rho_k + \alpha_{kk}\rho_j$, $1 \le j, k \le N-1$. On sait alors (voir Problème 1) que le nombre de condition $\kappa(P^{-\frac{1}{2}} A P^{-\frac{1}{2}})$ est $\le c N^2$.
(ii) la matrice P est choisie égale à la matrice de discrétisation par différences finies du problème (3.35) sur la grille Ξ_N. On peut alors montrer (Orszag [51]) que $\kappa(P^{-\frac{1}{2}} A P^{-\frac{1}{2}})$ est borné indépendamment de N. Un maximum de sophistication et d'efficacité est réalisé en prenant la matrice d'une discrétisation par éléments finis.

La méthode de gradient conjugué appliquée au système préconditionné (5.15) est appelée *méthode de gradient conjugué préconditionné*. Elle s'écrit de la façon suivante (on désigne par un point le produit scalaire euclidien de deux vecteurs):
(i) étape d'initialisation: On choisit un vecteur U_0 et on calcule

$$\mathcal{R}_0 = F - AU_0, \quad \text{et} \quad \mathcal{P}_0 = \mathcal{Q}_0 = P^{-1}\mathcal{R}_0. \tag{5.18}$$

(ii) étape n: On suppose connus les vecteurs U_n, $\mathcal{R}_n$, $\mathcal{P}_n$ et $\mathcal{Q}_n$. Si le vecteur $\mathcal{R}_n$ est nul, on arrête le calcul. Sinon, on pose

$$\begin{aligned} \alpha_n &= \frac{\mathcal{Q}_n.\mathcal{R}_n}{\mathcal{P}_n.A\mathcal{P}_n}, \\ U_{n+1} &= U_n + \alpha_n \mathcal{P}_n, \\ \mathcal{R}_{n+1} &= \mathcal{R}_n - \alpha_n A\mathcal{P}_n \quad \text{et} \quad \mathcal{Q}_{n+1} = P^{-1}\mathcal{R}_{n+1}, \\ \beta_n &= \frac{\mathcal{Q}_{n+1}.\mathcal{R}_{n+1}}{\mathcal{Q}_n.\mathcal{R}_n}, \\ \mathcal{P}_{n+1} &= \mathcal{Q}_{n+1} + \beta_n \mathcal{P}_n. \end{aligned} \tag{5.19}$$

On arrête le calcul lorsque la quantité $\frac{\mathcal{R}_n.\mathcal{R}_n}{F.F}$ est suffisamment petite.

Il faut noter que, à chaque itération n, la partie la plus longue du calcul consiste à évaluer le résidu $\mathcal{R}_n = F - AU_n$, donc à calculer le produit de la matrice A par un vecteur.

Deux observations s'imposent:
(i) La matrice A n'a jamais besoin d'être assemblée, car le calcul de produits AV s'effectue facilement à partir des formules (5.6), (5.7) et (5.8). Ceci a pour conséquence que la place totale requise en mémoire est majorée par une constante fois N^2 (en effet, on garde en mémoire uniquement les coefficients des vecteurs de taille $(N-1)^2$ intervenant dans l'algorithme de gradient à la dernière itération et les α_{jr}, $0 \leq j, r \leq N-1$).
(ii) Le fait que les bases de polynômes soient tensorisées permet de réduire le nombre de multiplications dans le calcul de produits. En effet, la formule (5.7) indique que la matrice de rigidité A est en fait la somme de deux matrices diagonales par blocs. Le calcul d'un produit AV s'effectue alors en une constante fois N^3 opérations élémentaires.
Les propriétés ci-dessus, qui sont également valables pour le calcul du second membre, se généralisent facilement au cas d'équations plus compliquées. Finalement, on peut montrer que chaque itération nécessite $c\,N^3$ opérations élémentaires, de sorte que le coût global du calcul est de l'ordre de $\sqrt{\kappa(P^{-\frac{1}{2}}AP^{-\frac{1}{2}})}\,N^3$ opérations. La grande précision des méthodes permet de travailler avec des valeurs de N relativement faibles, de sorte que le coût d'une méthode spectrale convenablement mise en œuvre est tout-à-fait raisonnable. Il peut encore être réduit par l'utilisation d'une technique multi-grille adéquate (voir Maday & Muñoz [42]).

III.6. Exercices

Exercice 1: Dans un ouvert $\mathcal{O}$ borné lipschitzien de $\mathbb{R}^d$, on considère le problème linéaire à coefficients variables:

$$\begin{cases} -\sum_{i=1}^d \sum_{j=1}^d (\frac{\partial}{\partial x_i})\big(a_{ij}(x)\frac{\partial u}{\partial x_j}\big) = f & \text{dans } \mathcal{O}, \\ u = 0 & \text{sur } \partial\mathcal{O}, \end{cases}$$

où les fonctions a_{ij} sont supposées de classe $\mathcal{C}^\infty$ sur $\overline{\mathcal{O}}$ et vérifient, pour tout point x de $\overline{\mathcal{O}}$,

$$\forall (t_1, \dots, t_d) \in \mathbb{R}^d, \quad \sum_{i=1}^d \sum_{j=1}^d a_{ij}(x)\, t_i t_j \geq \alpha \sum_{i=1}^d t_i^2,$$

où α est un réel positif.
1) Écrire la formulation variationnelle de ce problème. Montrer que, pour tout f dans $H^{-1}(\mathcal{O})$, il admet une solution unique.
2) On suppose maintenant que l'ouvert $\mathcal{O}$ est le carré $\Omega =]-1,1[^2$, et que la fonction f est continue sur Ω. On considère le problème discret de collocation suivant: *trouver u_N dans $\mathbb{P}_N(\Omega)$ tel que*

$$\begin{cases} -\sum_{i=1}^d \sum_{j=1}^d \big((\frac{\partial}{\partial x_i})\mathcal{I}_N\big(a_{ij}\frac{\partial u_N}{\partial x_j}\big)\big)(x) = f(x), & x \in \Xi_N \cap \Omega, \\ u_N(x) = 0, & x \in \Xi_N \cap \Omega, \end{cases}$$

où Ξ_N désigne la grille de Gauss–Lobatto de type Legendre à $(N+1)^2$ points et $\mathcal{I}_N$ est l'opérateur d'interpolation de Lagrange aux nœuds de cette grille. Écrire la formulation variationnelle de ce

problème. Montrer qu'il admet une solution unique.
3) En faisant des hypothèses de régularité sur u et f, établir une majoration de l'erreur entre les solutions u et u_N.
4) Écrire le système linéaire équivalent au problème de collocation. Montrer que, là aussi, la résolution du système par une méthode itérative nécessite au plus $c\,N^3$ opérations à chaque itération.

Exercice 2: Soit f une fonction continue sur le carré Ω et g_J, $J = 1, 2, 3, 4$, des fonctions continues sur chacun des côtés Γ_J de Ω, vérifiant

$$\int_\Omega f(x)\,dx + \sum_{J=1}^{4} \int_{\Gamma_J} g_J\,dx = 0.$$

On suppose la solution u de l'équation

$$\begin{cases} -\Delta u = f & \text{dans } \Omega, \\ \frac{\partial u}{\partial n} = g_J & \text{sur } \Gamma_J, \quad J = 1, 2, 3, 4. \end{cases}$$

dans $H^m(\Omega)$ pour un entier $m \geq 2$. On l'approche par un polynôme u_N de $\mathbb{P}_N(\Omega)$ solution du problème (4.5). Donner une estimation des termes

$$\sup_{x \in \Xi_N \cap \Gamma_J} |(\frac{\partial u_N}{\partial n_J})(x) - g_J(x)|.$$

On pourra utiliser l'inégalité inverse (démontrée au cours de l'Exercice 5 du chapitre I), vraie pour tout polynôme v_N de $\mathbb{P}_N(\Omega)$:

$$\sup_{x \in \overline{\Omega}} |v_N(x)| \leq c\,N^2\,\|v_N\|_{L^2(\Omega)}.$$

Chapitre IV

Approximation du problème de Stokes

Les chapitres précédents traitaient principalement de l'approximation de solutions de problèmes elliptiques du second ordre avec conditions aux limites de Dirichlet ou de Neumann. La résolution de ces problèmes intervient de façon centrale dans celle du problème de Stokes dont la discrétisation est l'objet de ce chapitre. On verra dans le paragraphe concernant la mise en œuvre, l'importance de tout ce travail préalable sur l'équation de Poisson. La difficulté essentielle qui apparaît maintenant est de résoudre un problème où deux inconnues sont à déterminer.

En effet, l'écoulement d'un fluide visqueux incompressible dans un domaine Ω de $\mathbb{R}^2$ est caractérisé par deux variables: sa vitesse $\boldsymbol{u}$ et sa pression p. Il est régi par deux équations qui, lorsque l'écoulement est stationnaire, c'est-à-dire que les données et les variables ne dépendent pas du temps, s'écrivent de la façon suivante:
(i) l'équation de quantité de mouvement

$$-\nu\Delta\boldsymbol{u} + \mathbf{grad}\, p = \boldsymbol{f} \quad \text{dans } \Omega, \tag{0.1}$$

(ii) l'équation d'incompressibilité (qui traduit la conservation de la masse)

$$\operatorname{div} \boldsymbol{u} = 0 \quad \text{dans } \Omega. \tag{0.2}$$

Ici, ν est un paramètre positif, appelé viscosité cinématique, et la fonction $\boldsymbol{f}$ qui correspond aux forces appliquées au fluide est donnée. On ajoute en général à ce système une condition aux limites de type Dirichlet portant sur la vitesse

$$\boldsymbol{u} = \mathbf{0} \quad \text{sur } \partial\Omega, \tag{0.3}$$

traduisant le fait que le fluide ne glisse pas sur la paroi. Le problème ainsi obtenu est un problème modèle, on réfère aux ouvrages de Pironneau [54] pour la modélisation mathématique des problèmes de mécanique des fluides, de Girault et Raviart [28] et de Temam [60] pour l'analyse des équations, un peu plus compliquées, de Navier–Stokes, de Girault et Raviart [28] et de Pironneau [54] pour l'étude de leur approximation par éléments finis. Le livre de Canuto, Hussaini, Quarteroni et Zang [18] fournit une présentation complète de l'approximation spectrale des problèmes de fluides généraux, on analyse ici les méthodes de base pour le problème de Stokes.

Comme on le verra par la suite, le cadre fonctionnel dans lequel ce problème est bien posé fait intervenir des espaces différents pour la vitesse et la pression. Il s'agit des espaces $H_0^1(\Omega)^2$ pour la vitesse et $L_0^2(\Omega)$ pour la pression, avec

$$L_0^2(\Omega) = \{q \in L^2(\Omega);\ \int_\Omega q(\boldsymbol{x})\, d\boldsymbol{x} = 0\}. \tag{0.4}$$

Le problème de Stokes (0.1)(0.2)(0.3) possède alors une solution unique et admet la formulation variationnelle équivalente: *trouver* $\boldsymbol{u}$ *dans* $H_0^1(\Omega)^2$ *et* p *dans* $L_0^2(\Omega)$ *tels que*

$$\begin{aligned}
&\forall \boldsymbol{v} \in H_0^1(\Omega)^2,\\
&\qquad \nu \int_\Omega (\mathbf{grad}\, \boldsymbol{u})(\boldsymbol{x}) \,.\, (\mathbf{grad}\, \boldsymbol{v})(\boldsymbol{x})\, d\boldsymbol{x} - \int_\Omega (\mathrm{div}\ \boldsymbol{v})(\boldsymbol{x}) p(\boldsymbol{x})\, d\boldsymbol{x} = < \boldsymbol{f}, \boldsymbol{v} >,\\
&\forall q \in L_0^2(\Omega), \quad \int_\Omega (\mathrm{div}\ \boldsymbol{u})(\boldsymbol{x}) q(\boldsymbol{x})\, d\boldsymbol{x} = 0,
\end{aligned} \tag{0.5}$$

où la distribution $\boldsymbol{f}$ est supposée donnée dans $H^{-1}(\Omega)^2$ et $< .,. >$ représente le produit de dualité entre $H^{-1}(\Omega)$ et $H_0^1(\Omega)$. Pour la discrétisation de cette formulation, les choix des espaces de vitesse et de pression doivent se faire avec une certaine compatibilité pour que le problème soit bien posé. Cette compatibilité s'exprime mathématiquement par une condition appelée condition inf-sup, dont l'idée est due à Babuška [5] et à Brezzi [17]. Avant d'introduire la théorie, nous allons expliquer de façon intuitive la nécessité d'une telle condition.

Les notions de modes parasites et de condition inf-sup associées à la discrétisation de type Galerkin sont introduites dans le paragraphe 1. La formulation variationnelle des problèmes de point-selle et de leur discrétisation est présentée dans le paragraphe 2. L'application de cette théorie au problème de Stokes d'une part et à sa discrétisation par la méthode spectrale de Galerkin déjà introduite au paragraphe 1 sont l'objet des paragraphes 3 et 4. Dans les paragraphes 5, 6 et 7 respectivement, on propose et on étudie trois méthodes de discrétisation avec intégration numérique: la méthode de collocation à une grille, la méthode de collocation à trois grilles, la méthode dite $\mathbb{P}_N$–$\mathbb{P}_{N-2}$. Les techniques de mise en œuvre sont expliquées dans le paragraphe 8.

IV.1. Notions de modes parasites et de condition inf-sup

Pour mieux comprendre en quoi consiste la compatibilité des espaces de vitesse et de pression, on va dans un premier temps s'efforcer de découpler le calcul de ces deux inconnues. Plus précisément, on considère un problème variationnel dont la vitesse est solution. Pour cela, on utilise le fait qu'elle est à divergence nulle et on introduit l'espace

$$V = \{\boldsymbol{v} \in H_0^1(\Omega)^2;\ \mathrm{div}\ \boldsymbol{v} = 0 \text{ dans } \Omega\}. \tag{1.1}$$

En choisissant les fonctions test $\boldsymbol{v}$ de la formulation (0.5) dans cet espace, on aboutit au problème suivant: *trouver* $\boldsymbol{u}$ *dans* V *tel que*

$$\forall \boldsymbol{v} \in V, \quad \nu \int_\Omega (\mathbf{grad}\, \boldsymbol{u})(\boldsymbol{x}) (\mathbf{grad}\, \boldsymbol{v})(\boldsymbol{x})\, d\boldsymbol{x} = < \boldsymbol{f}, \boldsymbol{v} > . \tag{1.2}$$

Comme V est un sous-espace fermé de $H_0^1(\Omega)^2$ et grâce à l'inégalité (I.1.4) de Poincaré–Friedrichs, on vérifie en appliquant le Lemme de Lax–Milgram I.2.1 qu'il admet une solution unique.

On suppose maintenant que Ω est le carré $]-1,1[^2$. Soit N un entier ≥ 2 fixé. À cause de la condition aux limites (0.3) vérifiée par la vitesse (qui est la condition de Dirichlet de l'équation de Poisson pour chacune de ses deux composantes), il semble légitime de l'approcher dans l'espace X_N défini par

$$X_N = \mathbb{P}_N^0(\Omega)^2$$

(on rappelle que pour tout entier $n \geq 0$, $\mathbb{P}_n^0(\Omega)$ désigne l'espace $\mathbb{P}_n(\Omega) \cap H_0^1(\Omega)$). À cause de l'équation de divergence nulle, on introduit le sous-espace

$$V_N = \{\boldsymbol{v}_N \in X_N;\ \operatorname{div} \boldsymbol{v}_N = 0 \text{ dans } \Omega\}. \tag{1.3}$$

On considère alors le problème discret suivant, obtenu à partir du problème (1.2) par la méthode de Galerkin: *trouver $\boldsymbol{u}_N$ dans V_N tel que*

$$\forall \boldsymbol{v}_N \in V_N, \quad \nu \int_\Omega (\mathbf{grad}\, \boldsymbol{u}_N)(\boldsymbol{x})(\mathbf{grad}\, \boldsymbol{v}_N)(\boldsymbol{x})\, d\boldsymbol{x} = < \boldsymbol{f}, \boldsymbol{v}_N > . \tag{1.4}$$

Lemme 1.1. *Pour tout entier $N \geq 2$, le problème* (1.4) *admet une solution unique $\boldsymbol{u}_N$ dans V_N. Cette solution vérifie*

$$\|\boldsymbol{u}_N\|_{H^1(\Omega)^2} \leq c\, \|\boldsymbol{f}\|_{H^{-1}(\Omega)^2}. \tag{1.5}$$

Démonstration: La forme bilinéaire

$$(\boldsymbol{w}, \boldsymbol{v}) \mapsto \int_\Omega (\mathbf{grad}\, \boldsymbol{w})(\boldsymbol{x}) \,.\, (\mathbf{grad}\, \boldsymbol{v})(\boldsymbol{x})\, d\boldsymbol{x},$$

qui est continue sur $X \times X$ et elliptique sur X, est également continue sur $V_N \times V_N$ et elliptique sur V_N, avec une norme et une constante d'ellipticité bornées indépendamment de N. Les hypothèses du Lemme I.2.1 de Lax Milgram étant satisfaites sur V_N, on en déduit le résultat.

En comparant les équations (1.2) et (1.4), on voit que la différence $\boldsymbol{u} - \boldsymbol{u}_N$ satisfait

$$\forall \boldsymbol{v}_N \in V_N, \quad \nu \int_\Omega \big(\mathbf{grad}\,(\boldsymbol{u} - \boldsymbol{u}_N)(\boldsymbol{x}) \,.\, (\mathbf{grad}\, \boldsymbol{v}_N)(\boldsymbol{x})\, d\boldsymbol{x} = 0, \tag{1.6}$$

donc que la solution discrète $\boldsymbol{u}_N$ est en fait la projection orthogonale de la solution exacte $\boldsymbol{u}$ sur V_N pour le produit scalaire de $H_0^1(\Omega)^2$. On obtient ainsi

$$|\boldsymbol{u} - \boldsymbol{u}_N|_{H^1(\Omega)^2} \leq \inf_{\boldsymbol{w}_N \in V_N} |\boldsymbol{u} - \boldsymbol{w}_N|_{H^1(\Omega)^2}. \tag{1.7}$$

La distance de $\boldsymbol{u}$ à V_N est donc maintenant un élément à analyser pour pouvoir conclure. En effet, on connaît (voir Théorème II.2.7) une estimation optimale de la distance de $\boldsymbol{u}$ à $\mathbb{P}_N^0(\Omega)^2$ en fonction de la régularité de $\boldsymbol{u}$, mais il faut maintenant conserver la condition de divergence nulle. Supposant $\boldsymbol{u}$ assez régulière, on aimerait montrer que sa distance à V_N converge rapidement vers 0. C'est l'objet du lemme suivant, dont l'idée est due à Sacchi-Landriani (voir [57] pour une généralisation).

Lemme 1.2. *Pour tout entier $m \geq 1$, il existe une constante c positive ne dépendant que de m telle que, pour toute fonction $\boldsymbol{v}$ de $H^m(\Omega)^2 \cap V$, on ait*

$$\inf_{\boldsymbol{v}_N \in V_N} \|\boldsymbol{v} - \boldsymbol{v}_N\|_{H^1(\Omega)^2} \leq cN^{1-m} \|\boldsymbol{v}\|_{H^m(\Omega)^2}. \tag{1.8}$$

Démonstration: On rappelle tout d'abord un résultat standard (voir [28, Chap. I, Thm 3.1]), à savoir qu'une fonction de V dérive d'une fonction courant ψ, c'est-à-dire que, pour toute fonction $\boldsymbol{v}$ de V, il existe une fonction ψ de $H^2(\Omega)$ telle que

$$\boldsymbol{v} = \mathbf{rot}\,\psi \quad \text{dans } \Omega. \tag{1.9}$$

De plus, si la fonction $\boldsymbol{v}$ est plus régulière, c'est-à-dire si elle appartient à $H^m(\Omega)^2$ pour un entier $m \geq 1$, alors ψ appartient à $H^{m+1}(\Omega)$ et l'on a

$$\|\psi\|_{H^{m+1}(\Omega)} \leq c\|\boldsymbol{v}\|_{H^m(\Omega)^2}. \tag{1.10}$$

La fonction $\boldsymbol{v}$ s'annulant sur le bord, on en déduit que $\frac{\partial \psi}{\partial n}$ et $\frac{\partial \psi}{\partial \tau}$ s'annulent sur le bord. La fonction courant étant définie à une constante additive près, on peut imposer qu'elle s'annule en un point quelconque du bord. Il résulte alors de ce qui précède que ψ est dans $H_0^2(\Omega)$. On considère maintenant le polynôme $\Pi_N^{2,0}\psi$ de $\mathbb{P}_N(\Omega) \cap H_0^2(\Omega)$, où l'opérateur $\Pi_N^{2,0}$ a été défini au chapitre II (voir Notation II.2.12). On rappelle qu'il vérifie

$$\|\psi - \Pi_N^{2,0}\psi\|_{H^2(\Omega)} \leq c\,N^{1-m}\,\|\psi\|_{H^{m+1}(\Omega)} \leq c'\,N^{1-m}\,\|\boldsymbol{v}\|_{H^m(\Omega)^2}.$$

On en déduit le lemme en prenant $\boldsymbol{v}_N$ égal à $\mathbf{rot}\,(\Pi_N^{2,0}\psi)$, qui appartient bien à V_N.

Cette majoration, utilisée dans (1.7), permet d'énoncer le théorème suivant.

Théorème 1.3. *On suppose la vitesse $\boldsymbol{u}$ solution du problème (1.2) dans $H^m(\Omega)^2$ pour un entier $m \geq 1$. Alors, pour le problème discret (1.4), on a la majoration d'erreur*

$$\|\boldsymbol{u} - \boldsymbol{u}_N\|_{H^1(\Omega)^2} \leq c\,N^{1-m}\,\|\boldsymbol{u}\|_{H^m(\Omega)^2}. \tag{1.11}$$

On se pose maintenant le problème de l'approximation de la pression p qui est solution, avec la vitesse $\boldsymbol{u}$, du problème (0.5). Si l'on écrit l'approximation de Galerkin de cette formulation, la pression discrète devra vérifier

$$\begin{aligned} &\forall \boldsymbol{v}_N \in X_N, \\ &\int_\Omega (\mathrm{div}\,\boldsymbol{v}_N)(\boldsymbol{x}) p_N(\boldsymbol{x})\,d\boldsymbol{x} = \nu \int_\Omega (\mathbf{grad}\,\boldsymbol{u}_N)(\boldsymbol{x})\,.\,(\mathbf{grad}\,\boldsymbol{v}_N)(\boldsymbol{x})\,d\boldsymbol{x} - <\boldsymbol{f}, \boldsymbol{v}_N>, \end{aligned} \tag{1.12}$$

ce qui fait, a priori, beaucoup de fonctions test, donc beaucoup d'équations. Néammoins, la fonction test $\boldsymbol{v}_N$, n'intervient ici qu'à travers sa divergence, ce qui réduit le nombre d'équations puisqu'il est égal à la dimension de l'espace image de X_N par l'application divergence. D'autre part, si l'on désire choisir l'espace de pression M_N tel que l'équation

$$\forall q_N \in M_N, \quad \int_\Omega (\mathrm{div}\,\boldsymbol{u}_N)(\boldsymbol{x}) q_N(\boldsymbol{x})\,d\boldsymbol{x} = 0,$$

entraîne que $\boldsymbol{u}_N$ soit à divergence nulle, il faut choisir suffisamment de modes dans l'espace M_N. On commence par prouver la caractérisation suivante.

Proposition 1.4. *Pour tout entier $N \geq 2$, l'espace défini par*

$$\{\boldsymbol{v}_N \in X_N;\ \forall q_N \in \mathbb{P}_N(\Omega) \cap L_0^2(\Omega),\ \int_\Omega (\text{div}\ \boldsymbol{v}_N)(\boldsymbol{x}) q_N(\boldsymbol{x})\, d\boldsymbol{x} = 0\}, \tag{1.13}$$

coïncide avec l'espace V_N.

Démonstration: L'inclusion de V_N dans l'espace défini en (1.13) étant évidente, considérons l'inclusion inverse. On vérifie tout d'abord sans peine que, pour toute fonction $\boldsymbol{v}$ de $H_0^1(\Omega)^2$,

$$\int_\Omega (\text{div}\ \boldsymbol{v})(\boldsymbol{x})\, d\boldsymbol{x} = 0.$$

Cette condition, ajoutée aux $(N+1)^2 - 1$ autres qui sont imposées dans (1.13), montre qu'en fait, pour tout $\boldsymbol{v}_N$ appartenant à l'espace défini en (1.13), le polynôme div $\boldsymbol{v}_N$ de $\mathbb{P}_N(\Omega)$ est orthogonal à tout élément de $\mathbb{P}_N(\Omega)$. Il est donc identiquement nul et $\boldsymbol{v}_N$ appartient bien à V_N.

D'après la proposition précédente, un premier choix naturel est celui introduit par Morchoisne [48] qui consiste à chercher la pression discrète dans l'espace $\mathbb{P}_N(\Omega) \cap L_0^2(\Omega)$. Une approximation de Galerkin spectrale pour le problème de Stokes s'écrit donc de façon naturelle comme suit: *Trouver $\boldsymbol{u}_N$ dans X_N et p_N dans $\mathbb{P}_N(\Omega) \cap L_0^2(\Omega)$ tels que*

$$\begin{aligned}
&\forall \boldsymbol{v}_N \in X_N, \\
&\nu \int_\Omega (\mathbf{grad}\, \boldsymbol{u}_N)(\boldsymbol{x}) \,.\, (\mathbf{grad}\, \boldsymbol{v}_N)(\boldsymbol{x})\, d\boldsymbol{x} - \int_\Omega (\text{div}\ \boldsymbol{v}_N)(\boldsymbol{x}) p_N(\boldsymbol{x})\, d\boldsymbol{x} = < \boldsymbol{f}, \boldsymbol{v}_N >, \\
&\forall q_N \in \mathbb{P}_N(\Omega) \cap L_0^2(\Omega), \quad \int_\Omega (\text{div}\ \boldsymbol{u}_N)(\boldsymbol{x}) q_N(\boldsymbol{x})\, d\boldsymbol{x} = 0.
\end{aligned} \tag{1.14}$$

Cette approximation peut facilement s'écrire algébriquement sous la forme d'un système linéaire de $2(N-1)^2 + (N+1)^2 - 1$ équations à $2(N-1)^2 + (N+1)^2 - 1$ inconnues, ce qui est un bon point de départ pour sa résolubilité.

Maintenant, une difficulté apparaît: l'unicité de la solution du problème (1.14). En effet, si l'on considère les équations de (1.14) avec le second membre $\boldsymbol{f}$ égal à $\mathbf{0}$, on voit tout de suite que la vitesse $\boldsymbol{u}_N$ est solution du problème (1.4) avec $\boldsymbol{f}$ égal à $\mathbf{0}$, donc est nulle d'après (1.5). La pression p_N vérifie alors

$$\forall \boldsymbol{v}_N \in X_N, \quad \int_\Omega (\text{div}\ \boldsymbol{v}_N)(\boldsymbol{x}) p_N(\boldsymbol{x})\, d\boldsymbol{x} = 0. \tag{1.15}$$

Toutefois, cela ne suffit pas à assurer qu'elle soit nulle, comme on peut le vérifier à partir des deux exemples suivants de fonctions vérifiant (1.15):

$$p_N(x,y) = L_N(x) \quad \text{et} \quad p_N(x,y) = L'_N(x) L'_{N+1}(y). \tag{1.16}$$

Ceci mène à la définition suivante.

Définition 1.5. On appelle mode parasite pour la pression dans le problème (1.14) toute fonction q_N de $\mathbb{P}_N(\Omega)$ vérifiant

$$\forall v_N \in X_N, \quad \int_\Omega (\operatorname{div} v_N)(x) q_N(x)\, dx = 0. \tag{1.17}$$

On note Z_N le sous-espace vectoriel formé par ces fonctions.

On peut aussi introduire l'espace D_N, image de X_N par l'opérateur divergence:

$$D_N = \{t_N \in \mathbb{P}_N(\Omega);\ \exists v_N \in X_N,\ \operatorname{div} v_N = t_N\}. \tag{1.18}$$

On constate alors que D_N est l'orthogonal de Z_N dans $\mathbb{P}_N(\Omega)$ pour le produit scalaire de $L^2(\Omega)$.

Comme on l'a vu, l'espace Z_N n'est pas réduit aux fonctions constantes. On donnera sa caractérisation complète dans le paragraphe 4. L'idée pour construire un nouveau problème discret consiste alors à choisir pour espace de pressions M_N un supplémentaire de Z_N dans l'espace de départ:

$$\mathbb{P}_N(\Omega) = Z_N \oplus M_N. \tag{1.19}$$

Le nouveau problème s'écrit maintenant: *trouver u_N dans X_N et p_N dans M_N tels que*

$$\begin{aligned}
&\forall v_N \in X_N,\\
&\nu \int_\Omega (\mathbf{grad}\, u_N)(x) \,.\, (\mathbf{grad}\, v_N)(x)\, dx - \int_\Omega (\operatorname{div} v_N)(x) p_N(x)\, dx = < f, v_N >,\\
&\forall q_N \in M_N, \quad \int_\Omega (\operatorname{div} u_N)(x) q_N(x)\, dx = 0.
\end{aligned} \tag{1.20}$$

Il faut noter que remplacer $\mathbb{P}_N(\Omega) \cap L^2_0(\Omega)$ par M_N dans la définition (1.13) ne modifie pas l'espace: en particulier, la vitesse discrète u_N est toujours la solution de (1.4), donc est indépendante du choix de l'espace M_N vérifiant (1.19). On peut alors vérifier grâce à (1.5) l'unicité de la vitesse u_N dans le problème précédent, puis l'unicité de la pression p_N grâce à la définition (1.19) de M_N. Comme il s'agit d'un système linéaire à autant d'équations que d'inconnues, on en déduit immédiatement le résultat suivant.

Lemme 1.6. *Pour tout entier $N \geq 2$, sous la condition* (1.19), *le problème* (1.20) *admet une solution unique (u_N, p_N) dans $X_N \times M_N$.*

Un dernier problème se pose: on aimerait bien avoir pour la pression p_N une estimation de stabilité analogue à (1.5). Pour cela, on introduit la notion de condition inf-sup.

Définition 1.7. On appelle constante de condition inf-sup pour le problème (1.20), et on note β_N, la constante

$$\beta_N = \inf_{q_N \in M_N, q_N \neq 0} \ \sup_{v_N \in X_N} \frac{\int_\Omega (\operatorname{div} v_N)(x) q_N(x)\, dx}{\|v_N\|_{H^1(\Omega)^2} \|q_N\|_{L^2(\Omega)}}. \tag{1.21}$$

Le fait que la constante de condition inf-sup soit positive, pour un espace M_N de dimension finie, équivaut au fait que M_N ne contient pas de modes parasites. Dans ce cas, on voit en combinant la définition (1.21) avec le problème (1.20) que

$$\begin{aligned}\|p_N\|_{L^2(\Omega)} &\le \beta_N^{-1} \sup_{\boldsymbol{v}_N\in X_N} \frac{\int_\Omega (\operatorname{div} \boldsymbol{v}_N)(\boldsymbol{x}) p_N(\boldsymbol{x})\, d\boldsymbol{x}}{\|\boldsymbol{v}_N\|_{H^1(\Omega)^2}} \\ &\le \beta_N^{-1} \sup_{\boldsymbol{v}_N\in X_N} \frac{\nu \int_\Omega (\mathbf{grad}\, \boldsymbol{u}_N)(\boldsymbol{x})(\mathbf{grad}\, \boldsymbol{v}_N)(\boldsymbol{x})\, d\boldsymbol{x} - < \boldsymbol{f}, \boldsymbol{v}_N >}{\|\boldsymbol{v}_N\|_{H^1(\Omega)^2}} \\ &\le \beta_N^{-1} (\nu |\boldsymbol{u}_N|_{H^1(\Omega)^2} + \|\boldsymbol{f}\|_{H^{-1}(\Omega)^2}).\end{aligned}$$

En utilisant (1.5), on obtient alors l'estimation de stabilité

$$\|p_N\|_{L^2(\Omega)} \le c\,\beta_N^{-1} \|\boldsymbol{f}\|_{H^{-1}(\Omega)^2}. \tag{1.22}$$

La constante $c\,\beta_N^{-1}$ n'est plus nécessairement indépendante de N. Elle intervient bien sûr dans la majoration de l'erreur entre p et p_N et peut entraîner une détérioration de l'ordre d'approximation de la pression par rapport à celle de la vitesse.

Pour conclure, l'existence d'une condition inf-sup du type indiqué ci-dessus est l'instrument de base pour l'étude à la fois du problème de Stokes (0.5) et de son approximation (on réfère à Babuška [5] et Brezzi [17] pour l'idée d'origine, à Girault et Raviart [28] pour une formulation générale et un grand nombre d'applications). En se fondant sur cette condition, on présente dans le paragraphe 2 l'étude des problèmes de point-selle et de leur discrétisation dans un cadre général.

IV.2. Formulation des problèmes de point-selle et de leur discrétisation

Soit X et M deux espaces de Hilbert, de normes respectives $\|.\|_X$ et $\|.\|_M$. On définit:
(i) une forme bilinéaire $a(.,.)$ continue sur $X \times X$,
(ii) une forme bilinéaire $b(.,.)$ continue sur $X \times M$.
On s'intéresse au problème suivant, posé pour tout f dans le dual X' de X (on note $< . >$ le produit de dualité entre X' et X): *trouver u dans X et p dans M tels que*

$$\begin{aligned}&\forall v \in X, \quad a(u,v) + b(v,p) = < f, v >, \\ &\forall q \in M, \quad b(u,q) = 0.\end{aligned} \tag{2.1}$$

Remarque 2.1. Lorsque la forme $a(.,.)$ est symétrique et semi-définie positive, en posant

$$\mathcal{L}(v,q) = \frac{1}{2} a(v,v) + b(v,q) - < f, v >,$$

on vérifie facilement que le problème (2.1) équivaut au problème suivant: *trouver u dans X et p dans M tels que*

$$\forall v \in X, \forall q \in M, \quad \mathcal{L}(u,q) \le \mathcal{L}(u,p) \le \mathcal{L}(v,p),$$

ce qui justifie le terme de "point-selle".

On voit facilement comment le problème discret (1.20) peut s'inégrer dans la formulation (2.1) et on montrera qu'il en est de même pour la formulation variationnelle du problème (0.1)(0.2)(0.3).

On introduit le sous-espace V de X:

$$V = \{v \in X;\ \forall q \in M,\ b(v,q) = 0\}, \tag{2.2}$$

ainsi que son polaire

$$V^\circ = \{g \in X';\ \forall v \in V,\ < g, v >= 0\}. \tag{2.3}$$

Le lemme suivant énonce le résultat de base pour le problème (2.1).

Lemme 2.2. *On suppose la forme $b(.,.)$ continue sur $X \times M$. Les propositions (i) et (ii) sont équivalentes:*
(i) la condition inf-sup suivante est vérifiée: il existe une constante $\beta > 0$ telle que

$$\forall q \in M, \quad \sup_{v \in X} \frac{b(v,q)}{\|v\|_X} \geq \beta \, \|q\|_M; \tag{2.4}$$

(ii) pour tout g dans V°, le problème: trouver q dans M tel que

$$\forall v \in X, \quad b(v,q) = < g, v >, \tag{2.5}$$

admet une solution unique, et cette solution vérifie

$$\|q\|_M \leq \frac{1}{\beta} \|g\|_{X'}. \tag{2.6}$$

Démonstration: On note d'abord que (ii) implique (i): en effet, pour tout q dans M, la forme: $v \mapsto < g, v >= b(v,q)$ appartient à V°, et l'élément q vérifie donc

$$\|q\|_M \leq \frac{1}{\beta} \sup_{v \in X} \frac{< g, v >}{\|v\|_X} = \frac{1}{\beta} \sup_{v \in X} \frac{b(v,q)}{\|v\|_X},$$

ce qui est la condition (2.4). Réciproquement, si l'on suppose que (i) est vrai, on considère l'opérateur B de M dans X' défini par:

$$\forall q \in M, \forall v \in X, \quad < Bq, v >= b(v,q).$$

On sait qu'il est linéaire continu et, d'après (2.4), injectif et bicontinu. Le théorème du graphe fermé de Banach implique alors que son image est le polaire V° du noyau V. Par conséquent, le problème (2.5) admet une solution unique $q = B^{-1}g$ qui vérifie (2.6).

On peut maintenant énoncer le résultat principal.

Théorème 2.3. *On fait les hypothèses suivantes:*
(i) la forme $a(.,.)$ est continue sur $X \times X$, de norme γ, et vérifie la propriété d'ellipticité pour une constante $\alpha > 0$:

$$\forall v \in V, \quad a(v,v) \geq \alpha \, \|v\|_X^2; \tag{2.7}$$

(ii) la forme $b(.,.)$ est continue sur $X \times M$ et vérifie la condition inf-sup pour une constante $\beta > 0$:

$$\forall q \in M, \quad \sup_{v \in X} \frac{b(v,q)}{\|v\|_X} \geq \beta \, \|q\|_M. \tag{2.8}$$

Alors, pour tout élément f de X', le problème (2.1) admet une solution unique (u,p) dans $X \times M$. De plus, cette solution vérifie

$$\|u\|_X \leq \frac{1}{\alpha} \|f\|_{X'} \quad \text{et} \quad \|p\|_M \leq \frac{1}{\beta}(1 + \frac{\gamma}{\alpha}) \|f\|_{X'}. \tag{2.9}$$

Démonstration: On note que, si le couple (u,p) est solution de (2.1), u appartient à V et vérifie

$$\forall v \in V, \quad a(u,v) = < f, v > . \tag{2.10}$$

Comme la forme $b(.,.)$ est continue, le sous-espace V est fermé. C'est donc un espace de Hilbert et le Lemme de Lax–Milgram I.2.1, combiné avec les hypothèses de continuité et d'ellipticité (i), implique qu'il existe une solution u de (2.10) vérifiant la première estimation de (2.9). Maintenant, on remarque que la forme: $v \mapsto < f, v > - a(u,v)$ appartient à V°. D'après l'hypothèse (ii) et le Lemme 2.2, il existe une unique fonction p solution de

$$\forall v \in X, \quad b(v,p) = < f, v > - a(u,v),$$

et vérifiant

$$\|p\|_M \leq \frac{1}{\beta} \sup_{v \in X} \frac{< f, v > - a(u,v)}{\|v\|_X}.$$

Le couple (u,p) est solution de (2.1) et on déduit de la ligne précédente la seconde majoration de (2.9). L'unicité de la solution est une conséquence immédiate de cette majoration.

Toutefois, le problème (2.1) n'est pas assez général pour englober une formulation variationnelle du problème de Stokes dans les espaces à poids de Tchebycheff. Dans ce cas, on introduit le cadre suivant: étant donnés trois espaces de Hilbert X, M_1 et M_2, de normes respectives $\|.\|_X$, $\|.\|_{M_1}$ et $\|.\|_{M_2}$, on considère

(i) une forme bilinéaire $a(.,.)$ continue sur $X \times X$,

(ii) pour $i = 1$ et 2, une forme bilinéaire $b_i(.,.)$ continue sur $X \times M_i$.

On s'intéresse au problème suivant, encore posé pour tout f dans le dual X' de X: *trouver u dans X et p dans M_1 tels que*

$$\begin{aligned} &\forall v \in X, \quad a(u,v) + b_1(v,p) = < f, v >, \\ &\forall q \in M_2, \quad b_2(u,q) = 0. \end{aligned} \tag{2.11}$$

Là aussi, on introduit les noyaux, pour $i = 1$ et 2:

$$V_i = \{v \in X; \; \forall q \in M_i, \; b_i(v,q) = 0\}. \tag{2.12}$$

On laisse au lecteur le soin de démontrer, à partir du Lemme 2.2, le résultat suivant, qui est présenté dans [7, §2] dans un cadre plus général.

Théorème 2.4. *On fait les hypothèses suivantes:*
(i) la forme $a(.,.)$ *est continue sur* $X \times X$ *et vérifie la propriété de condition inf-sup pour une constante* $\alpha > 0$:

$$\begin{aligned} &\forall u \in V_2, \quad \sup_{v \in V_1} \frac{a(u,v)}{\|v\|_X} \geq \alpha \, \|u\|_X, \\ &\forall v \in V_1, \quad \sup_{u \in V_2} a(u,v) > 0; \end{aligned} \tag{2.13}$$

(ii) pour $i = 1$ *et* 2, *la forme* $b_i(.,.)$ *est continue sur* $X \times M_i$ *et vérifie la condition inf-sup pour une constante* $\beta_i > 0$:

$$\forall q \in M_i, \quad \sup_{v \in X} \frac{b_i(v,q)}{\|v\|_X} \geq \beta_i \, \|q\|_{M_i}. \tag{2.14}$$

Alors, pour tout élément f *de* X', *le problème* (2.11) *admet une solution unique* (u,p) *dans* $X \times M_1$.

On s'intéresse maintenant à l'approximation du problème (2.1). La méthode de Galerkin consiste simplement à remplacer les espaces X et M intervenant dans cette formulation par des espaces de dimension finie. Toutetois, comme l'intégration numérique sera utilisée dans les discrétisations que l'on va proposer, on va étudier un problème un peu plus général où les formes $a(.,.)$ et $b(.,.)$, ainsi que le second membre, sont également remplacés par des formes approchées.

Soit δ un paramètre de discrétisation. Pour toute valeur de δ, on suppose fixés deux espaces de dimension finie X_δ et M_δ inclus respectivement dans X et M, ainsi que:
(i) une forme bilinéaire $a_\delta(,.,)$ sur $X_\delta \times X_\delta$;
(ii) une forme bilinéaire $b_\delta(,.,)$ sur $X_\delta \times M_\delta$.
Étant donnée une forme linéaire f_δ sur X_δ, le problème discret s'écrit: *trouver* u_δ *dans* X_δ *et* p_δ *dans* M_δ *tels que*

$$\begin{aligned} &\forall v_\delta \in X_\delta, \quad a_\delta(u_\delta, v_\delta) + b_\delta(v_\delta, p_\delta) = < f_\delta, v_\delta >, \\ &\forall q_\delta \in M_\delta, \quad b_\delta(u_\delta, q_\delta) = 0. \end{aligned} \tag{2.15}$$

Le noyau discret V_δ est défini par

$$V_\delta = \{v_\delta \in X_\delta; \ \forall q_\delta \in M_\delta, \ b_\delta(v_\delta, q_\delta) = 0\}. \tag{2.16}$$

Les résultats d'approximation sont énoncés dans le théorème suivant.

Théorème 2.5. *On fait les hypothèses suivantes:*
(i) la forme $a_\delta(.,.)$ *vérifie la propriété d'ellipticité pour une constante* $\alpha_\delta > 0$:

$$\forall v_\delta \in V_\delta, \quad a_\delta(v_\delta, v_\delta) \geq \alpha_\delta \, \|v_\delta\|_X^2; \tag{2.17}$$

(ii) la forme $b_\delta(.,.)$ *vérifie la condition inf-sup pour une constante* $\beta_\delta > 0$:

$$\forall q_\delta \in M_\delta, \quad \sup_{v_\delta \in X_\delta} \frac{b_\delta(v_\delta, q_\delta)}{\|v_\delta\|_X} \geq \beta_\delta \, \|q_\delta\|_M. \tag{2.18}$$

Alors, pour toute forme linéaire f_δ sur X_δ, le problème (2.15) admet une solution unique (u_δ, p_δ) dans $X_\delta \times M_\delta$. De plus, on a les majorations d'erreur

$$\|u-u_\delta\|_X + \frac{\beta_\delta}{1+\gamma_\delta}\|p-p_\delta\|_M \le \frac{c}{\alpha_\delta}\Big(\inf_{v_\delta\in V_\delta}\big(\|u-v_\delta\|_X + \sup_{w_\delta\in X_\delta}\frac{(a-a_\delta)(v_\delta,w_\delta)}{\|w_\delta\|_X}\big) + \inf_{q_\delta\in M_\delta}\big(\|p-q_\delta\|_M + \sup_{w_\delta\in X_\delta}\frac{(b-b_\delta)(w_\delta,q_\delta)}{\|w_\delta\|_X}\big) + \sup_{w_\delta\in X_\delta}\frac{<f,w_\delta>-<f_\delta,w_\delta>}{\|w_\delta\|_X}\Big), \quad (2.19)$$

où la constante c ne dépend que des normes de $a(.,.)$ et $b(.,.)$ et γ_δ désigne la norme de $a_\delta(.,.)$.

Remarque 2.6. Lorsque le noyau V_δ est contenu dans V (ce n'est pas toujours le cas!), on vérifie facilement que la première majoration d'erreur se simplifie en

$$\|u-u_\delta\|_X \le \frac{c}{\alpha_\delta}\Big(\inf_{v_\delta\in V_\delta}\big(\|u-v_\delta\|_X + \sup_{w_\delta\in X_\delta}\frac{(a-a_\delta)(v_\delta,w_\delta)}{\|w_\delta\|_X}\big) + \sup_{w_\delta\in X_\delta}\frac{<f,w_\delta>-<f_\delta,w_\delta>}{\|w_\delta\|_X}\Big). \quad (2.20)$$

D'autre part, lorsque les formes $a(.,.)$ et $a_\delta(.,.)$, $b(.,.)$ et $b_\delta(.,.)$, f et f_δ coïncident, la majoration (2.19) s'écrit de façon beaucoup plus claire

$$\|u-u_\delta\|_X + \beta_\delta\|p-p_\delta\|_M \le \frac{c}{\alpha_\delta}\big(\inf_{v_\delta\in V_\delta}\|u-v_\delta\|_X + \inf_{q_\delta\in M_\delta}\|p-q_\delta\|_M\big). \quad (2.21)$$

Dans ce cas, elle ne fait intervenir que les constantes α_δ et β_δ du problème discret et l'erreur d'approximation, c'est-à-dire la distance de la solution (u,p) à l'espace discret $V_\delta \times M_\delta$.

Démonstration: Compte-tenu des hypothèses (i) et (ii), l'existence et l'unicité de la solution sont une conséquence immédiate du Théorème 2.3 appliqué au problème (2.15). Pour démontrer la majoration d'erreur sur la vitesse, on introduit une fonction quelconque v_δ de V_δ et on vérifie que

$$\|u_\delta - v_\delta\|_X^2 \le \frac{1}{\alpha_\delta}a_\delta(u_\delta-v_\delta,u_\delta-v_\delta) = \frac{1}{\alpha_\delta}\big(<f_\delta,u_\delta-v_\delta> - a_\delta(v_\delta,u_\delta-v_\delta)\big).$$

On utilise alors le problème (2.1):

$$\|u_\delta - v_\delta\|_X^2 \le \frac{1}{\alpha_\delta}\big(a(u-v_\delta,u_\delta-v_\delta) + (a-a_\delta)(v_\delta,u_\delta-v_\delta) + b(u_\delta-v_\delta,p) - <f,u_\delta-v_\delta> + <f_\delta,u_\delta-v_\delta>\big).$$

On introduit alors un polynôme quelconque q_δ de M_δ et on obtient

$$\|u_\delta - v_\delta\|_X^2 \le \frac{1}{\alpha_\delta}\big(a(u-v_\delta,u_\delta-v_\delta) + (a-a_\delta)(v_\delta,u_\delta-v_\delta) + b(u_\delta-v_\delta,p-q_\delta) + (b-b_\delta)(u_\delta-v_\delta,q_\delta) - <f,u_\delta-v_\delta> + <f_\delta,u_\delta-v_\delta>\big).$$

On en déduit

$$\|u_\delta - v_\delta\|_X \leq \frac{1}{\alpha_\delta}\Big(\gamma\|u - v_\delta\|_X + \sup_{w_\delta\in X_\delta} \frac{(a - a_\delta)(v_\delta, w_\delta)}{\|w_\delta\|_X}$$
$$+ \eta\|p - q_\delta\|_M + \sup_{w_\delta\in X_\delta} \frac{(b - b_\delta)(w_\delta, q_\delta)}{\|w_\delta\|_X} + \sup_{w_\delta\in X_\delta} \frac{< f, w_\delta > - < f_\delta, w_\delta >}{\|w_\delta\|_X}\Big),$$

où η désigne la norme de $b(.,.)$. Ceci donne la première majoration (2.19) grâce à l'inégalité triangulaire. Finalement, pour majorer $\|p-p_\delta\|_M$, on utilise l'hypothèse (2.18): pour toute fonction q_δ de M_δ, on a

$$\|p_\delta - q_\delta\|_M \leq \frac{1}{\beta_\delta} \sup_{w_\delta\in X_\delta} \frac{b_\delta(w_\delta, p_\delta - q_\delta)}{\|w_\delta\|_X}.$$

On calcule alors, à l'aide des problèmes (2.1) et (2.15),

$$\begin{aligned} b_\delta(w_\delta, p_\delta - q_\delta) &= - a_\delta(u_\delta, w_\delta) - b_\delta(w_\delta, q_\delta) + < f_\delta, v_\delta > \\ &= a(u, w_\delta) - a_\delta(u_\delta, w_\delta) \\ &\quad + b(w_\delta, p) - b_\delta(w_\delta, q_\delta) - < f, w_\delta > + < f_\delta, w_\delta > \\ &= a(u - u_\delta, w_\delta) + (a - a_\delta)(u_\delta - v_\delta, w_\delta) + (a - a_\delta)(v_\delta, w_\delta) \\ &\quad + b(w_\delta, p - q_\delta) + (b - b_\delta)(w_\delta, q_\delta) - < f, w_\delta > + < f_\delta, w_\delta >, \end{aligned}$$

et on en déduit la seconde majoration (2.19) encore par l'inégalité triangulaire.

Remarque 2.7. On peut démontrer facilement (voir Girault et Raviart [28, Chap. II, (1.16)]) la majoration

$$\inf_{v_\delta\in V_\delta} \|u - v_\delta\|_X \leq (1 + \frac{1}{\beta_\delta}) \inf_{w_\delta\in X_\delta} \Big(\|u - w_\delta\|_X + \sup_{q_\delta\in M_\delta} \frac{(b - b_\delta)(w_\delta, q_\delta)}{\|q_\delta\|_M}\Big). \tag{2.22}$$

Par conséquent, si la constante β_δ est minorée indépendamment de δ et si les formes $b(.,.)$ et $b_\delta(.,.)$ coïncident, la distance de u à V_δ est du même ordre que celle de u à X_δ. Il faut noter toutefois que ces conditions sur β_δ et $b_\delta(.,.)$, qui sont suffisantes pour obtenir l'optimalité, ne sont pas nécessaires. Lorsque β_δ n'est pas minoré indépendamment de δ, l'estimation (2.22) n'est pas très intéressante. C'est pourquoi on cherchera une autre façon de majorer la distance de u à V_δ.

Remarque 2.8. On suppose la forme $a_\delta(.,.)$ continue sur $X_\delta \times X_\delta$, de norme γ_δ, et vérifiant (2.17). Pour caractériser la plus grande constante β_δ telle que l'inégalité (2.18) soit vérifiée, on peut utiliser le procédé suivant, dont l'idée est due à Vandeven [61]: à toute fonction q_δ de M_δ, on associe la solution w_δ^* dans X_δ du problème

$$\forall v_\delta \in X_\delta, \quad a_\delta(w_\delta^*, v_\delta) = b_\delta(v_\delta, q_\delta).$$

En utilisant les propriétés de la forme $a_\delta(.,.)$, on voit d'une part que

$$\sup_{v_\delta\in X_\delta} \frac{b_\delta(v_\delta, q_\delta)}{\|v_\delta\|_X} \geq \frac{b_\delta(w_\delta^*, q_\delta)}{\|w_\delta^*\|_X} = \frac{a_\delta(w_\delta^*, w_\delta^*)}{\|w_\delta^*\|_X} \geq \alpha_\delta \|w_\delta^*\|_X,$$

et d'autre part que

$$\sup_{v_\delta \in X_\delta} \frac{b_\delta(v_\delta, q_\delta)}{\|v_\delta\|_X} = \sup_{v_\delta \in X_\delta} \frac{a_\delta(w_\delta^*, v_\delta)}{\|v_\delta\|_X} \leq \gamma_\delta \|w_\delta^*\|_X \leq \frac{\gamma_\delta}{\alpha_\delta} \frac{b_\delta(w_\delta^*, q_\delta)}{\|w_\delta^*\|_X}.$$

Ces inégalités s'écrivent encore

$$\frac{b_\delta(w_\delta^*, q_\delta)}{\|w_\delta^*\|_X} \leq \sup_{v_\delta \in X_\delta} \frac{b_\delta(v_\delta, q_\delta)}{\|v_\delta\|_X} \leq \frac{\gamma_\delta}{\alpha_\delta} \frac{b_\delta(w_\delta^*, q_\delta)}{\|w_\delta^*\|_X}, \tag{2.23}$$

et

$$\alpha_\delta \|w_\delta^*\|_X \leq \sup_{v_\delta \in X_\delta} \frac{b_\delta(v_\delta, q_\delta)}{\|v_\delta\|_X} \leq \gamma_\delta \|w_\delta^*\|_X. \tag{2.24}$$

Pour discrétiser le problème (2.11), on introduit trois sous-espaces de dimension finie X_δ, $M_{1\delta}$ et $M_{2\delta}$ inclus respectivement dans X, M_1 et M_2, ainsi que
(i) une forme bilinéaire $a_\delta(.,.)$ sur $X_\delta \times X_\delta$;
(ii) pour $i = 1$ et 2, une forme bilinéaire $b_{i\delta}(.,.)$ sur $X_\delta \times M_{i\delta}$.
Étant donnée une forme linéaire f_δ sur X_δ, le problème discret s'écrit: *trouver u_δ dans X_δ et p_δ dans $M_{1\delta}$ tels que*

$$\begin{aligned} &\forall v_\delta \in X_\delta, \quad a_\delta(u_\delta, v_\delta) + b_{1\delta}(v_\delta, p_\delta) = < f_\delta, v_\delta >, \\ &\forall q_\delta \in M_\delta, \quad b_{2\delta}(u_\delta, q_\delta) = 0. \end{aligned} \tag{2.25}$$

Une fois définis les noyaux discrets

$$V_{i\delta} = \{v_\delta \in X_\delta;\ \forall q_\delta \in M_{i\delta},\ b_{i\delta}(v_\delta, q_\delta) = 0\}, \tag{2.26}$$

on peut énoncer le théorème suivant.

Théorème 2.9. *On fait les hypothèses suivantes:*
(i) la forme $a_\delta(.,.)$ vérifie la propriété de condition inf-sup pour une constante $\alpha_\delta > 0$:

$$\begin{aligned} &\forall u_\delta \in V_{2\delta}, \quad \sup_{v_\delta \in V_{1\delta}} \frac{a_\delta(u_\delta, v_\delta)}{\|v_\delta\|_X} \geq \alpha_\delta \|u_\delta\|_X, \\ &\forall v_\delta \in V_{1\delta}, \quad \sup_{u_\delta \in V_{2\delta}} a_\delta(u_\delta, v_\delta) > 0; \end{aligned} \tag{2.27}$$

(ii) pour $i = 1$ et 2, la forme $b_{i\delta}(.,.)$ vérifie la condition inf-sup pour une constante $\beta_{i\delta} > 0$:

$$\forall q_\delta \in M_{i\delta}, \quad \sup_{v_\delta \in X_\delta} \frac{b_{i\delta}(v_\delta, q_\delta)}{\|v_\delta\|_X} \geq \beta_{i\delta} \|q_\delta\|_{M_i}. \tag{2.28}$$

Alors, pour toute forme linéaire f_δ sur X_δ, le problème (2.25) admet une solution unique (u_δ, p_δ) dans $X_\delta \times M_{1\delta}$.

On n'énonce pas la majoration d'erreur correspondant au problème discret (2.25) par souci de brévité. Elle est en effet très semblable à (2.19) et se démontre par des arguments identiques: il suffit de remplacer V_δ par $V_{2\delta}$, M et M_δ respectivement par M_1 et $M_{1\delta}$, $b(.,.)$ et $b_\delta(.,.)$ respectivement par $b_1(.,.)$ et $b_{1\delta}(.,.)$; il faut surtout remarquer que β_δ est remplacé par $\beta_{1\delta}$.

Dans les paragraphes qui suivent, on va montrer comment les résultats précédents peuvent s'appliquer pour un problème concret et différentes discrétisations.

IV.3. Étude du problème de Stokes

Soit Ω un ouvert borné lipschitzien connexe de $\mathbb{R}^2$. Partant du problème (0.1)(0.2)(0.3) et supposant la donnée $\boldsymbol{f}$ dans $H^{-1}(\Omega)^2$, on multiplie l'équation (0.1) par une fonction $\boldsymbol{v}$ de $\mathcal{D}(\Omega)^2$ et on intègre par parties. On obtient l'équation

$$\nu \int_\Omega (\mathbf{grad}\, \boldsymbol{u})(\boldsymbol{x}) \,.\, (\mathbf{grad}\, \boldsymbol{v})(\boldsymbol{x})\, d\boldsymbol{x} - \int_\Omega (\operatorname{div} \boldsymbol{v})(\boldsymbol{x}) p(\boldsymbol{x})\, d\boldsymbol{x} = < \boldsymbol{f}, \boldsymbol{v} > . \tag{3.1}$$

Si l'on cherche la solution $\boldsymbol{u}$ dans l'espace $H^1(\Omega)^2$, la condition aux limites (0.3) se traduit par le fait que $\boldsymbol{u}$ appartient en fait à $H_0^1(\Omega)^2$ et l'équation (3.1) s'étend par densité à toutes les fonctions $\boldsymbol{v}$ de $H_0^1(\Omega)^2$. De même, on peut multiplier l'équation (0.2) par n'importe quelle fonction q de $L^2(\Omega)$ pour obtenir

$$\int_\Omega (\operatorname{div} \boldsymbol{u})(\boldsymbol{x}) q(\boldsymbol{x})\, d\boldsymbol{x} = 0. \tag{3.2}$$

Réciproquement, en prenant $\boldsymbol{v}$ dans $\mathcal{D}(\Omega)^2$ dans (3.1) et q dans $\mathcal{D}(\Omega)$ dans (3.2), on retrouve les équations (0.1) et (0.2) au sens des distributions, la condition (0.3) étant assurée par l'appartenance de $\boldsymbol{u}$ à $H_0^1(\Omega)^2$. D'autre part, il est clair que la fonction p intervenant dans l'équation (0.1) n'est définie qu'à une constante près: on va donc lui imposer d'être à moyenne nulle pour assurer son unicité, c'est-à-dire d'appartenir à l'espace $L_0^2(\Omega)$ défini en (0.4). Ceci signifie que le problème de Stokes s'écrit de façon équivalente sous forme variationnelle: *trouver $\boldsymbol{u}$ dans $H_0^1(\Omega)^2$ et p dans $L_0^2(\Omega)$ tels que*

$$\begin{aligned} &\forall \boldsymbol{v} \in H_0^1(\Omega)^2, \quad a(\boldsymbol{u}, \boldsymbol{v}) + b(\boldsymbol{v}, p) = < \boldsymbol{f}, \boldsymbol{v} >, \\ &\forall q \in L_0^2(\Omega), \quad b(\boldsymbol{u}, q) = 0, \end{aligned} \tag{3.3}$$

où les formes $a(.,.)$ et $b(.,.)$ sont définies respectivement par

$$\begin{aligned} a(\boldsymbol{u}, \boldsymbol{v}) &= \nu \int_\Omega (\mathbf{grad}\, \boldsymbol{u})(\boldsymbol{x}) \,.\, (\mathbf{grad}\, \boldsymbol{v})(\boldsymbol{x})\, d\boldsymbol{x}, \\ b(\boldsymbol{v}, q) &= - \int_\Omega (\operatorname{div} \boldsymbol{v})(\boldsymbol{x}) q(\boldsymbol{x})\, d\boldsymbol{x}. \end{aligned}$$

Il est en effet équivalent d'imposer la seconde équation pour q dans $L^2(\Omega)$ ou pour q dans $L_0^2(\Omega)$ puisque, de toutes façons,

$$\int_\Omega (\operatorname{div} \boldsymbol{u})(\boldsymbol{x})\, d\boldsymbol{x} = \int_{\partial\Omega} \boldsymbol{u} \,.\, \boldsymbol{n}\, d\tau = 0. \tag{3.4}$$

Le problème (3.3) est exactement de la forme (2.1) avec $X = H_0^1(\Omega)^2$ et $M = L_0^2(\Omega)$. On va donc utiliser les résultats du paragraphe 2 pour l'analyser. Il faut d'abord noter que les formes $a(.,.)$ et $b(.,.)$ sont continues respectivement sur $H^1(\Omega)^2 \times H^1(\Omega)^2$ et sur $H^1(\Omega)^2 \times L^2(\Omega)$. En outre, grâce à l'inégalité (I.1.4) de Poincaré–Friedrichs, la forme $a(.,.)$ est elliptique sur $H_0^1(\Omega)^2$:

$$\forall \boldsymbol{v} \in H_0^1(\Omega)^2, \quad a(\boldsymbol{v}, \boldsymbol{v}) = \nu |\boldsymbol{v}|^2_{H^1(\Omega)} \geq c\, \|\boldsymbol{v}\|^2_{H^1(\Omega)^2}.$$

Il reste donc à établir la condition inf-sup sur la forme $b(.,.)$. C'est une conséquence de la proposition suivante. On réfère à [28, Chap. 1, Cor. 2.4] pour la démonstration complète, qui est assez compliquée, et on prouvera le résultat uniquement lorsque Ω est le carré $]-1,1[^2$ qui sera le domaine utilisé pour l'approximation. On rappelle que l'espace V introduit en (1.1) est l'espace des fonctions de $H_0^1(\Omega)^2$ à divergence nulle, ce qui coïncide bien avec la définition (2.2) puisque l'image de l'opérateur divergence est, d'après (3.4), contenue dans $L_0^2(\Omega)$.

Proposition 3.1. *L'opérateur divergence est un isomorphisme de l'orthogonal de V dans $H_0^1(\Omega)^2$ sur $L_0^2(\Omega)$.*

Démonstration (dans le cas d'un carré): D'après le théorème de l'application ouverte de Banach, il reste à vérifier la surjectivité de l'opérateur divergence. Soit donc q une fonction de $L_0^2(\Omega)$. On construit une fonction $\boldsymbol{v}$ de $H_0^1(\Omega)^2$ sous la forme $\mathbf{grad}\,\chi + \mathbf{rot}\,\varphi$. On considère tout d'abord le problème

$$\begin{aligned} -\Delta\chi = q \quad & \text{dans } \Omega, \\ \frac{\partial\chi}{\partial n} = 0 \quad & \text{sur } \partial\Omega. \end{aligned}$$

Ce problème admet une solution unique χ dans $H^1(\Omega)\cap L_0^2(\Omega)$ et, le carré Ω étant convexe, la fonction χ appartient à $H^2(\Omega)$ (voir Remarque I.2.7). En supposant que Ω est le carré $]-1,1[^2$ et en réutilisant la Notation I.1.15, on voit en outre que les fonctions $\frac{\partial\chi}{\partial\tau_J}$ appartiennent à $H^{\frac{1}{2}}(\Gamma_J)$, $J=1,2,3,4$, et vérifient les conditions

$$\int_0^2 \Big(\frac{\partial\chi}{\partial\tau_J}\Big)^2(\boldsymbol{a}_J - t\boldsymbol{\tau}_J)\,\frac{dt}{t} < +\infty \quad \text{et} \quad \int_0^2 \Big(\frac{\partial\chi}{\partial\tau_J}\Big)^2(\boldsymbol{a}_J + t\boldsymbol{\tau}_{J+1})\,\frac{dt}{t} < +\infty.$$

D'après le Théorème I.1.17, il existe une fonction φ de $H^2(\Omega)$ telle que

$$\varphi = 0 \quad \text{et} \quad \frac{\partial\varphi}{\partial n_J} = \frac{\partial\chi}{\partial\tau_J} \quad \text{sur } \Gamma_J, \quad J=1,2,3,4. \tag{3.5}$$

La fonction $\boldsymbol{v} = \mathbf{grad}\,\chi + \mathbf{rot}\,\varphi$ appartient bien à $H_0^1(\Omega)^2$ et vérifie: $\operatorname{div}\boldsymbol{v} = q$, ce qui termine la démonstration.

Pour toute fonction q de $L_0^2(\Omega)$, on choisit $\boldsymbol{v}$ comme l'unique fonction de l'orthogonal de V dans $H_0^1(\Omega)^2$ dont la divergence est égale à $-q$. L'opérateur divergence étant bicontinu, on a alors

$$b(\boldsymbol{v},q) = \int_\Omega q^2(\boldsymbol{x})\,d\boldsymbol{x} = \|q\|^2_{L^2(\Omega)} \geq c\,\|\boldsymbol{v}\|_{H^1(\Omega)^2}\|q\|_{L^2(\Omega)}.$$

On a ainsi vérifié la condition (2.8), de sorte que le théorème suivant découle du Théorème 2.3.

Théorème 3.2. *Pour toute distribution $\boldsymbol{f}$ de $H^{-1}(\Omega)^2$, le problème (3.3) admet une solution unique $(\boldsymbol{u},p)$ dans $H_0^1(\Omega)^2\times L_0^2(\Omega)$. Cette solution vérifie*

$$\|\boldsymbol{u}\|_{H^1(\Omega)^2} + \|p\|_{L^2(\Omega)} \leq c\,\|\boldsymbol{f}\|_{H^{-1}(\Omega)^2}. \tag{3.6}$$

Remarque 3.3. On a déjà remarqué en (1.9) que la solution $\boldsymbol{u}$, étant à divergence nulle d'après (0.2), s'écrit sous la forme $\boldsymbol{u} = \mathbf{rot}\, \psi$, pour une fonction ψ de $H^2(\Omega)$. En prenant le rotationnel des deux membres de l'équation (0.1), on obtient l'équation sur ψ: $\Delta^2\psi = \mathrm{rot}\boldsymbol{f}$ dans Ω. Finalement, si l'ouvert Ω est simplement connexe, la condition aux limites (0.3) se traduit par le fait que ψ et $\frac{\partial\psi}{\partial n}$ peuvent être choisis nuls sur $\partial\Omega$. En conclusion, sous l'hypothèse de simple connexité du domaine Ω, le problème de Stokes (0.1)(0.2)(0.3) s'écrit de façon équivalente:

$$\begin{aligned} \Delta^2\psi &= \mathrm{rot}\boldsymbol{f} \quad \text{dans } \Omega, \\ \psi &= \frac{\partial\psi}{\partial n} = 0 \quad \text{sur } \partial\Omega, \end{aligned} \tag{3.7}$$

ou encore, sous forme variationnelle: *trouver* ψ *dans* $H_0^2(\Omega)$ *tel que*

$$\forall\varphi \in H_0^2(\Omega), \quad \int_\Omega (\Delta\psi)(\boldsymbol{x})(\Delta\varphi)(\boldsymbol{x})\, d\boldsymbol{x} = <\boldsymbol{f}, \mathbf{rot}\,\varphi> . \tag{3.8}$$

Remarque 3.4. Lorsque la donnée $\boldsymbol{f}$ est régulière, on peut se demander s'il en est de même pour la solution $(\boldsymbol{u}, p)$ du problème (0.1)(0.2)(0.3). Les résultats sont en fait très similaires à ceux que l'on avait indiqué dans la Remarque I.2.7 pour les problèmes de Dirichlet et de Neumann pour le laplacien. En effet, l'application: $\boldsymbol{f} \mapsto (\boldsymbol{u}, p)$, où $(\boldsymbol{u}, p)$ est la solution du problème (3.3), est linéaire continue:
(i) de $H^{k-2}(\Omega)^2$ dans $H^k(\Omega)^2 \times H^{k-1}(\Omega)$ pour tout entier $k \leq m$ lorsque la frontière $\partial\Omega$ est de classe $\mathcal{C}^{m-1,1}$;
(ii) de $L^2(\Omega)^2$ dans $H^2(\Omega)^2 \times H^1(\Omega)$ lorsque l'ouvert Ω est convexe.

Lorsque l'ouvert Ω est le carré $]-1,1[^2$, on peut également, en multipliant l'équation (0.1) par $\boldsymbol{v}\,\varpi_{\text{ч}}$ avec $\boldsymbol{v}$ dans $\mathcal{D}(\Omega)^2$ et l'équation (0.2) par $q\,\varpi_{\text{ч}}$ avec q dans $\mathcal{D}(\Omega)$ et en intégrant par parties, obtenir une formulation variationnelle du problème de Stokes dans les espaces à poids de Tchebycheff. On note maintenant

$$L^2_{\text{ч},0}(\Omega) = \{q \in L^2_{\text{ч}}(\Omega);\ \int_\Omega q(\boldsymbol{x})\, \varpi_{\text{ч}}(\boldsymbol{x})\, d\boldsymbol{x} = 0\}, \tag{3.9}$$

et on désigne par $<.,.>_{\text{ч}}$ le produit de dualité entre $H^{-1}_{\text{ч}}(\Omega)$ et $H^1_{\text{ч},0}(\Omega)$. Si l'on suppose la donnée $\boldsymbol{f}$ dans $H^{-1}_{\text{ч}}(\Omega)^2$, cette formulation s'écrit: *trouver* $\boldsymbol{u}$ *dans* $H^1_{\text{ч},0}(\Omega)^2$ *et* p *dans* $L^2_{\text{ч},0}(\Omega)$ *tels que*

$$\begin{aligned} &\forall\boldsymbol{v} \in H^1_{\text{ч},0}(\Omega)^2, \quad a_{\text{ч}}(\boldsymbol{u}, \boldsymbol{v}) + b_{1\text{ч}}(\boldsymbol{v}, p) = <\boldsymbol{f}, \boldsymbol{v}>_{\text{ч}}, \\ &\forall q \in L^2_{\text{ч}}(\Omega) \cap L^2_0(\Omega), \quad b_{2\text{ч}}(\boldsymbol{u}, q) = 0, \end{aligned} \tag{3.10}$$

où les formes $a_{\text{ч}}(.,.)$, $b_{1\text{ч}}(.,.)$ et $b_{2\text{ч}}(.,.)$ sont définies respectivement par

$$\begin{aligned} a_{\text{ч}}(\boldsymbol{u}, \boldsymbol{v}) &= \nu \int_\Omega (\mathbf{grad}\,\boldsymbol{u})(\boldsymbol{x}) . \big(\mathbf{grad}\,(\boldsymbol{v}\,\varpi_{\text{ч}})\big)(\boldsymbol{x})\, d\boldsymbol{x}, \\ b_{1\text{ч}}(\boldsymbol{v}, q) &= -\int_\Omega \big(\mathrm{div}\ (\boldsymbol{v}\,\varpi_{\text{ч}})\big)(\boldsymbol{x}) q(\boldsymbol{x})\, d\boldsymbol{x}, \\ b_{2\text{ч}}(\boldsymbol{v}, q) &= -\int_\Omega (\mathrm{div}\ \boldsymbol{v})(\boldsymbol{x}) q(\boldsymbol{x})\, \varpi_{\text{ч}}(\boldsymbol{x})\, d\boldsymbol{x}. \end{aligned}$$

Le problème (3.10) est exactement du type (2.11), avec $X = H^1_{\varpi,0}(\Omega)^2$, $M_1 = L^2_{\varpi,0}(\Omega)$ et $M_2 = L^2_{\varpi}(\Omega) \cap L^2_0(\Omega)$. Pour montrer qu'il admet une solution unique, il faut donc vérifier les propriétés de continuité et les conditions inf-sup des formes $a_{\varpi}(.,.)$, $b_{1\varpi}(.,.)$ et $b_{2\varpi}(.,.)$. La continuité de la forme $b_{2\varpi}(.,.)$ sur $X \times M_2$ découle de la définition de ces espaces, celle de la forme $a_{\varpi}(.,.)$ a été prouvée dans la Proposition I.2.4 et celle de la forme $b_{1\varpi}$ se démontre de façon identique: en posant $\boldsymbol{v} = (v, w)$, on écrit le développement

$$b_{1\varpi}(\boldsymbol{v}, q) = -\int_{\Omega} (\text{div } \boldsymbol{v})(\boldsymbol{x}) q(\boldsymbol{x})\, \varpi_{\varpi}(\boldsymbol{x})\, d\boldsymbol{x} \\ - \int_{\Omega} \big(v(\boldsymbol{x})\, x(1-x^2)^{-1} + w(\boldsymbol{x})\, y(1-y^2)^{-1}\big) q(\boldsymbol{x})\, \varpi_{\varpi}(\boldsymbol{x})\, d\boldsymbol{x},$$

et on utilise le Lemme I.2.3.

On vérifie facilement que les noyaux V_1 et V_2 sont ici donnés par

$$\begin{aligned} V_1 &= \{\boldsymbol{v} \in H^1_{\varpi,0}(\Omega)^2;\ \text{div } (\boldsymbol{v}\, \varpi_{\varpi}) = 0 \text{ dans } \Omega\}, \\ V_2 &= \{\boldsymbol{u} \in H^1_{\varpi,0}(\Omega)^2;\ \text{div } \boldsymbol{u} = 0 \text{ dans } \Omega\}. \end{aligned} \tag{3.11}$$

L'ellipticité de la forme $a_{\varpi}(.,.)$ sur $H^1_{\varpi,0}(\Omega)^2$ a été établie dans la Proposition I.2.4, toutefois il faut ici démontrer une condition inf-sup entre V_1 et V_2. Ceci s'obtient par l'argument suivant: toute fonction $\boldsymbol{u}$ de V_2 s'écrit sous la forme $\textbf{rot}\, \psi$, où la fonction ψ appartient à $H^2_{\varpi,0}(\Omega)$; l'application:

$$\textbf{rot}\, \psi \mapsto (\varpi_{\varpi})^{-1} \big(\textbf{rot}\, (\psi\, \varpi_{\varpi})\big)$$

est alors un isomorphisme de V_2 sur V_1 et, si $\boldsymbol{v}$ désigne l'image de $\boldsymbol{u}$ par cet isomorphisme, on peut vérifier que

$$a_{\varpi}(\boldsymbol{u}, \boldsymbol{v}) = \int_{\Omega} (\Delta\psi)(\boldsymbol{x}) \big((\Delta(\psi\, \varpi_{\varpi})\big)(\boldsymbol{x})\, d\boldsymbol{x} \geq c\, \|\boldsymbol{u}\|_{H^1_{\varpi}(\Omega)^2} \|\boldsymbol{v}\|_{H^1_{\varpi}(\Omega)^2}.$$

On réfère à [7, §3] pour la démonstration des conditions inf-sup sur les formes $b_{1\varpi}(.,.)$ et $b_{2\varpi}(.,.)$, qui fait appel à des propriétés fines des espaces à poids de Tchebycheff. On se contente d'énoncer le résultat que ces propriétés, jointes au Théorème 2.4, permettent d'obtenir.

Théorème 3.5. *Pour toute distribution $\boldsymbol{f}$ de $H^{-1}_{\varpi}(\Omega)^2$, le problème* (3.10) *admet une solution unique $(\boldsymbol{u}, p)$ dans $H^1_{\varpi,0}(\Omega)^2 \times L^2_{\varpi,0}(\Omega)$. Cette solution vérifie*

$$\|\boldsymbol{u}\|_{H^1_{\varpi}(\Omega)^2} + \|p\|_{L^2_{\varpi}(\Omega)} \leq c\, \|\boldsymbol{f}\|_{H^{-1}_{\varpi}(\Omega)^2}. \tag{3.12}$$

Remarque 3.6. Comme pour le problème de Dirichlet pour le laplacien, on a écrit deux formulations variationnelles du même problème. En effet, lorsque la distribution $\boldsymbol{f}$ appartient par exemple à $L^2_{\varpi}(\Omega)^2$, donc aussi à $L^2(\Omega)^2$, la solution $(\boldsymbol{u}, p)$ du problème (3.3) et la solution provisoirement notée $(\boldsymbol{u}_{\varpi}, p_{\varpi})$ du problème (3.10) ne diffèrent que par une constante sur la pression: on a

$$\boldsymbol{u} = \boldsymbol{u}_{\varpi} \quad \text{et} \quad p = p_{\varpi} - \frac{1}{4} \int_{\Omega} p_{\varpi}(\boldsymbol{x})\, d\boldsymbol{x}.$$

IV.4. Méthode de Galerkin

Dans le paragraphe 1, on a déjà considéré une approximation de type Galerkin du problème (3.3). Dans tout ce qui suit, on suppose que le domaine Ω est le carré $]-1,1[^2$ et on fixe un entier $N \geq 2$. On rappelle que, l'espace X_N étant égal à $\mathbb{P}_N^0(\Omega)^2$ et l'espace M_N étant un supplémentaire dans $\mathbb{P}_N(\Omega)$ de l'espace Z_N de la Définition 1.5, le problème discret s'écrit: *trouver $\boldsymbol{u}_N$ dans X_N et p_N dans M_N tels que*

$$\begin{aligned} &\forall \boldsymbol{v}_N \in X_N, \quad a(\boldsymbol{u}_N, \boldsymbol{v}_N) + b(\boldsymbol{v}_N, p_N) = < \boldsymbol{f}, \boldsymbol{v}_N >, \\ &\forall q_N \in M_N, \quad b(\boldsymbol{u}_N, q_N) = 0. \end{aligned} \tag{4.1}$$

On a déjà démontré que ce problème admettait une solution unique (voir Lemme 1.6) et que l'erreur sur la vitesse était optimale (voir Théorème 1.3). Pour compléter l'analyse numérique du problème, il reste à préciser le choix de M_N, ce qui demande qu'on ait identifié Z_N, et démontrer la condition inf-sup sur la forme $b(.,.)$ entre les espaces X_N et M_N. Plusieurs étapes sont nécessaires pour obtenir ces résultats.

Proposition 4.1. *L'espace Z_N est de dimension 8, engendré par les polynômes*

$$\begin{aligned} &L_0(x)L_0(y), \quad L_0(x)L_N(y), \quad L_N(x)L_0(y), \quad L_N(x)L_N(y), \\ &L'_N(x)L'_N(y), \quad L'_N(x)L'_{N+1}(y), \quad L'_{N+1}(x)L'_N(y), \quad L'_{N+1}(x)L'_{N+1}(y). \end{aligned} \tag{4.2}$$

Démonstration: Soit q_N un polynôme quelconque de Z_N. En choisissant $\boldsymbol{v}_N$ sucessivement de la forme $(v_{mn}, 0)$ et $(0, v_{mn})$ dans (1.17), avec

$$v_{mn}(x,y) = (1-x^2)(1-y^2)L'_m(x)L'_n(y), \quad 1 \leq m, n \leq N-1,$$

on voit en utilisant (*F*.3) que q_N vérifie les équations

$$\int_\Omega q_N(x,y)\, L_m(x)(1-y^2)L'_n(y)\, dx\, dy = \int_\Omega q_N(x,y)\, (1-x^2)L'_m(x)L_n(y)\, dx\, dy = 0.$$

Toujours d'après (*F*.3), comme les $(1-\zeta^2)L'_n$, $1 \leq n \leq N-1$, forment une base de $\mathbb{P}_N^0(\Lambda)$, son orthogonal dans $\mathbb{P}_N(\Lambda)$ est engendré par L'_N et L'_{N+1}. Par conséquent, les équations précédentes entraînent que q_N s'écrit simultanément sous les deux formes

$$\begin{aligned} q_N(x,y) &= \alpha_0(y)\, L_0(x) + \alpha_N(y)\, L_N(x) + \beta_N(x)\, L'_N(y) + \beta_{N+1}(x)\, L'_{N+1}(y) \\ &= \gamma_0(x)\, L_0(y) + \gamma_N(x)\, L_N(y) + \delta_N(y)\, L'_N(x) + \delta_{N+1}(y)\, L'_{N+1}(x), \end{aligned}$$

pour des polynômes $\alpha_0, \ldots, \delta_{N+1}$ de $\mathbb{P}_N(\Lambda)$. On en déduit que la polynôme q_N appartient bien à l'espace engendré par les fonctions de (4.2). Réciproquement, il est facile de voir que ces 8 fonctions appartiennent à Z_N. Il faut alors vérifier qu'elles sont linéairement indépendantes, ce qui se réduit à vérifier que les quatre polynômes L_0, L_N, L'_N et L'_{N+1} le sont. On considère donc l'équation

$$\lambda_0 L_0 + \lambda_N L_N + \mu_N L'_N + \mu_{N+1} L'_{N+1} = 0.$$

On utilise $(F.4)$ pour remplacer L'_{N+1} par $(2N+1)L_N + L'_{N-1}$; puis, en notant que les polynômes L_N et L'_N sont de parité différentes et en regardant successivement les coefficients de ζ^N, ζ^{N-1} et ζ^{N-2}, on obtient

$$\lambda_N + (2N+1)\mu_{N+1} = 0, \quad \mu_N = 0, \quad \mu_{N+1} = 0.$$

Par suite, les quatre coefficients sont nuls et les quatre polynômes sont indépendants, ce qui termine la démonstration de la proposition.

Corollaire 4.2. *L'espace D_N défini en* (1.18) *est de codimension 8 dans $\mathbb{P}_N(\Omega)$.*

Remarque 4.3. Le Corollaire 4.2 entraîne en particulier que l'espace Z_N^* défini par

$$Z_N^* = \{q_N \in \mathbb{P}_N(\Omega);\ \forall \boldsymbol{v}_N \in X_N,\ \int_\Omega (\operatorname{div} \boldsymbol{v}_N)(\boldsymbol{x}) q_N(\boldsymbol{x})\, \varpi_*(\boldsymbol{x})\, d\boldsymbol{x} = 0\}, \tag{4.3}$$

est de dimension 8. On vérifie alors facilement qu'il est engendré par les polynômes

$$\begin{aligned} &S_N(x)S_N(y), \quad S_N(x)T_N(y), \quad T_N(x)S_N(y), \quad T_N(x)T_N(y), \\ &T'_N(x)T'_N(y), \quad T'_N(x)T'_{N+1}(y), \quad T'_{N+1}(x)T'_N(y), \quad T'_{N+1}(x)T'_{N+1}(y), \end{aligned} \tag{4.4}$$

où S_N est le polynôme de $\mathbb{P}_N(\Lambda)$ défini par

$$\forall \varphi_N \in \mathbb{P}_N(\Lambda), \quad \int_{-1}^1 S_N(\zeta)\varphi_N(\zeta)\, \rho_*(\zeta)\, d\zeta = \int_{-1}^1 \varphi_N(\zeta)\, d\zeta.$$

On s'intéresse maintenant à la constante de la condition inf-sup, de façon à pouvoir utiliser l'estimation d'erreur (2.19). La première minoration de cette constante a été établie dans [14], toutefois le résultat n'était pas optimal et a été amélioré dans [11]. Deux étapes sont nécessaires pour la démonstration, qui est assez longue. Le premier lemme utilise un argument dû à Jensen et Vogelius [32].

Lemme 4.4. Pour tout polynôme q_N de $\mathbb{P}_N(\Omega)$ orthogonal dans $L^2(\Omega)$ aux quatre polynômes

$$L_0(x)L_0(y), \quad L_0(x)L_N(y), \quad L_N(x)L_0(y), \quad L_N(x)L_N(y), \tag{4.5}$$

il existe un polynôme $\boldsymbol{w}_N$ de $\mathbb{P}_N(\Omega)^2$ vérifiant

$$\begin{aligned} &\operatorname{div} \boldsymbol{w}_N = q_N \quad \text{dans } \Omega, \\ &\boldsymbol{w}_N \,.\, \boldsymbol{n}_J = 0 \quad \text{sur } \Gamma_J, \quad J = 1,2,3,4, \end{aligned} \tag{4.6}$$

et

$$\|\boldsymbol{w}_N\|_{H^1(\Omega)^2} \le c\, N\, \|q_N\|_{L^2(\Omega)}. \tag{4.7}$$

Démonstration: Un polynôme q_N de $\mathbb{P}_N(\Omega)$ orthogonal aux quatre fonctions de (4.5) peut s'écrire sous la forme

$$\begin{aligned} q_N(x,y) = &\sum_{m=0}^{N-1} \sum_{n=0, m+n\neq 0}^{N-1} \alpha_{mn}\, L_m(x)L_n(y) \\ &+ \sum_{m=1}^{N-1} \beta_m\, L_m(x)(L_N - L_{N-2})(y) + \sum_{n=1}^{N-1} \gamma_n\, (L_N - L_{N-2})(x)L_n(y). \end{aligned} \tag{4.8}$$

On note qu'un polynôme φ_N de $\mathbb{P}_N(\Lambda)$, de la forme $\lambda L_{N-2} + \mu(L_N - L_{N-2})$ vérifie

$$\begin{aligned}\|\varphi_N\|^2_{L^2(\Lambda)} &= (\lambda-\mu)^2 (N-\frac{3}{2})^{-1} + \mu^2 (N+\frac{1}{2})^{-1} \geq (N+\frac{1}{2})^{-1}(\lambda^2+2\mu^2-2\lambda\mu)\\ &\geq (N+\frac{1}{2})^{-1}(\frac{1}{3}\lambda^2+\frac{1}{2}\mu^2).\end{aligned}$$

(on a minoré $-2\lambda\mu$ par $-\frac{2}{3}\lambda^2 - \frac{3}{2}\mu^2$). En utilisant ce résultat ainsi que les propriétés d'orthogonalité des L_n, $0 \leq n \leq N$, on obtient l'inégalité

$$\begin{aligned}\|q_N\|^2_{L^2(\Omega)} \geq c\,(&\sum_{m=0}^{N-1}\sum_{n=0,m+n\neq 0}^{N-1} \alpha^2_{mn}\,(m+\frac{1}{2})^{-1}(n+\frac{1}{2})^{-1}\\ &+(N+\frac{1}{2})^{-1}\sum_{m=1}^{N-1}\beta^2_m\,(m+\frac{1}{2})^{-1} + (N+\frac{1}{2})^{-1}\sum_{n=1}^{N-1}\gamma^2_n\,(n+\frac{1}{2})^{-1}).\end{aligned} \tag{4.9}$$

Maintenant, on choisit le polynôme $\boldsymbol{w}_N$ égal à (w_N, z_N), avec

$$\begin{aligned}w_N(x,y) &= \sum_{m=0}^{N-1}\sum_{n=0,m+n\neq 0}^{m} \alpha_{mn}\,\frac{L_{m+1}(x)-L_{m-1}(x)}{2m+1}L_n(y)\\ &\qquad + \sum_{m=1}^{N-1}\beta_m\,\frac{L_{m+1}(x)-L_{m-1}(x)}{2m+1}(L_N-L_{N-2})(y),\\ z_N(x,y) &= \sum_{m=0}^{N-1}\sum_{n=m+1}^{N-1}\alpha_{mn}\,L_m(x)\frac{L_{n+1}(y)-L_{n-1}(y)}{2n+1}\\ &\qquad + \sum_{n=1}^{N-1}\gamma_n\,(L_N-L_{N-2})(x)\frac{L_{n+1}(y)-L_{n-1}(y)}{2n+1}.\end{aligned} \tag{4.10}$$

On constate immédiatemment que div $\boldsymbol{w}_N$ est égal à q_N (ceci vient de l'équation (*F*.4)); en outre, on a

$$w_N(\pm 1, y) = 0 \quad \text{et} \quad z_N(x, \pm 1) = 0,$$

donc $\boldsymbol{w}_N$ vérifie bien le système (4.6). Il reste à majorer la norme $\|\boldsymbol{w}_N\|_{H^1(\Omega)^2}$.
1) On a

$$\frac{\partial w_N}{\partial x} = \sum_{m=0}^{N-1}\sum_{n=0,m+n\neq 0}^{m}\alpha_{mn}\,L_m(x)L_n(y) + \sum_{m=1}^{N-1}\beta_m\,L_m(x)(L_N-L_{N-2})(y),$$

d'où l'on déduit

$$\|\frac{\partial w_N}{\partial x}\|^2_{L^2(\Omega)} \leq c\,(\sum_{m=0}^{N-1}\sum_{n=m,m+n\neq 0}^{N-1}\alpha^2_{mn}\,(m+\frac{1}{2})^{-1}(n+\frac{1}{2})^{-1} + (N+\frac{1}{2})^{-1}\sum_{m=1}^{N-1}\beta^2_m\,(m+\frac{1}{2})^{-1}).$$

En effectuant le même calcul pour $\frac{\partial z_N}{\partial y}$ et en comparant avec (4.9), on obtient

$$\|\frac{\partial w_N}{\partial x}\|_{L^2(\Omega)} + \|\frac{\partial z_N}{\partial y}\|_{L^2(\Omega)} \leq c\,\|q_N\|_{L^2(\Omega)}. \tag{4.11}$$

L'inégalité de Poincaré–Friedrichs, appliquée à w_N dans la direction x et à z_N dans la direction y, donne aussi

$$\|w_N\|_{L^2(\Omega)} + \|z_N\|_{L^2(\Omega)} \leq c\,\|q_N\|_{L^2(\Omega)}. \tag{4.12}$$

2) D'autre part, on calcule

$$\frac{\partial w_N}{\partial y} = \sum_{m=0}^{N-1} \sum_{n=0, m+n\neq 0}^{m} \alpha_{mn} \frac{L_{m+1}(x) - L_{m-1}(x)}{2m+1} L_n'(y) + \sum_{m=1}^{N-1} \beta_m \frac{L_{m+1}(x) - L_{m-1}(x)}{2m+1} (2N+1) L_{N-1}(y),$$

de sorte que, grâce à l'orthogonalité des L_m et à la formule $(F.1)$,

$$\|\frac{\partial w_N}{\partial y}\|_{L^2(\Omega)} \leq c \sum_{n=0}^{N-1} \|L_n'\|_{L^2(\Omega)} \Big(\sum_{m=n, m+n\neq 0}^{N-1} \alpha_{mn}^2 (m+\frac{1}{2})^{-3}\Big)^{\frac{1}{2}} + c'\,(N+\frac{1}{2})^{\frac{1}{2}} \Big(\sum_{m=1}^{N-1} \beta_m^2\,(m+\frac{1}{2})^{-3}\Big)^{\frac{1}{2}}.$$

En utilisant la formule (I.5.1), on en déduit

$$\|\frac{\partial w_N}{\partial y}\|_{L^2(\Omega)} \leq c \sum_{n=0}^{N-1} n^{\frac{1}{2}} (n+1)^{\frac{1}{2}} \Big(\sum_{m=n, m+n\neq 0}^{N-1} \alpha_{mn}^2 (m+\frac{1}{2})^{-3}\Big)^{\frac{1}{2}} + c'\,(N+\frac{1}{2})^{\frac{1}{2}} \Big(\sum_{m=1}^{N-1} \beta_m^2\,(m+\frac{1}{2})^{-3}\Big)^{\frac{1}{2}}.$$

Finalement, on majore dans le premier terme $n^{\frac{1}{2}}(n+1)^{\frac{1}{2}}$ par $m+\frac{1}{2}$ et on utilise l'inégalité de Cauchy-Schwarz pour la sommation en n, ce qui donne

$$\|\frac{\partial w_N}{\partial y}\|_{L^2(\Omega)} \leq c \Big(\sum_{n=0}^{N-1} \sum_{m=n, m+n\neq 0}^{N-1} \alpha_{mn}^2 (m+\frac{1}{2})^{-1} (n+\frac{1}{2})^{-1}\Big)^{\frac{1}{2}} \Big(\sum_{n=0, m+n\neq 0}^{N-1} (n+\frac{1}{2})\Big)^{\frac{1}{2}} + c'\,(N+\frac{1}{2})^{\frac{1}{2}} \Big(\sum_{m=1}^{N-1} \beta_m^2\,(m+\frac{1}{2})^{-3}\Big)^{\frac{1}{2}}.$$

On vérifie ainsi, en comparant avec (4.9), que $\|\frac{\partial w_N}{\partial y}\|_{L^2(\Omega)}$ est majoré, à une constante multiplicative près, par $N\,\|q_N\|_{L^2(\Omega)}$. On majore de la même manière $\|\frac{\partial z_N}{\partial x}\|_{L^2(\Omega)}$ et on obtient

$$\|\frac{\partial w_N}{\partial y}\|_{L^2(\Omega)} + \|\frac{\partial z_N}{\partial x}\|_{L^2(\Omega)} \leq c\,N\,\|q_N\|_{L^2(\Omega)}. \tag{4.13}$$

L'estimation (4.7) se déduit finalement de (4.11), (4.12) et (4.13).

Remarque 4.5. À partir de (4.10), on vérifie que

$$w_N(x,\pm 1) = \sum_{m=0}^{N-1} \sum_{n=0, m+n\neq 0}^{m} (\pm 1)^n \alpha_{mn} \frac{L_{m+1}(x) - L_{m-1}(x)}{2m+1},$$

de sorte que

$$\|w_N(.,\pm 1)\|_{L^2(\Lambda)} \leq c \sum_{m=0}^{N-1} \sum_{n=0, m+n\neq 0}^{m} \alpha_{mn}^2 (m+\frac{1}{2})^{-3}$$
$$\leq c \sum_{m=0}^{N-1} \sum_{n=0, m+n\neq 0}^{m} \alpha_{mn}^2 (m+\frac{1}{2})^{-1} (n+\frac{1}{2})^{-1}.$$

En calculant aussi $z_N(\pm 1, y)$, on obtient l'estimation supplémentaire

$$\|\boldsymbol{w}_N \cdot \boldsymbol{\tau}_J\|_{L^2(\Gamma_J)} \leq c\, \|q_N\|_{L^2(\Omega)}, \quad J = 1,2,3,4. \tag{4.14}$$

La proposition suivante est l'analogue discret de la Proposition 3.1, et sa démonstration utilise des arguments comparables.

Proposition 4.6. Pour tout polynôme q_N de D_N, il existe un polynôme $\boldsymbol{v}_N$ de X_N vérifiant

$$\text{div}\ \boldsymbol{v}_N = q_N \quad \text{dans } \Omega \tag{4.15}$$

et

$$\|\boldsymbol{v}_N\|_{H^1(\Omega)^2} \leq c N\, \|q_N\|_{L^2(\Omega)}. \tag{4.16}$$

Démonstration: Étant donné un polynôme q_N de D_N, on lui associe le polynôme $\boldsymbol{w}_N = (w_N, z_N)$ de $\mathbb{P}_N(\Omega)^2$ construit dans le Lemme 4.4. On choisit alors le polynôme $\boldsymbol{v}_N$ sous la forme $\boldsymbol{w}_N + \mathbf{rot}\, \psi_N$, de sorte que l'équation (4.15) est automatiquement vérifiée. Pour cela, on introduit le polynôme:

$$\omega_N(\zeta) = \frac{(1-\zeta)^2}{4}(1+\zeta)\, \frac{L_N'''(\zeta)}{L_N'''(-1)}.$$

On voit qu'il s'annule en ± 1 et que sa dérivée première s'annule en 1 et vaut 1 en -1. On prend ψ_N égal à $\psi_1 + \psi_2 + \psi_3 + \psi_4$, avec

$$\begin{cases} \psi_1(x,y) = -z_N(-1,y)\, \omega_N(x), \\ \psi_2(x,y) = -w_N(x,-1)\, \omega_N(y), \\ \psi_3(x,y) = -z_N(1,y)\, \omega_N(-x), \\ \psi_4(x,y) = -w_N(x,1)\, \omega_N(-y). \end{cases}$$

La seconde équation (4.6) et les conditions d'orthogonalité vérifiées par q_N entraînent que

$$\boldsymbol{w}_N(\boldsymbol{a}_J) = \mathbf{0} \quad \text{et} \quad (\text{div}\ \boldsymbol{w}_N)(\boldsymbol{a}_J) = q_N(\boldsymbol{a}_J) = 0, \quad J = 1,2,3,4,$$

d'où l'on déduit que le polynôme v_N appartient bien à X_N. De plus, en dérivant plusieurs fois la formule $(F.1)$:

$$(1-\zeta^2)L_N''' - 4\zeta L_N'' + (N-1)(N+2)L_N' = 0,$$
$$(1-\zeta^2)L_N'''' - 6\zeta L_N''' + (N-2)(N+3)L_N'' = 0,$$

on vérifie que

$$L_N'''(-1) = (-1)^{N+1}\frac{(N-2)(N-1)N(N+1)(N+2)(N+3)}{48},$$

et que

$$\|(1-\zeta^2)\,L_N'''\|_{L^2(\Lambda)} \le 4\|L_N''\|_{L^2(\Lambda)} + (N-1)(N+2)\|L_N'\|_{L^2(\Lambda)}.$$

En utilisant ces estimations, ainsi que la formule (I.5.1) et l'inégalité inverse (I.5.2), on obtient la majoration

$$\|\omega_N\|_{L^2(\Lambda)} \le c\,N^{-3}. \tag{4.17}$$

On peut maintenant majorer

$$\|\psi_1\|_{H^2(\Omega)} \le \|z_N(-1,.)\|_{L^2(\Lambda)}\|\omega_N\|_{H^2(\Lambda)} + \|z_N(-1,.)\|_{H^1(\Lambda)}\|\omega_N\|_{H^1(\Lambda)}$$
$$+ \|z_N(-1,.)\|_{H^2(\Lambda)}\|\omega_N\|_{L^2(\Lambda)}.$$

L'inégalité (I.5.2) et (4.17) impliquent alors

$$\|\psi_1\|_{H^2(\Omega)} \le c\,N\,\|z_N(-1,.)\|_{L^2(\Lambda)}.$$

En effectuant le même calcul pour ψ_2, ψ_3 et ψ_4, on aboutit à la majoration

$$\|\psi_N\|_{H^2(\Omega)} \le c\,N\sum_{J=1}^{4}\|\boldsymbol{w}_N\cdot\boldsymbol{\tau}_J\|_{L^2(\Gamma_J)}. \tag{4.18}$$

L'estimation (4.16) se déduit alors de (4.7), (4.14) et (4.18).

La Proposition 4.6 permet de construire, pour tout polynôme q_N de D_N, un élément $\boldsymbol{v}_N$ de X_N tel que

$$b(\boldsymbol{v}_N, q_N) = -\int_\Omega (\mathrm{div}\,\boldsymbol{v}_N)(\boldsymbol{x})q_N(\boldsymbol{x})\,d\boldsymbol{x} = \int_\Omega q_N^2(\boldsymbol{x})\,d\boldsymbol{x} \ge c\,N^{-1}\,\|\boldsymbol{v}_N\|_{H^1(\Omega)^2}\|q_N\|_{L^2(\Omega)}.$$

On a donc prouvé que la condition inf-sup (2.18) était vérifiée pour les espaces X_N et D_N, avec une constante plus grande que $c\,N^{-1}$. Ce résultat paraît a priori un peu décevant, surtout si on le compare avec celui des méthodes d'éléments finis où l'on sait construire des espaces discrets menant à une constante indépendante du paramètre de discrétisation. On va toutefois vérifier qu'il ne peut être amélioré, en utilisant la Remarque 2.8. En effet, le polynôme q_N défini par

$$q_N(x,y) = x(1-x^2)L_N(y), \tag{4.19}$$

appartient bien à D_N. Soit $\boldsymbol{w}_N^* = (w_N^*, z_N^*)$ la solution dans X_N du problème

$$\forall \boldsymbol{v}_N \in X_N, \quad a(\boldsymbol{w}_N^*, \boldsymbol{v}_N) = b(\boldsymbol{v}_N, q_N).$$

On a alors

$$\sup_{v_N\in X_N}\frac{b(v_N,q_N)}{\|v_N\|_{H^1(\Omega)^2}}=\sup_{v_N\in X_N}\frac{a(w_N^*,v_N)}{\|v_N\|_{H^1(\Omega)^2}}\leq\|w_N^*\|_{H^1(\Omega)^2}.$$

On vérifie facilement que z_N^* est égal à 0 et on calcule

$$\begin{aligned}|w_N^*|_{H^1(\Omega)}^2&=\int_{-1}^1\int_{-1}^1\frac{\partial w_N^*}{\partial x}(x,y)x(1-x^2)L_N(y)\,dx\,dy\\&=-\int_{-1}^1\int_{-1}^1 w_N^*(x,y)(1-3x^2)L_N(y)\,dx\,dy\\&=\int_{-1}^1\int_{-1}^1\frac{\partial w_N^*}{\partial y}(x,y)(1-3x^2)\frac{L_{N+1}(y)-L_{N-1}(y)}{2N+1}\,dx\,dy\leq c\,N^{-\frac{3}{2}}|w_N^*|_{H^1(\Omega)}.\end{aligned}$$

On en déduit

$$\sup_{v_N\in X_N}\frac{b(v_N,q_N)}{\|v_N\|_{H^1(\Omega)^2}}\leq c\,N^{-\frac{3}{2}}\leq c'\,N^{-1}\,\|q_N\|_{L^2(\Omega)}.\tag{4.20}$$

Ceci prouve que la constante de condition inf-sup entre X_N et D_N est exactement de l'ordre de N^{-1}.

L'existence d'une condition inf-sup entre les espaces X_N et D_N tenderait à prouver que D_N est un bon choix pour l'espace M_N. Malheureusement, le fait que les éléments de D_N soient orthogonaux à $L_N'(x)L_N'(y)$ par exemple, entraîne que certains polynômes de bas degré n'appartiennent pas à D_N et, par suite, que celui-ci ne constitue pas un bon espace d'approximation des fonctions de $L_0^2(\Omega)$. On est donc amené à choisir un espace M_N légèrement différent, vérifiant la propriété

$$\mathbb{P}_{[\lambda N]}(\Omega)\cap L_0^2(\Omega)\subset M_N,\tag{4.21}$$

où λ est un nombre réel, $0<\lambda<1$, et $[\lambda N]$ désigne la partie entière de λN. Il faut alors étudier la condition inf-sup entre X_N et M_N.

Lemme 4.7. *On suppose vérifiée la condition:*

$$\forall q_N\in M_N,\quad \|q_N\|_{L^2(\Omega)}\leq c\,\|\Pi_{D_N}q_N\|_{L^2(\Omega)},\tag{4.22}$$

où Π_{D_N} désigne l'opérateur de projection orthogonale de $\mathbb{P}_N(\Omega)$ sur D_N pour le produit scalaire de $L^2(\Omega)$. Alors, on a la condition inf-sup:

$$\forall q_N\in M_N,\quad \sup_{v_N\in X_N}\frac{b(v_N,q_N)}{\|v_N\|_{H^1(\Omega)^2}}\geq c\,N^{-1}\,\|q_N\|_{L^2(\Omega)}.\tag{4.23}$$

Démonstration: Pour tout q_N dans M_N, si v_N désigne le polynôme associé à $-\Pi_{D_N}q_N$ par la Proposition 4.6, on a

$$b(v_N,q_N)=b(v_N,\Pi_{D_N}q_N)=\|\Pi_{D_N}q_N\|_{L^2(\Omega)}^2\geq c\,N^{-1}\,\|v_N\|_{H^1(\Omega)^2}\|\Pi_{D_N}q_N\|_{L^2(\Omega)},$$

et on déduit la propriété (4.23) de (4.22).

On est finalement en mesure de prouver l'estimation d'erreur sur la pression qui manquait à l'analyse numérique de la méthode de Galerkin.

Théorème 4.8. *On suppose la solution* $(\boldsymbol{u}, p)$ *du problème* (3.3) *dans* $H^m(\Omega)^2 \times H^{m-1}(\Omega)$ *pour un entier* $m \geq 1$. *Sous les hypothèses* (4.21) *et* (4.22), *pour le problème discret* (4.1), *on a la majoration d'erreur*

$$\|p - p_N\|_{L^2(\Omega)} \leq c N^{2-m} \left(\|\boldsymbol{u}\|_{H^m(\Omega)^2} + \|p\|_{H^{m-1}(\Omega)}\right). \tag{4.24}$$

Démonstration: L'hypothèse (4.22) et le Lemme 4.7 impliquent que la constante de condition inf-sup est minorée par cN^{-1}. En appliquant la majoration (2.21), on obtient donc

$$\|p - p_N\|_{L^2(\Omega)} \leq c N \left(\inf_{\boldsymbol{v}_N \in V_N} \|\boldsymbol{u} - \boldsymbol{v}_N\|_{H^1(\Omega)^2} + \inf_{q_N \in M_N} \|p - q_N\|_{L^2(\Omega)}\right).$$

Le premier terme a été majoré dans le Lemme 1.2. Pour estimer le second, on utilise l'hypothèse (4.21) et on rappelle (voir Théorème II.2.4) que l'opérateur $\Pi_{[\lambda N]}$ de projection orthogonale de $L^2(\Omega)$ sur $\mathbb{P}_{[\lambda N]}(\Omega)$ satisfait

$$\inf_{q_N \in M_N} \|p - q_N\|_{L^2(\Omega)} \leq \|p - \Pi_{[\lambda N]} p\|_{L^2(\Omega)} \leq c \lambda^{1-m} N^{1-m} \|p\|_{H^{m-1}(\Omega)},$$

d'où le résultat, avec une constante c dépendant de λ.

Il reste à construire un sous-espace M_N de $\mathbb{P}_N(\Omega)$ vérifiant les hypothèses (4.21) et (4.22). L'idée consiste à introduire les polynômes

$$A_{N-1} = L_N' - \pi_{[\lambda N]} L_N' \quad \text{et} \quad A_N = \pi_{N-1} L_{N+1}' - \pi_{[\lambda N]} L_{N+1}', \tag{4.25}$$

et à remplacer dans chaque direction l'orthogonalité à L_N' et L_{N+1}' par l'orthogonalité à A_{N-1} et A_N. Plus précisément, on choisit M_N comme l'espace des polynômes de $\mathbb{P}_N(\Omega)$ orthogonaux à

$$\begin{array}{cccc} L_0(x)L_0(y), & L_0(x)L_N(y), & L_N(x)L_0(y), & L_N(x)L_N(y), \\ A_{N-1}(x)A_{N-1}(y), & A_{N-1}(x)A_N(y), & A_N(x)A_{N-1}(y), & A_N(x)A_N(y). \end{array} \tag{4.26}$$

On conclut avec le lemme suivant.

Lemme 4.9. *L'orthogonal* M_N *des polynômes de* (4.26) *dans* $\mathbb{P}_N(\Omega)$ *satisfait les conditions* (4.21) *et* (4.22).

Démonstration: L'espace M_N ayant été construit pour que (4.21) soit vérifiée, il reste à démontrer (4.22). Pour tout polynôme q de l'ensemble, noté Q, des quatre polynômes

$$\{L_N'(x)L_N'(y), L_N'(x)L_{N+1}'(y), L_{N+1}'(x)L_N'(y), L_{N+1}'(x)L_{N+1}'(y)\},$$

on désigne par $\bar{q}$ la projection de q sur le sous-espace orthogonal aux polynômes

$$L_0(x)L_0(y), \quad L_0(x)L_N(y), \quad L_N(x)L_0(y), \quad L_N(x)L_N(y),$$

et par $\tilde{q}$ le polynôme obtenu en remplaçant L'_N par A_{N-1} et L'_{N+1} par A_N. On vérifie alors facilement la formule

$$\forall q_N \in M_N, \quad q_N = \Pi_{D_N} q_N - \sum_{q \in Q} \frac{\int_\Omega (\Pi_{D_N} q_N)(x) \tilde{q}(x)\, dx}{\int_\Omega \bar{q}(x) \tilde{q}(x)\, dx} \bar{q}.$$

On en déduit, pour q_N dans M_N,

$$\begin{aligned}\|q_N\|_{L^2(\Omega)} &\leq \|\Pi_{D_N} q_N\|_{L^2(\Omega)} \big(1 + \sum_{q \in Q} \frac{\|\tilde{q}\|_{L^2(\Omega)} \|\bar{q}\|_{L^2(\Omega)}}{\int_\Omega \bar{q}(x) \tilde{q}(x)\, dx}\big) \\ &\leq \|\Pi_{D_N} q_N\|_{L^2(\Omega)} \big(1 + \sum_{q \in Q} \frac{\|q\|_{L^2(\Omega)}}{\|\tilde{q}\|_{L^2(\Omega)}}\big).\end{aligned}$$

La formule $(F.4)$, dérivée, entraîne que

$$L'_n = (2n-1) L_{n-1} + (2n-5) L_{n-3} + \cdots;$$

on a donc

$$\|A_{N-1}\|_{L^2(\Lambda)} \geq 2\big(\sum_{\lambda N < N - 2k \leq N-2} (N - 2k + \frac{1}{2})\big)^{\frac{1}{2}} \geq c\,(1 - \lambda)\, N.$$

La même minoration étant vraie pour $\|A_N\|_{L^2(\Lambda)}$, en comparant avec les normes de L'_N et L'_{N+1} données par le Lemme I.5.1, on vérifie facilement que les 4 quantités $\frac{\|q\|_{L^2(\Omega)}}{\|\tilde{q}\|_{L^2(\Omega)}}$ sont majorées par une constante indépendante de N. On obtient alors (4.22).

En conclusion, on a construit par la méthode de Galerkin appliquée à la formulation (3.3) un problème discret qui a une solution unique et pour lequel on a prouvé une estimation d'erreur optimale sur la vitesse et une estimation inférieure d'un ordre sur la pression. On sait toutefois que la mise en œuvre de cette méthode ne peut être envisagée, car elle requiert le calcul d'intégrales $\int_\Omega \boldsymbol{f}(\boldsymbol{x}) \,.\, \boldsymbol{v}_N(\boldsymbol{x})\, d\boldsymbol{x}$ qu'on ne sait pas effectuer dans la pratique. Le problème discret du paragraphe suivant est obtenu en approchant toutes les intégrales au moyen d'une formule de quadrature unique, l'analyse numérique a été effectuée dans [14].

IV.5. Méthode de collocation à une grille

Étant donné une entier $N \geq 2$, on note ξ_j, $0 \leq j \leq N$, les zéros du polynôme $(1 - \zeta^2) L'_N$, rangés par ordre croissant et ρ_j, $0 \leq j \leq N$, les poids correspondants dans la formule de Gauss–Lobatto $(F.7)$. Comme au chapitre III, on définit sur les fonctions continues sur $\overline{\Omega}$ la forme bilinéaire

$$(u, v)_N = \sum_{j=0}^{N} \sum_{k=0}^{N} u(\xi_j, \xi_k) v(\xi_j, \xi_k)\, \rho_j\, \rho_k. \tag{5.1}$$

On rappelle (voir Corollaire III.1.13) qu'il s'agit d'un produit scalaire sur l'espace $\mathbb{P}_N(\Omega)$.

On définit encore X_N comme étant égal à $\mathbb{P}_N^0(\Omega)^2$ et on fixe un sous-espace M_N de $\mathbb{P}_N(\Omega)$ que l'on précisera par la suite. En supposant la donnée $\boldsymbol{f}$ continue sur Ω, le problème discret que l'on va étudier s'écrit: *trouver $\boldsymbol{u}_N$ dans X_N et p_N dans M_N tels que*

$$\begin{aligned} &\forall \boldsymbol{v}_N \in X_N, \quad a_N(\boldsymbol{u}_N, \boldsymbol{v}_N) + b_N(\boldsymbol{v}_N, p_N) = (\boldsymbol{f}, \boldsymbol{v}_N)_N, \\ &\forall q_N \in M_N, \quad b_N(\boldsymbol{u}_N, q_N) = 0, \end{aligned} \tag{5.2}$$

où les formes $a_N(.,.)$ et $b_N(.,.)$ sont définies par

$$\begin{aligned} a_N(\boldsymbol{u}_N, \boldsymbol{v}_N) &= \nu(\mathbf{grad}\, \boldsymbol{u}_N, \mathbf{grad}\, \boldsymbol{v}_N)_N, \\ b_N(\boldsymbol{v}_N, q_N) &= -(\mathrm{div}\, \boldsymbol{v}_N, q_N)_N. \end{aligned}$$

La première étape de l'analyse numérique de ce problème consiste à étudier les modes parasites.

Définition 5.1. On appelle mode parasite pour la pression dans le problème (5.2) toute fonction q_N de $\mathbb{P}_N(\Omega)$ vérifiant

$$\forall \boldsymbol{v}_N \in X_N, \quad (\mathrm{div}\, \boldsymbol{v}_N, q_N)_N = 0. \tag{5.3}$$

On note Z_N^c le sous-espace vectoriel formé par ces fonctions.

Proposition 5.2. *L'espace Z_N^c est de dimension 8, engendré par les polynômes*

$$\begin{aligned} &L_0(x)L_0(y), \quad L_0(x)L_N(y), \quad L_N(x)L_0(y), \quad L_N(x)L_N(y), \\ &L_N'(x)L_N'(y), \quad L_N'(x)yL_N'(y), \quad xL_N'(x)L_N'(y), \quad xL_N'(x)yL_N'(y). \end{aligned} \tag{5.4}$$

Démonstration: Puisque la forme bilinéaire $(.,.)_N$ est un produit scalaire sur $\mathbb{P}_N(\Omega)$, le Corollaire 4.2 implique que l'espace Z_N^c est de dimension 8. Il faut ensuite vérifier que les 8 fonctions de (5.4) appartiennent à Z_N^c: c'est clair pour les 4 premières, à cause de la propriété d'orthogonalité des L_n; pour les 4 autres, on note que les polynômes $(1 \pm x)L_N'(x)(1 \pm y)L_N'(y)$ s'annulent en tous les points (ξ_j, ξ_k), $0 \le j, k \le N$, sauf en un coin $\boldsymbol{a}_J$ de Ω, $J = 1, 2, 3, 4$, et que la divergence de tout élément de X_N s'annule aux 4 coins $\boldsymbol{a}_J$. Finalement, on prouve que les 8 polynômes de (5.4) sont indépendants en utilisant exactement les mêmes arguments que pour ceux de (4.2).

On choisit maintenant l'espace M_N tel que

$$\mathbb{P}_N(\Omega) = M_N \oplus Z_N^c. \tag{5.5}$$

Ceci entraîne que la seconde équation de (5.2) s'écrit de façon équivalente:

$$\forall q_N \in \mathbb{P}_N(\Omega), \ b_N(\boldsymbol{u}_N, q_N) = 0, \tag{5.6}$$

ou encore que l'espace V_N défini en (1.3) vérifie

$$V_N = \{\boldsymbol{v}_N \in X_N;\ \forall q_N \in M_N,\ b_N(\boldsymbol{v}_N, q_N) = 0\}. \tag{5.7}$$

La vitesse $\boldsymbol{u}_N$ solution du problème discret est donc cherchée à divergence exactement nulle!

D'autre part, on note que, la formule de quadrature étant exacte sur $\mathbb{P}_{2N-1}(\Omega)$, on peut effectuer des intégrations par parties dans les directions où la fonction est dérivée (comme dans le paragraphe III.3). On a ainsi

$$\begin{aligned}&\forall \boldsymbol{u}_N \in X_N, \forall \boldsymbol{v}_N \in X_N, \quad a_N(\boldsymbol{u}_N, \boldsymbol{v}_N) = -\nu(\Delta \boldsymbol{u}_N, \boldsymbol{v}_N)_N,\\ &\forall \boldsymbol{v}_N \in X_N, \forall q_N \in \mathbb{P}_N(\Omega), \quad b_N(\boldsymbol{v}_N, q_N) = (\boldsymbol{v}_N, \mathbf{grad}\, q_N)_N.\end{aligned}$$

Ceci permet d'écrire le problème discret (5.2) sous forme de collocation. Comme en (III.2.6), on définit la grille de Gauss–Lobatto de type Legendre

$$\Xi_N = \{\boldsymbol{x} = (\xi_j, \xi_k);\ 0 \le j, k \le N\}, \tag{5.8}$$

puis on choisit, dans la première équation de (5.2), $\boldsymbol{v}_N$ comme un polynôme de X_N qui s'annule en tous les points de $\Xi_N \cap \Omega$ sauf un et, dans (5.6), q_N comme un polynôme de $\mathbb{P}_N(\Omega)$ qui s'annule en tous les points de Ξ_N sauf un. On montre ainsi que le problème (5.2) est équivaut à trouver $\boldsymbol{u}_N$ dans $\mathbb{P}_N(\Omega)^2$ et p_N dans M_N vérifiant

$$\begin{cases} -\nu(\Delta \boldsymbol{u}_N)(\boldsymbol{x}) + (\mathbf{grad}\, p_N)(\boldsymbol{x}) = \boldsymbol{f}(\boldsymbol{x}), & \boldsymbol{x} \in \Xi_N \cap \Omega,\\ (\mathrm{div}\, \boldsymbol{u}_N)(\boldsymbol{x}) = 0, & \boldsymbol{x} \in \Xi_N,\\ \boldsymbol{u}_N(\boldsymbol{x}) = \boldsymbol{0}, & \boldsymbol{x} \in \Xi_N \cap \partial\Omega.\end{cases} \tag{5.9}$$

Remarque 5.3. On observe que le problème (5.9) se réduit à un système linéaire ayant 8 équations de plus que d'inconnues, puisque M_N est de codimension 8 dans $\mathbb{P}_N(\Omega)$. On peut toutefois vérifier que la seconde équation de ce système peut être remplacée de façon équivalente par

$$(\mathrm{div}\, \boldsymbol{u}_N)(\boldsymbol{x}) = 0, \quad \boldsymbol{x} \in \Xi_N \setminus \{\boldsymbol{a}_J, \boldsymbol{b}_J;\ J = 1, 2, 3, 4\}. \tag{5.10}$$

Ici, les $\boldsymbol{a}_J$ sont les coins du domaine et les $\boldsymbol{b}_J$ sont 4 points de Ξ_N différents des coins, vérifiant la propriété: dét $R \neq 0$, où R est la matrice formée par les valeurs des 4 polynômes

$$L_0(x)L_0(y), \quad L_0(x)L_N(y), \quad L_N(x)L_0(y), \quad L_N(x)L_N(y)$$

aux nœuds $\boldsymbol{b}_J$, $J = 1, 2, 3, 4$. On obtient alors un système carré.

D'après la proposition III.3.1, la forme $a_N(.,.)$ est continue sur $X_N \times X_N$ et elliptique sur X_N, avec une constante d'ellipticité minorée indépendamment de N, et, d'après le Corollaire III.1.13, la forme $b_N(.,.)$ est aussi continue sur $X_N \times M_N$. Là encore, pour utiliser les résultats du paragraphe 2, il faut démontrer l'existence d'une condition inf-sup, ce qui est l'objet du lemme suivant. Compte-tenu de la définition de la forme $b_N(,.,)$ et du Corollaire III.1.13, la démonstration est exactement la même que celle du Lemme 4.7, elle est laissée en exercice.

Lemme 5.4. *On suppose vérifiée la condition:*

$$\forall q_N \in M_N, \quad \|q_N\|_{L^2(\Omega)} \le c\, \|\Pi^c_{D_N} q_N\|_{L^2(\Omega)}, \tag{5.11}$$

où $\Pi^c_{D_N}$ désigne l'opérateur de projection orthogonale de $\mathbb{P}_N(\Omega)$ sur D_N pour le produit scalaire défini en (5.1). Alors, on a la condition inf-sup:

$$\forall q_N \in M_N, \quad \sup_{\boldsymbol{v}_N \in X_N} \frac{b_N(\boldsymbol{v}_N, q_N)}{\|\boldsymbol{v}_N\|_{H^1(\Omega)^2}} \geq c\, N^{-1}\, \|q_N\|_{L^2(\Omega)}. \tag{5.12}$$

On peut alors démontrer les résultats principaux sur le problème (5.2).

Théorème 5.5. *Pour tout entier $N \geq 2$, sous l'hypothèse (5.5), le problème (5.2) admet une solution unique $(\boldsymbol{u}_N, p_N)$ dans $X_N \times M_N$. On suppose en outre la solution $(\boldsymbol{u}, p)$ du problème (3.3) dans $H^m(\Omega)^2 \times H^{m-1}(\Omega)$ pour un entier $m \geq 1$ et la donnée $\boldsymbol{f}$ dans $H^r(\Omega)^2$ pour un entier $r \geq 2$. Alors, pour le problème discret (5.2), on a la majoration d'erreur*

$$\|\boldsymbol{u} - \boldsymbol{u}_N\|_{H^1(\Omega)^2} \leq c\,(N^{1-m}\, \|\boldsymbol{u}\|_{H^m(\Omega)^2} + N^{-r}\, \|\boldsymbol{f}\|_{H^r(\Omega)^2}). \tag{5.13}$$

Démonstration: L'hypothèse (5.5) entraîne que la condition inf-sup est vérifiée avec une constante positive. On déduit alors du Théorème 2.5 que le problème (5.2) admet une solution unique. De plus, comme V_N est inclus dans V, on peut appliquer la majoration (2.20):

$$\|\boldsymbol{u} - \boldsymbol{u}_N\|_{H^1(\Omega)^2} \leq c\,\Big(\inf_{\boldsymbol{v}_N \in V_N} \big(\|\boldsymbol{u} - \boldsymbol{v}_N\|_{H^1(\Omega)^2} + \sup_{\boldsymbol{w}_N \in X_N} \frac{(a - a_N)(\boldsymbol{v}_N, \boldsymbol{w}_N)}{\|\boldsymbol{w}_N\|_{H^1(\Omega)^2}}\big)$$
$$+ \sup_{\boldsymbol{w}_N \in X_N} \frac{\int_\Omega \boldsymbol{f}(\boldsymbol{x})\,.\,\boldsymbol{w}_N(\boldsymbol{x})\,d\boldsymbol{x} - (\boldsymbol{f}, \boldsymbol{w}_N)_N}{\|\boldsymbol{w}_N\|_{H^1(\Omega)^2}}\Big).$$

On choisit $\boldsymbol{v}_N$ comme une fonction de X_{N-1} à divergence nulle, de sorte que la propriété d'exactitude de la formule de quadrature implique

$$\forall \boldsymbol{w}_N \in X_N, \quad a(\boldsymbol{v}_N, \boldsymbol{w}_N) = a_N(\boldsymbol{v}_N, \boldsymbol{w}_N). \tag{5.14}$$

Le terme $\|\boldsymbol{u} - \boldsymbol{v}_N\|_{H^1(\Omega)^2}$ se majore alors grâce au Lemme 1.2. Pour estimer le dernier terme, on utilise l'inégalité (III.3.15), ainsi que les Théorèmes II.2.4 et III.2.6.

Théorème 5.6. *On suppose la solution $(\boldsymbol{u}, p)$ du problème (3.3) dans $H^m(\Omega)^2 \times H^{m-1}(\Omega)$ pour un entier $m \geq 1$ et la donnée $\boldsymbol{f}$ dans $H^r(\Omega)^2$ pour un entier $r \geq 2$. Alors, sous les hypothèses (4.21) et (5.11), pour le problème discret (5.2), on a la majoration d'erreur*

$$\|p - p_N\|_{L^2(\Omega)} \leq c\,\big(N^{2-m}\,(\|\boldsymbol{u}\|_{H^m(\Omega)^2} + \|p\|_{H^{m-1}(\Omega)}) + N^{1-r}\, \|\boldsymbol{f}\|_{H^r(\Omega)^2}\big). \tag{5.15}$$

Démonstration: Puisque la constante de condition inf-sup est minorée par $c\,N^{-1}$, l'inégalité (2.19) donne

$$\|p - p_N\|_{L^2(\Omega)} \leq c\,N\,\Big(\|\boldsymbol{u} - \boldsymbol{v}_N\|_{H^1(\Omega)^2} + \|p - \Pi_{[\lambda N]} p\|_{L^2(\Omega)}$$
$$+ \sup_{\boldsymbol{w}_N \in X_N} \frac{\int_\Omega \boldsymbol{f}(\boldsymbol{x})\,.\,\boldsymbol{w}_N(\boldsymbol{x})\,d\boldsymbol{x} - (\boldsymbol{f}, \boldsymbol{w}_N)_N}{\|\boldsymbol{w}_N\|_{H^1(\Omega)^2}}\Big),$$

où $\boldsymbol{v}_N$ est encore choisi dans X_{N-1} à divergence nulle de sorte que (5.14) soit vérifié. On conclut comme précédemment.

On peut ici encore obtenir une majoration d'ordre plus élevé pour $\|\boldsymbol{u}-\boldsymbol{u}_N\|_{L^2(\Omega)^2}$ par une méthode de dualité d'Aubin–Nitsche.

Théorème 5.7. *Sous les hypothèses du Théorème* 5.5, *pour le problème discret* (5.2), *on a la majoration d'erreur*

$$\|\boldsymbol{u}-\boldsymbol{u}_N\|_{L^2(\Omega)^2} \le c\,(N^{-m}\,\|\boldsymbol{u}\|_{H^m(\Omega)^2} + N^{-r}\,\|\boldsymbol{f}\|_{H^r(\Omega)^2}). \tag{5.16}$$

Démonstration: On part de l'égalité

$$\|\boldsymbol{u}-\boldsymbol{u}_N\|_{L^2(\Omega)^2} = \sup_{\boldsymbol{g}\in L^2(\Omega)^2} \frac{\int_\Omega \boldsymbol{g}(\boldsymbol{x})\,.\,(\boldsymbol{u}-\boldsymbol{u}_N)(\boldsymbol{x})\,d\boldsymbol{x}}{\|\boldsymbol{g}\|_{L^2(\Omega)^2}}. \tag{5.17}$$

Pour toute fonction $\boldsymbol{g}$ de $L^2(\Omega)^2$, on sait d'après le Théorème 3.2 que le problème: *trouver* $(\boldsymbol{w},t)$ *dans* $H_0^1(\Omega)^2 \times L_0^2(\Omega)$ *tel que*

$$\begin{aligned} &\forall \boldsymbol{v}\in H_0^1(\Omega)^2, \quad a(\boldsymbol{v},\boldsymbol{w}) + b(\boldsymbol{v},t) = \int_\Omega \boldsymbol{g}(\boldsymbol{x})\,.\,\boldsymbol{v}(\boldsymbol{x})\,d\boldsymbol{x},\\ &\forall q\in L^2(\Omega), \quad b(\boldsymbol{w},q)=0, \end{aligned} \tag{5.18}$$

a une solution unique et on admet (voir Grisvard [30, Corollary 7.3.3.5]) que cette solution appartient à $H^2(\Omega)^2 \times H^1(\Omega)$ et vérifie

$$\|\boldsymbol{w}\|_{H^2(\Omega)^2} + \|t\|_{H^1(\Omega)} \le c\,\|\boldsymbol{g}\|_{L^2(\Omega)^2}. \tag{5.19}$$

On peut alors calculer

$$\int_\Omega \boldsymbol{g}(\boldsymbol{x})\,.\,(\boldsymbol{u}-\boldsymbol{u}_N)(\boldsymbol{x})\,d\boldsymbol{x} = a(\boldsymbol{u}-\boldsymbol{u}_N,\boldsymbol{w}) + b(\boldsymbol{u}-\boldsymbol{u}_N,t).$$

Les énoncés des problèmes (3.3) et (5.2) montrent que pour toute fonction $\boldsymbol{w}_N$ de V_N,

$$a(\boldsymbol{u},\boldsymbol{w}_N) - a_N(\boldsymbol{u}_N,\boldsymbol{w}_N) + b(\boldsymbol{w}_N,p) = \int_\Omega \boldsymbol{f}(\boldsymbol{x})\,.\,\boldsymbol{w}_N(\boldsymbol{x})\,d\boldsymbol{x} - (\boldsymbol{f},\boldsymbol{w}_N)_N.$$

En choisissant $\boldsymbol{w}_N$ dans X_{N-1} à divergence nulle, on obtient alors

$$\int_\Omega \boldsymbol{g}(\boldsymbol{x})\,.\,(\boldsymbol{u}-\boldsymbol{u}_N)(\boldsymbol{x})\,d\boldsymbol{x} = a(\boldsymbol{u}-\boldsymbol{u}_N,\boldsymbol{w}-\boldsymbol{w}_N) + \int_\Omega \boldsymbol{f}(\boldsymbol{x})\,.\,\boldsymbol{w}_N(\boldsymbol{x})\,d\boldsymbol{x} - (\boldsymbol{f},\boldsymbol{w}_N)_N,$$

de sorte que

$$\begin{aligned} &\int_\Omega \boldsymbol{g}(\boldsymbol{x})\,.\,(\boldsymbol{u}-\boldsymbol{u}_N)(\boldsymbol{x})\,d\boldsymbol{x}\\ &\qquad \le c\,\big(\|\boldsymbol{u}-\boldsymbol{u}_N\|_{H^1(\Omega)^2}\|\boldsymbol{w}-\boldsymbol{w}_N\|_{H^1(\Omega)^2} + \int_\Omega \boldsymbol{f}(\boldsymbol{x})\,.\,\boldsymbol{w}_N(\boldsymbol{x})\,d\boldsymbol{x} - (\boldsymbol{f},\boldsymbol{w}_N)_N\big). \end{aligned}$$

On conclut en utilisant d'une part le Lemme 1.2 combiné avec la propriété (5.19), d'autre part le Théorème 5.5 ainsi que (III.3.15) et les Théorèmes II.2.4 et III.2.6.

Existe-t-il des espaces M_N tels que les propriétés (4.21) et (5.11) soient vérifiées? Compte-tenu de l'expression (4.25) des polynômes A_{N-1} et A_N, le lemme suivant se démontre exactement comme le Lemme 4.9.

Lemme 5.8. *L'orthogonal M_N des polynômes de* (4.26) *dans $\mathbb{P}_N(\Omega)$ satisfait les conditions* (4.21) *et* (5.11).

Ainsi se termine l'analyse numérique du problème discret (5.2): il admet une solution unique $(\boldsymbol{u}_N, p_N)$ dans $X_N \times M_N$ lorsque l'espace M_N est choisi de façon appropriée. L'erreur est optimale en ce qui concerne la vitesse; elle est d'un ordre inférieur en ce qui concerne la pression, toutefois au vu du contre-exemple (4.19) (qui s'étend facilement à la méthode de collocation), ceci ne peut être amélioré. On verra au paragraphe 8 qu'en dépit des modes parasites à éliminer, la méthode se met en œuvre facilement et conduit à un système linéaire symétrique.

On peut bien sûr approcher le problème de Stokes par une méthode de collocation aux points de Tchebycheff. Pour cela, on considère les zéros ξ_j^*, $0 \le j \le N$, du polynôme $(1-\zeta^2)T_N'$, et on introduit comme en (III.2.13):

$$\Xi_N^* = \{\boldsymbol{x} = (\xi_j^*, \xi_k^*);\ 0 \le j, k \le N\}. \tag{5.20}$$

On choisit toujours X_N comme l'espace $\mathbb{P}_N^0(\Omega)^2$ et M_N comme un sous-espace de $\mathbb{P}_N(\Omega)$ à préciser par la suite. Le problème discret consiste alors à trouver $\boldsymbol{u}_N$ dans $\mathbb{P}_N(\Omega)^2$ et p_N dans M_N vérifiant

$$\begin{cases} -\nu(\Delta \boldsymbol{u}_N)(\boldsymbol{x}) + (\mathbf{grad}\, p_N)(\boldsymbol{x}) = \boldsymbol{f}(\boldsymbol{x}), & \boldsymbol{x} \in \Xi_N^* \cap \Omega, \\ (\operatorname{div} \boldsymbol{u}_N)(\boldsymbol{x}) = 0, & \boldsymbol{x} \in \Xi_N^*, \\ \boldsymbol{u}_N(\boldsymbol{x}) = \boldsymbol{0}, & \boldsymbol{x} \in \Xi_N^* \cap \partial\Omega. \end{cases} \tag{5.21}$$

Bien entendu, ce problème possède une formulation variationnelle. Si l'on introduit la forme bilinéaire

$$(u, v)_{*,N} = \sum_{j=0}^{N} \sum_{k=0}^{N} u(\xi_j^*, \xi_k^*) v(\xi_j^*, \xi_k^*)\, \rho_j^* \rho_k^* \tag{5.22}$$

(les poids ρ_j^*, $0 \le j \le N$, sont ceux de la formule de quadrature de Gauss–Lobatto donnés en (I.4.22)), il s'écrit de façon équivalente: *trouver $\boldsymbol{u}_N$ dans X_N et p_N dans M_N tels que*

$$\begin{aligned} &\forall \boldsymbol{v}_N \in X_N, \quad a_{*,N}(\boldsymbol{u}_N, \boldsymbol{v}_N) + b_{1*,N}(\boldsymbol{v}_N, p_N) = (\boldsymbol{f}, \boldsymbol{v}_N)_{*,N}, \\ &\forall q_N \in \mathbb{P}_N(\Omega), \quad b_{2*,N}(\boldsymbol{u}_N, q_N) = 0, \end{aligned} \tag{5.23}$$

où les formes $a_{*,N}(.,.)$, $b_{1*,N}(.,.)$ et $b_{2*,N}(.,.)$ sont définies par

$$\begin{aligned} a_{*,N}(\boldsymbol{u}_N, \boldsymbol{v}_N) &= \nu(\mathbf{grad}\, \boldsymbol{u}_N, (\mathbf{grad}\,(\boldsymbol{v}_N \varpi_*))(\varpi_*)^{-1})_{*,N}, \\ b_{1*,N}(\boldsymbol{v}_N, q_N) &= -(\operatorname{div}\, (\boldsymbol{v}_N \varpi_*)(\varpi_*)^{-1}, q_N)_{*,N}, \\ b_{2*,N}(\boldsymbol{v}_N, q_N) &= -(\operatorname{div}\, \boldsymbol{v}_N, q_N)_{*,N}. \end{aligned}$$

On commence par identifier les modes parasites de ce problème. Pour cela, on pose, pour $i = 1$ et 2,

$$Z^c_{i\star,N} = \{q_N \in \mathbb{P}_N(\Omega);\ \forall v_N \in X_N,\ b_{i\star,N}(v_N, q_N) = 0\}. \tag{5.24}$$

Proposition 5.9. *L'espace $Z^c_{1\star,N}$ est de dimension 8, engendré par les polynômes*

$$\begin{aligned} &T_0(x)T_0(y), \quad T_0(x)T_N(y), \quad T_N(x)T_0(y), \quad T_N(x)T_N(y),\\ &T'_N(x)T'_N(y), \quad T'_N(x)yT'_N(y), \quad xT'_N(x)T'_N(y), \quad xT'_N(x)yT'_N(y). \end{aligned} \tag{5.25}$$

L'espace $Z^c_{2\star,N}$ est de dimension 8, engendré par les polynômes

$$\begin{aligned} &S^c_N(x)S^c_N(y), \quad S^c_N(x)T_N(y), \quad T_N(x)S^c_N(y), \quad T_N(x)T_N(y),\\ &T'_N(x)T'_N(y), \quad T'_N(x)yT'_N(y), \quad xT'_N(x)T'_N(y), \quad xT'_N(x)yT'_N(y), \end{aligned} \tag{5.26}$$

où le polynôme S^c_N est défini par

$$\forall \varphi_N \in \mathbb{P}_N(\Lambda), \quad \sum_{j=0}^{N} S^c_N(\xi^\star_j)\varphi_N(\xi^\star_j)\,\rho^\star_j = \int_{-1}^{1} \varphi_N(\zeta)\,d\zeta. \tag{5.27}$$

Démonstration: On commence par vérifier que les 8 fonctions de (5.25) (respectivement (5.26)) appartiennent bien à $Z^c_{1\star,N}$ (respectivement à $Z_{2\star,N}$) et sont indépendantes; comme pour les polynômes de Legendre, ceci est une conséquence des propriétés d'orthogonalité pour les 4 premières et c'est dû au fait que les polynômes $(1 \pm x)T'_N(x)(1 \pm y)T'_N(y)$ s'annulent en tous les points de la grille $\Xi^\star_N$ sauf aux coins du domaine pour les 4 dernières. La caractérisation de l'espace $Z_{2\star,N}$ est alors facile: en effet, l'espace D_N est de codimension 8 dans $\mathbb{P}_N(\Omega)$ et, comme la forme bilinéaire définie en (5.22) est un produit scalaire sur $\mathbb{P}_N(\Omega)$ (voir Lemme III.1.22), l'espace $Z_{2\star,N}$ qui lui est orthogonal pour ce produit scalaire est de dimension 8. Pour compléter l'étude de l'espace $Z^c_{1\star,N}$, on utilise des arguments similaires à ceux de la Proposition 4.1: q_N étant un polynôme quelconque de $Z^c_{1\star,N}$, on choisit dans la définition (5.24) la fonction test v_N successivement égale à $(v_{mn}, 0)$ et à $(0, v_{mn})$, avec

$$v_{mn}(x,y) = (1-x^2)T'_m(x)(1-y^2)T'_n(y), \quad 1 \le m,n \le N-1,$$

et, en utilisant l'équation différentielle (I.3.18), on obtient d'abord que q_N s'écrit sous la forme

$$q_N(x,y) = \alpha_0(y)S^c_N(x) + \alpha_N(y)T_N(x) + \beta_-(x)(1-y)T'_N(y) + \beta_+(x)(1+y)T'_N(y),$$

ensuite que q_N appartient à l'espace engendré par les fonctions de (5.25). Ceci termine la démonstration.

Il faut maintenant étudier les propriétés des formes $a_{\star,N}(.,.)$, $b_{1\star,N}(.,.)$ et $b_{2\star,N}(.,.)$. Les démonstrations ne sont qu'esquissées ici, on renvoie à [7] et à [11] pour les détails. On commence par la forme $a_{\star,N}(.,.)$, dont la continuité est démontrée dans la Proposition III.3.8. Pour établir une condition inf-sup entre les deux noyaux discrets

$$V_{i\star,N} = \{v_N \in X_N; \forall q_N \in \mathbb{P}_N(\Omega),\ b_{i\star,N}(v_N, q_N) = 0\}, \tag{5.28}$$

on note que toute fonction de $V_{2\natural,N}$ est à divergence exactement nulle; donc, comme dans le cas continu, elle s'écrit sous la forme $\mathbf{rot}\,\psi_N$, où maintenant ψ_N est un polynôme. On établit ainsi une bijection: $\mathbf{rot}\,\psi_N \mapsto (\varpi_\natural)^{-1}\big(\mathbf{rot}\,(\psi_N\,\varpi_\natural)\big)$ entre $V_{2\natural,N}$ et $V_{1\natural,N}$, ce qui permet de ramener la démonstration des conditions inf-sup à celle de l'ellipticité de l'application:

$$\psi_N \mapsto \big(\Delta\psi_N, \Delta(\psi_N\,\varpi_\natural)\,(\varpi_\natural)^{-1}\big)_N$$

sur l'espace $\mathbb{P}_N(\Omega)\cap H_0^2(\Omega)$. On prouve ceci en utilisant le résultat d'ellipticité sur l'intégrale et le Lemme III.1.22.

En ce qui concerne la condition inf-sup sur la forme $b_{2\natural,N}(.,.)$, il est bien sûr équivalent de faire décrire aux fonctions test dans la deuxième équation de (5.23) soit $\mathbb{P}_N(\Omega)$ tout entier, soit un supplémentaire de $Z_{2\natural,N}$. Dans ce dernier cas, une condition inf-sup est automatiquement vérifiée avec une constante dépendant de N mais qui n'intervient pas dans les estimations d'erreur. Par contre, une estimation de la condition inf-sup liée à la forme $b_{1\natural,N}(.,.)$ est nécessaire, elle s'obtient exactement par les mêmes arguments que dans le cas des polynômes de Legendre, c'est-à-dire ceux du Lemme 4.4, de la Remarque 4.5 et de la Proposition 4.6. L'ordre de N dans la minoration énoncée ci-dessous est toutefois différent de celui obtenu en (4.16), c'est dû au fait que la trace d'une fonction de $H^2_\natural(\Omega)$ est plus régulière que celle d'une fonction de $H^2(\Omega)$.

Proposition 5.10. *Pour tout polynôme q_N de $\mathbb{P}_N(\Omega)$ orthogonal à $Z_{1\natural,N}$ pour le produit scalaire défini en (5.22), il existe un polynôme $\boldsymbol{v}_N$ de X_N vérifiant*

$$\text{div}\,(\boldsymbol{v}_N\,\varpi_\natural) = q_N\,\varpi_\natural \quad \text{dans } \Omega \tag{5.29}$$

et

$$\|\boldsymbol{v}_N\|_{H^1_\natural(\Omega)^2} \le c\,N^{\frac{3}{2}}\,\|q_N\|_{L^2_\natural(\Omega)}. \tag{5.30}$$

Les résultats concernant le problème (5.23) se déduisent maintenant directement du paragraphe 2, des estimations des chapitres II et III et de ce qui précède.

Théorème 5.11. *Pour tout entier $N \ge 2$, si l'espace M_N est un supplémentaire de $Z_{1\natural,N}$ dans $\mathbb{P}_N(\Omega)$, le problème (5.23) admet une solution unique $(\boldsymbol{u}_N, p_N)$ dans $X_N \times M_N$. On suppose en outre la solution $(\boldsymbol{u}, p)$ du problème (3.10) dans $H^m_\natural(\Omega)^2 \times H^{m-1}_\natural(\Omega)$ pour un entier $m \ge 1$ et la donnée $\boldsymbol{f}$ dans $H^r_\natural(\Omega)^2$ pour un entier $r \ge 2$. Alors, pour le problème discret (5.23), on a la majoration d'erreur*

$$\|\boldsymbol{u}-\boldsymbol{u}_N\|_{H^1_\natural(\Omega)^2} \le c\,(N^{1-m}\,\|\boldsymbol{u}\|_{H^m_\natural(\Omega)^2} + N^{-r}\,\|\boldsymbol{f}\|_{H^r_\natural(\Omega)^2}). \tag{5.31}$$

Théorème 5.12. *On suppose la solution $(\boldsymbol{u}, p)$ du problème (3.10) dans $H^m_\natural(\Omega)^2 \times H^{m-1}_\natural(\Omega)$ pour un entier $m \ge 1$ et la donnée $\boldsymbol{f}$ dans $H^r_\natural(\Omega)^2$ pour un entier $r \ge 2$. On suppose que l'espace M_N vérifie*

$$\mathbb{P}_{[\lambda N]}(\Omega) \cap L^2_{\natural,0}(\Omega) \subset M_N, \tag{5.32}$$

pour un réel λ, $0 < \lambda < 1$, et

$$\forall q_N \in M_N, \quad \|q_N\|_{L^2_\natural(\Omega)} \le c\,\|\Pi^c_{D_N,\natural}\,q_N\|_{L^2_\natural(\Omega)}, \tag{5.33}$$

où $\Pi^c_{D_N,*}$ désigne l'opérateur de projection orthogonale de $\mathbb{P}_N(\Omega)$ sur l'orthogonal de $Z^c_{1*,N}$ pour le produit scalaire (5.22). Alors, pour le problème discret (5.23), on a la majoration d'erreur

$$\|p-p_N\|_{L^2_*(\Omega)} \le c\left(N^{\frac{5}{2}-m}\left(\|u\|_{H^m_*(\Omega)^2}+\|p\|_{H^{m-1}_*(\Omega)}\right)+N^{\frac{3}{2}-r}\|f\|_{H^r_*(\Omega)^2}\right). \tag{5.34}$$

Il reste à construire un sous-espace M_N satisfaisant les hypothèses (5.32) et (5.33). On pose maintenant

$$A^*_{N-1} = T'_N - \pi^*_{[\lambda N]}T'_N \quad \text{et} \quad A^*_N = \pi^*_{N-1}T'_{N+1} - \pi^*_{[\lambda N]}T'_{N+1}, \tag{5.35}$$

L'espace M_N orthogonal dans $\mathbb{P}_N(\Omega)$ et pour le produit scalaire (5.22) aux polynômes

$$\begin{gathered} T_0(x)T_0(y), \qquad T_0(x)T_N(y), \qquad T_N(x)T_0(y), \qquad T_N(x)T_N(y), \\ A^*_{N-1}(x)A^*_{N-1}(y), \quad A^*_{N-1}(x)A^*_N(y), \quad A^*_N(x)A^*_{N-1}(y), \quad A^*_N(x)A^*_N(y), \end{gathered} \tag{5.36}$$

vérifie ces propriétés.

IV.6. Méthode de collocation à trois grilles

La méthode que l'on étudie ici est encore une méthode de collocation. L'idée pour éviter les modes parasites sur la pression qui apparaissent naturellement pour le problème discret précédent vient des différences finies: elle consiste à utiliser des grilles différentes, dites *décalées*, où seront vérifiées respectivement les équations de quantité de mouvement et d'incompressibilité, les inconnues étant les valeurs de la première composante de la vitesse sur la première grille, de la seconde composante sur la deuxième grille et de la pression sur la troisième grille. La première analyse de cette méthode est faite dans [12].

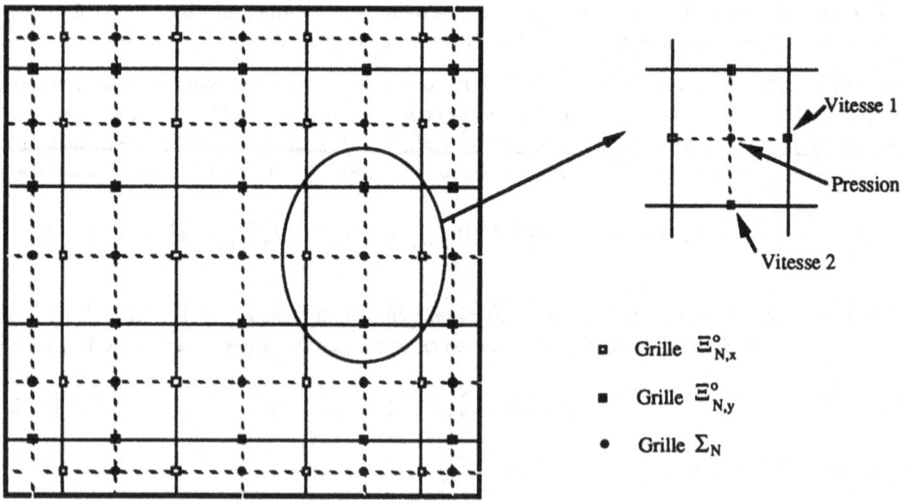

Figure 6.1

Plus précisément, les zéros de L_N étant notés ζ_j, $1 \le j \le N$, et les zéros de $(1-\zeta^2)L'_N$ rangés par ordre croissant étant notés ξ_j, $0 \le j \le N$, on définit trois grilles:

$$\begin{aligned} \Xi^\circ_{N,x} &= \{(\xi_j, \zeta_k);\ 1 \le j \le N-1, 1 \le k \le N\}, \\ \Xi^\circ_{N,y} &= \{(\zeta_j, \xi_k);\ 1 \le j \le N, 1 \le k \le N-1\}, \\ \Sigma_N &= \{(\zeta_j, \zeta_k);\ 1 \le j, k \le N\}. \end{aligned} \tag{6.1}$$

La grille Σ_N a déjà été introduite en (III.2.1). La figure ci-contre indique que les grilles $\Xi^\circ_{N,x}$ et $\Xi^\circ_{N,y}$ sont effectivement décalées chacune dans une direction par rapport à la grille Σ_N.

On suppose la donnée $\boldsymbol{f} = (f, g)$ continue sur $\overline{\Omega}$. Le problème de collocation s'écrit alors: *trouver* $\boldsymbol{u}_N = (u_N, v_N)$ *dans* X_N *et* p_N *dans* $M_N \cap L^2_0(\Omega)$ *tels que*

$$\begin{cases} -\nu(\Delta u_N)(\boldsymbol{x}) + (\frac{\partial p_N}{\partial x})(\boldsymbol{x}) = f(\boldsymbol{x}), & \boldsymbol{x} \in \Xi^\circ_{N,x}, \\ -\nu(\Delta v_N)(\boldsymbol{x}) + (\frac{\partial p_N}{\partial y})(\boldsymbol{x}) = g(\boldsymbol{x}), & \boldsymbol{x} \in \Xi^\circ_{N,y}, \\ (\operatorname{div} \boldsymbol{u}_N)(\boldsymbol{x}) = 0, & \boldsymbol{x} \in \Sigma_N. \end{cases} \tag{6.2}$$

Il reste alors à préciser les espaces discrets X_N et M_N. Ils vont être choisis de façon à ce que la première (respectivement la seconde) composante de la vitesse soit nulle sur $\partial\Omega$ et entièrement déterminée par ses valeurs aux points de $\Xi^\circ_{N,x}$ (respectivement de $\Xi^\circ_{N,y}$). De même, la pression doit être déterminée par ses valeurs sur la grille Σ_N. Ceci conduit de façon naturelle au choix suivant

$$X_N = \big(\mathbb{P}_{N,N+1}(\Omega) \cap H^1_0(\Omega)\big) \times \big(\mathbb{P}_{N+1,N}(\Omega) \cap H^1_0(\Omega)\big) \quad \text{et} \quad M_N = \mathbb{P}_{N-1}(\Omega), \tag{6.3}$$

où, pour tout couple (m, n) d'entiers ≥ 0, $\mathbb{P}_{m,n}(\Omega)$ désigne l'espace des polynômes sur Ω de degré $\le m$ par rapport à x et $\le n$ par rapport à y.

Il faut maintenant écrire la formulation variationnelle du problème. Pour cela, on rappelle que h_j, $1 \le j \le N$, désigne le polynôme de Lagrange associé au point ζ_j, c'est-à-dire le polynôme de $\mathbb{P}_{N-1}(\Lambda)$ qui s'annule en tous les points ζ_k, $1 \le k \le N$, sauf en ζ_j où il vaut 1; de même, on note ℓ_j, $0 \le j \le N$, le polynôme de $\mathbb{P}_N(\Lambda)$ qui s'annule en tous les points ξ_k, $0 \le k \le N$, sauf en ξ_j où il vaut 1. On multiplie alors la première équation de (6.2) par les polynômes

$$w_{jk}(x, y) = \ell_j(x)(1-y^2)h_k(y)\, \rho_j \omega_k, \quad 1 \le j \le N-1,\ 1 \le k \le N,$$

et la seconde équation par les polynômes

$$z_{jk}(x, y) = (1-x^2)h_j(x)\ell_k(y)\, \omega_j \rho_k, \quad 1 \le j \le N,\ 1 \le k \le N-1,$$

et on somme. On vérifie facilement que les couples $(w_{jk}, 0)$ et $(0, z_{jk})$ forment une base de l'espace X_N défini précédemment. On introduit alors la forme bilinéaire suivante, définie pour toutes fonctions $\boldsymbol{f} = (f, g)$ et $\boldsymbol{w} = (w, z)$ continues de $\overline{\Omega}$ dans $\mathbb{R}^2$:

$$< \boldsymbol{f}, \boldsymbol{w} >_N = \sum_{j=0}^{N} \sum_{k=1}^{N} f(\xi_j, \zeta_k) w(\xi_j, \zeta_k)\, \rho_j\, \omega_k + \sum_{j=1}^{N} \sum_{k=0}^{N} g(\zeta_j, \xi_k) z(\zeta_j, \xi_k)\, \omega_j\, \rho_k \tag{6.4}$$

(dans une direction donnée, on utilise donc des formules de quadrature différentes pour les deux composantes de $\boldsymbol{f}$ et de $\boldsymbol{w}$). On observe d'autre part que, grâce aux propriétés d'exactitude des formules de Gauss et de Gauss–Lobatto, on a pour tout $\boldsymbol{w}_N = (w_N, z_N)$ dans X_N et pour tout q_N dans M_N,

$$\begin{aligned}\sum_{j=0}^{N}\sum_{k=1}^{N} w_N(\xi_j,\zeta_k)(\frac{\partial q_N}{\partial x})(\xi_j,\zeta_k)\,\rho_j\,\omega_k &= \int_{-1}^{1}\sum_{k=1}^{N} w_N(x,\zeta_k)(\frac{\partial q_N}{\partial x})(x,\zeta_k)\,\omega_k\,dx \\ &= -\int_{-1}^{1}\sum_{k=1}^{N}(\frac{\partial w_N}{\partial x})(x,\zeta_k)q_N(x,\zeta_k)\,\omega_k\,dx \qquad (6.5)\\ &= -\sum_{j=1}^{N}\sum_{k=1}^{N}(\frac{\partial w_N}{\partial x})(\zeta_j,\zeta_k)q_N(\zeta_j,\zeta_k)\,\omega_j\,\omega_k,\end{aligned}$$

et, de même,

$$\sum_{j=1}^{N}\sum_{k=0}^{N} z_N(\zeta_j,\xi_k)(\frac{\partial q_N}{\partial y})(\zeta_j,\xi_k)\,\omega_j\,\rho_k = -\sum_{j=1}^{N}\sum_{k=1}^{N}(\frac{\partial z_N}{\partial y})(\zeta_j,\zeta_k)q_N(\zeta_j,\zeta_k)\,\omega_j\,\omega_k.$$

On obtient ainsi la formulation variationnelle suivante, équivalente au problème (6.2): *trouver* $\boldsymbol{u}_N = (u_N, v_N)$ *dans* X_N *et* p_N *dans* $M_N \cap L_0^2(\Omega)$ *tel que*

$$\begin{aligned}&\forall \boldsymbol{w}_N = (w_N, z_N) \in X_N, \quad a_N(\boldsymbol{u}_N, \boldsymbol{w}_N) + b_N(\boldsymbol{w}_N, p_N) = < \boldsymbol{f}, \boldsymbol{w}_N >_N,\\ &\forall q_N \in M_N, \quad b_N(\boldsymbol{u}_N, q_N) = 0,\end{aligned} \qquad (6.6)$$

où les formes $a_N(.,.)$ et $b_N(.,.)$ sont maintenant définies par

$$\begin{aligned}a_N(\boldsymbol{u}_N, \boldsymbol{v}_N) &= \nu < \frac{\partial \boldsymbol{u}_N}{\partial x}, \frac{\partial \boldsymbol{w}_N}{\partial x} >_N + \nu < \frac{\partial \boldsymbol{u}_N}{\partial y}, \frac{\partial \boldsymbol{w}_N}{\partial y} >_N,\\ b_N(\boldsymbol{v}_N, q_N) &= -\sum_{j=1}^{N}\sum_{k=1}^{N}(\mathrm{div}\ \boldsymbol{w}_N)(\zeta_j,\zeta_k)q_N(\zeta_j,\zeta_k)\,\omega_j\,\omega_k.\end{aligned}$$

Pour étudier ce problème, on considère d'abord les modes parasites.

Lemme 6.1. *L'espace des fonctions* q_N *de* M_N *telles que*

$$\forall \boldsymbol{w}_N \in X_N, \quad b_N(\boldsymbol{w}_N, q_N) = 0, \qquad (6.7)$$

se compose des fonctions constantes.

Démonstration: Soit q_N un polynôme de M_N vérifiant (6.7). En choisissant $\boldsymbol{w}_N$ de la forme $(w_N, 0)$ avec w_N égal à $\ell_j(x)(1-y^2)h_k(y)$, $1 \le j \le N-1$, $1 \le k \le N$, et en utilisant l'intégration par parties (6.5), on voit que $\frac{\partial q_N}{\partial x}$ s'annule en tous les points (ξ_j, ζ_k) intérieurs à Ω. Pour j fixé entre 1 et $N-1$, $\frac{\partial q_N}{\partial x}(\xi_j, .)$ est un polynôme de degré $\le N-1$ par rapport à y qui s'annule aux N zéros de L_N, il est donc nul. Maintenant, pour tout y entre -1 et 1, $\frac{\partial q_N}{\partial x}(., y)$ est un polynôme de degré $\le N-2$ par rapport à x qui s'annule aux $N-1$

zéros de L'_N, il est donc nul. On en déduit que q_N ne dépend pas de x et similairement, en choisissant $\boldsymbol{w}_N$ de la forme $(0, z_N)$, qu'il ne dépend pas de y. Ceci est le résultat souhaité.

On a donc construit un problème discret pour lequel il n'y a pas de modes parasites pour la pression, ce qui est un grand avantage par rapport au problème (5.2). Il faut toutefois noter qu'en contre-partie le sous-espace

$$V_N = \{\boldsymbol{w}_N \in X_N;\ \forall q_N \in M_N,\ b_N(\boldsymbol{w}_N, q_N) = 0\}, \tag{6.8}$$

n'est plus seulement formé de polynômes de X_N à divergence exactement nulle.

Remarque 6.2. Un autre problème de collocation à deux grilles décalées est proposé par Montigny–Rannou et Morchoisne [47]. Il s'écrit: *trouver* $\boldsymbol{u}_N$ *dans* $\mathbb{P}_N^0(\Omega)^2$ *et* p_N *dans* $\mathbb{P}_{N-1}(\Omega) \cap L_0^2(\Omega)$ *solution de*

$$\begin{cases} -\nu(\Delta \boldsymbol{u}_N)(\boldsymbol{x}) + (\mathbf{grad}\, p_N)(\boldsymbol{x}) = \boldsymbol{f}(\boldsymbol{x}), & \boldsymbol{x} \in \Xi_N \cap \Omega, \\ (\mathrm{div}\, \boldsymbol{u}_N)(\boldsymbol{x}) = 0, & \boldsymbol{x} \in \Sigma_N, \end{cases} \tag{6.9}$$

pour les grilles Ξ_N et Σ_N définies respectivement en (5.8) et (6.1). Toutefois, on peut noter que ce problème possède encore un mode parasite "non physique", à savoir le polynôme $L'_N(x)L'_N(y)$, ce qui enlève une grande partie de son intérêt. De plus, le problème (6.2) est moins coûteux pour la mise en œuvre, comme on le verra dans le paragraphe 8.

Le problème (6.2) est bien de la forme (2.15). Son analyse numérique repose donc sur les propriétés des formes $a_N(.,.)$ et $b_N(.,.)$. L'étude de ces propriétés est effectuée en détail dans les articles [11] et [13], elle s'avère extrêmement technique, c'est pourquoi on se contente ici d'énoncer sans démonstration les deux principaux résultats.

Proposition 6.3. *La forme* $a_N(.,.)$ *vérifie les propriétés de continuité*

$$\forall \boldsymbol{u}_N \in X_N, \forall \boldsymbol{w}_N \in X_N, \quad a_N(\boldsymbol{u}_N, \boldsymbol{w}_N) \le c\, \|\boldsymbol{u}_N\|_{H^1(\Omega)^2} \|\boldsymbol{w}_N\|_{H^1(\Omega)^2}, \tag{6.10}$$

et d'ellipticité

$$\forall \boldsymbol{u}_N \in X_N, \quad a_N(\boldsymbol{u}_N, \boldsymbol{u}_N) \ge c\, N^{-1}\, \|\boldsymbol{u}_N\|^2_{H^1(\Omega)^2}. \tag{6.11}$$

Proposition 6.4. *La forme* $b_N(.,.)$ *vérifie les propriétés de continuité*

$$\forall \boldsymbol{w}_N \in X_N, \forall q_N \in M_N, \quad b_N(\boldsymbol{w}_N, q_N) \le c\, \|\boldsymbol{w}_N\|_{H^1(\Omega)^2} \|q_N\|_{L^2(\Omega)}, \tag{6.12}$$

et de condition inf-sup

$$\forall q_N \in M_N \cap L_0^2(\Omega), \quad \sup_{\boldsymbol{w}_N \in X_N} \frac{b_N(\boldsymbol{w}_N, q_N)}{\|\boldsymbol{w}_N\|_{H^1(\Omega)^2}} \ge c\, N^{-\frac{1}{2}}\, \|q_N\|_{L^2(\Omega)}. \tag{6.13}$$

On note ici que la constante de condition inf-sup, quoique non minorée indépendamment de N, est plus grande que pour le problème (5.2) (voir la formule (4.20)). Toutefois, la constante d'ellipticité n'est plus minorée indépendamment de N (on sait vérifier que l'inégalité (6.11) ne peut être améliorée) et ceci va conduire à une estimation d'erreur non optimale aussi bien sur la vitesse que sur la pression.

Théorème 6.5. *Pour tout entier $N \geq 2$, le problème (6.2) admet une solution unique $(\boldsymbol{u}_N, p_N)$ dans $X_N \times M_N$. On suppose en outre la solution $(\boldsymbol{u}, p)$ du problème (3.3) dans $H^m(\Omega)^2 \times H^{m-1}(\Omega)$ pour un entier $m \geq 1$ et la donnée $\boldsymbol{f}$ dans $H^r(\Omega)^2$ pour un entier $r \geq 2$. Alors, pour le problème discret (6.2), on a la majoration d'erreur*

$$\begin{aligned}\|\boldsymbol{u} - \boldsymbol{u}_N\|_{H^1(\Omega)^2} &+ N^{-\frac{1}{2}} \|p - p_N\|_{L^2(\Omega)} \\ &\leq c\left(N^{2-m} \left(\|\boldsymbol{u}\|_{H^m(\Omega)^2} + \|p\|_{H^{m-1}(\Omega)}\right) + N^{1-r} \|\boldsymbol{f}\|_{H^r(\Omega)^2}\right).\end{aligned} \tag{6.14}$$

Démonstration: L'existence et l'unicité de la solution du problème sont une conséquence immédiate des Propositions 6.3 et 6.4, et du Théorème 2.5. Pour démontrer l'estimation d'erreur, on choisit $\boldsymbol{v}_N$ dans $\left(\mathbb{P}_{N-2}(\Omega) \cap H_0^1(\Omega)\right)^2$ à divergence exactement nulle, ce qui est toujours possible d'après le Lemme 1.2. On écrit alors l'estimation (2.19) dans ce cas particulier en utilisant (6.11) et (6.13), ce qui donne:

$$\begin{aligned}\|\boldsymbol{u} - \boldsymbol{u}_N\|_{H^1(\Omega)^2} + N^{-\frac{1}{2}} \|p - p_N\|_{L^2(\Omega)} \leq c N \Big(& \|\boldsymbol{u} - \boldsymbol{v}_N\|_{H^1(\Omega)^2} + \|p - \Pi_{N-2} p\|_{L^2(\Omega)} \\ & + \sup_{\boldsymbol{w}_N \in X_N} \frac{\int_\Omega \boldsymbol{f}(\boldsymbol{x}) \,.\, \boldsymbol{w}_N(\boldsymbol{x}) \, d\boldsymbol{x} - < \boldsymbol{f}, \boldsymbol{w}_N >_N}{\|\boldsymbol{w}_N\|_{H^1(\Omega)^2}} \Big).\end{aligned}$$

Le premier terme se majore grâce au Lemme 1.2, le second grâce au Théorème II.2.4. Pour majorer le troisième, on définit la fonction $\boldsymbol{f}_N$ égal à (f_N, g_N), avec

$$f_N = i_N^{(x)} \circ j_{N-1}^{(y)} f \quad \text{et} \quad g_N = j_{N-1}^{(x)} \circ i_N^{(y)} g,$$

où l'exposant après un opérateur indique dans quelle direction il s'applique. Exactement comme pour (III.3.15), on peut montrer que

$$\sup_{\boldsymbol{w}_N \in X_N} \frac{\int_\Omega \boldsymbol{f}(\boldsymbol{x}) \,.\, \boldsymbol{w}_N(\boldsymbol{x}) \, d\boldsymbol{x} - < \boldsymbol{f}, \boldsymbol{w}_N >_N}{\|\boldsymbol{w}_N\|_{H^1(\Omega)^2}} \leq c\left(\|\boldsymbol{f} - \boldsymbol{f}_N\|_{L^2(\Omega)^2} + \|\boldsymbol{f} - \Pi_{N-2} \boldsymbol{f}\|_{L^2(\Omega)^2}\right),$$

et l'on conclut en combinant les Corollaires III.1.6 et III.1.16 pour majorer $\|\boldsymbol{f} - \boldsymbol{f}_N\|_{L^2(\Omega)^2}$ et en utilisant encore le Théorème II.2.4.

IV.7. Méthode $\mathbb{P}_N$–$\mathbb{P}_{N-2}$

La dernière méthode que l'on propose n'est plus une méthode de collocation, toutefois elle combine le double avantage de la simplicité et de l'absence de modes parasites. L'étude et la mise en œuvre de cette méthode ont été effectuées par Maday, Meiron, Patera et Rønquist [40][44][56], on réfère à ces articles pour des informations complémentaires. Pour une fonction $\boldsymbol{f}$ continue sur Ω, le problème discret s'écrit de la façon suivante: *trouver $\boldsymbol{u}_N$ dans $\mathbb{P}_N^0(\Omega)^2$ et p_N dans $\mathbb{P}_{N-2}(\Omega) \cap L_0^2(\Omega)$ tels que*

$$\begin{aligned}&\forall \boldsymbol{v}_N \in \mathbb{P}_N^0(\Omega)^2, \quad a_N(\boldsymbol{u}_N, \boldsymbol{v}_N) + b(\boldsymbol{v}_N, p_N) = (\boldsymbol{f}, \boldsymbol{v}_N)_N, \\ &\forall q_N \in \mathbb{P}_{N-2}(\Omega), \quad b(\boldsymbol{u}_N, q_N) = 0,\end{aligned} \tag{7.1}$$

où la forme $(.,.)_N$ est définie en (5.1) tandis que les formes bilinéaires $a_N(.,.)$ et $b(.,.)$ sont données par

$$a_N(\boldsymbol{u}_N, \boldsymbol{v}_N) = \nu(\mathbf{grad}\, \boldsymbol{u}_N, \mathbf{grad}\, \boldsymbol{v}_N)_N,$$
$$b(\boldsymbol{v}_N, q_N) = -\int_\Omega (\text{div } \boldsymbol{u}_N)(\boldsymbol{x}) q_N(\boldsymbol{x})\, d\boldsymbol{x}.$$

La pression et les fonctions test étant de degré $\leq N-2$, les propriétés d'exactitude des formules de quadrature de Gauss et de Gauss–Lobatto montrent que

$$b(\boldsymbol{v}_N, q_N) = -(\text{div } \boldsymbol{v}_N, q_N)_N,$$

ce qui permet de mettre en œuvre la méthode. Essentiellement, la différence avec la méthode de collocation à une grille vient du fait que l'on a réduit l'espace des pressions de façon à se ramener à un espace simple ne contenant pas de modes parasites.

Remarque 7.1. En choisissant dans la première équation du système (7.1) la fonction $\boldsymbol{v}_N$ égale à $(\ell_j(x)\ell_k(y), 0)$ et à $(0, \ell_j(x)\ell_k(y))$, $1 \leq j,k \leq N-1$, où les ℓ_j, $0 \leq j \leq N$, sont les polynômes de Lagrange associés aux points ξ_j, on vérifie facilement que

$$-\nu(\Delta \boldsymbol{u}_N)(\xi_j, \xi_k) + (\mathbf{grad}\, p_N)(\xi_j, \xi_k) = \boldsymbol{f}(\xi_j, \xi_k), \tag{7.2}$$

ce qui est la première équation de (5.9). Dans la seconde équation, on peut seulement choisir q_N égal à $\tilde{\ell}_j(x)\tilde{\ell}_k(y)$, où les $\tilde{\ell}_j$, $1 \leq j \leq N-1$, sont les polynômes de Lagrange associés aux points internes ξ_j, $1 \leq j \leq N-1$:

$$\tilde{\ell}_j(\zeta) = \frac{L'_N(\zeta)}{(\zeta - \xi_j) L''_N(\xi_j)}.$$

Comme div $\boldsymbol{u}_N$ s'annule aux quatre coins du carré Ω, on obtient alors que le terme $(\text{div } \boldsymbol{u}_N)(\xi_j, \xi_k)$ est une combinaison linéaire des quatre termes

$$(\text{div } \boldsymbol{u}_N)(-1, \xi_k), \quad (\text{div } \boldsymbol{u}_N)(1, \xi_k), \quad (\text{div } \boldsymbol{u}_N)(\xi_j, -1), \quad (\text{div } \boldsymbol{u}_N)(\xi_j, 1). \tag{7.3}$$

La méthode n'est donc plus une méthode de collocation.

La plus grande partie de l'analyse numérique du problème (7.1) est déjà effectuée. En effet, la continuité et l'ellipticité de la forme $a_N(.,.)$ sont les mêmes que celles du paragraphe 5, elles ont été établies dans la Proposition III.3.1, tandis que la continuité de la forme $b(.,.)$ est évidente sur $H^1(\Omega)^2 \times L^2(\Omega)$. En utilisant le Lemme 6.1 avec $N-1$ remplacé par N, on voit immédiatement qu'il n'y a pas de modes parasites: tout polynôme q_N de $\mathbb{P}_{N-2}(\Omega)$ tel que

$$\forall \boldsymbol{v}_N \in \mathbb{P}_N^0(\Omega)^2, \quad b(\boldsymbol{v}_N, q_N) = 0,$$

est constant. Il reste donc à démontrer la condition inf-sup sur la forme $b(.,.)$. Si l'énoncé est simple, la démonstration en est assez technique et va faire l'objet de plusieurs lemmes.

Proposition 7.2. *On a la condition inf-sup:*

$$\forall q_N \in \mathbb{P}_{N-2}(\Omega) \cap L_0^2(\Omega), \qquad \sup_{\boldsymbol{v}_N \in \mathbb{P}_N^0(\Omega)^2} \frac{b(\boldsymbol{v}_N, q_N)}{\|\boldsymbol{v}_N\|_{H^1(\Omega)^2}} \geq c\, N^{-\frac{1}{2}}\, \|q_N\|_{L^2(\Omega)}. \tag{7.4}$$

On commence par un résultat de stabilité sur l'opérateur de projection orthogonale π_{N-2} de $L^2(\Lambda)$ sur $\mathbb{P}_{N-2}(\Lambda)$.

Lemme 7.3. *Tout polynôme φ_N de $\mathbb{P}_N(\Lambda) \cap H_0^1(\Lambda)$ vérifie*

$$\|\varphi_N\|_{L^2(\Lambda)} \leq c\,N^{\frac{1}{2}}\,\|\pi_{N-2}\varphi_N\|_{L^2(\Lambda)}. \tag{7.5}$$

Démonstration: On écrit le polynôme φ_N sous la forme

$$\varphi_N = \sum_{n=0}^{N} \alpha^n\, L_n,$$

de sorte que

$$\|\varphi_N\|_{L^2(\Lambda)} \leq \|\pi_{N-2}\varphi_N\|_{L^2(\Lambda)} + |\alpha^{N-1}|(N-\frac{1}{2})^{-\frac{1}{2}} + |\alpha^N|(N+\frac{1}{2})^{-\frac{1}{2}}. \tag{7.6}$$

Le fait que φ_N s'annule en ± 1 se traduit par

$$\alpha^0 + \alpha^1 + \cdots + \alpha^N = 0,$$
$$\alpha^0 - \alpha^1 + \cdots + (-1)^N\alpha^N = 0,$$

de sorte que

$$|\alpha^N| = |\alpha^{N-2} + \alpha^{N-4} + \cdots|.$$

On utilise alors l'inégalité de Cauchy–Schwarz:

$$|\alpha_N| \leq \Big(\sum_{1\leq k\leq \frac{N}{2}} (\alpha^{N-2k})^2\,(N-2k+\frac{1}{2})^{-1}\Big)^{\frac{1}{2}} \Big(\sum_{1\leq k\leq \frac{N}{2}} (N-2k+\frac{1}{2})\Big)^{\frac{1}{2}} \leq c\,N\,\|\pi_{N-2}\varphi_N\|_{L^2(\Lambda)}.$$

On utilise cette inégalité, ainsi qu'une semblable pour $|\alpha^{N-1}|$, dans (7.6) et on obtient le résultat désiré.

Lemme 7.4. *Pour tout polynôme q_N de $\mathbb{P}_{N-2}(\Omega)$, il existe un polynôme $\boldsymbol{w}_N$ de $\mathbb{P}_N(\Omega)^2$ vérifiant*

$$\forall r_N \in \mathbb{P}_{N-2}(\Omega), \quad \int_\Omega (\mathrm{div}\,\boldsymbol{w}_N + q_N)(\boldsymbol{x})r_N(\boldsymbol{x})\,d\boldsymbol{x} = 0, \tag{7.7}$$

$$\boldsymbol{w}_N \cdot \boldsymbol{\tau}_J = 0 \quad \text{sur } \Gamma_J, \quad J = 1,2,3,4, \tag{7.8}$$

et

$$\|\boldsymbol{w}_N\|_{H^1(\Omega)^2} \leq c\,N^{\frac{1}{2}}\,\|q_N\|_{L^2(\Omega)}. \tag{7.9}$$

Démonstration: On considère le problème suivant: trouver ψ_N dans $\mathbb{P}_N(\Omega) \cap H_0^1(\Omega)$ solution de

$$\forall r_N \in \mathbb{P}_{N-2}(\Omega), \quad \int_\Omega (\Delta\psi_N + q_N)(\boldsymbol{x})r_N(\boldsymbol{x})\,d\boldsymbol{x} = 0. \tag{7.10}$$

Il s'agit d'un système linéaire de $(N-1)^2$ équations à $(N-1)^2$ inconnues, pour lequel on va établir la propriété:

$$\|\psi_N\|_{H^2(\Omega)} \leq c\,N^{\frac{1}{2}}\,\|q_N\|_{L^2(\Omega)}. \tag{7.11}$$

L'inégalité (7.11) implique en particulier que le système (7.10) admet au plus une solution, donc exactement une solution. Pour la démontrer, on note que l'on a l'identité:

$$q_N = -\pi_{N-2}^{(y)}\left(\frac{\partial^2 \psi_N}{\partial x^2}\right) - \pi_{N-2}^{(x)}\left(\frac{\partial^2 \psi_N}{\partial y^2}\right),$$

de sorte que, d'après le Lemme 7.3,

$$\begin{aligned}\|q_N\|^2_{L^2(\Omega)} &= \|\pi_{N-2}^{(y)}\left(\frac{\partial^2 \psi_N}{\partial x^2}\right)\|^2_{L^2(\Omega)} + \|\pi_{N-2}^{(x)}\left(\frac{\partial^2 \psi_N}{\partial y^2}\right)\|^2_{L^2(\Omega)} \\ &\quad + 2\int_\Omega \pi_{N-2}^{(y)}\left(\frac{\partial^2 \psi_N}{\partial x^2}\right)(\boldsymbol{x})\,\pi_{N-2}^{(x)}\left(\frac{\partial^2 \psi_N}{\partial y^2}\right)(\boldsymbol{x})\,d\boldsymbol{x} \\ &\geq c N^{-1}\left(\|\frac{\partial^2 \psi_N}{\partial x^2}\|^2_{L^2(\Omega)} + \|\frac{\partial^2 \psi_N}{\partial y^2}\|^2_{L^2(\Omega)}\right) + 2\int_\Omega \left(\frac{\partial^2 \psi_N}{\partial x^2}\right)(\boldsymbol{x})\left(\frac{\partial^2 \psi_N}{\partial y^2}\right)(\boldsymbol{x})\,d\boldsymbol{x}.\end{aligned}$$

Par intégration par parties, on vérifie que

$$\int_\Omega \left(\frac{\partial^2 \psi_N}{\partial x^2}\right)(\boldsymbol{x})\left(\frac{\partial^2 \psi_N}{\partial y^2}\right)(\boldsymbol{x})\,d\boldsymbol{x} = \int_\Omega \left(\frac{\partial^2 \psi_N}{\partial x \partial y}\right)^2(\boldsymbol{x})\,d\boldsymbol{x} \geq 0,$$

et on en déduit que

$$\|q_N\|^2_{L^2(\Omega)} \geq c N^{-1}\left(\|\frac{\partial^2 \psi_N}{\partial x^2}\|^2_{L^2(\Omega)} + \|\frac{\partial^2 \psi_N}{\partial y^2}\|^2_{L^2(\Omega)} + 2\int_\Omega \left(\frac{\partial^2 \psi_N}{\partial x \partial y}\right)^2(\boldsymbol{x})\,d\boldsymbol{x}\right),$$

ce qui est l'inégalité (7.11). On termine la démonstration du lemme en choisissant $\boldsymbol{w}_N$ égal à $\mathbf{grad}\,\psi_N$.

L'énoncé du lemme suivant utilise les espaces $\mathbb{P}_{m,n}(\Omega)$ de polynômes de degré $\leq m$ par rapport à x et de degré $\leq n$ par rapport à y qui sont apparus dans le paragraphe précédent. Sa démonstration utilise un théorème de relèvement de traces que l'on ne prouvera pas ici, mais qui est annoncé dans [38] et figure dans [9, Chap. III] dans un cadre plus général.

Lemme 7.5. *Pour tout polynôme q_N de $\mathbb{P}_{N-2}(\Omega) \cap L^2_0(\Omega)$, il existe un polynôme $\boldsymbol{z}_N$ de l'espace $\left(\mathbb{P}_{N+1,N}(\Omega) \cap H^1_0(\Omega)\right) \times \left(\mathbb{P}_{N,N+1}(\Omega) \cap H^1_0(\Omega)\right)$ vérifiant*

$$\forall r_N \in \mathbb{P}_{N-2}(\Omega), \quad \int_\Omega (\operatorname{div} \boldsymbol{z}_N + q_N)(\boldsymbol{x})\, r_N(\boldsymbol{x})\,d\boldsymbol{x} = 0, \tag{7.12}$$

et

$$\|\boldsymbol{z}_N\|_{H^1(\Omega)^2} \leq c N^{\frac{1}{2}}\, \|q_N\|_{L^2(\Omega)}. \tag{7.13}$$

Démonstration: Étant donné un polynôme q_N de $\mathbb{P}_{N-2}(\Lambda)$, on considère le polynôme $\boldsymbol{w}_N$ qui lui est associé dans le Lemme 7.4 et on construit le polynôme $\boldsymbol{z}_N$ comme étant égal à $\boldsymbol{w}_N + \mathbf{rot}\,\chi_N$, où χ_N est un polynôme de $\mathbb{P}_{N+1}(\Omega)$ que l'on va choisir maintenant. On note que l'on veut imposer les conditions aux limites:

$$\frac{\partial \chi_N}{\partial \tau_J} = -\boldsymbol{w}_N \cdot \boldsymbol{n}_J \quad \text{et} \quad \frac{\partial \chi_N}{\partial n_J} = 0, \quad J = 1, 2, 3, 4. \tag{7.14}$$

On définit les quatre fonctions φ_N^J sur Γ_J successivement par

$$\begin{aligned}
\varphi_N^1(\boldsymbol{x}) &= -\int_{\boldsymbol{a}_0}^{\boldsymbol{x}} (\boldsymbol{w}_N \,.\, \boldsymbol{n}_1)(\tau)\, d\tau,\\
\varphi_N^2(\boldsymbol{x}) &= \varphi_N^1(\boldsymbol{a}_1) - \int_{\boldsymbol{a}_1}^{\boldsymbol{x}} (\boldsymbol{w}_N \,.\, \boldsymbol{n}_2)(\tau)\, d\tau,\\
\varphi_N^3(\boldsymbol{x}) &= \varphi_N^2(\boldsymbol{a}_2) - \int_{\boldsymbol{a}_2}^{\boldsymbol{x}} (\boldsymbol{w}_N \,.\, \boldsymbol{n}_3)(\tau)\, d\tau,\\
\varphi_N^4(\boldsymbol{x}) &= \varphi_N^3(\boldsymbol{a}_3) - \int_{\boldsymbol{a}_3}^{\boldsymbol{x}} (\boldsymbol{w}_N \,.\, \boldsymbol{n}_4)(\tau)\, d\tau.
\end{aligned} \tag{7.15}$$

On vérifie immédiatement la condition

$$\begin{aligned}
\varphi_N^4(\boldsymbol{a}_0) = -\sum_{J=1}^{4} \int_{\Gamma_J} (\boldsymbol{w}_N \,.\, \boldsymbol{n}_J)(\tau)\, d\tau &= -\int_\Omega (\operatorname{div} \boldsymbol{w}_N)(\boldsymbol{x})\, d\boldsymbol{x}\\
&= -\int_\Omega q_N(\boldsymbol{x})\, d\boldsymbol{x} = 0 = \varphi_N^1(\boldsymbol{a}_0),
\end{aligned}$$

ainsi que les huit conditions

$$\frac{d\varphi_N^J}{d\tau_J}(\boldsymbol{a}_J) = -(\boldsymbol{w}_N \,.\, \boldsymbol{n}_J)(\boldsymbol{a}_J) = 0 \quad \text{et} \quad \frac{d\varphi_N^{J+1}}{d\tau_{J+1}}(\boldsymbol{a}_J) = -\,(\boldsymbol{w}_N \,.\, \boldsymbol{n}_{J+1})(\boldsymbol{a}_J) = 0,$$
$$J = 1, 2, 3, 4.$$

On a aussi les quatre conditions

$$\frac{\partial^2 \varphi_N^J}{\partial x \partial y}(\boldsymbol{a}_J) = \frac{\partial^2 \varphi_N^{J+1}}{\partial x \partial y}(\boldsymbol{a}_J) = 0, \quad J = 1, 2, 3, 4.$$

Les fonctions φ_N^J, $J = 1, 2, 3, 4$, étant des polynômes de degré $\leq N+1$, on peut alors construire (voir [9, Chap. III]) un polynôme χ_N de $\mathbb{P}_{N+1}(\Omega)$ vérifiant

$$\chi_N = \varphi_N^J \quad \text{et} \quad \frac{\partial \chi_N}{\partial n_J} = 0 \quad \text{sur } \Gamma_J,\ J = 1, 2, 3, 4,$$

ce qui entraîne bien sûr (7.14), et, en outre,

$$\|\chi_N\|_{H^2(\Omega)} \leq c \sum_{J=1}^{4} \|\varphi_N^J\|_{H^{\frac{3}{2}}(\Gamma_J)} \leq c' \sum_{J=1}^{4} \|\boldsymbol{w}_N \,.\, \boldsymbol{n}_J\|_{H^{\frac{1}{2}}(\Gamma_J)} \leq c'\, \|\boldsymbol{w}_N\|_{H^1(\Omega)^2},$$

ce qui termine la démonstration.

Démonstration de la proposition: Étant donné un polynôme q_N de $\mathbb{P}_{N-2}(\Omega) \cap L_0^2(\Omega)$, on lui associe le polynôme $\boldsymbol{z}_N = (z_N, t_N)$ du Lemme 7.5. Le seul défaut de ce polynôme étant son degré trop élevé, on l'écrit sous la forme:

$$z_N(x,y) = \sum_{n=1}^{N} \alpha^n(y)(L_{n+1} - L_{n-1})(x) \quad \text{et} \quad t_N(x,y) = \sum_{n=1}^{N} \beta^n(x)(L_{n+1} - L_{n-1})(y),$$

où les polynômes α^n et β^n, $1 \le n \le N$, appartiennent à $\mathbb{P}_N^0(\Lambda)$. On pose

$$e_N(x,y) = \alpha^N(y)(L_{N+1} - L_{N-1})(x) \quad \text{et} \quad f_N(x,y) = \beta^N(x)(L_{N+1} - L_{N-1})(y),$$

et on choisit $\boldsymbol{v}_N$ égal à $(z_N - e_N, t_N - f_N)$. On voit que

$$\begin{aligned} b(\boldsymbol{v}_N, q_N) = b(\boldsymbol{z}_N, q_N) &+ \int_\Omega \alpha^N(y)(2N+1)L_N(x)q_N(x,y)\,dx\,dy \\ &+ \int_\Omega \beta^N(x)(2N+1)L_N(y)q_N(x,y)\,dx\,dy = b(\boldsymbol{z}_N, q_N), \end{aligned}$$

d'où l'on déduit

$$b(\boldsymbol{v}_N, q_N) = \|q_N\|^2_{L^2(\Omega)}. \tag{7.16}$$

Il reste à vérifier une inégalité du type

$$\|\boldsymbol{v}_N\|_{H^1(\Omega)^2} \le c\,N^{\frac{1}{2}}\, \|q_N\|_{L^2(\Omega)},$$

qui est une conséquence, d'après (7.13), de

$$\|e_N\|_{H^1(\Omega)} \le c\,\|z_N\|_{H^1(\Omega)} \quad \text{et} \quad \|f_N\|_{H^1(\Omega)} \le c\,\|t_N\|_{H^1(\Omega)}. \tag{7.17}$$

Pour prouver cette dernière inégalité, on note d'abord que

$$\frac{\partial z_N}{\partial x} = \sum_{n=1}^N \alpha^n(y)(2n+1)L_n(x) \quad \text{et} \quad \frac{\partial e_N}{\partial x} = \alpha^N(y)(2N+1)L_N(x),$$

de sorte que

$$\|\frac{\partial z_N}{\partial x}\|^2_{L^2(\Omega)} = \sum_{n=1}^N \|\alpha^n\|^2_{L^2(\Lambda)} 2(2n+1) \ge \|\alpha^N\|^2_{L^2(\Lambda)} 2(2N+1) = \|\frac{\partial e_N}{\partial x}\|^2_{L^2(\Omega)}.$$

D'autre part, on a

$$\frac{\partial z_N}{\partial y} = (\alpha^N)'(y)L_{N+1}(x) + (\alpha^{N-1})'(y)L_N(x) + \cdots \quad \text{et} \quad \frac{\partial e_N}{\partial y} = (\alpha^N)'(y)(L_{N+1} - L_{N-1})(x),$$

d'où

$$\begin{aligned} \|z_N\|^2_{L^2(\Omega)} + \|\frac{\partial z_N}{\partial y}\|^2_{L^2(\Omega)} &\ge \|\alpha^N\|^2_{H^1(\Lambda)} \frac{2}{2N+3} \ge \frac{1}{6}\, \|\alpha^N\|^2_{H^1(\Lambda)} (\frac{2}{2N+3} + \frac{2}{2N-1}) \\ &\ge \frac{1}{6}\, (\|e_N\|^2_{L^2(\Omega)} + \|\frac{\partial e_N}{\partial y}\|^2_{L^2(\Omega)}). \end{aligned}$$

Les mêmes arguments permettent de majorer $\|f_N\|_{H^1(\Omega)}$ par une constante fois $\|t_N\|_{H^1(\Omega)}$. On obtient (7.17), d'où la proposition.

Remarque 7.6. Là encore, la constante de condition inf–sup n'est pas minorée indépendamment de N. On va en effet prouver par un contre-exemple que l'estimation obtenue dans la Proposition 7.2 est optimale. Pour cela, on considère le polynôme

$$q_N(x,y) = L'_{N-2}(x)L'_{N-1}(y),$$

qui appartient bien à $\mathbb{P}_{N-2}(\Omega)\cap L^2_0(\Omega)$. On sait d'après la Proposition 4.1 que le polynôme $L'_N(x)L'_{N+1}(y)$ appartient à Z_N, on en déduit

$$\begin{aligned}\sup_{\boldsymbol{v}_N\in\mathbb{P}^0_N(\Omega)^2}\frac{b(\boldsymbol{v}_N,q_N)}{\|\boldsymbol{v}_N\|_{H^1(\Omega)^2}} &= \sup_{\boldsymbol{v}_N\in\mathbb{P}^0_N(\Omega)^2}\frac{b(\boldsymbol{v}_N,L'_{N-2}(x)L'_{N-1}(y)-L'_N(x)L'_{N+1}(y))}{\|\boldsymbol{v}_N\|_{H^1(\Omega)^2}}\\ &\le \|L'_{N-2}(x)L'_{N-1}(y)-L'_N(x)L'_{N+1}(y)\|_{L^2(\Omega)}.\end{aligned}$$

La formule (F.4) permet d'écrire

$$\begin{aligned}&L'_{N-2}(x)L'_{N-1}(y)-L'_N(x)L'_{N+1}(y)\\ &\qquad= L'_{N-2}(x)\big(L'_{N-1}(y)-L'_{N+1}(y)\big)+\big(L'_{N-2}(x)-L'_N(x)\big)L'_{N+1}(y)\\ &\qquad= -(2N+1)L'_{N-2}(x)L_N(y)-(2N-1)L_{N-1}(x)L'_{N+1}(y),\end{aligned}$$

et par conséquent, d'après le Lemme I.5.1,

$$\|L'_{N-2}(x)L'_{N-1}(y)-L'_N(x)L'_{N+1}(y)\|_{L^2(\Omega)} = 2\sqrt{N(2N^2+1)}.$$

En comparant avec

$$\|q_N\|_{L^2(\Omega)} = (N-1)\sqrt{N(N-2)},$$

on conclut

$$\sup_{\boldsymbol{v}_N\in\mathbb{P}^0_N(\Omega)^2}\frac{b(\boldsymbol{v}_N,q_N)}{\|\boldsymbol{v}_N\|_{H^1(\Omega)^2}} \le c\,N^{-\frac{1}{2}}\,\|q_N\|_{L^2(\Omega)}. \tag{7.18}$$

L'analyse numérique de la méthode est maintenant presque entièrement terminée: il reste à tirer les conclusions à partir du Théorème 2.5.

Théorème 7.7. *Pour tout entier $N\ge 2$, le problème* (7.1) *admet une solution unique $(\boldsymbol{u}_N,p_N)$ dans $\mathbb{P}^0_N(\Omega)^2\times\big(\mathbb{P}_{N-2}(\Omega)\cap L^2_0(\Omega)\big)$. On suppose en outre la solution $(\boldsymbol{u},p)$ du problème* (3.3) *dans $H^m(\Omega)^2\times H^{m-1}(\Omega)$ pour un entier $m\ge 1$ et la donnée $\boldsymbol{f}$ dans $H^r(\Omega)^2$ pour un entier $r\ge 2$. Alors, pour le problème discret* (7.1), *on a la majoration d'erreur*

$$\begin{aligned}&\|\boldsymbol{u}-\boldsymbol{u}_N\|_{H^1(\Omega)^2}+N^{-\frac{1}{2}}\|p-p_N\|_{L^2(\Omega)}\\ &\qquad\le c\big(N^{1-m}\,(\|\boldsymbol{u}\|_{H^m(\Omega)^2}+\|p\|_{H^{m-1}(\Omega)})+N^{-r}\,\|\boldsymbol{f}\|_{H^r(\Omega)^2}\big).\end{aligned} \tag{7.19}$$

Démonstration: Le Théorème 2.5 entraîne, comme pour les problèmes précédents, l'existence et l'unicité de la solution. On choisit un polynôme $\boldsymbol{v}_N$ de $\mathbb{P}_{N-1}\cap H^1_0(\Omega)^2$ à divergence nulle et on écrit l'estimation (2.19):

$$\begin{aligned}\|\boldsymbol{u}-\boldsymbol{u}_N\|_{H^1(\Omega)^2}+N^{-\frac{1}{2}}\|p-p_N\|_{L^2(\Omega)} \le c\Bigg(&\|\boldsymbol{u}-\boldsymbol{v}_N\|_{H^1(\Omega)^2}+\|p-\Pi_{N-2}p\|_{L^2(\Omega)}\\ &+\sup_{\boldsymbol{w}_N\in X_N}\frac{\int_\Omega \boldsymbol{f}(\boldsymbol{x})\,.\,\boldsymbol{w}_N(\boldsymbol{x})\,d\boldsymbol{x}-(\boldsymbol{f},\boldsymbol{w}_N)_N}{\|\boldsymbol{w}_N\|_{H^1(\Omega)^2}}\Bigg).\end{aligned}$$

On conclut comme précédemment.

Là encore, la méthode de dualité d'Aubin–Nitsche mène à une estimation meilleure pour la vitesse en norme $\|.\|_{L^2(\Omega)^2}$.

Théorème 7.8. *Sous les hypothèses du Théorème 7.7, pour le problème discret* (7.1), *on a la majoration d'erreur*

$$\|u - u_N\|_{L^2(\Omega)^2} \le c\,\big(N^{-m}\,(\|u\|_{H^m(\Omega)^2} + \|p\|_{H^{m-1}(\Omega)}) + N^{-r}\,\|f\|_{H^r(\Omega)^2}\big). \tag{7.20}$$

Démonstration: Compte tenu de l'égalité (5.17), on résout le problème (5.18) pour une fonction g quelconque de $L^2(\Omega)^2$; on sait alors que la solution (w, t) appartient à $H^2(\Omega)^2 \times H^1(\Omega)$ et vérifie (5.19). Comme dans le paragraphe 5, on voit que

$$\int_\Omega g(x)\,.\,(u - u_N)(x)\,dx = a(u - u_N, w) + b(u - u_N, t),$$

toutefois le dernier terme n'est plus égal à 0 car la vitesse approchée u_N n'est pas à divergence exactement nulle. En choisissant w_N dans $\big(\mathbb{P}_{N-1}(\Omega) \cap H_0^1(\Omega)\big)^2$ à divergence nulle, on obtient

$$\int_\Omega g(x)\,.\,(u - u_N)(x)\,dx = a(u - u_N, w - w_N) + b(u - u_N, t - \Pi_{N-2}t) \\ + \int_\Omega f(x)\,.\,w_N(x)\,dx - (f, w_N)_N,$$

de sorte que

$$\int_\Omega g(x)\,.\,(u - u_N)(x)\,dx \le c\,\big(\|u - u_N\|_{H^1(\Omega)^2}(\|w - w_N\|_{H^1(\Omega)^2} + \|t - \Pi_{N-2}t\|_{L^2(\Omega)}) \\ + \int_\Omega f(x)\,.\,w_N(x)\,dx - (f, w_N)_N\big).$$

On conclut par les mêmes arguments que précédemment (voir Théorème 5.7).

La méthode que l'on vient de décrire possède presque toutes les propriétés désirées: simplicité de mise en œuvre, absence de modes parasites, majoration d'erreur optimale pour la vitesse. Seule, la perte de a priori $N^{\frac{1}{2}}$ sur l'estimation de la pression nuit à sa parfaite efficacité.

IV.8. Mise en œuvre

La mise en œuvre des méthodes de discrétisation décrites dans les paragraphes 5, 6 et 7 s'effectue en deux temps: construction d'un système linéaire correspondant, dont la matrice soit si possible symétrique, puis résolution de ce système au moyen de l'algorithme d'Uzawa, bien connu en éléments finis. On va décrire successivement ces deux étapes.

Pour transformer le problème discret en système linéaire, il faut d'abord préciser les inconnues, c'est-à-dire les valeurs de la vitesse et de la pression en un certain nombre de

nœuds qui formeront le vecteur solution du système:
1) En ce qui concerne le problème (5.2), il est naturel de choisir comme inconnues pour la vitesse ses valeurs aux points de $\Xi_N \cap \Omega$. Pour la pression, un problème se pose, dû à la présence de modes parasites: comme la vitesse discrète est indépendante du fait que l'on utilise l'espace $\mathbb{P}_N(\Omega)$ tout entier ou un sous-espace M_N vérifiant (5.5), on aura plutôt tendance à raisonner tout d'abord avec l'espace $\mathbb{P}_N(\Omega)$, pour des raisons de symétrie et de simplicité, et à filtrer en dernier lieu la pression discrète en la remplaçant par sa projection orthogonale sur un espace M_N approprié (ou bien à la reconstruire à partir de son gradient aux points de collocation). On choisit donc comme inconnues pour la pression ses valeurs en tous les points de la grille Ξ_N.
2) On considère maintenant le problème (6.2) (on réfère à [36] pour la mise en œuvre): le plus simple est bien sûr de choisir comme inconnues, les valeurs de la première composante de la vitesse aux points de $\Xi^\circ_{N,x}$ et de la seconde composante de la vitesse aux points de $\Xi^\circ_{N,y}$, ainsi que les valeurs de la pression aux points de la grille Σ_N. On remarque ici un grand avantage du choix des grilles: dû au fait que le décalage n'a lieu que dans une direction, le calcul de la divergence de la vitesse aux points de Σ_N, nécessaire pour imposer l'équation d'incompressibilité en ces points, ne fait intervenir qu'un processus de dérivation monodimensionnel, ce qui n'est pas plus coûteux que dans le cas d'une grille unique. Il en est de même pour le calcul de $\frac{\partial p_N}{\partial x}$ aux points de $\Xi^\circ_{N,x}$ et de $\frac{\partial p_N}{\partial y}$ aux points de $\Xi^\circ_{N,y}$.
3) Pour le problème (7.1), les inconnues en vitesse sont bien sûr ses valeurs aux points de $\Xi_N \cap \Omega$. En ce qui concerne la pression, deux possibilités existent: soit on prend comme inconnues les valeurs aux points de Gauss–Lobatto internes, c'est-à-dire aux points de $\Xi_N \cap \Omega$ (voir à ce sujet [3], [4]), soit on introduit les nœuds de la formule de Gauss à $N-1$ points, c'est-à-dire les zéros de L_{N-1}, on forme la grille Σ_{N-1} dont les points ont pour coordonnées ces zéros et on prend comme inconnues les valeurs sur la grille. La première méthode a pour inconvénient que le traitement de la condition d'incompressibilité n'utilise plus vraiment une formule de quadrature, la seconde fait intervenir une seconde grille, ce qui nécessite un processus d'interpolation pour calculer les valeurs du gradient de pression aux nœuds de Ξ_N. Toutefois, la différence de coût n'est pas très importante.

Une fois les inconnues fixées, on choisit dans la première équation du problème discret la fonction test égale à chaque polynôme de Lagrange associé aux points où les valeurs de la vitesse sont à déterminer, c'est-à-dire:
1) pour les problèmes (5.2) et (7.1), successivement à $\big(\ell_j(x)\ell_k(y), 0\big)$ et à $\big(0, \ell_j(x)\ell_k(y)\big)$, $1 \le j, k \le N-1$;
2) pour la formulation (6.6) du problème (6.2), successivement à $\big(\ell_j(x)(1-y^2)h_k(y), 0\big)$, $1 \le j \le N-1$, $1 \le k \le N$ et à $\big(0, (1-x^2)h_j(x)\ell_k(y)\big)$, $1 \le j \le N$, $1 \le k \le N-1$.
Comme expliqué en détail dans le paragraphe III.5, ceci permet, grâce à la symétrie de la forme $a_N(.,.)$, d'obtenir une matrice symétrique. On fait de même pour la seconde équation. On obtient ainsi le sytème linéaire suivant, où U désigne le vecteur formé par les valeurs des deux composantes de la vitesse et P celui formé par les valeurs de la pression:

$$\begin{aligned} AU + D^T P &= \overline{F}, \\ DU &= 0. \end{aligned} \tag{8.1}$$

Le terme source $\overline{F}$ vient bien sûr de la donnée $\boldsymbol{f}$. Comme on l'a déjà remarqué, la matrice A est symétrique. D'autre part, on vérifie aisément que les matrices D et D^T sont transposées l'une de l'autre (ceci vient du fait que les opérateurs div et **grad** sont adjoints l'un

de l'autre, même pour les produits scalaires discrets considérés ici). Les équations (8.1) forment donc un système linéaire carré symétrique, dont l'ordre est égal à:
1) pour le problème (5.2),

$$2(N-1)^2+(N+1)^2=3N^2-2N+3$$

(ou $3N^2-2N-5$ si l'on travaille dans M_N),
2) pour le problème (6.2),

$$2N(N-1)+N^2=3N^2-2N,$$

3) pour le problème (7.1),

$$2(N-1)^2+(N-1)^2=3(N-1)^2.$$

Le problème discret (5.21) correspondant à la méthode de collocation aux nœuds de Tchebycheff peut, par une technique identique, s'écrire sous la forme

$$\begin{aligned} A^{*}U^{*}+D_1^{*T}P^{*}&=\overline{F}^{*},\\ D_2^{*}U^{*}&=0. \end{aligned} \tag{8.2}$$

Toutefois, la matrice A^{*} n'est plus symétrique, et la matrice D_1^{*T} n'est plus la transposée de D_2^{*}, ce qui rend le système beaucoup plus difficile à résoudre.

Un algorithme bien connu en éléments finis (voir [2][28][60, Chap. 1, §5.1]) pour résoudre les systèmes du type (8.1) (et même (8.2), avec les modifications appropriées) est l'algorithme d'Uzawa, que l'on décrit maintenant. La propriété d'ellipticité entraîne que la matrice A est inversible, de sorte que la première partie de (8.1) s'écrit de façon équivalente

$$U=A^{-1}(\overline{F}-D^TP). \tag{8.3}$$

On insère alors cette expression dans la deuxième partie de (8.1) et on obtient

$$DA^{-1}D^TP=A^{-1}\overline{F}. \tag{8.4}$$

Ainsi, on arrive à découpler le calcul des deux inconnues U et P. On calcule d'abord P comme solution de (8.4), c'est-à-dire d'un système linéaire dont la matrice est symétrique et qui est d'ordre:
1) pour le problème (5.2), $(N+1)^2$ (ou $(N+1)^2-8$ si l'on travaille dans M_N),
2) pour le problème (6.2), N^2
3) pour le problème (7.1), $(N-1)^2$.
On a donc essentiellement divisé par 3 la taille du système. Dans une seconde étape, on effectue le calcul de U par (8.3), ce qui se réduit à deux équations de Poisson séparées.

La méthode pour résoudre le système (8.4) puis le système (8.3) est encore l'algorithme de gradient conjugué décrit dans le paragraphe III.5. Les formules complètes sont données en (III.5.16)(III.5.17). Bien entendu, il n'est pas nécessaire de calculer l'inverse de la matrice A pour appliquer ces formules, puisque seul un résidu doit être évalué à chaque itération. Un préconditionnement est généralement utilisé pour les deux systèmes, il faut noter toutefois qu'il est beaucoup moins indispensable pour le système (8.4): en effet, la matrice $DA^{-1}D^T$ correspond à un opérateur dont l'ordre de dérivation est 0 (formellement, le gradient correspond à un ordre de dérivation, l'inverse du laplacien à deux ordres d'intégration, la divergence à un ordre de dérivation); son nombre de condition est donc bien inférieur à celui de la matrice A par exemple, comme l'indique le lemme ci-dessous.

Lemme 8.1. *Le nombre de condition κ_N de la matrice $DA^{-1}D^T$ vérifie*

$$c\,\beta_N^{-2} \le \kappa_N \le c'\,\beta_N^{-2}, \tag{8.5}$$

où β_N est la constante de condition inf-sup du problème discret.

Démonstration: On va établir le résultat pour le problème (7.1) par exemple, le raisonnement étant exactement le même pour tous les problèmes du type (2.1). On désigne par λ^k, $1 \le k \le K = (N-1)^2 - 1$, les valeurs propres non nulles de la matrice $DA^{-1}D^T$, rangées par ordre croissant. On va montrer en fait les inégalités:

$$c\,\beta_N^2 \le \lambda^1 \le c'\,\beta_N^2 \quad \text{et} \quad c \le \lambda^K \le c', \tag{8.6}$$

qui impliquent (8.5). Pour cela, on associe à chaque valeur propre λ^k un vecteur propre p^k: avec les notations du paragraphe 7, ceci équivaut à dire que, si $\boldsymbol{u}^k$ est la solution dans $\mathbb{P}_N^0(\Omega)^2$ du problème

$$\forall \boldsymbol{v}_N \in \mathbb{P}_N^0(\Omega)^2, \quad a_N(\boldsymbol{u}^k, \boldsymbol{v}_N) = b(\boldsymbol{v}_N, p^k),$$

div $\boldsymbol{u}^k$ est égal à $-\lambda^k p^k$. On choisit en outre les p^k, $1 \le k \le K$, tels qu'ils forment une base orthonormée de $\mathbb{P}_{N-2}(\Omega) \cap L_0^2(\Omega)$ pour le produit scalaire de $L^2(\Omega)$. On note alors que tout polynôme p_N de $\mathbb{P}_{N-2}(\Omega) \cap L_0^2(\Omega)$ s'écrit

$$p_N = \sum_{k=1}^{K} \alpha^k p^k;$$

en posant $\boldsymbol{u}_N = \sum_{k=1}^K \alpha^k \boldsymbol{u}^k$, on a pour tout $\boldsymbol{v}_N$ de $\mathbb{P}_N^0(\Omega)^2$ l'équation

$$a_N(\boldsymbol{u}_N, \boldsymbol{v}_N) = b(\boldsymbol{v}_N, \sum_{k=1}^{K} \alpha^k p^k) = b(\boldsymbol{v}_N, p_N).$$

On vérifie alors que

$$\sup_{\boldsymbol{v}_N \in X_N} \frac{b(\boldsymbol{v}_N, p_N)^2}{a_N(\boldsymbol{v}_N, \boldsymbol{v}_N)} = a_N(\boldsymbol{u}_N, \boldsymbol{u}_N) = b(\boldsymbol{u}_N, p_N),$$

d'où

$$\sup_{\boldsymbol{v}_N \in X_N} \frac{b(\boldsymbol{v}_N, p_N)^2}{a_N(\boldsymbol{v}_N, \boldsymbol{v}_N) \|p_N\|_{L^2(\Omega)}^2} = \frac{\sum_{k=1}^K \lambda^k (\alpha^k)^2}{\sum_{k=1}^K (\alpha^k)^2}. \tag{8.7}$$

1) En prenant d'une part le minimum sur les α^k de l'équation précédente et d'autre part tous les α^k nuls sauf α_1, on obtient les deux inégalités de (8.6) concernant λ_1.

2) D'après la Proposition 4.6, il existe un polynôme q_2 de D_2 et un polynôme $\boldsymbol{v}_2$ de $\mathbb{P}_2^0(\Omega)^2$ tels que

$$\operatorname{div} \boldsymbol{v}_2 = -q_2 \quad \text{et} \quad \|\boldsymbol{v}_2\|_{H^1(\Omega)^2} \leq 2c\, \|q_2\|_{L^2(\Omega)}.$$

On déduit de (8.7) que

$$\lambda_K \geq \sup_{\boldsymbol{v}_N \in X_N} \frac{b(\boldsymbol{v}_N, q_2)^2}{a_N(\boldsymbol{v}_N, \boldsymbol{v}_N)\|q_2\|^2_{L^2(\Omega)}} \geq \frac{b(\boldsymbol{v}_2, q_2)^2}{a_N(\boldsymbol{v}_2, \boldsymbol{v}_2)\|q_2\|^2_{L^2(\Omega)}} \geq c.$$

Finalement, en utilisant l'ellipticité de la forme $a_N(.,.)$ et la continuité de la forme $b(.,.)$, on voit tout de suite que

$$\|\boldsymbol{u}^K\|_{H^1(\Omega)^2} \leq c\, \|p^K\|_{L^2(\Omega)} \leq c,$$

de sorte que

$$\lambda_K = \frac{\|\operatorname{div} \boldsymbol{u}^K\|_{L^2(\Omega)}}{\|p^K\|_{L^2(\Omega)}} \leq c,$$

ce qui termine la démonstration de (8.6).

Remarque 8.2. Inversement, la propriété énoncée dans le Lemme 8.2 est aussi utilisée pour l'évaluation numérique des constantes de condition inf-sup, à partir des valeurs propres de la matrice ${}^T\!BA^{-1}B$.

Le nombre de condition de la matrice est donc $c\,N^2$ pour le problème (5.2) et $c\,N$ pour les problèmes (6.2) et (7.1), ce qui rend le calcul de la pression très facile en comparaison du système de départ. On peut en effet démontrer (voir le Problème 1) que la résolution du système (8.4) par la méthode de gradient conjugué demande au plus $c\,N$ itérations pour le problème (5.2) et au plus $c\,N^{\frac{1}{2}}$ itérations pour les problèmes (6.2) et (7.1).

IV.9. Exercices

Exercice 1: Soit Ω un ouvert borné de $\mathbb{R}^2$ à frontière lipchitzienne, et soit ρ une fonction continuement dérivable et strictement positive sur $\overline{\Omega}$. On considère les équations d'un fluide à densité "très légèrement variable":

$$\begin{cases} -\nu\Delta \boldsymbol{u} + \mathbf{grad}\, p = \boldsymbol{f} & \text{dans } \Omega, \\ \operatorname{div}(\rho \boldsymbol{u}) = 0 & \text{dans } \Omega, \\ \boldsymbol{u} = 0 & \text{sur } \partial\Omega, \end{cases}$$

où ν est un paramètre positif.

1) Écrire la formulation variationnelle de ce problème.

2) Montrer que l'application: $v \mapsto \rho v$ est un isomorphisme de $H_0^1(\Omega)$.

3) Démontrer que le problème variationnel admet une solution unique lorsque $\mathbf{grad}\, \rho$ est suffisamment petit. Préciser cette condition.

4) Lorsque Ω est un carré, proposer une méthode de discrétisation spectrale du problème.

Exercice 2: On suppose que Ω est le carré $]-1,1[^2$, et on note Γ_J, $J=1,2,3,4$, ses côtés. On s'intéresse au problème de Stokes avec condition aux limites de Dirichlet non homogène sur la vitesse:

$$\begin{cases} -\nu\Delta \boldsymbol{u} + \mathbf{grad}\, p = \boldsymbol{f} & \text{dans } \Omega, \\ \operatorname{div} \boldsymbol{u} = 0 & \text{dans } \Omega, \\ \boldsymbol{u} = \boldsymbol{g} & \text{sur } \partial\Omega, \end{cases}$$

pour un paramètre ν positif, une distribution $\boldsymbol{f}$ de $H^{-1}(\Omega)^2$ et une fonction $\boldsymbol{g}$ de $H^{\frac{1}{2}}(\partial\Omega)^2$.
1) On suppose que la fonction $\boldsymbol{g}$ vérifie

$$\int_{\partial\Omega} \boldsymbol{g} \,.\, \boldsymbol{n}\, d\tau = 0.$$

Montrer qu'il existe une fonction ψ de $H^2(\Omega)$ telle que $\mathbf{rot}\,\psi$ soit égal à $\boldsymbol{g}$ sur $\partial\Omega$.
2) Montrer que ce problème admet une solution unique $(\boldsymbol{u}, p)$ dans $H^1(\Omega)^2 \times L^2_0(\Omega)$ si et seulement si la fonction $\boldsymbol{g}$ vérifie

$$\int_{\partial\Omega} \boldsymbol{g} \,.\, \boldsymbol{n}\, d\tau = 0.$$

3) Pour un entier $N \geq 2$ fixé, on définit la grille

$$\Xi_N = \{(\xi_j, \xi_k),\ 0 \leq j, k \leq N\},$$

où les ξ_j, $0 \leq j \leq N$, sont les zéros de $(1-\zeta^2)L'_N$. Le problème discret consiste à trouver une vitesse $\boldsymbol{u}_N$ de $\mathbb{P}^0_N(\Omega)^2$ et une pression p_N dans M_N telles que

$$\begin{cases} (-\Delta \boldsymbol{u}_N + \mathbf{grad}\, p_N)(\boldsymbol{x}) = \boldsymbol{f}(\boldsymbol{x}), & \boldsymbol{x} \in \Xi_N \cap \Omega, \\ (\operatorname{div} \boldsymbol{u}_N)(\boldsymbol{x}) = 0, & \boldsymbol{x} \in \Xi_N, \\ \boldsymbol{u}_N(\boldsymbol{x}) = \boldsymbol{g}_N(\boldsymbol{x}), & \boldsymbol{x} \in \Xi_N \cap \partial\Omega, \end{cases}$$

où M_N est un supplémentaire dans $\mathbb{P}_N(\Omega)$ du sous-espace engendré par les polynômes

$$L_0(x)L_0(y), \quad L_0(x)L_N(y), \quad L_N(x)L_0(y), \quad L_N(x)L_N(y),$$

$$L'_N(x)L'_N(y), \quad L'_N(x)yL'_N(y), \quad xL'_N(x)L'_N(y), \quad xL'_N(x)yL'_N(y),$$

et où $\boldsymbol{g}_N$ est une approximation de $\boldsymbol{g}$ dont la restriction à chaque côté Γ_J, $J=1,2,3,4$, appartient à $\mathbb{P}_N(\Gamma_J)$. Indiquer la condition que doit vérifier $\boldsymbol{g}_N$ pour que ce problème ait une solution dans $X_N \times M_N$. Démontrer alors l'existence et l'unicité de la solution.
4) Pour tout entier $s \geq 2$ et pour toute fonction $\boldsymbol{g}$ de $H^{s-\frac{1}{2}}(\partial\Omega)^2$, exhiber une fonction $\boldsymbol{g}_N$ vérifiant la condition précédente et la majoration

$$\|\boldsymbol{g} - \boldsymbol{g}_N\|_{H^{\frac{1}{2}}(\partial\Omega)^2} \leq c\, N^{1-s}\, \|\boldsymbol{g}\|_{H^{s-\frac{1}{2}}(\partial\Omega)^2}.$$

5) Effectuer l'analyse numérique du problème discret ci-dessus.

Exercice 3: On suppose maintenant que Ω est le cube $]-1,1[^3$ et on note $\boldsymbol{x}=(x,y,z)$ le point générique de Ω. Soit N un entier ≥ 2. Démontrer que l'espace Z_N des modes parasites q_N de $\mathbb{P}_N(\Omega)$ tels que

$$\forall \boldsymbol{v}_N \in \left(\mathbb{P}_N(\Omega)\cap H_0^1(\Omega)\right)^3, \quad \int_\Omega (\operatorname{div} \boldsymbol{v}_N)(\boldsymbol{x})q_N(\boldsymbol{x})\,d\boldsymbol{x}=0,$$

est engendré par les polynômes

$$L_N'(x)L_N'(y)\varphi_N(z), \qquad L_N'(x)L_{N+1}'(y)\varphi_N(z),$$

$$L_{N+1}'(x)L_N'(y)\varphi_N(z), \quad L_{N+1}'(x)L_{N+1}'(y)\varphi_N(z),$$

où φ_N décrit une base de $\mathbb{P}_N(\Lambda)$, par ces mêmes polynômes après avoir interchangé les variables x, y et z, et par les huit polynômes

$$L_0(x)L_0(y)L_0(z), \quad L_0(x)L_0(y)L_N(z), \quad L_0(x)L_N(y)L_0(z), \quad L_0(x)L_N(y)L_N(z),$$

$$L_N(x)L_0(y)L_0(z), \quad L_N(x)L_0(y)L_N(z), \quad L_N(x)L_N(y)L_0(z), \quad L_N(x)L_N(y)L_N(z).$$

Calculer la dimension de Z_N et la dimension de l'image par l'opérateur divergence de l'espace $\left(\mathbb{P}_N(\Omega)\cap H_0^1(\Omega)\right)^3$. Quelle est la différence fondamentale avec le cas de la dimension 2?

Chapitre V

Méthode de collocation pour un problème du quatrième ordre

On considère le problème suivant: trouver une fonction à bilaplacien donné, dont la trace et la dérivée normale sont données sur la frontière. Il a été observé dans le chapitre IV qu'on peut réduire le système de Stokes dans un ouvert borné de $\mathbb{R}^2$ à cette équation en utilisant la fonction courant associée à la vitesse, toutefois le problème a bien d'autres applications physiques, en mécanique des solides en particulier. Les techniques de discrétisation spectrale semblent spécialement bien adaptées à ce problème. En effet, sa formulation variationnelle fait intervenir des espaces de Sobolev d'ordre 2, et seules des fonctions assez régulières, en particulier les polynômes, appartiennent à cet espace (ce n'est pas le cas pour les éléments finis de Lagrange par exemple). On a prouvé de plus dans le chapitre II que l'erreur pour la méthode de Galerkin basée sur la formulation variationnelle est optimale, c'est-à-dire du même ordre que la meilleure approximation.

La méthode avec intégration numérique est basée également sur la formulation variationnelle. Elle dépend donc essentiellement du choix de la formule de quadrature, qui doit tenir compte des deux conditions aux limites imposées à la solution: sur sa trace et sur sa dérivée normale. Pour cela, ni la formule de Gauss ni même la formule de Gauss–Lobatto ne sont réellement appropriées (elles ne conduisent pas directement à une matrice de masse diagonale). Il faut introduire une formule de quadrature plus adaptée au problème en ce sens qu'elle utilise les valeurs de la fonction à intégrer aux extrémités de l'intervalle ainsi que les valeurs de sa dérivée.

Le paragraphe 1 est consacré à l'étude de la nouvelle formule de quadrature. Le problème continu et sa discrétisation sont présentés dans le paragraphe 2, où sont également prouvés les résultats d'existence et d'unicité de la solution pour ces problèmes. Les majorations d'erreur sont établies dans le paragraphe 3.

V.1. Une autre formule de quadrature

Le but est de construire une formule du type

$$\int_{-1}^{1} \Phi(\zeta)\,d\zeta \simeq \sum_{j=1}^{N-2} \Phi(\mu_j)\,\sigma_j + \Phi(-1)\,\sigma_-^0 + \Phi(1)\,\sigma_+^0 + \Phi'(-1)\,\sigma_-^1 + \Phi'(1)\,\sigma_+^1,$$

qui soit exacte sur tous les polynômes de degré $\leq 2N-1$ sur l'intervalle $\Lambda =]-1,1[$, les points μ_j étant intérieurs à Λ. Il faut remarquer que la formule ci-dessus possède $N-2$ nœuds internes à Λ au lieu de $N-1$ pour la formule de Gauss–Lobatto et de N pour la formule de Gauss. Par contre, elle utilise deux valeurs à chaque extrémité de l'intervalle. Son étude a été effectuée par Bernardi et Maday dans un cadre plus général [13].

Proposition 1.1. *Soit N un entier ≥ 2 fixé. Il existe un unique ensemble de $N-2$ points μ_j de Λ, $1 \leq j \leq N-2$, et un unique ensemble de $N+2$ réels σ_j, $1 \leq j \leq N-2$, σ_-^0 et σ_+^0, σ_-^1 et σ_+^1, tels que l'égalité suivante ait lieu pour tout polynôme Φ de $\mathbb{P}_{2N-1}(\Lambda)$:*

$$\int_{-1}^{1} \Phi(\zeta)\, d\zeta = \sum_{j=1}^{N-2} \Phi(\mu_j)\, \sigma_j + \Phi(-1)\, \sigma_-^0 + \Phi(1)\, \sigma_+^0 + \Phi'(-1)\, \sigma_-^1 + \Phi'(1)\, \sigma_+^1. \tag{1.1}$$

Les μ_j, $1 \leq j \leq N-2$, sont les zéros du polynôme L_N''. Les σ_j, $1 \leq j \leq N-2$, sont positifs.

Démonstration: Elle ressemble beaucoup à celle de la Proposition I.4.5. On note G_{N-2} le polynôme $\prod_{j=1}^{N-2}(\zeta - \mu_j)$. Tout polynôme Φ de $\mathbb{P}_{2N-1}(\Lambda)$ s'écrit de façon unique sous la forme

$$\Phi(\zeta) = G_{N-2}(\zeta)\varphi(\zeta) + (1-\zeta^2)^2\, X(\zeta),$$

où φ est un polynôme de degré ≤ 3, dont les coefficients se calculent à partir de $\Phi(-1)$, $\Phi(1)$, $\Phi'(-1)$ et $\Phi'(1)$, tandis que X appartient à $\mathbb{P}_{2N-5}(\Lambda)$. Cette décomposition permet de prouver la proposition en deux temps:

1) On vérifie facilement qu'il existe quatre réels σ_-^0 et σ_+^0, σ_-^1 et σ_+^1 ne dépendant que des μ_j tels que, pour tout polynôme φ de degré ≤ 3,

$$\begin{aligned}\int_{-1}^{1} G_{N-2}(\zeta)\varphi(\zeta)\, d\zeta = {} & G_{N-2}(-1)\varphi(-1)\, \sigma_-^0 + G_{N-2}(1)\varphi(1)\, \sigma_+^0 \\ & + (G_{N-2}\varphi)'(-1)\, \sigma_-^1 + (G_{N-2}\varphi)'(1)\, \sigma_+^1,\end{aligned} \tag{1.2}$$

(il s'agit d'un système linéaire inversible de 4 équations à 4 inconnues). On a alors l'égalité (1.1) pour tout polynôme de la forme $G_{N-2}\varphi$, et la proposition devient équivalente au fait qu'il existe un unique ensemble de $N-2$ points μ_j de Λ, $1 \leq j \leq N-2$, et un unique ensemble de $N-2$ réels σ_j, $1 \leq j \leq N-2$, tels que l'on ait pour tout polynôme X de $\mathbb{P}_{2N-5}(\Lambda)$

$$\int_{-1}^{1} X(\zeta)\,(1-\zeta^2)^2\, d\zeta = \sum_{j=1}^{N-2} X(\mu_j)\,(1-\mu_j^2)^2\, \sigma_j. \tag{1.3}$$

2) En supposant les μ_j, $1 \leq j \leq N-2$, deux à deux distincts et en utilisant les polynômes de Lagrange associés à ces points, on vérifie qu'il existe un unique choix des σ_j, $1 \leq j \leq N-2$, en fonction des μ_j tels que l'égalité (1.3) ait lieu pour tout polynôme X de $\mathbb{P}_{N-3}(\Lambda)$. Avec ce choix, en effectuant la division euclidienne d'un polynôme quelconque de $\mathbb{P}_{2N-5}(\Lambda)$ par G_{N-2}, on voit que la formule (1.3) sera exacte sur $\mathbb{P}_{2N-5}(\Lambda)$ si et seulement si

$$\forall Q \in \mathbb{P}_{N-3}(\Lambda), \qquad \int_{-1}^{1} Q(\zeta) G_{N-2}(\zeta)\,(1-\zeta^2)^2\, d\zeta = 0,$$

c'est-à-dire si G_{N-2} est proportionnel au polynôme de degré $N-2$, membre d'une famille de polynômes orthogonaux pour la mesure $(1-\zeta^2)^2\, d\zeta$. À partir de la formule (*F*.3), on peut vérifier que

$$\Big(\frac{d}{d\zeta}\Big)\big((1-\zeta^2) L_n''\big) = 2\zeta L_n'' + 2L_n' - n(n+1)L_n'.$$

Comme on a

$$(\frac{d}{d\zeta})((1-\zeta^2)^2 L_n'') = (1-\zeta^2)((\frac{d}{d\zeta})((1-\zeta^2)L_n'') - 2\zeta L_n''),$$

on en déduit la formule

$$(\frac{d}{d\zeta})((1-\zeta^2)^2\, L_n'') + (n-1)(n+2)\,(1-\zeta^2)\, L_n' = 0. \tag{1.4}$$

En combinant ce résultat avec (F.3) et en intégrant deux fois par parties, on vérifie que les L_n'', $n \geq 2$, forment une famille de polynômes orthogonaux pour la mesure $(1-\zeta^2)^2\, d\zeta$. Par conséquent, les μ_j sont nécessairement les zéros de L_N'' et sont donc dans Λ.

L'exactitude de la formule de quadrature permet finalement d'écrire

$$(1-\mu_j^2)^2\, \sigma_j = \int_{-1}^{1} q_j^2(\zeta)\,(1-\zeta^2)^2\, d\zeta,$$

où q_j est le polynôme de degré $N-3$ qui vaut 1 en en μ_j et s'annule en μ_k, $1 \leq k \leq N-2$, $k \neq j$. On en déduit la positivité des σ_j.

Dans ce qui suit, on fixe un entier $N \geq 2$, on désigne par μ_j, $1 \leq j \leq N-2$, les zéros de L_N'' et par σ_j, $1 \leq j \leq N-2$, σ_-^0 et σ_+^0, σ_-^1 et σ_+^1, les poids introduits dans la Proposition 1.1.

Remarque 1.2. Soit m un entier positif fixé. Par récurrence sur m, on peut vérifier la formule

$$(\frac{d^m}{d\zeta^m})((1-\zeta^2)^m(\frac{d^m L_n}{d\zeta^m})) + (-1)^{m-1}(n-m+1)(n-m+2)\dots(n+m-1)(n+m)\, L_n = 0, \tag{1.5}$$

ce qui revient à dire que les polynômes $\frac{d^m L_n}{d\zeta^m}$, $n \geq m$, sont orthogonaux pour la mesure $(1-\zeta^2)^m\, d\zeta$. On en déduit alors (voir Exercice 1) que, si on désigne par μ_j^m, $1 \leq j \leq N-m$, les zéros de $\frac{d^m L_n}{d\zeta^m}$, il existe des poids σ_j^m, $1 \leq j \leq N-m$, $\sigma_-^{m,k}$ et $\sigma_+^{m,k}$, $0 \leq k \leq m-1$, tels que l'égalité suivante:

$$\int_{-1}^{1} \Phi(\zeta)\, d\zeta = \sum_{j=1}^{N-m} \Phi(\mu_j^m)\, \sigma_j^m + \sum_{k=0}^{m-1} ((\frac{d^k\Phi}{d\zeta^k})(-1)\sigma_-^{m,k} + (\frac{d^k\Phi}{d\zeta^k})(1)\sigma_+^{m,k}) \tag{1.6}$$

ait lieu pour tout polynôme Φ de $\mathbb{P}_{2N-1}(\Lambda)$. On a ainsi construit toute une famille de formules de quadrature, indexée par m, dont les formules précédentes font partie: la formule de Gauss correspond à $m = 0$, la formule de Gauss–Lobatto à $m = 1$, la formule (1.1) à $m = 2$, et ainsi de suite. Les techniques pour calculer les poids σ_j et $\sigma_\pm^{m,k}$ dans le cas général sont expliquées en détail dans Bernardi et Maday [13, §1 & Appendix C].

Remarque 1.3. La démonstration de la Proposition 1.1, à partir de la formule (1.3), est complètement similaire à celle de la Proposition I.4.2: simplement, la meusre $d\zeta$ est remplacée par la mesure $(1-\zeta^2)^2\, d\zeta$. En effet, on déduit de la formule (1.1) l'égalité

$$\forall X \in \mathbb{P}_{2N-5}(\Lambda), \quad \int_{-1}^{1} X(\zeta)\,(1-\zeta^2)^2\, d\zeta = \sum_{j=1}^{N-1} X(\mu_j)\,(1-\mu_j^2)^2\, \sigma_j, \tag{1.7}$$

qui est une formule de Gauss pour la mesure $(1-\zeta^2)^2\,d\zeta$. On a aussi l'égalité

$$\forall\Psi \in \mathbb{P}_{2N-3}(\Lambda),$$
$$\int_{-1}^{1} \Psi(\zeta)\,(1-\zeta^2)\,d\zeta = \sum_{j=1}^{N-1} \Psi(\mu_j)\,(1-\mu_j^2)\,\sigma_j + 2\Psi(-1)\,\sigma_-^1 - 2\Psi(1)\,\sigma_+^1, \tag{1.8}$$

qui est une formule de Gauss–Lobatto pour la mesure $(1-\zeta^2)\,d\zeta$. De la même façon, de la formule de Gauss–Lobatto (*F*.7), on déduit l'égalité

$$\forall\Psi \in \mathbb{P}_{2N-3}(\Lambda), \quad \int_{-1}^{1} \Psi(\zeta)\,(1-\zeta^2)\,d\zeta = \sum_{j=1}^{N-1} \Psi(\xi_j)\,(1-\xi_j^2)\,\rho_j, \tag{1.9}$$

ce qui est une formule de Gauss pour la mesure $(1-\zeta^2)\,d\zeta$. D'une façon générale, ceci permet d'exprimer les poids internes σ_j^m de la formule (1.6) en fonctions des poids de la formule de Gauss à $N-m$ points pour la mesure $(1-\zeta^2)^m\,d\zeta$.

On termine l'étude de la formule (1.1) en indiquant comment calculer les poids, d'abord les $\sigma_\pm^0$ et les $\sigma_\pm^1$, puis les σ_j.

Lemme 1.4. *Les poids* $\sigma_\pm^1$ *sont donnés par*

$$\sigma_-^1 = -\sigma_+^1 = \frac{8}{(N-1)N(N+1)(N+2)}. \tag{1.10}$$

Démonstration: La démonstration est semblable à celle du Lemme I.4.6. On a

$$\begin{cases} \sigma_-^1 &= \frac{1}{4L_N''(-1)} \int_{-1}^{1} (1-\zeta^2)(1-\zeta)L_N''(\zeta)\,d\zeta, \\ \sigma_+^1 &= -\frac{1}{4L_N''(1)} \int_{-1}^{1} (1-\zeta^2)(1+\zeta)L_N''(\zeta)\,d\zeta. \end{cases}$$

En intégrant deux fois par parties, on voit que

$$\sigma_-^1 = \frac{1}{4L_N''(-1)} \int_{-1}^{1} (1+2\zeta-3\zeta^2)\,L_N'(\zeta)\,d\zeta = \frac{L_N(-1)}{L_N''(-1)}.$$

En dérivant la formule (1.4) et en utilisant (*F*.3), on montre que

$$\left(\frac{d^2}{d\zeta^2}\right)\left((1-\zeta^2)^2\,L_n''\right) - (n-1)n(n+1)(n+2)L_n = 0, \tag{1.11}$$

ce qui entraîne

$$8L_N''(\pm 1) = (N-1)N(N+1)(N+2)\,L_N(\pm 1), \tag{1.12}$$

d'où la formule pour σ_-^1. De la même façon, on a

$$\sigma_+^1 = \frac{1}{4L_N''(1)} \int_{-1}^{1} (1-2\zeta-3\zeta^2)\,L_N'(\zeta)\,d\zeta = -\frac{L_N(1)}{L_N''(1)},$$

et on conclut comme précédemment.

Lemme 1.5. *Les poids $\sigma^0_\pm$ sont donnés par*

$$\sigma^0_- = \sigma^0_+ = \frac{8(2N^2+2N-3)}{3(N-1)N(N+1)(N+2)}. \tag{1.13}$$

Démonstration: On applique la formule de quadrature (1.1) pour calculer les intégrales $\int_{-1}^1 (1-\zeta)\, L''_N(\zeta)\, d\zeta$ et $\int_{-1}^1 (1+\zeta)\, L''_N(\zeta)\, d\zeta$. On a d'une part

$$\int_{-1}^1 (1-\zeta)\, L''_N(\zeta)\, d\zeta = 2L''_N(-1)\,\sigma^0_- + \big(2L'''_N(-1) - L''_N(-1)\big)\sigma^1_- - L''_N(1)\sigma^1_+,$$
$$\int_{-1}^1 (1+\zeta)\, L''_N(\zeta)\, d\zeta = 2L''_N(1)\,\sigma^0_+ + L''_N(-1)\sigma^1_- + \big(2L'''_N(1) + L''_N(1)\big)\sigma^1_+,$$

et, d'autre part,

$$\int_{-1}^1 (1-\zeta)\, L''_N(\zeta)\, d\zeta = -2L'_N(-1) + L_N(1) - L_N(-1),$$
$$\int_{-1}^1 (1+\zeta)\, L''_N(\zeta)\, d\zeta = 2L'_N(1) - L_N(1) + L_N(-1).$$

On peut alors en déduire la valeur de σ^0_- et σ^0_+ à partir du lemme précédent, de la formule (1.12) et de la formule

$$48L'''_N(\pm 1) = (\pm 1)^{N-1}(N-2)(N-1)N(N+1)(N+2)(N+3),$$

que l'on obtient en dérivant une fois de plus la formule (1.11) (ou à partir de (1.5) avec $m = 3$).

Lemme 1.6. *Les poids σ_j, $1 \le j \le N-2$, sont donnés par*

$$\sigma_j = \frac{2N(N+1)}{(N-1)(N+2)(1-\mu_j^2)L'^2_N(\mu_j)}. \tag{1.14}$$

Démonstration: Ici, on va utiliser des arguments analogues à ceux du Lemme I.4.7. On applique tout d'abord la formule (1.1) au polynôme $\frac{L''_N(\zeta)}{\zeta-\mu_j}(1-\zeta^2)^2$, ce qui donne

$$\int_{-1}^1 \frac{L''_N(\zeta)}{\zeta-\mu_j}(1-\zeta^2)^2\, d\zeta = \big(\frac{d}{d\zeta}\big)\big((1-\zeta^2)^2\, L''_N\big)(\mu_j)\,\sigma_j.$$

On en déduit en utilisant (1.4)

$$\int_{-1}^1 \frac{L''_N(\zeta)}{\zeta-\mu_j}(1-\zeta^2)^2\, d\zeta = -(N-1)(N+2)(1-\mu_j^2)\, L'_N(\mu_j)\,\sigma_j. \tag{1.15}$$

On dérive maintenant l'équation (I.4.15) pour obtenir l'équation de récurrence sur les L''_n, $n \ge 2$:

$$nL''_{n+1}(\zeta) = (2n+1)\zeta L''_n(\zeta) + (2n+1)L'_n(\zeta) - (n+1)L''_{n-1}(\zeta),$$

d'où, grâce à $(F.4)$,

$$(n-1)L''_{n+1}(\zeta) = (2n+1)\zeta L''_n(\zeta) - (n+2)L''_{n-1}(\zeta). \tag{1.16}$$

À partir de l'équation (1.16), il est facile de vérifier par récurrence la formule de Christoffel–Darboux pour les L''_n, $n \geq 2$:

$$\begin{aligned}\frac{L''_{n+1}(\zeta)L''_n(\eta) - L''_{n+1}(\eta)L''_n(\zeta)}{\zeta - \eta} \\ = n(n+1)(n+2)\sum_{k=2}^{n} \frac{2k+1}{(k-1)k(k+1)(k+2)} L''_k(\zeta)L''_k(\eta).\end{aligned} \tag{1.17}$$

Comme les L''_n, $n \geq 2$, sont deux à deux orthogonaux pour la mesure $(1-\zeta^2)^2\,d\zeta$, ceci permet de calculer le premier membre de l'équation (1.15). On obtient

$$\begin{aligned}\sigma_j &= \frac{N(N+1)(N+2)}{(N-1)(N+2)(1-\mu_j^2)L'_N(\mu_j)L''_{N+1}(\mu_j)}\frac{5}{24}L''_2(\mu_j)\int_{-1}^{1} L''_2(\zeta)\,(1-\zeta^2)^2\,d\zeta \\ &= \frac{2N(N+1)}{(N-1)(1-\mu_j^2)L'_N(\mu_j)L''_{N+1}(\mu_j)}.\end{aligned}$$

On utilise une fois de plus les formules (1.16) et $(F.4)$ dérivée deux fois pour vérifier que

$$L''_{N+1}(\mu_j) = (N+2)L'_N(\mu_j),$$

et on obtient le résultat cherché.

Remarque 1.7. Une formule analogue à (1.1) existe pour la mesure $\varpi_\ast(\zeta)\,d\zeta$, elle est étudiée dans Bernardi et Maday [13, §1 & Appendix C]. Elle s'écrit

$$\int_{-1}^{1} \Phi(\zeta)\,\rho_\ast(\zeta)\,d\zeta \simeq \sum_{j=1}^{N-2} \Phi(\mu_j^\ast)\,\sigma_j^\ast + \Phi(-1)\,\sigma_-^{\ast 0} + \Phi(1)\,\sigma_+^{\ast 0} + \Phi'(-1)\,\sigma_-^{\ast 1} + \Phi'(1)\,\sigma_+^{\ast 1}, \tag{1.18}$$

où les $\mu_j^\ast$, $1 \leq j \leq N-2$, sont les zéros de T''_N. On peut déterminer les poids pour que la formule soit exacte sur $\mathbb{P}_{2N-1}(\Lambda)$. Toutefois, elle ne présente plus les mêmes avantages que les formules de Gauss et de Gauss–Lobatto de type Tchebycheff: les nœuds ne sont plus les cosinus de points équidistants, ce qui ne permet plus d'employer la Transformée de Fourier Rapide. Il n'y a donc pas grand intérêt à utiliser cette formule.

V.2. Méthode de collocation pour le problème de Dirichlet

Dans la fin de ce chapitre, on s'intéresse à la discrétisation par une méthode de collocation du problème de Dirichlet pour le bilaplacien sur le carré $\Omega = \Lambda^2$. On note que, dans le cas de conditions aux limites homogènes, les résultats sont toujours vrais dans l'ouvert $\Omega_d = \Lambda^d$, toutefois on étudie seulement le cas de la dimension 2 pour simplifier les notations.

Plus précisément, on suppose donnés une distribution f de $H^{-2}(\Omega)$ et un 8–uplet $(g_J, h_J)_{J=1,2,3,4}$ de $\prod_{J=1}^4 H^{\frac{3}{2}}(\Gamma_J) \times H^{\frac{1}{2}}(\Gamma_J)$ (voir la Notation I.1.15). De plus, on suppose vérifiée les conditions de compatibilité aux coins:

$$g_J(\boldsymbol{a}_J) = g_{J+1}(\boldsymbol{a}_J), \quad J = 1, 2, 3, 4, \tag{2.1}$$

$$\begin{aligned} \mathcal{A}_J^{1,0} &= \int_0^2 |h_J(\boldsymbol{a}_J - t\boldsymbol{\tau}_J) + (\frac{dg_{J+1}}{d\tau_{J+1}})(\boldsymbol{a}_J + t\boldsymbol{\tau}_{J+1})|^2 \, \frac{dt}{t} < +\infty, \\ \mathcal{A}_J^{0,1} &= \int_0^2 |(\frac{dg_J}{d\tau_J})(\boldsymbol{a}_J - t\boldsymbol{\tau}_J) - h_{J+1}(\boldsymbol{a}_J + t\boldsymbol{\tau}_{J+1})|^2 \, \frac{dt}{t} < +\infty, \\ & \qquad J = 1, 2, 3, 4. \end{aligned} \tag{2.2}$$

On considère alors l'équation:

$$\begin{cases} \Delta^2 u = f \quad \text{dans } \Omega, & \\ u = g_J \quad \text{sur } \Gamma_J, & \\ \dfrac{\partial u}{\partial n_J} = h_J \quad \text{sur } \Gamma_J, & J = 1, 2, 3, 4. \end{cases} \tag{2.3}$$

Théorème 2.1. *Pour toute distribution f de $H^{-2}(\Omega)$ et tout 8–uplet $(g_J, h_J)_{J=1,2,3,4}$ de $\prod_{J=1}^4 H^{\frac{3}{2}}(\Gamma_J) \times H^{\frac{1}{2}}(\Gamma_J)$ vérifiant les conditions de compatibilité* (2.1) *et* (2.2), *le problème* (2.3) *admet une solution unique u dans $H^2(\Omega)$. De plus, cette solution vérifie*

$$\|u\|_{H^2(\Omega)} \le c\,\big(\|f\|_{H^{-2}(\Omega)} + \sum_{J=1}^4 (\|g_J\|_{H^{\frac{3}{2}}(\Gamma_J)} + \|h_J\|_{H^{\frac{1}{2}}(\Gamma_J)} + \mathcal{A}_J^{1,0} + \mathcal{A}_J^{0,1})\big). \tag{2.4}$$

Démonstration: D'après le Théorème I.1.17, il découle des hypothèses l'existence d'une fonction u_b de $H^2(\Omega)$ telle que

$$u_b = g_J \quad \text{et} \quad \frac{\partial u_b}{\partial n_J} = h_J \quad \text{sur } \Gamma_J, \quad J = 1, 2, 3, 4. \tag{2.5}$$

En multipliant la première équation de (2.3) par une fonction de $\mathcal{D}(\Omega)$, en intégrant par parties et en utilisant la densité de $\mathcal{D}(\Omega)$ dans $H_0^2(\Omega)$, on vérifie alors facilement que le problème (2.3) admet la formulation variationnelle équivalente suivante: *trouver u dans $H^2(\Omega)$, avec $u - u_b$ dans $H_0^2(\Omega)$, tel que*

$$\forall v \in H_0^2(\Omega), \quad d(u, v) = \ll f, v \gg, \tag{2.6}$$

où la forme bilinéaire $d(.,.)$ est définie par

$$d(u, v) = \int_\Omega (\Delta u)(\boldsymbol{x})(\Delta v)(\boldsymbol{x})\, d\boldsymbol{x}, \tag{2.7}$$

tandis que $\ll .,. \gg$ désigne le produit de dualité entre $H^{-2}(\Omega)$ et $H_0^2(\Omega)$. En posant maintenant $u^* = u - u_b$, on voit que ceci équivaut encore à trouver u^* dans $H_0^2(\Omega)$ tel que

$$\forall v \in H_0^2(\Omega), \quad d(u^*, v) = \ll f, v \gg - d(u_b, v). \tag{2.8}$$

La forme $d(.,.)$ est de toute évidence continue sur $H^2(\Omega) \times H^2(\Omega)$. Pour démontrer son ellipticité, on calcule, pour une fonction v de $H_0^2(\Omega)$,

$$d(v,v) = \int_\Omega (\frac{\partial^2 v}{\partial x^2})^2(\boldsymbol{x})\,d\boldsymbol{x} + 2\int_\Omega (\frac{\partial^2 v}{\partial x^2})(\boldsymbol{x})(\frac{\partial^2 v}{\partial y^2})(\boldsymbol{x})\,d\boldsymbol{x} + \int_\Omega (\frac{\partial^2 v}{\partial y^2})^2(\boldsymbol{x})\,d\boldsymbol{x}.$$

On vérifie alors, en intégrant par parties, que pour toute fonction de $\mathcal{D}(\Omega)$,

$$\int_\Omega (\frac{\partial^2 v}{\partial x^2})(\boldsymbol{x})(\frac{\partial^2 v}{\partial y^2})(\boldsymbol{x})\,d\boldsymbol{x} = -\int_\Omega (\frac{\partial^3 v}{\partial x^2 \partial y})(\boldsymbol{x})(\frac{\partial v}{\partial y})(\boldsymbol{x})\,d\boldsymbol{x} = \int_\Omega (\frac{\partial^2 v}{\partial x \partial y})^2(\boldsymbol{x})\,d\boldsymbol{x}.$$

La densité de $\mathcal{D}(\Omega)$ dans $H_0^2(\Omega)$ entraîne que cette égalité est encore vraie pour les fonctions v de $H_0^2(\Omega)$. On en déduit l'inégalité

$$d(v,v) \geq |v|^2_{H^2(\Omega)}, \tag{2.9}$$

ce qui, d'après le Corollaire I.1.7, donne l'ellipticité de la forme $d(.,.)$ sur $H_0^2(\Omega)$. On applique alors le Lemme I.2.1 de Lax–Milgram pour obtenir l'existence d'une solution u^* de (2.8) et donc d'une solution u de (2.3). L'unicité de cette solution est une conséquence immmédiate de la propriété d'ellipticité. On en déduit également l'estimation

$$\|u^*\|_{H^2(\Omega)} \leq c\,(\|f\|_{H^{-2}(\Omega)} + \|u_b\|_{H^2(\Omega)}),$$

et l'inégalité (2.4) en découle grâce à la propriété de stabilité du relèvement u_b (voir Théorème I.1.17).

Remarque 2.2. Dans le cas de conditions aux limites homogènes:

$$g_J = h_J = 0, \quad J = 1,2,3,4, \tag{2.10}$$

en supposant la donnée f dans l'espace $H^{-2}_{\text{ч}}(\Omega)$, on voit que le problème (2.3) admet la formulation équivalente suivante: *trouver u dans $H^2_{\text{ч},0}(\Omega)$, tel que*

$$\forall v \in H^2_{\text{ч},0}(\Omega), \quad d_{\text{ч}}(u,v) = \ll f, v \gg_{\text{ч}}, \tag{2.11}$$

où la forme bilinéaire $d_{\text{ч}}(.,.)$ est définie par

$$d_{\text{ч}}(u,v) = \int_\Omega (\Delta u)(\boldsymbol{x})\big(\Delta(v\varpi_{\text{ч}})\big)(\boldsymbol{x})\,d\boldsymbol{x}, \tag{2.12}$$

tandis que $\ll .,. \gg_{\text{ч}}$ désigne le produit de dualité entre $H^{-2}_{\text{ч}}(\Omega)$ et $H^2_{\text{ч},0}(\Omega)$. Des arguments relativement techniques permettent de démontrer la continuité et l'ellipticité de la forme $d_{\text{ч}}(.,.)$ (voir Maday & Métivet [41, Lemma 3.2], Bernardi & Maday [13, Prop. 3.1], Bernardi, Coppoletta & Maday [8, Appendix]). Le problème (2.12) admet donc également une solution unique. Toutefois, pour les raisons indiquées dans la Remarque 1.7, on n'étudiera pas ici cette seconde formulation.

Pour présenter le problème discret, on introduit maintenant la grille

$$\Omega_N = \{\boldsymbol{x} = (\mu_j, \mu_k);\ 0 \leq j,k \leq N-1\}, \tag{2.13}$$

où les μ_j, $0 \le j \le N-1$, sont les zéros du polynôme $(1-\zeta^2)L''_N$ rangés par ordre croissant. On aura également besoin de la forme bilinéaire discrète $((.,.))_N$ définie de la façon suivante: pour toutes fonctions u et v continuement différentiables sur $\overline{\Omega}$, elle s'obtient en approchant l'intégrale $\int_\Omega u(\boldsymbol{x})v(\boldsymbol{x})\,d\boldsymbol{x}$ par la formule de quadrature (1.1) dans chaque direction. On laisse au lecteur le soin d'écrire la formule exacte! Toutefois, lorsque l'une des fonctions u et v appartient à $H_0^2(\Omega)$, ceci se réduit à

$$((u,v))_N = \sum_{j=1}^{N-2}\sum_{j=1}^{N-2} u(\mu_j,\mu_k)v(\mu_j,\mu_k)\,\sigma_j\sigma_k. \tag{2.14}$$

Finalement, on définit plusieurs opérateurs d'interpolation, relatifs soit aux points μ_j, $0 \le j \le N-1$, soit à la grille Ω_N: pour toute fonction φ continuement dérivable sur $\overline{\Lambda}$, $k_{N+1}\varphi$ appartient à $\mathbb{P}_{N+1}(\Lambda)$ et vérifie

$$\begin{aligned} &(k_{N+1}\varphi)(\mu_j) = \varphi(\mu_j), \quad 0 \le j \le N-1,\\ &(k_{N+1}\varphi)'(-1) = \varphi'(-1) \quad \text{et} \quad (k_{N+1}\varphi)'(1) = \varphi'(1). \end{aligned} \tag{2.15}$$

On note k_{N+1}^J, $J = 1,2,3,4$, les opérateurs d'interpolation définis de façon identique, à valeurs dans $\mathbb{P}_{N+1}(\Gamma_J)$, avec les points μ_j, $0 \le j \le N-1$, remplacés par les points de $\Omega_N \cap \overline{\Gamma}_J$. Finalement, on introduit l'opérateur $\mathcal{K}_{N+1}$ égal à $k_{N+1}^{(x)} \circ k_{N+1}^{(y)}$: pour toute fonction v deux fois continuement différentiable sur $\overline{\Omega}$, $\mathcal{K}_{N+1}v$ appartient à $\mathbb{P}_{N+1}(\Omega)$ et vérifie

$$\begin{cases} (\mathcal{K}_{N+1}v)(\boldsymbol{x}) = v(\boldsymbol{x}), & \boldsymbol{x} \in \Omega_N,\\ (\frac{\partial \mathcal{K}_{N+1}v}{\partial n_J})(\boldsymbol{x}) = (\frac{\partial v}{\partial n_J})(\boldsymbol{x}), & \boldsymbol{x} \in \Omega_N \cap \Gamma_J,\ J = 1,2,3,4,\\ (\frac{\partial \mathcal{K}_{N+1}v}{\partial x})(\boldsymbol{a}_J) = (\frac{\partial v}{\partial x})(\boldsymbol{a}_J),\ (\frac{\partial \mathcal{K}_{N+1}v}{\partial y})(\boldsymbol{a}_J) = (\frac{\partial v}{\partial y})(\boldsymbol{a}_J), & \\ \quad \text{et } (\frac{\partial^2 \mathcal{K}_{N+1}v}{\partial x \partial y})(\boldsymbol{a}_J) = (\frac{\partial^2 v}{\partial x \partial y})(\boldsymbol{a}_J), & J = 1,2,3,4. \end{cases} \tag{2.16}$$

Il faut noter que, contrairement aux précédents, tous ces opérateurs sont de type Hermite, c'est-à-dire qu'ils utilisent aussi les valeurs des dérivées de la fonction interpolée.

On suppose maintenant les fonctions g_J continuement dérivables sur $\overline{\Gamma}_J$, de dérivées lipschitziennes, et les fonctions h_J continuement dérivables sur $\overline{\Gamma}_J$, $J = 1,2,3,4$. On note que la condition (2.2) s'écrit alors plus simplement

$$h_J(\boldsymbol{a}_J) = -(\frac{dg_{J+1}}{d\tau_{J+1}})(\boldsymbol{a}_J) \quad \text{et} \quad (\frac{dg_J}{d\tau_J})(\boldsymbol{a}_J) = h_{J+1}(\boldsymbol{a}_J), \quad J = 1,2,3,4,$$

et on suppose en outre

$$\frac{dh_J}{d\tau_J}(\boldsymbol{a}_J) = -(\frac{dh_{J+1}}{d\tau_{J+1}})(\boldsymbol{a}_J), \quad J = 1,2,3,4. \tag{2.17}$$

On peut alors écrire le problème discret sous forme de collocation: il consiste à trouver un polynôme u_{N+1} de $\mathbb{P}_{N+1}(\Omega)$ tel que

$$\begin{cases} (\Delta^2 u_{N+1})(\boldsymbol{x}) = f(\boldsymbol{x}) & \boldsymbol{x} \in \Omega_N \cap \Omega, \\ u_{N+1}(\boldsymbol{x}) = g_J(\boldsymbol{x}), & \boldsymbol{x} \in \Omega_N \cap \Gamma_J,\ J = 1,2,3,4, \\ (\frac{\partial u_{N+1}}{\partial n_J})(\boldsymbol{x}) = h_J(\boldsymbol{x}), & \boldsymbol{x} \in \Omega_N \cap \Gamma_J,\ J = 1,2,3,4, \\ u_{N+1}(\boldsymbol{a}_J) = g_J(\boldsymbol{a}_J), & J = 1,2,3,4, \\ (\frac{\partial u_{N+1}}{\partial n_J})(\boldsymbol{a}_J) = h_J(\boldsymbol{a}_J), & J = 1,2,3,4, \\ (\frac{\partial u_{N+1}}{\partial n_J})(\boldsymbol{a}_{J-1}) = h_J(\boldsymbol{a}_{J-1}), & J = 1,2,3,4, \\ (\frac{\partial^2 u_{N+1}}{\partial n_J \partial \tau_J})(\boldsymbol{a}_J) = (\frac{dh_J}{d\tau_J})(\boldsymbol{a}_J), & J = 1,2,3,4. \end{cases} \tag{2.18}$$

Il faut noter que ce problème se compose de $(N-2)^2$ équations à l'intérieur du carré, de $2(N-2)$ équations sur les points internes à chaque côté et de 4 équations à chaque coin, soit au total $N^2 + 4N + 4$ équations, ce qui correspond bien à la dimension $(N+2)^2$ de l'espace où est cherchée la solution. Ceci justifie d'ailleurs le choix de cet espace: $\mathbb{P}_{N+1}(\Omega)$ au lieu de $\mathbb{P}_N(\Omega)$.

Pour écrire la formulation variationnelle du problème, on note d'abord que les conditions aux limites imposées à la solution discrète u_{N+1} se traduisent par le fait que $u_{N+1} - \mathcal{K}_{N+1}u_b$ appartient à $\mathbb{P}^{2,0}_{N+1}(\Omega)$ (c'est-à-dire à $\mathbb{P}_{N+1}(\Omega) \cap H^2_0(\Omega)$, voir la Notation II.2.11). On multiplie ensuite la première équation par le polynôme $q^*_j(x)q^*_k(y)\,\sigma_j\sigma_k$, où q_j, $1 \le j \le N-2$, désigne le polynôme de degré $N-3$ qui vaut 1 en μ_j et s'annule en μ_k, $1 \le k \le N-2$, $k \ne j$, et q^*_j est défini comme le produit $(\frac{1-\zeta^2}{1-\mu_j^2})^2\, q_j$. On obtient alors

$$\big((\Delta^2 u_{N+1}, q^*_j(x)q^*_k(y))\big)_N = \big((f, q^*_j(x)q^*_k(y))\big)_N.$$

On remarque ensuite que les $q^*_j(x)q^*_k(y)$, $1 \le j,k \le N-2$, forment une base de $\mathbb{P}^{2,0}_{N+1}(\Omega)$. On obtient ainsi la formulation variationnelle du problème: *trouver u_{N+1} dans $\mathbb{P}_{N+1}(\Omega)$, avec $u_{N+1} - \mathcal{K}_{N+1}u_b$ dans $\mathbb{P}^{2,0}_{N+1}(\Omega)$, tel que*

$$\forall v_{N+1} \in \mathbb{P}^{2,0}_{N+1}(\Omega), \quad d_N(u_{N+1}, v_{N+1}) = ((f, v_{N+1}))_N, \tag{2.19}$$

où la forme $d_N(.,.)$ est définie par

$$\forall u_{N+1} \in \mathbb{P}_{N+1}(\Omega), \forall v_{N+1} \in \mathbb{P}_{N+1}(\Omega), \quad d_N(u_{N+1}, v_{N+1}) = ((\Delta^2 u_{N+1}, v_{N+1}))_N. \tag{2.20}$$

Comme d'habitude, l'étude du problème (2.18) repose sur les propriétés de continuité et d'ellipticité de la forme $d_N(.,.)$, qui vont être énoncées dans la proposition suivante. En fait, on voit tout de suite apparaître une difficulté supplémentaire: le produit $u_{N+1}v_{N+1}$ est a priori dans $\mathbb{P}_{2N+2}(\Omega)$, tandis que la formule de quadrature tensorisée n'est exacte que sur $\mathbb{P}_{2N-1}(\Omega)$. Ceci signifie d'une part que les trois termes de plus haut degré du produit ne vont pas être intégrés exactement et d'autre part que l'on ne peut pas effectuer toutes les intégrations par parties que l'on désirerait. Par exemple, si u_{N+1} appartient à $\mathbb{P}_{N+1}(\Omega)$ et v_{N+1} à $\mathbb{P}_{N+1}^{2,0}(\Omega)$, on peut seulement écrire

$$\begin{aligned} d_N(u_{N+1}, v_{N+1}) \\ = ((\frac{\partial^2 u_{N+1}}{\partial x^2}, \frac{\partial^2 v_{N+1}}{\partial x^2}))_N + 2((\frac{\partial^4 u_{N+1}}{\partial x^2 \partial y^2}, v_{N+1}))_N + ((\frac{\partial^2 u_{N+1}}{\partial y^2}, \frac{\partial^2 v_{N+1}}{\partial y^2}))_N. \end{aligned} \tag{2.21}$$

On peut toutefois vérifier, en développant u_{N+1} dans une base appropriée, que la forme $d_N(.,.)$ est symétrique sur $\mathbb{P}_{N+1}^{2,0}(\Omega) \times \mathbb{P}_{N+1}^{2,0}(\Omega)$.

Proposition 2.3. *La forme $d_N(.,.)$ satisfait les propriétés de continuité*

$$\begin{aligned} \forall u_{N+1} \in \mathbb{P}_{N+1}(\Omega), \forall v_{N+1} \in \mathbb{P}_{N+1}(\Omega), \\ d_N(u_{N+1}, v_{N+1}) \leq c\, |u_{N+1}|_{H^2(\Omega)} |v_{N+1}|_{H^2(\Omega)}, \end{aligned} \tag{2.22}$$

et d'ellipticité

$$\forall u_{N+1} \in \mathbb{P}_{N+1}^{2,0}(\Omega), \quad d_N(u_{N+1}, u_{N+1}) \geq c\, N^{-1}\, |u_{N+1}|^2_{H^2(\Omega)}. \tag{2.23}$$

La démonstration de ce résultat est extrêmement technique et requiert une suite de lemmes qu'on va démontrer successivement. Elle est effectuée par Bernardi, Coppoletta et Maday dans [8, Prop. 3.5], où se trouve également le contre-exemple qui suit. Les trois premiers lemmes servent à traiter le premier et le troisième termes du membre de droite de l'équation (2.21), le quatrième lemme permet d'étudier le second terme. Pour simplifier l'écriture, on définit aussi, pour toutes fonctions φ et ψ continuement dérivables sur Λ, la forme bilinéaire

$$\begin{aligned} ((\varphi, \psi))_{N,\Lambda} = \sum_{j=1}^{N-2} \varphi(\mu_j)\psi(\mu_j)\, \sigma_j \\ + \varphi(-1)\psi(-1)\, \sigma_-^0 + \varphi(1)\psi(1)\, \sigma_+^0 + (\varphi\psi)'(-1)\, \sigma_-^1 + (\varphi\psi)'(1)\, \sigma_+^1. \end{aligned} \tag{2.24}$$

Lemme 2.4. *On a l'identité*

$$((L_N'''', (1-\zeta^2)^4 L_N''''))_{N,\Lambda} = \frac{6(2N+1)}{(N+3)(N+4)} \int_{-1}^1 L_N''''^2(\zeta)\, (1-\zeta^2)^4\, d\zeta. \tag{2.25}$$

Démonstration: On remarque que le polynôme

$$(1-\zeta^2)^4 L_N''''^2 - (N-3)^2(N-2)^2(1-\zeta^2)^2 L_N''^2$$

est de degré $\leq 2N-1$. En utilisant le propriété d'exactitude (1.1) de la formule de quadrature et le fait que ses nœuds sont les zéros de $(1-\zeta^2)L_N''$, on en déduit

$$((L_N'''', (1-\zeta^2)^4 L_N''''))_{N,\Lambda} = \int_{-1}^1 L_N''''^2(\zeta)\, (1-\zeta^2)^4\, d\zeta - (N-3)^2(N-2)^2 \int_{-1}^1 L_N''^2(\zeta)\, (1-\zeta^2)^2\, d\zeta.$$

On utilise alors la formule (1.5), pour $m = 2$ (voir aussi (1.11)) et pour $m = 4$, et on obtient

$$((L_N'''', (1-\zeta^2)^4 L_N''''))_{N,\Lambda}$$
$$= \int_{-1}^{1} L_N''''^2(\zeta)\,(1-\zeta^2)^4\,d\zeta - (N-3)^2(N-2)^2(N-1)N(N+1)(N+2)\|L_N\|^2_{L^2(\Lambda)}$$
$$= (1 - \frac{(N-3)(N-2)}{(N+3)(N+4)}) \int_{-1}^{1} L_N''''^2(\zeta)\,(1-\zeta^2)^4\,d\zeta,$$

d'où le résultat.

Lemme 2.5. *On a les identités*

$$\big((L_{N+1}'''' - L_{N-1}'''', (1-\zeta^2)^4 (L_{N+1}'''' - L_{N-1}''''))\big)_{N,\Lambda} = \frac{(2N+1)^2(N+2)}{(N-4)(N-3)(N+3)} \int_{-1}^{1} L_{N-1}''''^2(\zeta)\,(1-\zeta^2)^4\,d\zeta, \tag{2.26}$$

$$((L_{N+1}'''' - L_{N-1}'''', (1-\zeta^2)^4 L_{N-1}''''))_{N,\Lambda} = -\frac{2N+1}{N+3} \int_{-1}^{1} L_{N-1}''''^2(\zeta)\,(1-\zeta^2)^4\,d\zeta. \tag{2.27}$$

Démonstration: La formule (1.4) donne

$$(1-\zeta^2)L_n''' - 4\zeta L_n'' + (n-1)(n+2)L_n' = 0,$$

et on obtient en dérivant cette expression

$$(1-\zeta^2)L_n'''' - 6\zeta L_n''' + (n-2)(n+3)L_n'' = 0. \tag{2.28}$$

On applique cette équation avec $n = N+1$ pour calculer la valeur de L_{N+1}'''' aux nœuds μ_j, $1 \le j \le N-2$:

$$(1-\mu_j^2)L_{N+1}''''(\mu_j) = 6\mu_j L_{N+1}'''(\mu_j) - (N-1)(N+4)L_{N+1}''(\mu_j).$$

On utilise alors la formule (F.4) dérivée trois fois pour le premier terme et la formule (1.16) pour le second terme. Comme $L_N''(\mu_j)$ est nul, on obtient

$$(1-\mu_j^2)L_{N+1}''''(\mu_j) = 6\mu_j L_{N-1}'''(\mu_j) + (N+2)(N+4)L_{N-1}''(\mu_j).$$

Finalement on réutilise la formule (2.28) avec $n = N-1$ et on arrive à

$$(1-\mu_j^2)L_{N+1}''''(\mu_j) = (1-\mu_j^2)L_{N-1}''''(\mu_j) + (2N+1)(N+2)L_{N-1}''(\mu_j). \tag{2.29}$$

Ceci permet d'utiliser des intégrales exactes pour calculer les premiers membres de (2.26) et (2.27). Ainsi, on a

$$\big((L_{N+1}''''-L_{N-1}'''', (1-\zeta^2)^4(L_{N+1}''''-L_{N-1}''''))\big)_{N,\Lambda} = (2N+1)^2(N+2)^2 \int_{-1}^{1} L_{N-1}''^2(\zeta)\,(1-\zeta^2)^2\,d\zeta.$$

En utilisant de nouveau la formule (1.5) pour $m = 2$ et $m = 4$, on vérifie facilement que

$$\int_{-1}^{1} L''^{2}_{N-1}(\zeta)\,(1-\zeta^2)^2\,d\zeta = \frac{1}{(N-4)(N-3)(N+2)(N+3)} \int_{-1}^{1} L''''^{2}_{N-1}\,(1-\zeta^2)^4\,d\zeta, \quad (2.30)$$

d'où la formule (2.26). De la même façon, en utilisant encore (2.29), on voit que

$$((L''''_{N+1} - L''''_{N-1}, (1-\zeta^2)^4 L''''_{N-1}))_{N,\Lambda} = (2N+1)(N+2) \int_{-1}^{1} L''_{N-1}(\zeta) L''''_{N-1}(\zeta)\,(1-\zeta^2)^3\,d\zeta.$$

On note alors que $(N-3)(N-4)L''_{N-1} + (1-\zeta^2)L''''_{N-1}$ est un polynôme de degré $\leq N-4$, donc orthogonal à L''_{N-1} pour la mesure $(1-\zeta^2)^2\,d\zeta$. On en déduit

$$((L''''_{N+1} - L''''_{N-1}, (1-\zeta^2)^4 L''''_{N-1}))_{N,\Lambda}$$
$$= -(2N+1)(N-3)(N-4)(N+2) \int_{-1}^{1} L''^{2}_{N-1}(\zeta)(1-\zeta^2)^2\,d\zeta,$$

d'où la formule (2.27) grâce à (2.30).

Lemme 2.6. *Pour tout polynôme φ_{N+1} de $\mathbb{P}^{2,0}_{N+1}(\Lambda)$, on a les inégalités*

$$c N^{-1}\, \|\varphi_{N+1}\|^2_{L^2(\Lambda)} \leq ((\varphi_{N+1}, \varphi_{N+1}))_{N,\Lambda} \leq c'\, \|\varphi_{N+1}\|^2_{L^2(\Lambda)}. \quad (2.31)$$

Démonstration: On voit que tout polynôme φ_{N+1} de $\mathbb{P}^{2,0}_{N+1}(\Lambda)$ peut s'écrire sous la forme: $\varphi_{N+1} = \psi^1 + \psi^2 + \psi^3$, où le polynôme ψ^1 est de degré $\leq N-2$ tandis que les polynômes ψ^2 et ψ^3 sont de la forme

$$\psi^2 = \lambda(1-\zeta^2)^2 L''''_N,$$
$$\psi^3 = \mu(1-\zeta^2)^2 L''''_{N-1} + \nu(1-\zeta^2)^2 L''''_{N+1}.$$

En se rappelant que la formule de quadrature est exacte sur $\mathbb{P}_{2N-1}(\Lambda)$ et que le polynôme L''_N est de parité opposée à L''_{N-1} et à L''_{N+1}, on note ensuite que les polynômes ψ^i, $i = 1, 2, 3$, sont deux à deux orthogonaux dans $L^2(\Omega)$ et pour la forme bilinéaire $((.,.))_{N,\Lambda}$. Il suffit donc de prouver les inégalités (2.31) séparément pour chacun des ψ^i, $i = 1, 2, 3$. Comme ψ^1 est de degré $\leq N-2$, on a l'égalité

$$((\psi^1, \psi^1))_{N,\Lambda} = \|\psi^1\|^2_{L^2(\Lambda)}.$$

Les inégalités (2.31) pour ψ^2 découlent directement du Lemme 2.4. Finalement, on considère le polynôme ψ^3 et, en l'écrivant sous la forme

$$\psi^3 = (\mu+\nu)(1-\zeta^2)^2 L''''_{N-1} + \nu(1-\zeta^2)^2 (L''''_{N+1} - L''''_{N-1}),$$

on obtient d'après le Lemme 2.5

$$((\psi^3, \psi^3))_{N,\Lambda}$$
$$= \left(\int_{-1}^{1} L''''^{2}_{N-1}(\zeta)\,(1-\zeta^2)^4\,d\zeta\right)$$
$$\left((\mu+\nu)^2 + \nu^2 \frac{(2N+1)^2(N+2)}{(N-4)(N-3)(N+3)} - 2\nu(\mu+\nu)\frac{2N+1}{N+3}\right)$$
$$= \left(\int_{-1}^{1} L''''^{2}_{N-1}(\zeta)\,(1-\zeta^2)^4\,d\zeta\right) \cdot$$
$$\left(\mu^2 + \nu^2\left(1 + \frac{(2N+1)^2(N+2)}{(N-4)(N-3)(N+3)} - 2\frac{2N+1}{N+3}\right) + 2\mu\nu\left(1 - \frac{2N+1}{N+3}\right)\right).$$

En utilisant les inégalités $-\mu^2 - \nu^2 \le 2|\mu\nu| \le \mu^2 + \nu^2$, on en déduit

$$((\psi^3, \psi^3))_{N,\Lambda} \le c(\int_{-1}^{1} L_{N-1}''''^2(\zeta)\,(1-\zeta^2)^4\, d\zeta)(\mu^2 + \nu^2)$$

et

$$((\psi^3, \psi^3))_{N,\Lambda} \ge c N^{-1}\,(\int_{-1}^{1} L_{N-1}''''^2(\zeta)\,(1-\zeta^2)^4\, d\zeta)(\mu^2 + \nu^2).$$

On conclut en notant que

$$\begin{aligned}\|\psi^3\|^2_{L^2(\Lambda)} &= \mu^2 \int_{-1}^{1} L_{N-1}''''^2(\zeta)\,(1-\zeta^2)^4\, d\zeta + \nu^2 \int_{-1}^{1} L_{N+1}''''^2(\zeta)\,(1-\zeta^2)^4\, d\zeta \\ &= (\int_{-1}^{1} L_{N-1}''''^2(\zeta)\,(1-\zeta^2)^4\, d\zeta)(\mu^2 + \nu^2 \frac{(N+4)(N+5)(2N-1)}{(N-4)(N-3)(2N+3)}).\end{aligned}$$

Lemme 2.7. *Pour tout polynôme φ_{N+1} de $\mathbb{P}^0_{N+1}(\Lambda)$, on a les inégalités*

$$|\varphi_{N+1}|^2_{H^1(\Lambda)} \le -((\varphi''_{N+1}, \varphi_{N+1}))_{N,\Lambda} \le c\,|\varphi_{N+1}|^2_{H^1(\Lambda)}. \tag{2.32}$$

Démonstration: On écrit ici le polynôme φ_{N+1} sous la forme

$$\varphi_{N+1}(\zeta) = (1-\zeta^2) \sum_{n=1}^{N} \varphi^{*n} L'_n(\zeta),$$

de sorte que, d'après la formule (F.3),

$$\varphi'_{N+1}(\zeta) = -\sum_{n=1}^{N} \varphi^{*n} n(n+1) L_n(\zeta).$$

Ceci entraîne que

$$|\varphi_{N+1}|^2_{H^1(\Lambda)} = \sum_{n=1}^{N} (\varphi^{*n})^2 n^2 (n+1)^2\, \|L_n\|^2_{L^2(\Lambda)}. \tag{2.33}$$

D'autre part, en se rappelant que la formule de quadrature (1.1) est exacte sur tous les polynômes de degré $\le 2N-1$ et que les polynômes L'_n, $n \ge 1$, sont deux à deux orthogonaux pour la mesure $(1-\zeta^2)\, d\zeta$, on voit que

$$\begin{aligned}&-((\varphi''_{N+1}, \varphi_{N+1}))_{N,\Lambda} \\ &= \sum_{n=1}^{N-1} (\varphi^{*n})^2 n(n+1) \int_{-1}^{1} L_n'^2(\zeta)\,(1-\zeta^2)\, d\zeta + (\varphi^{*N})^2 N(N+1)((L'_N, (1-\zeta^2)L'_N))_{N,\Lambda}.\end{aligned}$$

Toujours d'après (F.3), ceci s'écrit

$$\begin{aligned}&-((\varphi''_{N+1}, \varphi_{N+1}))_{N,\Lambda} \\ &= \sum_{n=1}^{N-1} (\varphi^{*n})^2 n^2 (n+1)^2 \|L_n\|^2_{L^2(\Lambda)} + (\varphi^{*N})^2 N(N+1)((L'_N, (1-\zeta^2)L'_N))_{N,\Lambda}.\end{aligned} \tag{2.34}$$

En comparant (2.34) avec (2.33), on voit que le lemme se réduit à estimer la quantité $((L'_N, (1-\zeta^2)L'_N))_{N,\Lambda}$. On remarque que le polynôme $(1-\zeta^2)L'^2_N + (N-1)^{-2}(1-\zeta^2)^2 L''^2_N$ est de degré $\leq 2N-1$, de sorte que l'exactitude de la formule (1.1) et le fait que ses nœuds soient les zéros de $(1-\zeta^2)L''_N$ entraîne

$$((L'_N, (1-\zeta^2)L'_N))_{N,\Lambda} = \int_{-1}^{1} L'^2_N(\zeta)\,(1-\zeta^2)\,d\zeta + (N-1)^{-2} \int_{-1}^{1} L''^2_N(\zeta)\,(1-\zeta^2)^2\,d\zeta.$$

Les formules (*F*.3) et (1.11) permettent de calculer le second membre:

$$\begin{aligned}
&((L'_N, (1-\zeta^2)L'_N))_{N,\Lambda} \\
&\qquad = N(N+1)\|L_N\|^2_{L^2(\Lambda)} + (N-1)^{-2}\,(N-1)N(N+1)(N+2)\|L_N\|^2_{L^2(\Lambda)} \\
&\qquad = N(N+1)\frac{2N+1}{N-1}\|L_N\|^2_{L^2(\Lambda)}.
\end{aligned}$$

En insérant ce résultat dans (2.34) et en comparant avec (2.33), on obtient l'estimation souhaitée.

Démonstration de la proposition: Soit u_{N+1} et v_{N+1} deux polynômes de $\mathbb{P}^{2,0}_{N+1}(\Omega)$. L'exactitude de la formule (1.1) implique que

$$((\frac{\partial^2 u_{N+1}}{\partial x^2}, \frac{\partial^2 u_{N+1}}{\partial x^2}))_N = \int_{-1}^{1} \Big((\frac{\partial^2 u_{N+1}}{\partial x^2}(x,.), \frac{\partial^2 u_{N+1}}{\partial x^2}(x,.))\Big)_{N,\Lambda}\,dx.$$

En utilisant l'inégalité de Cauchy-Schwarz et le Lemme 2.6 dans la direction y, on en déduit immédiatement que

$$((\frac{\partial^2 u_{N+1}}{\partial x^2}, \frac{\partial^2 v_{N+1}}{\partial x^2}))_N \leq c\,\|\frac{\partial^2 u_{N+1}}{\partial x^2}\|_{L^2(\Omega)}\|\frac{\partial^2 v_{N+1}}{\partial x^2}\|_{L^2(\Omega)}, \tag{2.35}$$

et que

$$((\frac{\partial^2 u_{N+1}}{\partial x^2}, \frac{\partial^2 u_{N+1}}{\partial x^2}))_N \geq c\,N^{-1}\,\|\frac{\partial^2 u_{N+1}}{\partial x^2}\|^2_{L^2(\Omega)}. \tag{2.36}$$

Les mêmes estimations sont encore valables avec x remplacé par y. Puis on développe les polynômes u_{N+1} et v_{N+1} sous la forme:

$$u_{N+1}(x,y) = (1-x^2)(1-y^2)\sum_{m=1}^{N}\sum_{n=1}^{N} u^{*mn} L'_m(x)L'_n(y),$$
$$v_{N+1}(x,y) = (1-x^2)(1-y^2)\sum_{m=1}^{N}\sum_{n=1}^{N} v^{*mn} L'_m(x)L'_n(y).$$

D'après l'équation (*F*.3) et grâce à la propriété (1.1) de la formule de quadrature, on voit que

$$\begin{aligned}
&((\frac{\partial^4 u_{N+1}}{\partial x^2 \partial y^2}, v_{N+1}))_N \\
&= \sum_{m=1}^{N}\sum_{n=1}^{N} u^{*mn}v^{*mn} m(m+1)n(n+1)((L'_m, (1-x^2)L'_m))_{N,\Lambda}((L'_n, (1-y^2)L'_n))_{N,\Lambda},
\end{aligned}$$

d'où, d'après l'inégalité de Cauchy-Schwarz et le Lemme 2.7 appliqué à chaque produit scalaire discret ,

$$((\frac{\partial^4 u_{N+1}}{\partial x^2 \partial y^2}, v_{N+1}))_N$$
$$\leq c \Big(\sum_{m=1}^{N} \sum_{n=1}^{N} (u^{*mn})^2 \|(\frac{d}{dx})((1-x^2)L'_m)\|^2_{L^2(\Lambda)} \|(\frac{d}{dy})((1-y^2)L'_n)\|^2_{L^2(\Lambda)}\Big)^{\frac{1}{2}}$$
$$\Big(\sum_{m=1}^{N} \sum_{n=1}^{N} (v^{*mn})^2 \|(\frac{d}{dx})((1-x^2)L'_m)\|^2_{L^2(\Lambda)} \|(\frac{d}{dy})((1-y^2)L'_n)\|^2_{L^2(\Lambda)}\Big)^{\frac{1}{2}},$$

et

$$((\frac{\partial^4 u_{N+1}}{\partial x^2 \partial y^2}, u_{N+1}))_N \geq \sum_{m=1}^{N} \sum_{n=1}^{N} (u^{*mn})^2 \|(\frac{d}{dx})((1-x^2)L'_m)\|^2_{L^2(\Lambda)} \|(\frac{d}{dy})((1-y^2)L'_n)\|^2_{L^2(\Lambda)}.$$

Ceci s'écrit encore

$$((\frac{\partial^4 u_{N+1}}{\partial x^2 \partial y^2}, v_{N+1}))_N \leq \|\frac{\partial^2 u_{N+1}}{\partial x \partial y}\|_{L^2(\Lambda)} \|\frac{\partial^2 v_{N+1}}{\partial x \partial y}\|_{L^2(\Lambda)}, \tag{2.37}$$

et

$$((\frac{\partial^4 u_{N+1}}{\partial x^2 \partial y^2}, u_{N+1}))_N \geq \|\frac{\partial^2 u_{N+1}}{\partial x \partial y}\|^2_{L^2(\Lambda)}. \tag{2.38}$$

En utilisant l'expression (2.21), on voit que la propriété de continuité est une conséquence de (2.35) (et de son analogue pour les dérivées en y) et de (2.37), tandis que l'ellipticité vient des minorations (2.36) (ainsi que de son analogue pour les dérivées par rapport à y) et (2.38).

Remarque 2.8. La propriété d'ellipticité énoncée dans la Proposition 2.3 est moins agréable que l'on ne l'espérait, puisque la constante d'ellipticité obtenue est de l'ordre de N^{-1}. Toutefois, on peut facilement vérifier que ce résultat ne peut être amélioré. En effet, on définit la fonction u_{N+1} par

$$u_{N+1}(x,y) = \varphi(x)\psi(y), \tag{2.39}$$

où φ est le polynôme $(1-\zeta^2)^2 L''''_N$ et où ψ désigne n'importe quel polynôme de $\mathbb{P}^{2,0}_{N-1}(\Lambda)$ vérifiant

$$\|\psi\|_{L^2(\Lambda)} \leq c \quad \text{et} \quad |\psi|_{H^2(\Lambda)} \geq c' N^4. \tag{2.40}$$

Par exemple, les inégalités (2.40) sont satisfaites par le polynôme ψ donné par

$$\psi = N^{-1} \sum_{n=2}^{N-3} (\min\{n, N-n\})^4 \Big(\frac{L_{n+2}}{2n+3} - \frac{2(2n+1)L_n}{(2n-1)(2n+3)} + \frac{L_{n-2}}{2n-1}\Big).$$

On voit alors que

$$|u_{N+1}|^2_{H^2(\Omega)} \geq \|\varphi\|^2_{L^2(\Lambda)} |\psi|^2_{H^2(\Lambda)} \geq c' N^8 \|\varphi\|^2_{L^2(\Lambda)}.$$

D'autre part, on a

$$\begin{aligned} & d_N(u_{N+1}, u_{N+1}) \\ & = ((\varphi'''', \varphi))_{N,\Lambda}((\psi, \psi))_{N,\Lambda} + 2((\varphi'', \varphi))_{N,\Lambda}((\psi'', \psi))_{N,\Lambda} + ((\varphi, \varphi))_{N,\Lambda}((\psi'''', \psi))_{N,\Lambda} \\ & \leq |\varphi|^2_{H^2(\Lambda)} \|\psi\|^2_{L^2(\Lambda)} + 2|\varphi|^2_{H^1(\Lambda)} |\psi|_{H^2(\Lambda)} \|\psi\|_{L^2(\Lambda)} + ((\varphi, \varphi))_{N,\Lambda} |\psi|_{H^2(\Lambda)}. \end{aligned}$$

D'après l'inégalité inverse (I.5.4), $|\psi|_{H^2(\Lambda)}$ est majoré par une constante fois N^4, de sorte que

$$d_N(u_{N+1}, u_{N+1}) \leq c\,(|\varphi|^2_{H^2(\Lambda)} + N^4\,|\varphi|^2_{H^1(\Lambda)} + N^8\,((\varphi, \varphi))_{N,\Lambda}). \qquad (2.41)$$

Pour évaluer les normes de φ, on fait appel à la formule (1.5) avec $m = 4$ et à $(F.1)$:

$$\|\varphi\|^2_{L^2(\Lambda)} = \frac{(N-3)(N-2)(N-1)N(N+1)(N+2)(N+3)(N+4)}{N + \frac{1}{2}},$$

puis au Lemme 2.4:

$$((\varphi, \varphi))_{N,\Lambda} = 12(N-3)(N-2)(N-1)N(N+1)(N+2).$$

On applique ensuite l'inégalité (III.1.27) puis l'inégalité (I.5.5)

$$\begin{aligned} |\varphi|_{H^1(\Lambda)} & \leq c N\, \|(1-\zeta^2)^{\frac{3}{2}} L_N''''\|_{L^2(\Lambda)} \\ & \leq c N\, \big(\|(1-\zeta^2)^{\frac{1}{2}} (\frac{d}{d\zeta})((1-\zeta^2) L_N''')\|_{L^2(\Lambda)} + \|(1-\zeta^2)^{\frac{1}{2}} L_N'''\|_{L^2(\Lambda)}\big) \\ & \leq c N^2\, \big(\|(1-\zeta^2) L_N'''\|_{L^2(\Lambda)} + \|L_N''\|_{L^2(\Lambda)}\big) \\ & \leq c N^2\, \big(\|(\frac{d}{d\zeta})((1-\zeta^2) L_N'')\|_{L^2(\Lambda)} + \|L_N''\|_{L^2(\Lambda)}\big) \\ & \leq c N^2\, \big(N\, \|(1-\zeta^2)^{\frac{1}{2}} L_N''\|_{L^2(\Lambda)} + \|L_N''\|_{L^2(\Lambda)}\big) \\ & \leq c N^2\, \big(N^2\, \|L_N'\|_{L^2(\Lambda)} + \|L_N''\|_{L^2(\Lambda)}\big). \end{aligned}$$

La formule (I.5.1) et l'inégalité inverse habituelle donnent finalement

$$|\varphi|_{H^1(\Lambda)} \leq c N^5 \quad \text{et} \quad |\varphi|_{H^2(\Lambda)} \leq c N^7. \qquad (2.42)$$

Il ressort de tous ces calculs que $d_N(u_{N+1}, u_{N+1})$ est majoré par une constante fois N^{14}, tandis que $|u_{N+1}|^2_{H^2(\Omega)}$ est $\geq c N^{15}$. On arrive finalement à la conclusion:

$$c N^{-1} \leq \inf_{u_{N+1} \in \mathbb{P}^{2,0}_{N+1}(\Omega)} \frac{d_N(u_{N+1}, u_{N+1})}{|u_{N+1}|^2_{H^2(\Omega)}} \leq c' N^{-1}, \qquad (2.43)$$

on ne peut donc améliorer le résultat de la Proposition 2.3.

Théorème 2.9. *Pour toute fonction f continue sur $\overline{\Omega}$, pour toutes fonctions g_J de $H^{\frac{3}{2}}(\Gamma_J)$, $J = 1, 2, 3, 4$, continuement dérivables sur $\overline{\Gamma}_J$, et pour toutes fonctions h_J de $H^{\frac{1}{2}}(\Gamma_J)$, $J = 1, 2, 3, 4$, continues sur $\overline{\Gamma}_J$, telles que les conditions de compatibilité (2.1) et (2.17) soient vérifiées, le problème (2.18) admet une solution unique.*

Démonstration: En utilisant le Lemme I.2.1 de Lax–Milgram et la Proposition 2.3, on voit qu'il existe un unique polynôme u°_{N+1} de $\mathbb{P}^{2,0}_{N+1}(\Omega)$ tel que

$$\forall v_{N+1} \in \mathbb{P}^{2,0}_{N+1}(\Omega), \quad d_N(u^\circ_{N+1}, v_{N+1}) = ((f, v_{N+1}))_N - d_N(\mathcal{K}_{N+1} u_b, v_{N+1}).$$

Le polynôme $u_{N+1} = u^\circ_{N+1} + \mathcal{K}_{N+1} u_b$ est alors solution du problème (2.18). L'unicité de cette solution est également une conséquence de la Proposition 2.3.

V.3. Majorations d'erreur

Le but de ce paragraphe est de fournir une estimation de l'erreur entre la solution u du problème (2.3) et la solution u_{N+1} du problème (2.18). Comme dans le chapitre III, l'étude repose en grande partie sur les propriétés des opérateurs d'interpolation k_{N+1} et $\mathcal{K}_{N+1}$ que l'on va établir maintenant. Certaines démonstrations, entièrement analogues à celles du chapitre III, seront laissées en exercice au lecteur.

On considère tout d'abord l'opérateur k_{N+1}. Les points μ_j, $1 \leq j \leq N-2$, intervenant dans la définition de cet opérateur sont les zéros de L''_N, donc les extrema de L'_N, ce qui entraîne les inégalités: $\zeta_j < \xi_j < \mu_j < \xi_{j+1} < \zeta_{j+2}$. En posant

$$\kappa_j = \arccos \mu_j, \quad 1 \leq j \leq N-2, \tag{3.1}$$

on obtient alors à partir de la propriété (III.1.4):

$$\frac{(N-j-\frac{3}{2})\pi}{N} \leq \kappa_j \leq \frac{(N-j+1)\pi}{N}. \tag{3.2}$$

Comme le poids σ_j, $1 \leq j \leq N-2$, est égal à $(1-\mu_j^2)^{-2}$ fois le poids correspondant de la formule de Gauss pour la mesure $(1-\zeta^2)^2\,d\zeta$ (voir Remarque 1.3), on déduit de Szegö [59, (15.3.14)] le résultat suivant.

Lemme 3.1. *Les poids σ_j, $1 \leq j \leq N-2$, vérifient*

$$\sigma_j \leq c\,N^{-1}\,(1-\mu_j^2)^{\frac{1}{2}}. \tag{3.3}$$

À partir des formules (3.2) et (3.3), on démontre la proposition suivante exactement comme la Proposition III.1.17.

Proposition 3.2. *Il existe une constante c positive telle que, pour toute fonction φ de $H_0^2(\Lambda)$, on ait*

$$\begin{aligned}\int_{-1}^{1} (k_{N+1}\varphi)^2(\zeta)\,(1-\zeta^2)^{-2}\,d\zeta \\ \leq c\Big(\int_{-1}^{1} \varphi^2(\zeta)\,(1-\zeta^2)^{-2}\,d\zeta + N^{-2}\int_{-1}^{1} \varphi'^2(\zeta)\,(1-\zeta^2)^{-1}\,d\zeta\Big).\end{aligned} \tag{3.4}$$

On en déduit le

Théorème 3.3. *Pour tout entier $m \geq 2$, il existe une constante c positive ne dépendant que de m telle que, pour toute fonction φ de $H^m(\Lambda)$, on ait*

$$\|\varphi - k_{N+1}\varphi\|_{L^2(\Lambda)} \leq c\,N^{-m}\,\|\varphi\|_{H^m(\Lambda)}. \tag{3.5}$$

Démonstration: On applique la Proposition 3.2 à la fonction $\varphi - \tilde{\pi}_N^2\varphi$, où l'opérateur $\tilde{\pi}_N^2$ est celui de la Remarque II.1.17:

$$\begin{aligned}\|k_{N+1}\varphi - \tilde{\pi}_N^2\varphi\|_{L^2(\Lambda)}^2 &\leq \int_{-1}^{1} (k_{N+1}\varphi - \tilde{\pi}_N^2\varphi)^2(\zeta)\,(1-\zeta^2)^{-2}\,d\zeta \\ &\leq c\Big(\int_{-1}^{1} (\varphi - \tilde{\pi}_N^2\varphi)^2(\zeta)\,(1-\zeta^2)^{-2}\,d\zeta + N^{-2}\int_{-1}^{1} (\varphi - \tilde{\pi}_N^2\varphi)'^2(\zeta)\,(1-\zeta^2)^{-1}\,d\zeta\Big).\end{aligned}$$

On obtient alors par l'inégalité triangulaire

$$\|\varphi - k_{N+1}\varphi\|^2_{L^2(\Lambda)} \leq c\Big(\int_{-1}^{1} (\varphi - \tilde{\pi}_N^2\varphi)^2(\zeta)\,(1-\zeta^2)^{-2}\,d\zeta + N^{-2}\int_{-1}^{1} (\varphi - \tilde{\pi}_N^2\varphi)'^2(\zeta)\,(1-\zeta^2)^{-1}\,d\zeta\Big).$$

On rappelle la définition de l'opérateur $\tilde{\pi}_N^2$: on définit φ_0 comme le polynôme de degré ≤ 3 tel que $\breve{\varphi} = \varphi - \varphi_0$ appartienne à $H_0^2(\Lambda)$ (on vérifie facilement que $\breve{\varphi}$ appartient à $H^m(\Lambda)$, avec sa norme dans cet espace majoré par une constante fois celle de φ); $\varphi - \tilde{\pi}_N\varphi$ est alors égal à $\breve{\varphi} - \pi_N^{2,0}\breve{\varphi}$. On écrit le développement

$$\breve{\varphi}(\zeta) = (1-\zeta^2)^2 \sum_{n=2}^{+\infty} \varphi^{on} L_n''(\zeta),$$

et on vérifie que

$$(\pi_N^{2,0}\breve{\varphi})(\zeta) = (1-\zeta^2)^2 \sum_{n=2}^{N-2} \varphi^{on} L_n''(\zeta).$$

En utilisant la formule (1.11), on constate alors que

$$\begin{aligned}\int_{-1}^{1} (\varphi - \tilde{\pi}_N^2\varphi)^2(\zeta)\,(1-\zeta^2)^{-2}\,d\zeta &= \sum_{n=N+1}^{+\infty} (\varphi^{on})^2 (n-1)n(n+1)(n+2)\,\|L_n\|^2_{L^2(\Lambda)}\\ &\leq N^{-4} \sum_{n=N+1}^{+\infty} (\varphi^{on})^2 \big((n-1)n(n+1)(n+2)\big)^2 \|L_n\|^2_{L^2(\Lambda)}\\ &\leq N^{-4}\,|\breve{\varphi} - \pi_N^{2,0}\breve{\varphi}|^2_{H^2(\Lambda)} = N^{-4}\,|\varphi - \tilde{\pi}_N^2\varphi|^2_{H^2(\Lambda)},\end{aligned}$$

d'où, grâce à l'inégalité (II.1.20),

$$\int_{-1}^{1} (\varphi - \tilde{\pi}_N^2\varphi)^2(\zeta)\,(1-\zeta^2)^{-2}\,d\zeta \leq c\,N^{-2m}\,\|\varphi\|^2_{H^m(\Lambda)}. \tag{3.6}$$

La majoration du terme $\int_{-1}^{1}(\varphi - \tilde{\pi}_N^2\varphi)'^2(\zeta)\,(1-\zeta^2)^{-1}\,d\zeta$ s'effectue exactement de la même façon. Ceci termine la démonstration du théorème.

On désire maintenant obtenir des estimations dans les semi-norme $|.|_{H^1(\Lambda)}$ et $|.|_{H^2(\Lambda)}$.
Théorème 3.4. *Pour tout entier $m \geq 2$, il existe une constante c positive ne dépendant que de m telle que, pour toute fonction φ de $H^m(\Lambda)$, on ait*

$$|\varphi - k_{N+1}\varphi|_{H^k(\Lambda)} \leq c\,N^{k-m}\,\|\varphi\|_{H^m(\Lambda)}, \quad k = 1 \text{ ou } 2. \tag{3.7}$$

La démonstration du théorème requiert une nouvelle inégalité de Hardy (voir [49, Chap. 6, Lemme 2.1]), que l'on prouve tout de suite.
Lemme 3.5. *Toute fonction ψ de $H_0^2(\Lambda)$ vérifie*

$$\int_{-1}^{1} \psi^2(\zeta)\,(1-\zeta^2)^{-3}\,d\zeta \leq \frac{1}{3}\int_{-1}^{1} \psi'^2(\zeta)\,(1-\zeta^2)^{-1}\,d\zeta. \tag{3.8}$$

Démonstration: Pour toute fonction ψ de $\mathcal{D}(\Lambda)$, on calcule la quantité

$$\int_{-1}^{1} \left(\psi'(\zeta) + 3\zeta\psi(\zeta)(1-\zeta^2)^{-1}\right)^2 (1-\zeta^2)^{-1}\, d\zeta$$

$$= \int_{-1}^{1} \left(\psi'^2(\zeta)(1-\zeta^2)^{-1} + 9\zeta^2\psi^2(\zeta)(1-\zeta^2)^{-3} + 3\zeta(\psi^2)'(\zeta)(1-\zeta^2)^{-2}\right) d\zeta$$

$$= \int_{-1}^{1} \left(\psi'^2(\zeta)(1-\zeta^2)^{-1} + \psi^2(\zeta)(1-\zeta^2)^{-3}(9\zeta^2 - 3 + 3\zeta^2 - 12\zeta^2)\right) d\zeta$$

$$= \int_{-1}^{1} \left(\psi'^2(\zeta)(1-\zeta^2)^{-1} - 3\psi^2(\zeta)(1-\zeta^2)^{-3}\right) d\zeta.$$

Comme cette quantité est positive ou nulle, on obtient l'inégalité désirée pour toute fonction ψ de $\mathcal{D}(\Lambda)$. On constate ensuite que, d'après le Lemme III.1.5, l'application: $\psi \mapsto \int_{-1}^{1} \psi'^2(\zeta)\,(1-\zeta^2)^{-1}\, d\zeta$ est continue sur $H_0^2(\Lambda)$ et on conclut en utilisant la densité de $\mathcal{D}(\Lambda)$ dans $H_0^2(\Lambda)$.

Démonstration du théorème: L'inégalité pour $k = 1$ se déduit immédiatement de celle pour $k = 2$ et du Théorème 3.3, grâce à la formule

$$\int_{-1}^{1} (\varphi - k_{N+1}\varphi)'^2(\zeta)\, d\zeta = -\int_{-1}^{1} (\varphi - k_{N+1}\varphi)(\zeta)(\varphi - k_{N+1}\varphi)''(\zeta)\, d\zeta$$
$$\le \|\varphi - k_{N+1}\varphi\|_{L^2(\Lambda)} |\varphi - k_{N+1}\varphi|_{H^2(\Lambda)}.$$

On s'intéresse donc à établir (3.7) pour $k = 2$. On vérifie que, pour tout polynôme φ_{N+1} de $\mathbb{P}_{N+1}^{2,0}(\Lambda)$,

$$|\varphi_{N+1}|_{H^2(\Lambda)} \le c\, N^2 \left(\int_{-1}^{1} \varphi_{N+1}^2(\zeta)\,(1-\zeta^2)^{-2}\, d\zeta\right)^{\frac{1}{2}}$$

(ceci s'obtient en écrivant le polynôme φ_{N+1} dans la base formée par les $(1-\zeta^2)^2 L_n''$, $2 \le n \le N-1$, et en utilisant la formule (1.11)). Pour toute fonction φ de $H_0^2(\Lambda)$, $k_{N+1}\varphi$ appartient à $\mathbb{P}_{N+1}^{2,0}(\Lambda)$, de sorte que l'inégalité précédente s'écrit

$$|k_{N+1}\varphi|_{H^2(\Lambda)}^2 \le c\, N^4 \int_{-1}^{1} (k_{N+1}\varphi)^2(\zeta)\,(1-\zeta^2)^{-2}\, d\zeta.$$

En utilisant la Proposition 3.2, on en déduit immédiatement

$$|k_{N+1}\varphi|_{H^2(\Lambda)}^2 \le c\,\Big(N^4 \int_{-1}^{1} \varphi^2(\zeta)\,(1-\zeta^2)^{-2}\, d\zeta + N^2 \int_{-1}^{1} \varphi'^2(\zeta)\,(1-\zeta^2)^{-1}\, d\zeta\Big).$$

Pour démontrer la majoration (3.7), on applique l'inégalité ci-dessus à la fonction $\varphi - \tilde{\pi}_N^2\varphi$, où φ est maintenant une fonction quelconque de $H^m(\Lambda)$, $m \ge 2$, et on utilise les mêmes arguments que dans la démonstration du Théorème 3.3 pour conclure.

L'étape suivante consiste à étendre à l'opérateur $\mathcal{K}_{N+1}$ les résultats ci-dessus.

Théorème 3.6. *Pour tout entier $m \ge 4$, il existe une constante c positive ne dépendant que de m telle que, pour toute fonction v de $H^m(\Omega)$, on ait*

$$|v - \mathcal{K}_{N+1}v|_{H^k(\Omega)} \le c\, N^{k-m}\, \|v\|_{H^m(\Omega)}, \quad k = 0, 1 \text{ ou } 2. \tag{3.9}$$

Démonstration: Comme précédemment on va prouver l'inégalité (3.9) pour $k = 0$ et $k = 2$, puisque celle pour $k = 1$ s'en déduit par intégration par parties. On écrit d'abord

$$\|v - \mathcal{K}_{N+1}v\|_{L^2(\Omega)} \le \|v - k_{N+1}^{(x)}v\|_{L^2(\Omega)} + \|v - k_{N+1}^{(y)}v\|_{L^2(\Omega)} + \|(id - k_{N+1}^{(x)})(v - k_{N+1}^{(y)}v)\|_{L^2(\Omega)}.$$

Le Théorème 3.3 implique

$$\|v - \mathcal{K}_{N+1}v\|_{L^2(\Omega)} \le c\big(N^{-m}\|v\|_{H^m(\Lambda;L^2(\Lambda))} + N^{-m}\|v\|_{L^2(\Lambda;H^m(\Lambda))} + N^{-2}N^{2-m}\|v\|_{H^2(\Lambda;H^{m-2}(\Lambda))}\big),$$

ce qui donne la majoration (3.9) pour $k = 0$ grâce au Lemme II.2.1. D'autre part, on déduit de l'inégalité d'ellipticité (2.9) que, pour toute fonction w de $H_0^2(\Omega)$,

$$|w|^2_{H^2(\Omega)} \le \|\Delta w\|^2_{L^2(\Omega)} \le c\big(\|\frac{\partial^2 w}{\partial x^2}\|^2_{L^2(\Omega)} + \|\frac{\partial^2 w}{\partial y^2}\|^2_{L^2(\Omega)}\big),$$

d'où l'on déduit qu'il suffit de majorer la quantité $\|(\frac{\partial^2}{\partial x^2})(v - \mathcal{K}_{N+1}v)\|_{L^2(\Omega)}$, l'estimation du second terme s'en déduisant par un argument de symétrie. On écrit alors la décomposition

$$\|(\frac{\partial^2}{\partial x^2})(v - \mathcal{K}_{N+1}v)\|_{L^2(\Omega)} \le \|v - k_{N+1}^{(x)}v\|_{H^2(\Lambda;L^2(\Lambda))} + \|k_{N+1}^{(x)}(v - k_{N+1}^{(y)}v)\|_{H^2(\Lambda;L^2(\Lambda))}.$$

On utilise encore les Théorèmes 3.3 et 3.4 pour en déduire

$$\|(\frac{\partial^2}{\partial x^2})(v - \mathcal{K}_{N+1}v)\|_{L^2(\Omega)} \le c\,N^{2-m}\,\big(\|v\|_{H^m(\Lambda;L^2(\Lambda))} + \|v\|_{H^2(\Lambda;H^{m-2}(\Lambda))}\big),$$

ce qui, avec le Lemme II.2.1, donne le résultat pour $k = 2$.

On dispose maintenant de toutes les estimations nécessaires pour étudier l'erreur venant du problème (2.18), dans les normes $|.|_{H^k(\Omega)}$, $k = 0, 1, 2$.

Théorème 3.7. *On suppose la solution u du problème* (2.3) *dans $H^m(\Omega)$ pour un entier $m \ge 4$ et la donnée f dans $H^r(\Omega)$ pour un entier $r \ge 4$. Alors, pour le problème discret* (2.18), *on a la majoration d'erreur*

$$|u - u_{N+1}|_{H^2(\Omega)} \le c\,(N^{3-m}\,\|u\|_{H^m(\Omega)} + N^{1-r}\|f\|_{H^r(\Omega)}). \tag{3.10}$$

Démonstration: On applique la propriété d'ellipticité (2.23) au polynôme $u_{N+1} - \mathcal{K}_{N+1}u$ et, en utilisant (2.6) et (2.19), on obtient pour tout polynôme v_{N-2} de $\mathbb{P}_{N-2}(\Omega)$:

$$\begin{aligned}
|u_{N+1} - \mathcal{K}_{N+1}u|^2_{H^2(\Omega)} &\le c\,N\,d_N(u_{N+1} - \mathcal{K}_{N+1}u, u_{N+1} - \mathcal{K}_{N+1}u)\\
&\le c\,N\,\big((d(u, u_{N+1} - \mathcal{K}_{N+1}u) - d_N(\mathcal{K}_{N+1}u, u_{N+1} - \mathcal{K}_{N+1}u)\\
&\qquad - \ll f, u_{N+1} - \mathcal{K}_{N+1}u \gg + ((f, u_{N+1} - \mathcal{K}_{N+1}u))_N\big)\\
&\le c\,N\,\big(d(u - v_{N-2}, u_{N+1} - \mathcal{K}_{N+1}u) + d_N(v_{N-2} - \mathcal{K}_{N+1}u, u_{N+1} - \mathcal{K}_{N+1}u)\\
&\qquad + \ll f, u_{N+1} - \mathcal{K}_{N+1}u \gg - ((f, u_{N+1} - \mathcal{K}_{N+1}u))_N\big).
\end{aligned}$$

En utilisant les propriétés de continuité des formes $d(.,.)$ et $d_N(.,.)$ ainsi que l'inégalité triangulaire, on en déduit

$$|u_{N+1} - \mathcal{K}_{N+1}u|_{H^2(\Omega)} \leq c\,N\,\Big(|u - v_{N-2}|_{H^2(\Omega)} + |u - \mathcal{K}_{N+2}u|_{H^2(\Omega)} + \sup_{z_{N+1}\in\mathbb{P}^{2,0}_{N+1}(\Omega)} \frac{\ll f, z_{N+1} \gg - ((f, z_{N+1}))_N}{|z_{N+1}|_{H^2(\Omega)}}\Big). \tag{3.11}$$

En ajoutant et soustrayant le terme $\ll \Pi_{N-2}f, z_{N+1} \gg$, qui est égal à $((\Pi_{N-2}f, z_{N+1}))_N$, on observe comme pour (III.3.15) que

$$\sup_{z_{N+1}\in\mathbb{P}^{2,0}_{N+1}(\Omega)} \frac{\ll f, z_{N+1} \gg - ((f, z_{N+1}))_N}{|z_{N+1}|_{H^2(\Omega)}} \leq c\,\big(\|f - \Pi_{N-2}f\|_{L^2(\Omega)} + \|f - \mathcal{K}_{N+1}f\|_{L^2(\Omega)}\big). \tag{3.12}$$

On obtient le résultat souhaité à partir des formules (3.11) et (3.12), en choisissant v_{N-2} égal à $\mathcal{K}_{N-2}u$ (c'est-à-dire à l'interpolé de u qui utilise les zéros de L''_{N-2} au lieu de ceux de L''_N) et en utilisant les Théorèmes II.2.4 et 3.6.

Théorème 3.8. *On suppose la solution u du problème (2.3) dans $H^m(\Omega)$ pour un entier $m \geq 3$, la donnée f dans $H^r(\Omega)$ pour un entier $r \geq 3$ et les conditions aux limites g_J, $J = 1,2,3,4$, dans $H^s(\Gamma_J)$ pour un entier $s \geq 2$ et h_J, $J = 1,2,3,4$, dans $H^t(\Gamma_J)$ pour un entier $t \geq 1$. Alors, pour le problème discret (2.18), on a la majoration d'erreur*

$$\|u - u_{N+1}\|_{L^2(\Omega)} \leq c\,(N^{1-m}\,\|u\|_{H^m(\Omega)} + N^{1-r}\|f\|_{H^r(\Omega)} + N^{1-s}\sum_{J=1}^{4}\|g_J\|_{H^s(\Gamma_J)} + N^{1-t}\sum_{J=1}^{4}\|h_J\|_{H^s(\Gamma_J)}). \tag{3.13}$$

Démonstration: Suivant la méthode de dualité d'Aubin–Nitsche, on écrit l'équation

$$\|u - u_{N+1}\|_{L^2(\Omega)} = \sup_{g\in L^2(\Omega)} \frac{\int_\Omega (u - u_{N+1})(\boldsymbol{x})g(\boldsymbol{x})\,d\boldsymbol{x}}{\|g\|_{L^2(\Omega)}}. \tag{3.14}$$

Pour une fonction g quelconque de $L^2(\Omega)$, on résout maintenant le problème: trouver w dans $H^2_0(\Omega)$ tel que

$$\forall v \in H^2_0(\Omega), \quad d(w, v) = \int_\Omega g(\boldsymbol{x})v(\boldsymbol{x})\,d\boldsymbol{x}. \tag{3.15}$$

Dans le carré Ω, on sait (voir Grisvard [30, Thm 7.2.2.3]) que la solution w appartient à $H^4(\Omega)$ et vérifie

$$\|w\|_{H^4(\Omega)} \leq c\,\|g\|_{L^2(\Omega)}. \tag{3.16}$$

Comme g est égal à $\Delta^2 w$, on calcule

$$\begin{aligned}\int_\Omega (u-u_{N+1})(\boldsymbol{x})g(\boldsymbol{x})\,d\boldsymbol{x} &= \int_\Omega (u-u_{N+1})(\boldsymbol{x})(\Delta^2 w)(\boldsymbol{x})\,d\boldsymbol{x}\\ &= -\int_\Omega \big(\mathbf{grad}\,(u-u_{N+1})\big)(\boldsymbol{x})\,.\,\big(\mathbf{grad}\,(\Delta w)\big)(\boldsymbol{x})\,d\boldsymbol{x}\\ &\qquad + \sum_{J=1}^4 \int_{\Gamma_J} (g_J - k_{N+1}^J g_J)(\tau)\frac{\partial(\Delta w)}{\partial n_J}(\tau)\,d\tau\\ &= d(u-u_{N+1}, w)\\ &+ \sum_{J=1}^4 \Big(\int_{\Gamma_J} (g_J - k_{N+1}^J g_J)(\tau)\frac{\partial(\Delta w)}{\partial n_J}(\tau)\,d\tau + \int_{\Gamma_J} (h_J - k_{N+1}^J h_J)(\tau)(\Delta w)(\tau)\,d\tau\Big).\end{aligned}$$

On soustrait l'équation

$$d(u-u_{N+1}, \Pi_{N-2}^{2,0} w) = \ll f, \Pi_{N-2}^{2,0} w \gg - ((f, \Pi_{N-2}^{2,0} w))_N,$$

et on obtient

$$\begin{aligned}&\int_\Omega (u-u_{N+1})(\boldsymbol{x})g(\boldsymbol{x})\,d\boldsymbol{x}\\ &\leq |u-u_{N+1}|_{H^2(\Omega)}|w-\Pi_{N-2}^{2,0} w|_{H^2(\Omega)} + \sup_{z_{N+1}\in\mathbb{P}_{N+1}^{2,0}(\Omega)} \frac{\ll f, z_{N+1} \gg - ((f, z_{N+1}))_N}{|z_{N+1}|_{H^2(\Omega)}}\\ &+ \big(\sum_{J=1}^4 \|g_J - k_{N+1}^J g_J\|_{L^2(\Gamma_J)}\big)\|w\|_{H^4(\Omega)} + \big(\sum_{J=1}^4 \|h_J - k_{N+1}^J h_J\|_{L^2(\Gamma_J)}\big)\|w\|_{H^3(\Omega)}.\end{aligned}$$

On conclut en appliquant les Théorèmes 3.7 et II.2.13 pour le premier terme, (3.12) et les Théorèmes II.2.4 et 3.6 pour le second et le Théorème 3.3 pour le troisième et le quatrième, le tout combiné avec (3.14) et (3.16).

En conclusion, on propose une méthode de collocation spectrale pour approcher la solution du problème de Dirichlet pour le bilaplacien. Cette méthode est facile à mettre en œuvre, même pour des équations plus compliquées (celles de Navier–Stokes formulées en fonction courant par exemple). Elle peut s'écrire sous forme variationnelle, toutefois les majorations d'erreur que l'on obtient ne sont pas optimales par rapport à la meilleure approximation polynômiale de la solution exacte. Une autre méthode est proposée par Bernardi, Coppoletta et Maday [8, §V], elle mène à des estimations d'erreur optimales, mais elle s'avère plus compliquée, aussi bien pour l'analyse que pour la mise en œuvre.

V.4. Exercices

Exercice 1: Soit m un entier ≥ 0, et N un entier $\geq m$.
1) Démontrer qu'il existe un unique ensemble de $N-m$ points μ_j de Λ, $1\leq j\leq N-m$, et un unique ensemble de $N+m$ réels σ_j, $1\leq j\leq N-m$, $\sigma_-^{m,k}$ et $\sigma_+^{m,k}$, $0\leq k\leq m-1$, tels que l'égalité suivante ait lieu pour tout polynôme Φ de $\mathbb{P}_{2N-1}(\Lambda)$:

$$\int_{-1}^1 \Phi(\zeta)\,d\zeta = \sum_{j=1}^{N-m} \Phi(\mu_j^m)\,\sigma_j^m + \sum_{k=0}^{m-1}\big((\frac{d^k\Phi}{d\zeta^k})(-1)\sigma_-^{m,k} + (\frac{d^k\Phi}{d\zeta^k})(-1)\sigma_+^{m,k}\big).$$

Caractériser les nœuds μ_j^m, $1 \le j \le N-m$.
2) Sauriez-vous calculer les poids σ_j^m, $1 \le j \le N-m$, $\sigma_-^{m,k}$ et $\sigma_+^{m,k}$, $0 \le k \le m-1$?
3) À quoi correspondent ces formules pour N égal à m ou $m+1$ et m petit?

Exercice 2: Soit Λ l'intervalle $]-1,1[$. Pour une distribution f donnée dans $H^{-1}(\Lambda)$ et un réel positif λ, on considère l'équation

$$\begin{cases} \frac{d^4u}{d\zeta^4} + \lambda u = f \quad \text{dans } \Lambda, \\ u(-1) = u(1) = 0 \quad \text{et} \quad u'(-1) = u'(1) = 0. \end{cases}$$

1) Écrire la formulation variationnelle du problème. Montrer qu'il admet une solution unique.
2) On suppose la fonction f continue sur $\bar{\Lambda}$ et on approche la solution par une méthode de collocation: on cherche un polynôme u_{N+1} de $\mathbb{P}_{N+1}(\Lambda)$ tel que

$$\begin{cases} (\frac{d^4u_{N+1}}{d\zeta^4})(\mu_j) + \lambda u_{N+1}(\mu_j) = f(\mu_j), \quad 1 \le j \le N-2, \\ u_{N+1}(-1) = u_{N+1}(1) = 0 \quad \text{et} \quad u'_{N+1}(-1) = u'_{N+1}(1) = 0, \end{cases}$$

où les μ_j, $1 \le j \le N-2$, sont les zéros de L''_N. Montrer que le problème a autant d'équations que d'inconnues.
3) Écrire la formulation variationnelle du problème discret. Étudier l'ellipticité de la forme bilinéaire qui y figure.
4) Établir une majoration de l'erreur entre les solutions u et u_{N+1} dans $H^2(\Lambda)$.
5) Donner une majoration du terme $\|u - u_{N+1}\|_{L^2(\Lambda)}$.

Exercice 3: Pour une fonction f continue sur le carré $\bar{\Omega} =]-1,1[^2$, on va écrire une nouvelle discrétisation du problème

$$\begin{cases} \Delta^2 u = f \quad \text{dans } \Omega, \\ u = \frac{\partial u}{\partial n} = 0 \quad \text{sur } \partial\Omega. \end{cases}$$

Pour cela, on rappelle la formule de Gauss-Lobatto: si les ξ_j, $0 \le j \le N$, sont les zéros de $(1-\zeta^2)L'_N$ (rangés par ordre croissant), il existe des poids ρ_j, $0 \le j \le N$, tels que l'on ait pour tout polynôme Φ de $\mathbb{P}_{2N-1}(]-1,1[)$

$$\int_{-1}^{1} \Phi(\zeta)\, d\zeta = \sum_{j=0}^{N} \Phi(\xi_j)\, \rho_j.$$

On définit la forme bilinéaire

$$(u,v)_N = \sum_{j=0}^{N}\sum_{k=0}^{N} u(\xi_j,\xi_k) v(\xi_j,\xi_k)\, \rho_j \rho_k.$$

Le problème discret consiste à trouver u_N dans $\mathbb{P}_N(\Omega) \cap H_0^2(\Omega)$ tel que

$$\forall v_N \in \mathbb{P}_N(\Omega) \cap H_0^2(\Omega), \quad (\Delta u_N, \Delta v_N)_N = (f, v_N)_N.$$

1) Montrer que ce problème admet une solution unique et établir une estimation optimale de l'erreur.
2) En introduisant les polynômes h_i, $2 \le i \le N-3$, de $\mathbb{P}_N(]-1,1[) \cap H_0^2(]-1,1[)$ s'annulant aux points ξ_j, $2 \le j \le N-3$, $j \ne i$, écrire le problème discret sous la forme d'un problème de collocation où une combinaison de l'équation en 5 points est satisfaite.
3) Conclure en comparant cette méthode avec celle proposée dans le chapitre.

Problèmes

Onze problèmes sont énoncés dans cette annexe, qui traitent tous des méthodes spectrales et de leurs extensions. Ils sont indépendants les uns des autres. Les quatre premiers ne font appel qu'aux résultats des chapitres précédents, tandis que d'autres techniques sont introduites dans les suivants (méthode d'éléments finis, méthode de joint, approximation par séries de Fourier). Toutefois, la résolution des problèmes ne requiert que quelques résultats classiques d'approximation par éléments finis, tous démontrés dans [22]. Les sujets de ces problèmes sont indiqués ci-dessous.

Problème 1: Coût de l'algorithme de gradient conjugué préconditionné appliqué à un système linéaire de matrice symétrique définie positive.

Problème 2: Approximation spectrale de l'équation de Poisson posée dans un domaine courbe.

Problème 3: Approximation spectrale de l'équation d'Euler.

Problème 4: Approximation spectrale du problème de Stokes en variables fonction courant et tourbillon.

Problème 5: Approximation spectrale du problème de Stokes avec conditions aux limites mixtes.

Problème 6: Approximation du problème de Stokes posé dans une union de rectangles par une méthode conforme d'éléments spectraux.

Problème 7: Approximation d'un problème du second ordre obtenue par la méthode de joint avec discrétisation spectrale sur chaque sous-domaine.

Problème 8: Approximation d'un problème du second ordre par couplage entre éléments finis et méthodes spectrales.

Problème 9: Approximation spectrale d'une équation elliptique non linéaire.

Problème 10: Approximation spectrale du problème de Stokes muni de conditions aux limites périodiques par séries de Fourier.

Problème 11: Approximation spectrale du problème de Stokes avec conditions aux limites périodiques dans une direction et homogènes dans l'autre, par séries de Fourier et polynômes.

Problème 1

On s'intéresse à la résolution du système linéaire $AU = F$, où A est une matrice symétrique définie positive d'ordre K, préconditionné par une matrice P symétrique définie positive elle aussi. On utilise pour cela l'algorithme (5.16)(5.17) du chapitre III.

1. Étude de l'algorithme de gradient conjugué

1. Une suite de vecteurs $(U_n)_n$ étant construite par l'algorithme, établir par récurrence sur n les relations d'orthogonalité, vraies pour tous entiers n et $m < n$:

$$\mathcal{R}_n.\mathcal{Q}_m = \mathcal{R}_n.\mathcal{P}_m = \mathcal{P}_n.A\mathcal{P}_m = 0$$

(on pourra utiliser la formule: $\beta_n = -\frac{\mathcal{Q}_{n+1}.A\mathcal{P}_n}{\mathcal{P}_n.A\mathcal{P}_n}$).

2. Les questions 2 à 6 traitent de la méthode de gradient conjugué sans préconditionnement (c'est-à-dire avec la matrice P égale à l'identité). Écrire l'algorithme et les relations de la question 1 dans ce cas.

3. Dans ce qui suit, on suppose les $\mathcal{R}_k$, $0 \leq k \leq n-1$, non nuls. Soit E_n le sous-espace vectoriel engendré par $\mathcal{P}_0$, ... et $\mathcal{P}_{n-1}$. Vérifier que E_n est de dimension n. Démontrer que le système $\{\mathcal{P}_0, \ldots, A^{n-1}\mathcal{P}_0\}$ est une base de E_n.

4. On définit la fonctionnelle J sur $\mathbb{R}^K$ par

$$J(V) = \frac{1}{2}V.AV - F.V.$$

Montrer que le système linéaire $AU = F$ équivaut au problème de minimisation consistant à trouver U dans $\mathbb{R}^K$ tel que

$$J(U) = \inf_{V \in \mathbb{R}^K} J(V).$$

Prouver la relation

$$J(U_n) = \inf_{V - U_0 \in E_n} J(V).$$

En déduire que l'algorithme converge en au plus K itérations.

5. Établir l'identité

$$J(V) = \frac{1}{2}(V-U).A(V-U) - \frac{1}{2}U.AU.$$

Vérifier que

$$(U_n - U).A(U_n - U) = \inf_{p \in \mathbb{P}_{n-1}} \big(1 + Ap(A)\big)^2 (U_0 - U).A(U_0 - U),$$

où $\mathbb{P}_{n-1}$ est l'espace des polynômes à une variable de degré $\leq n-1$.

6. On note λ_1, ... et λ_K les valeurs propres de la matrice A, rangées par ordre croissant. Démontrer la majoration

$$(U_n - U).A(U_n - U) \leq \inf_{p \in \mathbb{P}_{n-1}} \sup_{1 \leq k \leq K} \big(1 + \lambda_k p(\lambda_k)\big)^2 (U_0 - U).A(U_0 - U).$$

On définit un polynôme p de $\mathbb{P}_{n-1}$ tel que

$$1 + xp(x) = \frac{T_n(\frac{\lambda_K+\lambda_1-2x}{\lambda_K-\lambda_1})}{T_n(\frac{\lambda_K+\lambda_1}{\lambda_K-\lambda_1})},$$

où T_n est le polynôme de Tchebycheff de degré n. Démontrer la formule, vraie pour tout $n \geq 0$,

$$T_n(x) = \frac{1}{2}\big((x + \sqrt{x^2-1})^n + (x - \sqrt{x^2-1})^n\big).$$

En déduire la majoration d'erreur

$$(U_n - U).A(U_n - U) \leq 4(\frac{\sqrt{\kappa}-1}{\sqrt{\kappa}+1})^{2n}\,(U_0 - U).A(U_0 - U),$$

où κ est le nombre de condition de A. Le nombre de condition κ étant supposé tendre vers $+\infty$, conclure en indiquant une estimation asymptotique du nombre d'itérations suffisant pour que l'erreur soit inférieure à une précision donnée ε.

7. Écrire la méthode de gradient conjugué sans préconditionnement pour le système $P^{-\frac{1}{2}}AP^{-\frac{1}{2}}V = G$. Montrer que, par un changement de variables approprié, ceci se ramène bien à l'algorithme (III.5.16)(III.5.17).

2. Applications

8. Pour une fonction f continue sur $]-1,1[$, le problème consistant à trouver φ_N dans $\mathbb{P}_N^0(-1,1)$ tel que

$$\forall \psi_N \in \mathbb{P}_N^0(\Lambda), \quad \sum_{j=0}^{N} \varphi_N'(\xi_j)\psi_N'(\xi_j)\,\rho_j = \sum_{j=0}^{N} f(\xi_j)\psi_N(\xi_j)\,\rho_j,$$

où les ξ_j, $0 \leq j \leq N$, sont les zéros du polynôme $(1-\zeta^2)L_N'$, se réduit à un système linéaire $A^*U^* = F^*$, où les coefficients de la matrice A^* sont les quantités $\sum_{j=0}^{N} \ell_k'(\xi_j)\ell_r'(\xi_j)\,\rho_j$, produits scalaires des dérivées des polynômes de Lagrange associés aux ξ_j, $0 \leq j \leq N$. On note P^* la matrice diagonale dont les coefficients sont les coefficients diagonaux de A^*. Calculer la matrice $P^{*-1}A^*$ et le produit $U.P^*V$, pour U et V donnés dans $\mathbb{R}^K$. Pour une valeur propre fixée de $P^{*-1}A^*$, écrire la formulation variationnelle du problème dont les vecteurs propres sont solutions, puis l'équation différentielle correspondante. En déduire quelles sont les valeurs propres de la matrice $P^{*-1}A$ et indiquer quel est le nombre de condition de la matrice $P^{*-\frac{1}{2}}AP^{*-\frac{1}{2}}$.

9. Pour une fonction f continue sur le carré $\Omega =]-1,1[^2$, le problème consistant à trouver u_N dans $\mathbb{P}_N^0(\Omega)$ tel que

$$\forall v_N \in \mathbb{P}_N^0(\Omega),$$
$$\sum_{j=0}^{N}\sum_{k=0}^{N} (\mathbf{grad}\, u_N)(\xi_j,\xi_k).(\mathbf{grad}\, v_N)(\xi_j,\xi_k))\,\rho_j\rho_k = \sum_{j=0}^{N}\sum_{k=0}^{N} f(\xi_j,\xi_k)v_N(\xi_j,\xi_k)\,\rho_j\rho_k,$$

se réduit à un système linéaire $AU = F$, où la matrice A est symétrique définie positive. On note P la matrice diagonale dont les coefficients sont les coefficients diagonaux de A. Pour une valeur propre fixée de $P^{-1}A$, écrire la formulation variationnelle du problème dont les vecteurs propres sont solutions. Exhiber une "grande" et une "petite" valeur propre de la matrice $P^{-1}A$. En déduire une minoration du nombre de condition de $P^{-\frac{1}{2}}AP^{-\frac{1}{2}}$. Puis démontrer l'inégalité de Hardy, vraie pour toute fonction φ de $H_0^1(\Lambda)$:

$$\int_{-1}^{1} \varphi^2(\zeta)\,(1-\zeta^2)^{-2}\,d\zeta \leq \int_{-1}^{1} \varphi'^2(\zeta)\,d\zeta,$$

et l'inégalité inverse, vraie pour tout polynôme φ_N de $\mathbb{P}_N(\Lambda)$:

$$\int_{-1}^{1} \varphi_N'^2(\zeta)\,d\zeta \leq c\,N^2 \int_{-1}^{1} \varphi_N^2(\zeta)\,(1-\zeta^2)^{-2}\,d\zeta.$$

Donner une majoration du nombre de condition de la matrice $P^{-\frac{1}{2}}AP^{-\frac{1}{2}}$. Conclure sur la résolution du système $AU = F$ par l'algorithme de gradient conjugué préconditionné par la matrice P.

Problème 2

Soit Ω un ouvert borné de $\mathbb{R}^2$, de frontière lipschitzienne. On s'intéresse à la discrétisation spectrale du problème

$$\begin{cases} -\Delta u = g & \text{dans } \Omega, \\ u = 0 & \text{sur } \partial\Omega, \end{cases}$$

pour une fonction g donnée de $L^2(\Omega)$.

Pour cela, on suppose qu'il existe une décomposition de Ω en sous-domaines Ω^k, $1 \leq k \leq K$:

$$\overline{\Omega} = \bigcup_{k=1}^{K} \overline{\Omega}^k,$$

telle que les propriétés suivantes soient vérifiées:
(i) pour tout k compris entre 1 et K, il existe une bijection F^k de classe $\mathcal{C}^\infty$ du carré de référence $\overline{\hat{\Omega}} = [-1,1]^2$ sur $\overline{\Omega}^k$. On appelle alors sommet de Ω^k l'image par F^k d'un coin de $\hat{\Omega}$ et côté de Ω^k l'image par F^k d'un côté de $\hat{\Omega}$.
(ii) l'intersection de deux éléments $\overline{\Omega}^k$ et $\overline{\Omega}^\ell$, $1 \leq k < \ell \leq K$, est soit vide soit un sommet ou un côté entier de Ω^k et de Ω^ℓ.

Étant donné un côté Γ^{ki} de Ω^k, $1 \leq k \leq K$ et $i = 1,2,3,4$, image d'un côté $\hat{\Gamma}^i$ de $\hat{\Omega}$ par F^k, on note f^{ki} l'application de $]-1,1[$ sur Γ^{ki} composée d'une application affine de $]-1,1[$ sur $\hat{\Gamma}^i$ et de la restriction de F^k à $\hat{\Gamma}^i$.

Soit J^k, $1 \leq k \leq K$, le jacobien de F^k. On note κ la plus petite constante c telle que

$$\sup_{\hat{x}\in\hat{\Omega}} |J^k(\hat{x})| \leq c \quad \text{et} \quad \sup_{x\in\Omega} |(J^k)^{-1}(x)| \leq c, \quad 1 \leq k \leq K.$$

1. Méthode de Galerkin

Soit N un entier positif donné. On note $\mathbb{P}_N(\hat{\Omega})$ l'espace des polynômes sur $\hat{\Omega}$ de degré $\leq N$ par rapport à chacune des deux variables.

Étant donné un K-uplet $m = (m_1, \ldots, m_K)$ d'entiers positifs ou nuls, on introduit l'espace

$$V_m = \{v \in L^2(\Omega);\ v_{|\Omega^k} \in H^{m_k}(\Omega^k),\ 1 \leq k \leq K\}.$$

1. Les fonctions de l'espace $L^2(\Omega)$ vont être approchées dans l'espace

$$Y_N = \{v_N \in L^2(\Omega);\ v_{N\,|\Omega^k} \circ F^k \in \mathbb{P}_N(\hat{\Omega})\}.$$

Montrer qu'il existe une constante c positive telle que, pour toute fonction v de V_m, on ait

$$\inf_{v_N\in Y_N} \|v - v_N\|_{L^2(\Omega)} \leq c \sum_{k=1}^{K} N^{-m_k} \|v_{|\Omega^k}\|_{H^{m_k}(\Omega^k)}.$$

2. On fait maintenant l'hypothèse supplémentaire que, si $\overline{\Omega}^k \cap \overline{\Omega}^\ell$ est un côté $\overline{\Gamma}^{ki}$ de Ω^k et un côté $\overline{\Gamma}^{\ell j}$ de Ω^ℓ, les applications f^{ki} et $f^{\ell j}$ coïncident. Les fonctions de $H_0^1(\Omega)$ sont approchées de façon naturelle dans l'espace

$$X_N = Y_N \cap H_0^1(\Omega).$$

On suppose les m_k, $1 \leq k \leq K$, supérieurs ou égaux à 2. Montrer qu'il existe une constante c positive telle que, pour toute fonction v de $V_m \cap H_0^1(\Omega)$, on ait

$$\inf_{v_N \in X_N} \|v - v_N\|_{H^1(\Omega)} \leq c \sum_{k=1}^{K} N^{1-m_k} \|v_{|\Omega^k}\|_{H^{m_k}(\Omega^k)}.$$

3. Écrire le problème discret construit par la méthode de Galerkin à partir du problème de départ et dont la solution u_N est cherchée dans X_N. Montrer que ce problème admet une solution unique.

4. On suppose la solution u dans V_m, pour des entiers $m_k \geq 2$. Déduire de la question 2 une majoration de l'erreur entre u et u_N dans $H^1(\Omega)$.

2. Méthode avec intégration numérique

On introduit la formule de quadrature suivante:

$$\int_{-1}^{1} \Phi(\zeta)\, d\zeta \simeq \sum_{j=0}^{N} \Phi(\xi_j)\, \rho_j,$$

avec $\xi_0 = -1$ et $\xi_N = 1$, où les ξ_j, $1 \leq j \leq N-1$, et les ρ_j, $0 \leq j \leq N$, sont choisis tels qu'il y ait égalité lorsque Φ est un polynôme de degré $\leq 2N-1$ sur $]-1,1[$. Puis, pour toutes fonctions u et v définies sur Ω dont les restrictions à chaque $\overline{\Omega}^k$, $1 \leq k \leq K$, sont continues, on pose

$$(u,v)_N = \sum_{k=1}^{K} \sum_{i=0}^{N} \sum_{j=0}^{N} (u \circ F^k)(\xi_i,\xi_j)(v \circ F^k)(\xi_i,\xi_j)\, |J^k(\xi_i,\xi_j)|\, \rho_i \rho_j.$$

On suppose maintenant la donnée g continue sur chaque $\overline{\Omega}^k$, $1 \leq k \leq K$. Le problème discret s'écrit: *trouver u_N dans X_N tel que*

$$\forall v_N \in X_N, \quad (\mathbf{grad}\, u_N, \mathbf{grad}\, v_N)_N = (g, v_N)_N.$$

5. Montrer que le problème discret admet une solution unique.

6. Donner une condition nécessaire portant sur les fonctions u et v pour qu'on ait l'égalité

$$(u,v)_N = \int_\Omega u(x)v(x)\, dx.$$

7. Pour chaque k, $1 \leq k \leq K$, écrire l'équation vérifiée par la solution discrète u_N aux points $\big(F^k(\xi_i), F^k(\xi_j)\big)$, $1 \leq i,j \leq N-1$.

8. On note $\hat{\mathcal{I}}_N$ l'opérateur d'interpolation de Lagrange aux points (ξ_i, ξ_j), $0 \leq i,j \leq N$, à valeurs dans $\mathbb{P}_N(\hat{\Omega})$. Établir la majoration

$$\sup_{w_N \in X_N} \frac{\int_\Omega g(\boldsymbol{x}) w_N(\boldsymbol{x})\, d\boldsymbol{x} - (g, w_N)_N}{\|w_N\|_{L^2(\Omega)}} \leq c \Big(\sum_{k=1}^K \big(\|(g \circ F^k) J^k - g_{N-1}^k\|_{L^2(\hat{\Omega})}^2 + \|(g \circ F^k) J^k - \hat{\mathcal{I}}_N\big((g \circ F^k) J^k\big)\|_{L^2(\hat{\Omega})}^2 \big) \Big)^{\frac{1}{2}},$$

où les g_{N-1}^k sont des polynômes quelconques de $\mathbb{P}_{N-1}(\hat{\Omega})$.

9. En utilisant les polynômes $\hat{\mathcal{I}}_N\big((DF^k)^2 \,.\, \mathbf{grad}\,(u \circ F^k)\, J^k\big)$, donner une estimation de la quantité

$$\int_\Omega (\mathbf{grad}\, u)(\boldsymbol{x}) \,.\, (\mathbf{grad}\, w_N)(\boldsymbol{x})\, d\boldsymbol{x} - (\mathbf{grad}\, v_N, \mathbf{grad}\, w_N)_N,$$

pour des éléments v_N et w_N de X_N.

10. On suppose la solution u dans $V_{\boldsymbol{m}}$, pour des entiers $m_k \geq 2$, et la donnée g dans $V_{\boldsymbol{r}}$, avec $\boldsymbol{r} = (r_1, \ldots, r_K)$, pour des entiers $r_k \geq 2$. Établir la majoration d'erreur

$$\|u - u_N\|_{H^1(\Omega)} \leq c \sum_{k=1}^K \big(N^{1-m_k} \|u_{|\Omega^k}\|_{H^{m_k}(\Omega^k)} + N^{-r_k} \|g_{|\Omega^k}\|_{H^{r_k}(\Omega^k)} \big).$$

3. Remarques

11. On suppose maintenant les applications F^k, $1 \leq k \leq K$, seulement de classe $\mathcal{C}^p$, pour un entier $p \geq 1$. Pour quelles valeurs de m l'application: $v \mapsto v \circ F^k$ est-elle un isomorphisme de $H^m(\Omega^k)$ sur $H^m(\hat{\Omega})$? En déduire comment sont modifiés les résultats précédents.

12. Indiquer une façon simple de construire les applications F^k lorsque les Ω^k sont des quadrilatères quelconques. Quel type de géométrie pour le domaine Ω peut-on ainsi traiter?

13. On suppose données des applications f^{ki}, $i = 1, 2, 3, 4$, continues de $[-1, 1]$ dans $\mathbb{R}^2$. Sous quelles conditions de compatibilité existe-t-il une application F^k de classe $\mathcal{C}^0$ sur $\hat{\Omega}$ dont les restrictions aux côtés de $\hat{\Omega}$ coïncident avec les f^{ki}? Construire explicitement une telle application.

14. Construire des applications F^k pour les domaines Ω^k, $k = 1, 2, 3$, de la figure qui suit (les segments de droite sont les côtés d'un carré, de longueur 2, et les courbes sont des arcs de cercle de rayon $r > 1$). Que se passe-t-il lorsque r est égal à $\sqrt{2}$?

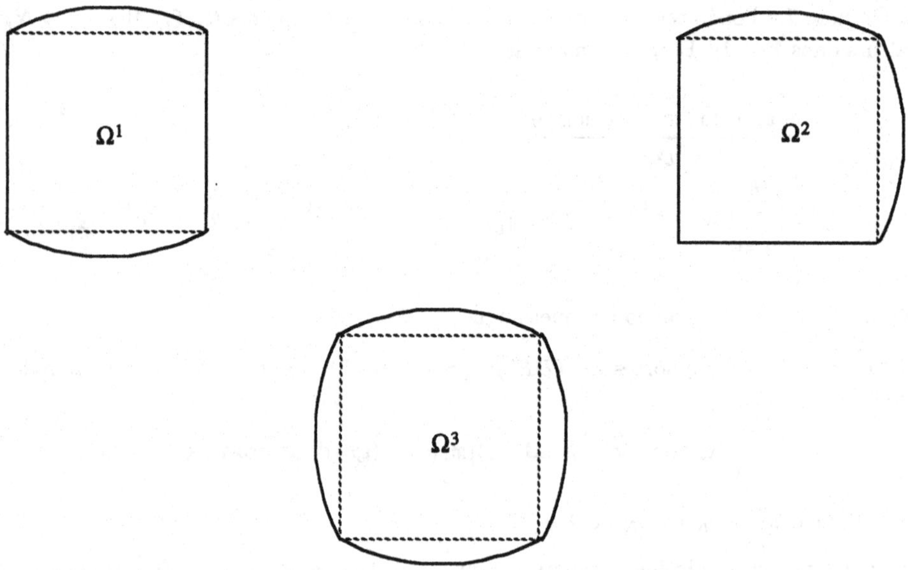
Ω1
Ω2
Ω3

Problème 3

Soit Ω un ouvert borné de $\mathbb{R}^2$, à frontière Γ lipschitzienne. On note $\boldsymbol{n}$ le vecteur unitaire normal à Γ et extérieur à Ω. On définit l'espace

$$L_0^2(\Omega) = \{q \in L^2(\Omega);\ \int_\Omega q(\boldsymbol{x})\,d\boldsymbol{x} = 0\}.$$

Pour une fonction $\boldsymbol{f}$ donnée de $L^2(\Omega)^2$, on considère le problème variationnel suivant, appelé "problème d'Euler linéarisé": *trouver $\boldsymbol{u}$ dans $L^2(\Omega)^2$ et p dans $H^1(\Omega) \cap L_0^2(\Omega)$ tels que*

$$(Q)\quad \begin{aligned} &\forall \boldsymbol{v} \in L^2(\Omega)^2, \quad \int_\Omega \boldsymbol{u}(\boldsymbol{x})\,.\,\boldsymbol{v}(\boldsymbol{x})\,d\boldsymbol{x} + \int_\Omega \boldsymbol{v}(\boldsymbol{x})\,.\,(\mathbf{grad}\,p)(\boldsymbol{x})\,d\boldsymbol{x} = \int_\Omega \boldsymbol{f}(\boldsymbol{x})\,.\,\boldsymbol{v}(\boldsymbol{x})\,d\boldsymbol{x},\\ &\forall q \in H^1(\Omega), \quad \int_\Omega \boldsymbol{u}(\boldsymbol{x})\,.\,(\mathbf{grad}\,q)(\boldsymbol{x})\,d\boldsymbol{x} = 0. \end{aligned}$$

On rappelle que, sur l'espace $H^1(\Omega) \cap L_0^2(\Omega)$, l'application: $v \mapsto |v|_{H^1(\Omega)} = \|\mathbf{grad}\,v\|_{L^2(\Omega)^2}$ est une norme équivalente à la norme $\|.\|_{H^1(\Omega)}$.

1. Étude théorique du problème (Q)

1. Démontrer la condition "inf-sup"

$$\forall q \in H^1(\Omega), \quad \sup_{\boldsymbol{v} \in L^2(\Omega)^2} \frac{\int_\Omega \boldsymbol{v}(\boldsymbol{x})\,.\,(\mathbf{grad}\,q)(\boldsymbol{x})\,d\boldsymbol{x}}{\|\boldsymbol{v}\|_{L^2(\Omega)}} \geq |q|_{H^1(\Omega)}.$$

2. a) Montrer que le problème (Q) peut s'écrire sous la forme abstraite: *pour $\boldsymbol{f}$ donné dans X', chercher $\boldsymbol{u}$ dans X et p dans M tels que*

$$(Q)\quad \begin{aligned} &\forall \boldsymbol{v} \in X, \quad a(\boldsymbol{u}, \boldsymbol{v}) + b(\boldsymbol{v}, p) = \langle \boldsymbol{f}, \boldsymbol{v} \rangle,\\ &\forall q \in M, \quad b(\boldsymbol{u}, q) = 0. \end{aligned}$$

b) En déduire que le problème (Q) admet une solution unique $(\boldsymbol{u}, p)$ dans l'espace $L^2(\Omega)^2 \times [H^1(\Omega) \cap L_0^2(\Omega)]$ et qu'elle vérifie

$$\|\boldsymbol{u}\|_{L^2(\Omega)^2} \leq \|\boldsymbol{f}\|_{L^2(\Omega)^2} \quad \text{et} \quad |p|_{H^1(\Omega)} \leq \|\boldsymbol{f}\|_{L^2(\Omega)^2}.$$

3. On définit l'espace

$$H(\mathrm{div}, \Omega) = \{\boldsymbol{v} \in L^2(\Omega)^2;\ \mathrm{div}\ \boldsymbol{v} \in L^2(\Omega)\},$$

muni de la norme

$$\|\boldsymbol{v}\|_{H(\mathrm{div},\Omega)} = \left(\|\boldsymbol{v}\|_{L^2(\Omega)^2}^2 + \|\mathrm{div}\ \boldsymbol{v}\|_{L^2(\Omega)}^2\right)^{\frac{1}{2}}.$$

Montrer que $H(\mathrm{div}, \Omega)$ est un espace de Hilbert.

4. On rappelle que $H^{\frac{1}{2}}(\Gamma)$ désigne l'espace des traces sur Γ des fonctions de $H^1(\Omega)$, et on note $H^{-\frac{1}{2}}(\Gamma)$ son dual. On *admet* que l'espace $\mathcal{D}(\overline{\Omega})^2$ est dense dans $H(\mathrm{div}, \Omega)$.
a) À partir de la formule de Green

$$\forall \boldsymbol{v} \in \mathcal{D}(\overline{\Omega})^2, \forall \varphi \in \mathcal{D}(\overline{\Omega}), \quad \int_\Omega (\mathrm{div}\ \boldsymbol{v})(\boldsymbol{x})\varphi(\boldsymbol{x})\, d\boldsymbol{x} + \int_\Omega \boldsymbol{v}(\boldsymbol{x}) \,.\, (\mathbf{grad}\, \varphi)(\boldsymbol{x})\, d\boldsymbol{x} = \int_\Gamma \boldsymbol{v} \,.\, \boldsymbol{n}\, \varphi\, d\tau,$$

montrer que l'application "trace normale": $\boldsymbol{v} \mapsto \boldsymbol{v} \,.\, \boldsymbol{n}$, définie sur $\mathcal{D}(\overline{\Omega})^2$, se prolonge en une application linéaire continue de $H(\mathrm{div}, \Omega)$ dans $H^{-\frac{1}{2}}(\Gamma)$.
b) Vérifier que la fonction $\boldsymbol{u}$ du problème (Q) appartient à $H(\mathrm{div}, \Omega)$. Énoncer un problème aux limites équivalent au problème (Q) et démontrer cette équivalence.

2. Approximation abstraite du problème (Q)

Soit δ un paramètre de discrétisation. À chaque valeur de δ, on associe deux espaces de dimension finie X_δ et M_δ tels que

$$X_\delta \subset L^2(\Omega)^2 \quad \text{et} \quad M_\delta \subset H^1(\Omega) \cap L^2_0(\Omega).$$

On suppose de plus qu'ils vérifient l'hypothèse suivante:

$$(H) \qquad \{\mathbf{grad}\, q_\delta;\ q_\delta \in M_\delta\} \subset X_\delta.$$

On définit alors le problème approché: *trouver* $\boldsymbol{u}_\delta$ *dans* X_δ *et* p_δ *dans* M_δ *tels que*

$$(Q)_\delta \quad \begin{aligned} &\forall \boldsymbol{v}_\delta \in X_\delta, \\ &\qquad \int_\Omega \boldsymbol{u}_\delta(\boldsymbol{x}) \,.\, \boldsymbol{v}_\delta(\boldsymbol{x})\, d\boldsymbol{x} + \int_\Omega \boldsymbol{v}_\delta(\boldsymbol{x}) \,.\, (\mathbf{grad}\, p_\delta)(\boldsymbol{x})\, d\boldsymbol{x} = \int_\Omega \boldsymbol{f}(\boldsymbol{x}) \,.\, \boldsymbol{v}_\delta(\boldsymbol{x})\, d\boldsymbol{x}, \\ &\forall q_\delta \in M_\delta, \quad \int_\Omega \boldsymbol{u}_\delta(\boldsymbol{x}) \,.\, (\mathbf{grad}\, q_\delta)(\boldsymbol{x})\, d\boldsymbol{x} = 0. \end{aligned}$$

5. Montrer que le problème $(Q)_\delta$ admet une solution unique.
6. Démontrer la condition "inf-sup" discrète uniforme

$$\forall q_\delta \in M_\delta, \quad \sup_{\boldsymbol{v}_\delta \in X_\delta} \frac{\int_\Omega \boldsymbol{v}_\delta(\boldsymbol{x}) \,.\, (\mathbf{grad}\, q_\delta)(\boldsymbol{x})\, d\boldsymbol{x}}{\|\boldsymbol{v}_\delta\|_{L^2(\Omega)^2}} \geq |q_\delta|_{H^1(\Omega)}.$$

7. Soit $\boldsymbol{u}$ une fonction de $L^2(\Omega)^2$ à divergence nulle, vérifiant $\boldsymbol{u} \,.\, \boldsymbol{n} = 0$ sur Γ, et soit $\boldsymbol{w}_\delta$ un élément de X_δ quelconque. Construire un élément $\boldsymbol{v}_\delta$ de X_δ tel que

$$\forall q_\delta \in M_\delta, \quad \int_\Omega \boldsymbol{v}_\delta(\boldsymbol{x}) \,.\, (\mathbf{grad}\, q_\delta)(\boldsymbol{x})\, d\boldsymbol{x} = 0,$$

et que

$$\|\boldsymbol{u} - \boldsymbol{v}_\delta\|_{L^2(\Omega)^2} \leq 2\|\boldsymbol{u} - \boldsymbol{w}_\delta\|_{L^2(\Omega)^2}.$$

8. Établir les majorations d'erreur

$$\|u - u_\delta\|_{L^2(\Omega)^2} \leq 4 \inf_{v_\delta \in X_\delta} \|u - v_\delta\|_{L^2(\Omega)^2} + \inf_{q_\delta \in M_\delta} |p - q_\delta|_{H^1(\Omega)},$$

$$|p - p_\delta|_{H^1(\Omega)} \leq 2 \inf_{q_\delta \in M_\delta} |p - q_\delta|_{H^1(\Omega)} + \|u - u_\delta\|_{L^2(\Omega)^2}.$$

On suppose désormais la solution (u, p) du problème (Q) dans $H^s(\Omega)^2 \times H^{s+1}(\Omega)$ pour un entier $s \geq 1$.

3. Approximation par des polynômes de haut degré sur des éléments

On suppose finalement que Ω est un ouvert à frontière polygonale, dont les côtés sont parallèles aux axes de coordonnées. À un paramètre h strictement positif, on associe une "quadrangulation" $\mathcal{Q}_h$, composée de rectangles ouverts Ω^k, $1 \leq k \leq K_h$, telle que

$$\overline{\Omega} = \bigcup_{k=1}^{K_h} \overline{\Omega}^k \quad \text{et} \quad \Omega^k \cap \Omega^\ell = \emptyset, \quad 1 \leq k < \ell \leq K_h,$$

avec le diamètre de Ω^k, $1 \leq k \leq K_h$, inférieur à h. On suppose que l'intersection de deux éléments $\overline{\Omega}^k$ et $\overline{\Omega}^\ell$, $1 \leq k < \ell \leq K_h$, est soit vide, soit un sommet de Ω^k et de Ω^ℓ, soit un côté de Ω^k et de Ω^ℓ. On désigne par L_x^k (resp. L_y^k) la longueur du côté du rectangle Ω^k parallèle à l'axe des x (resp. des y).

Soit $\hat{\Omega}$ le carré $]-1, 1[^2$. Pour tout Ω^k, $1 \leq k \leq K_h$, on désigne par F^k une application de la forme:

$$\begin{pmatrix} \hat{x} \\ \hat{y} \end{pmatrix} \mapsto \begin{pmatrix} x \\ y \end{pmatrix} = \begin{pmatrix} a^k \hat{x} + b^k \\ c^k \hat{y} + d^k \end{pmatrix} = B^k \begin{pmatrix} \hat{x} \\ \hat{y} \end{pmatrix} + \begin{pmatrix} b^k \\ d^k \end{pmatrix}$$

qui envoie $\hat{\Omega}$ sur Ω^k.

On suppose la famille $(\mathcal{Q}_h)_h$ régulière au sens suivant: il existe une constante $\sigma > 0$ telle que

$$\sup_h \sup_{\Omega^k \in \mathcal{Q}_h} \frac{\sup\{L_x^k, L_y^k\}}{\inf\{L_x^k, L_y^k\}} \leq \sigma.$$

Pour tout entier $n \geq 0$ et pour tout ouvert Δ de $\mathbb{R}^2$, on note $\mathbb{P}_n(\Delta)$ l'espace des restrictions à Δ des polynômes à deux variables x et y, de degré $\leq n$ par rapport à chacune d'elles. Dans ce qui suit, le paramètre de discrétisation est un couple $\delta = (h, N)$, où h est le paramètre de la triangulation et N est un entier ≥ 2.

9. Majorer les quantités dét B^k, $\|B^k\|$ et $\|(B^k)^{-1}\|$ en fonction de L_x^k et de L_y^k. En déduire que, pour tout entier m positif ou nul, il existe une constante c ne dépendant que de m et de σ telle que, pour toute fonction v de $H^m(\Omega^k)$, $1 \leq k \leq K_h$:

$$|v|_{H^m(\Omega^k)} \leq c\,(\sup\{L_x^k, L_y^k\})^{1-m} |v \circ F^k|_{H^m(\hat{\Omega})},$$

$$|v \circ F^k|_{H^m(\hat{\Omega})} \leq c\,(\sup\{L_x^k, L_y^k\})^{m-1} |v|_{H^m(\Omega^k)}.$$

10. On définit l'espace

$$Y_\delta = \{v_\delta \in L^2(\Omega);\ v_{\delta|\Omega^k} \in \mathbb{P}_N(\Omega^k),\ 1 \leq k \leq K_h\}.$$

Soit Π_δ l'opérateur de projection orthogonale de $L^2(\Omega)$ sur Y_δ. Pour k fixé et pour toute fonction v de $L^2(\Omega)$, vérifier que $\Pi_\delta v_{|\Omega^k}$ ne dépend que de $v_{|\Omega^k}$. Montrer que l'opérateur $\hat{\Pi}_N$, défini sur $L^2(\hat{\Omega})$ par

$$\forall \hat{v} \in L^2(\hat{\Omega}), \quad \hat{\Pi}_N \hat{v} = \Pi_\delta\big(\hat{v} \circ (F^k)^{-1}\big) \circ F^k,$$

coïncide avec l'opérateur de projection orthogonale de $L^2(\hat{\Omega})$ sur $\mathbb{P}_N(\hat{\Omega})$. En déduire que, pour tout entier $s \geq 0$, il existe une constante c telle qu'on ait pour toute fonction u de $H^s(\Omega)$ et lorsque N est $\geq s-1$, l'estimation

$$\|u - \Pi_\delta u\|_{L^2(\Omega)} \leq c\,(hN^{-1})^s\,\|u\|_{H^s(\Omega)}.$$

11. On note $\hat{\pi}_N^0$ l'opérateur de projection orthogonale de $H_0^1(-1,1)$ sur les polynômes de degré $\leq N$ sur $]-1,1[$ s'annulant en ± 1. On pose, pour toute fonction φ de $H^1(-1,1)$,

$$(\hat{\pi}_N^* \varphi)(\zeta) = \varphi(-1)\frac{1-\zeta}{2} + \varphi(1)\frac{1+\zeta}{2} + (\hat{\pi}_N^0)\tilde{\varphi}(\zeta),$$
$$\text{avec} \quad \tilde{\varphi}(t) = \varphi(t) - \varphi(-1)\frac{1-t}{2} - \varphi(1)\frac{1+t}{2}.$$

En supposant φ dans $H^s(-1,1)$ avec $s \geq 1$, majorer les quantités $|\varphi - \hat{\pi}_N^*\varphi|_{H^1(-1,1)}$ et $\|\varphi - \hat{\pi}_N^*\varphi\|_{L^2(-1,1)}$.

12. Sur l'espace $H^2(\hat{\Omega})$, on construit un opérateur $\hat{\Pi}_N^*$ de la façon suivante: pour toute fonction $\hat{q}$ de $H^2(\hat{\Omega})$, on pose

$$\forall y \in [-1,1], \quad \hat{q}_N(.,y) = (\hat{\pi}_N^*\hat{q})(.,y), \qquad \text{“projection dans la direction } x\text{”}$$
$$\forall x \in [-1,1], \quad \hat{\Pi}_N^*\hat{q}(x,.) = (\hat{\pi}_N^*\hat{q}_N)(x,.), \qquad \text{“projection dans la direction } y\text{”}.$$

Pour toute fonction $\hat{q}$ de $H^s(\hat{\Omega})$, où s est un entier ≥ 2, majorer la quantité $|\hat{q} - \hat{\Pi}_N^*\hat{q}|_{H^1(\hat{\Omega})}$. Indiquer comment s'exprime la trace de $\hat{\Pi}_N^*\hat{q}$ sur un côté de $\hat{\Omega}$ en fonction de la trace de $\hat{q}$ sur ce même côté.

13. On définit l'espace

$$\Theta_\delta = \{q_\delta \in \mathcal{C}^0(\overline{\Omega});\ q_{\delta\,|\Omega^k} \in \mathbb{P}_N(\Omega^k),\ 1 \leq k \leq K_h\}.$$

Montrer que, pour toute fonction q de $H^2(\Omega)$, la fonction dont la restriction à tout Ω^k, $1 \leq k \leq K_h$, coïncide avec $\big(\hat{\Pi}_N^*(q \circ F^k)\big) \circ (F^k)^{-1}$, appartient bien à Θ_δ. En déduire la majoration

$$\inf_{q_\delta \in \Theta_\delta} |q - q_\delta|_{H^1(\Omega)} \leq c\,(hN^{-1})^{s-1}\,\|q\|_{H^s(\Omega)}$$

pour toute fonction q de $H^s(\Omega)$, où s est un entier ≥ 1 et N est $\geq s-1$.

14. On pose finalement

$$X_\delta = Y_\delta^2 \quad \text{et} \quad M_\delta = \Theta_\delta \cap L_0^2(\Omega).$$

Montrer que le couple d'espaces (X_δ, M_δ) vérifie l'hypothèse (H). Établir une majoration de l'erreur

$$\|u - u_\delta\|_{L^2(\Omega)} + |p - p_\delta|_{H^1(\Omega)}$$

pour le problème $(Q)_\delta$ correspondant.

15. Écrire le problème discret obtenu en remplaçant toutes les intégrales sur les rectangles Ω^k, $1 \leq k \leq K_h$, par des formules de quadrature tensorisées de Gauss–Lobatto. Sauriez-vous en effectuer l'analyse numérique? Préciser les différences avec l'étude effectuée pour le problème $(Q)_\delta$.

4. Algorithme

16. Proposer un algorithme itératif de résolution du système linéaire correspondant au problème $(Q)_\delta$. Étudier ses propriétés.

Problème 4

Dans ce problème Ω désigne un ouvert borné de $\mathbb{R}^2$, simplement connexe, de frontière Γ lipschitzienne. On rappelle que, grâce à l'inégalité

$$\forall v \in H_0^1(\Omega), \quad \|v\|_{L^2(\Omega)} \leq \mathcal{P}|v|_{H^1(\Omega)},$$

la semi-norme $|.|_{H^1(\Omega)}$ est une norme sur $H_0^1(\Omega)$ équivalente à la norme $\|.\|_{H^1(\Omega)}$ et on désigne par $H^{-1}(\Omega)$ l'espace dual de $H_0^1(\Omega)$, muni de la norme duale

$$\|f\|_{H^{-1}(\Omega)} = \sup_{v \in H_0^1(\Omega)} \frac{\langle f, v\rangle}{|v|_{H^1(\Omega)}}.$$

1. Étude théorique

1. Montrer que toute fonction v de $L^2(\Omega)$ a son gradient dans $H^{-1}(\Omega)^2$.

2. On introduit l'espace

$$\mathcal{H} = \{v \in L^2(\Omega);\ \Delta v \in H^{-1}(\Omega)\}, \tag{1}$$

muni de la norme

$$\|v\|_{\mathcal{H}} = (\|v\|_{L^2(\Omega)}^2 + \|\Delta v\|_{H^{-1}(\Omega)}^2)^{1/2}.$$

a) Montrer que $\mathcal{H}$ est un espace de Banach.
b) Montrer que $H^1(\Omega)$ est inclus dans $\mathcal{H}$ et que

$$\forall v \in H^1(\Omega), \quad \|v\|_{\mathcal{H}} \leq c\|v\|_{H^1(\Omega)}.$$

Donner une majoration de la constante c.

3. On introduit les deux formes bilinéaires :

$$\forall \theta \in \mathcal{H}, \forall \varphi \in H_0^1(\Omega), \quad a(\theta, \varphi) = \int_\Omega \theta(\boldsymbol{x})\varphi(\boldsymbol{x})\, d\boldsymbol{x},$$

$$\forall \mu \in \mathcal{H}, \forall \varphi \in H_0^1(\Omega), \quad b(\mu, \varphi) = \langle \Delta\mu, \varphi\rangle,$$

ainsi que l'espace

$$V = \{\theta \in \mathcal{H};\ \forall \varphi \in H_0^1(\Omega), b(\theta, \varphi) = 0\}.$$

a) Montrer que

$$V = \{\theta \in \mathcal{H};\ \Delta\theta = 0\}.$$

b) Montrer qu'il existe une constante $\alpha > 0$ telle que

$$\forall \theta \in V, \quad a(\theta, \theta) \geq \alpha\|\theta\|_{\mathcal{H}}^2.$$

Donner une minoration de α.
c) Montrer qu'il existe une constante $\beta > 0$ telle que

$$\forall \varphi \in H_0^1(\Omega), \quad \sup_{\theta \in \mathcal{H}} \frac{b(\theta, \varphi)}{\|\theta\|_{\mathcal{H}}} \geq \beta|\varphi|_{H^1(\Omega)}$$

(on pourra choisir $\theta = -\varphi$). Donner une minoration de β.

4. Pour $\boldsymbol{f}$ donné dans $L^2(\Omega)^2$, on considère le problème variationnel: *trouver ψ dans $H_0^1(\Omega)$ et ω dans $\mathcal{H}$ tels que*

$$\forall \varphi \in H_0^1(\Omega), \quad b(\omega, \varphi) = -\int_\Omega \boldsymbol{f}(\boldsymbol{x}) \,.\, (\mathbf{rot}\ \varphi)(\boldsymbol{x})\, d\boldsymbol{x}, \tag{2}$$

$$\forall \mu \in \mathcal{H}, \quad a(\omega, \mu) + b(\mu, \psi) = 0. \tag{3}$$

On rappelle que, si φ est une fonction scalaire, **rot** φ est le vecteur $(\partial\varphi/\partial x_2, -\partial\varphi/\partial x_1)$ et si $\boldsymbol{f}$ est une fonction à valeurs vectorielles, rot $\boldsymbol{f}$ est le scalaire $\partial f_2/\partial x_1 - \partial f_1/\partial x_2$. De plus, on a la formule de Green

$$\forall \boldsymbol{f} \in H^1(\Omega), \forall \varphi \in H_0^1(\Omega), \quad \langle \text{rot} \boldsymbol{f}, \varphi\rangle = \langle \boldsymbol{f}, \mathbf{rot} \varphi\rangle.$$

En appliquant un théorème du livre dont on rappellera l'énoncé, montrer que le problème (2)(3) admet une solution unique et qu'il existe une constante c telle que

$$\|\omega\|_{\mathcal{H}} + |\psi|_{H^1(\Omega)} \leq c \|\boldsymbol{f}\|_{L^2(\Omega)^2}.$$

5. On admettra dans toute la suite du problème que l'équation (3) implique que ψ appartient à $H_0^2(\Omega)$. Donner le problème aux limites équivalent au problème variationnel (2)(3).

2. Approximation par une méthode spectrale

Soit (ψ, ω) la solution du problème (2)(3). Pour simplifier, on suppose ici que Ω est un rectangle de côtés parallèles aux axes. Soit $N \geq 2$ un entier destiné à tendre vers l'infini. On désigne par $\mathbb{P}_N(\Omega)$ l'espace des polynômes à 2 variables, de degré inférieur ou égal à N en chacune des variables. On pose

$$X_N = \mathbb{P}_N(\Omega) \quad \text{et} \quad M_N = \mathbb{P}_N(\Omega) \cap H_0^1(\Omega)$$

et on approche le problème (2)(3) par: *trouver ψ_N dans M_N et ω_N dans X_N tels que*

$$\forall \varphi_N \in M_N, \quad b(\omega_N, \varphi_N) = -\int_\Omega \boldsymbol{f}(\boldsymbol{x}) \,.\, (\mathbf{rot}\ \varphi_N)(\boldsymbol{x})\, d\boldsymbol{x}, \tag{4}$$

$$\forall \mu_N \in X_N, \quad a(\omega_N, \mu_N) + b(\mu_N, \psi_N) = 0. \tag{5}$$

6. Montrer que les équations (4) et (5) s'écrivent de façon équivalente

$$\forall \varphi_N \in M_N, \quad \int_\Omega (\mathbf{rot}\ \omega_N)(\boldsymbol{x}) \,.\, (\mathbf{rot}\ \varphi_N)(\boldsymbol{x})\, d\boldsymbol{x} = \int_\Omega \boldsymbol{f}(\boldsymbol{x}) \,.\, (\mathbf{rot}\ \varphi_N)(\boldsymbol{x})\, d\boldsymbol{x},$$

$$\forall \mu_N \in X_N, \quad \int_\Omega \omega_N(\boldsymbol{x}) \mu_N(\boldsymbol{x})\, d\boldsymbol{x} = \int_\Omega (\mathbf{rot}\ \mu_N)(\boldsymbol{x}) \,.\, (\mathbf{rot}\ \psi_N)(\boldsymbol{x})\, d\boldsymbol{x}.$$

7. Montrer que le problème (4)(5) admet une solution unique (utiliser le fait qu'on est en dimension finie).

8. On définit l'opérateur de projection orthogonale Π_N^1 de $H^1(\Omega)$ sur X_N de la façon suivante: pour tout θ dans $H^1(\Omega)$, $\Pi_N^1\theta$ appartient à X_N et vérifie

$$\forall \mu_N \in X_N, \quad \int_\Omega (\mathbf{rot}\,(\theta - \Pi_N^1\theta))(\boldsymbol{x}) \,.\, (\mathbf{rot}\,\mu_N)(\boldsymbol{x})\,d\boldsymbol{x} = 0 \quad \text{et} \quad \int_\Omega (\theta - \Pi_N^1\theta)(\boldsymbol{x})\,d\boldsymbol{x} = 0,$$

et l'opérateur de projection orthogonale $\Pi_N^{2,0}$ de $H_0^2(\Omega)$ sur $X_N \cap H_0^2(\Omega)$ de la façon suivante: pour tout χ dans $H_0^2(\Omega)$, $\Pi_N^{2,0}\chi$ appartient à $X_N \cap H_0^2(\Omega)$ et vérifie

$$\forall \varphi_N \in X_N \cap H_0^2(\Omega), \quad \int_\Omega (\Delta(\chi - \Pi_N^{2,0}\chi))(\boldsymbol{x})(\Delta\varphi_N)(\boldsymbol{x})\,d\boldsymbol{x} = 0.$$

On définit l'espace

$$V_N = \{\theta_N \in X_N;\ \forall \varphi_N \in M_N,\ b(\theta_N, \varphi_N) = 0\}.$$

a) Montrer que

$$\forall \varphi_N \in M_N, \quad b(\omega - \omega_N, \varphi_N) = 0, \tag{6}$$

$$\forall \mu_N \in V_N, \forall \varphi_N \in M_N, \quad a(\omega - \omega_N, \mu_N) + b(\mu_N, \psi - \varphi_N) = 0. \tag{7}$$

b) On suppose que ω appartient à $H^1(\Omega)$. Montrer que (6) équivaut à

$$\forall \varphi_N \in M_N, \quad b(\Pi_N^1\omega - \omega_N, \varphi_N) = 0. \tag{8}$$

c) Déduire de (8) et (7) que

$$\begin{aligned} \forall \varphi_N \in M_N, \quad & \|\Pi_N^1\omega - \omega_N\|_{L^2(\Omega)}^2 = \\ & - \int_\Omega (\omega - \Pi_N^1\omega)(\boldsymbol{x})(\Pi_N^1\omega - \omega_N)(\boldsymbol{x})\,d\boldsymbol{x} - b(\Pi_N^1\omega - \omega_N, \psi - \varphi_N). \end{aligned} \tag{9}$$

d) On choisit $\varphi_N = \Pi_N^{2,0}\psi$. Déduire de (9) que

$$\|\omega - \omega_N\|_{L^2(\Omega)} \le 2\|\omega - \Pi_N^1\omega\|_{L^2(\Omega)} + \|\Delta(\psi - \Pi_N^{2,0}\psi)\|_{L^2(\Omega)}.$$

e) On suppose que ψ appartient à $H^k(\Omega)$ avec $k \ge 2$. À partir des résultats du livre, estimer $\|\Delta(\psi - \Pi_N^{2,0}\psi)\|_{L^2(\Omega)}$.

f) On suppose que ω appartient à $H^{k-1}(\Omega)$ avec $k \ge 2$. En utilisant un argument de dualité, estimer $\|\omega - \Pi_N^1\omega\|_{L^2(\Omega)}$.

g) Conclure à partir de l'hypothèse de régularité qu'on a faite sur ψ et ω.

Problème 5

On s'intéresse à l'approximation des équations de Stokes par méthodes spectrales dans le cas de conditions aux limites de Dirichlet sur une partie de la frontière du domaine et de Neumann sur le reste de la fontière. Pour cela, on suppose que Ω est un ouvert connexe borné lipschitzien de $\mathbb{R}^2$ et que sa frontière $\partial\Omega$ est décomposée en deux parties ouvertes Γ_1 et Γ_2:

$$\partial\Omega = \overline{\Gamma}_1 \cup \overline{\Gamma}_2 \quad \text{et} \quad \Gamma_1 \cap \Gamma_2 = \emptyset;$$

on suppose en outre que les composantes connexes de Γ_1 et de Γ_2 sont en nombre fini et de mesure strictement positive. Le problème consiste à trouver un couple $(\tilde{\boldsymbol{u}}, p)$ dans $H^1(\Omega)^2 \times L^2(\Omega)$ solution de

$$-\nu\Delta\tilde{\boldsymbol{u}} + \mathbf{grad}\; p = \tilde{\boldsymbol{f}} \quad \text{dans } \Omega, \tag{1}$$

$$\text{div}\;\tilde{\boldsymbol{u}} = 0 \quad \text{dans } \Omega, \tag{2}$$

et vérifiant les conditions aux limites

$$\tilde{\boldsymbol{u}} = \boldsymbol{g}_1 \quad \text{sur } \Gamma_1, \tag{3}$$

$$\nu\frac{\partial\tilde{\boldsymbol{u}}}{\partial n} - p\boldsymbol{n} = \boldsymbol{g}_2 \quad \text{sur } \Gamma_2. \tag{4}$$

On suppose, pour que le problème soit bien posé, que $\tilde{\boldsymbol{f}}$ est une fonction donnée dans $L^2(\Omega)^2$, $\boldsymbol{g}_1$ est une fonction de $H^{\frac{1}{2}}(\Gamma_1)^2$ et $\boldsymbol{g}_2$ une fonction de $L^2(\Gamma_2)^2$. Pour donner une formulation variationnelle à ce problème, on introduit l'espace $\tilde{H}_0^1(\Omega)$ des éléments de $H^1(\Omega)$ qui s'annulent sur Γ_1.

1. Le problème continu

1. Montrer que toute solution du problème variationnel suivant est aussi solution du problème (1)—(4): trouver un couple $(\tilde{\boldsymbol{u}}, p)$ dans $H^1(\Omega)^2 \times L^2(\Omega)$ solution de

$$\forall \boldsymbol{v} \in \tilde{H}_0^1(\Omega)^2, \quad \nu\int_\Omega (\mathbf{grad}\,\tilde{\boldsymbol{u}})(\boldsymbol{x}).(\mathbf{grad}\,\boldsymbol{v})(\boldsymbol{x})\,d\boldsymbol{x} - \int_\Omega (\text{div}\;\boldsymbol{v})(\boldsymbol{x})p(\boldsymbol{x})\,d\boldsymbol{x}$$
$$= \int_\Omega \tilde{\boldsymbol{f}}(\boldsymbol{x}).\boldsymbol{v}(\boldsymbol{x})\,d\boldsymbol{x} + \int_{\Gamma_2} \boldsymbol{g}_2(\tau).\boldsymbol{v}(\tau)\,d\tau, \tag{5}$$

$$\forall q \in L^2(\Omega), \quad \int_\Omega (\text{div}\;\tilde{\boldsymbol{u}})(\boldsymbol{x})q(\boldsymbol{x})\,d\boldsymbol{x} = 0, \tag{6}$$

et qui vérifie de plus l'équation (3). Réciproquement, montrer que toute solution $(\tilde{\boldsymbol{u}}, p)$ de (1)—(4), appartenant de plus à $H^2(\Omega)^2 \times H^1(\Omega)$, est solution de (5)(6)(3) (si $\boldsymbol{g}_2$ appartient à $H^{\frac{1}{2}}(\Gamma_2)^2$).

2. Montrer qu'il existe une fonction $\tilde{\boldsymbol{u}}_0$ de $H^1(\Omega)^2$ relevant les conditions sur Γ_1, c'est-à-dire vérifiant

$$\tilde{\boldsymbol{u}}_0 = \boldsymbol{g}_1 \quad \text{sur } \Gamma_1, \tag{7}$$

et satisfaisant en outre la condition de stabilité

$$\|\tilde{\boldsymbol{u}}_0\|_{H^1(\Omega)^2} \le c\|\boldsymbol{g}_1\|_{H^{\frac{1}{2}}(\Gamma_1)^2}. \tag{8}$$

On admettra que l'on peut choisir $\tilde{u}_0$ à divergence nulle. Le problème (5)(6)(3) est alors équivalent à un problème du type: trouver (u, p) dans $\tilde{H}_0^1(\Omega)^2 \times L^2(\Omega)$ solution de

$$\forall v \in \tilde{H}_0^1(\Omega)^2, \quad a(u, v) + b(v, p) = (f, v), \tag{9}$$
$$\forall q \in L^2(\Omega), \quad b(u, q) = 0, \tag{10}$$

dont on précisera les formes $a(.,.)$, $b(.,.)$ et le second membre.

3. On considère le noyau V de la forme $b(.,.)$, c'est-à-dire l'ensemble

$$V = \{v \in \tilde{H}_0^1(\Omega)^2;\ \forall q \in L^2(\Omega),\ b(v, q) = 0\}. \tag{11}$$

Montrer que toute solution (u, p) de (9)(10) est telle que

$$\forall v \in V, \quad a(u, v) = (f, v). \tag{12}$$

Montrer qu'il existe une solution unique de (12) dans V.

4. On va maintenant établir qu'il existe une pression p solution de (9). Pour cela, montrer que la forme $b(.,.)$ vérifie une condition inf-sup sur $\tilde{H}_0^1(\Omega)^2 \times L^2(\Omega)$ que l'on explicitera (on pourra pour cela faire une décomposition de q dans $L^2(\Omega)$ en une partie q_0 à moyenne nulle et une partie constante $q - q_0$, on utilisera pour q_0 les résultats vus en cours et on remarquera que q_0 et $q - q_0$ sont orthogonaux). Conclure en montrant que le problème (9)(10) est bien posé.

2. Premier problème discret

On s'intéresse maintenant à l'approximation du problème (9)(10) par méthode spectrale. On supposera donc ici, pour simplifier, que le domaine Ω est le carré $]-1, 1[^2$, et que les frontières Γ_1 et Γ_2 sont données par

$$\Gamma_1 = \{(x, -1), -1 < x < 1\} \cup \{(x, 1), -1 < x < 1\} \quad \text{(côtés horizontaux)},$$
$$\Gamma_2 = \{(-1, y), -1 < y < 1\} \cup \{(1, y), -1 < y < 1\} \quad \text{(côtés verticaux)}.$$

On supposera en outre que les conditions de Dirichlet sont homogènes, c'est-à-dire que

$$g_1 = 0. \tag{13}$$

On rappelle que l'on désigne par $\mathbb{P}_M(\Omega)$ l'ensemble des polynômes sur Ω de degré inférieur ou égal à M par rapport à chaque variable.

5. On propose tout d'abord une discrétisation de (9)(10) où les composantes de la vitesse et la pression sont approchées par des polynômes de même degré N, où N est un entier ≥ 3 donné. Écrire l'approximation de Galerkin du problème.

6. Montrer que ce problème discret n'est pas bien posé et qu'en particulier, des modes parasites en pression sont présents. Prouver que l'espace des modes parasites est de dimension 2 et exhiber une base de cet espace. Comparer le résultat avec une méthode de Dirichlet pure (correspondant à $\Gamma_2 = \emptyset$).

7. On ajoute à la discrétisation précédente le calcul approché des intégrales. Pour cela on utilise une méthode basée sur la formule de quadrature de Gauss–Lobatto monodimensionnelle suivante

$$\int_{-1}^{1} \varphi(\zeta)d\zeta \simeq \sum_{i=0}^{N} \varphi(\xi_i)\rho_i,$$

exacte sur les polynômes de degré $2N-1$, les nœuds ξ_i, $0 \leq i \leq N$, étant rangés par ordre croissant. Donner la formulation de ce problème complètement discrétisé. Montrer qu'il peut s'écrire : trouver $(\boldsymbol{u}_N, p_N)$ dans $\left(\mathbb{P}_N(\Omega) \cap \tilde{H}_0^1(\Omega)\right)^2 \times \mathbb{P}_N(\Omega)$ vérifiant

$$(-\nu\Delta \boldsymbol{u}_N + \mathbf{grad}\; p_N)(\xi_i, \xi_j) = \boldsymbol{f}(\xi_i, \xi_j), \quad 1 \leq i, j \leq N-1, \tag{14}$$

$$(\mathrm{div}\; \boldsymbol{u}_N)(\xi_i, \xi_j) = 0, \quad 0 \leq i, j \leq N, \tag{15}$$

et des conditions aux limites que l'on explicitera, d'une part sur Γ_1, d'autre part sur Γ_2. Prouver que ce problème discret n'est pas bien posé non plus et exhiber les modes parasites.

8. On note V_N le noyau discret correspondant à V, c'est-à-dire

$$V_N = \{\boldsymbol{v}_N \in \left(\mathbb{P}_N(\Omega) \cap \tilde{H}_0^1(\Omega)\right)^2;\ (\mathrm{div}\; \boldsymbol{v}_N)(\xi_i, \xi_j) = 0,\ 0 \leq i, j \leq N\}.$$

Montrer qu'il existe une vitesse discrète $\boldsymbol{u}_N$ dans V_N solution d'un problème similaire à (12). On donnera une estimation de $\|\boldsymbol{u} - \boldsymbol{u}_N\|_{H^1(\Omega)^2}$ en fonction de

$$\inf_{\boldsymbol{v}_N \in V_N} \|\boldsymbol{u} - \boldsymbol{v}_N\|_{H^1(\Omega)^2} \tag{16}$$

et de constantes indépendantes de N, ainsi que du second membre.

9. Pour estimer la quantité (16), on rappelle que pour toute fonction $\boldsymbol{u}$ de $\tilde{H}_0^1(\Omega)^2$, il existe une fonction ψ de $H^2(\Omega)$, unique à une constante additive près, telle que

$$\mathbf{rot}\psi = \boldsymbol{u}.$$

Préciser les conditions sur les traces de ψ équivalentes au fait que $\boldsymbol{u}$ appartienne à $\tilde{H}_0^1(\Omega)^2$. Montrer que la régularité de $\boldsymbol{u}$ implique la régularité de ψ. En déduire finalement que, pour tout entier $r \geq 1$, il existe une constante c telle que, pour tout élément $\boldsymbol{u}$ de $V \cap H^r(\Omega)^2$, on ait

$$\inf_{\boldsymbol{v}_N \in V_N} \|\boldsymbol{u} - \boldsymbol{v}_N\|_{H^1(\Omega)^2} \leq cN^{1-r}\|\boldsymbol{u}\|_{H^r(\Omega)^2}.$$

En déduire une majoration de l'erreur entre $\boldsymbol{u}$ et $\boldsymbol{u}_N$ lorsque l'on suppose $\boldsymbol{u}$ et $\boldsymbol{f}$ d'une régularité suffisante.

10. Indiquer un choix d'espace de pressions tel que la condition inf–sup discrète soit satisfaite pour une constante c dépendant peut-être de N. En déduire l'existence d'une pression discrète p_N telle que $(\boldsymbol{u}_N, p_N)$ soit la solution de (14)(15) et des conditions aux limites appropriées. On supposera la constante de la condition inf–sup en cN^{-1}. Établir alors une majoration de l'erreur entre p et p_N.

3. Second problème discret

11. Écrire une méthode d'approximation de type $\mathbb{P}_N \times \mathbb{P}_{N-2}$ pour le problème (5)(6)(3), où la vitesse est cherchée dans $\left(\mathbb{P}_N(\Omega) \cap \tilde{H}_0^1(\Omega)\right)^2$ et la pression dans $\mathbb{P}_{N-2}(\Omega)$, dans le cas où l'hypothèse (13) est satisfaite.

12. Montrer que cette méthode est dépourvue de mode parasites.

13. Établir l'existence et l'unicité d'une vitesse discrète et d'une pression discrète solution de cette discrétisation.

14. Calculer la condition inf-sup correspondant à cette méthode. On montrera qu'elle est en $cN^{-\frac{1}{2}}$ comme dans le cas où Γ_2 est vide.

15. Établir une estimation d'erreur sur la solution $(\boldsymbol{u}, p)$.

16. Aurait-on pu définir une méthode de type $\mathbb{P}_N \times \mathbb{P}_{N-1}$, sans mode parasite?

17. Comment traiter les conditions non homogènes sur Γ_1?

18. Décrire un algorithme d'Uzawa pour résoudre le système issu de la discrétisation par la méthode $\mathbb{P}_N \times \mathbb{P}_{N-2}$. Que pouvez-vous dire de ses propriétés de convergence?

Problème 6

Soit Ω un ouvert polygonal de $\mathbb{R}^2$, de côtés parallèles aux axes. On le divise en K rectangles ouverts Ω^k, $1 \leq k \leq K$, tels que

$$\overline{\Omega} = \bigcup_{k=1}^{K} \overline{\Omega}^k \quad \text{et} \quad \Omega^k \cup \Omega^\ell = \emptyset, \quad 1 \leq k < \ell \leq K.$$

On suppose en outre que, pour tout k, $1 \leq k \leq K$, l'intersection d'un côté quelconque de $\overline{\Omega}^k$ soit avec un autre $\overline{\Omega}^\ell$, $\ell \neq k$, soit avec la frontière du domaine Ω est ou bien vide ou bien égale à un sommet ou au côté tout entier. Le but est d'approcher la solution du problème de Stokes par des polynômes de haut degré sur chaque rectangle (méthode d'*éléments spectraux*).

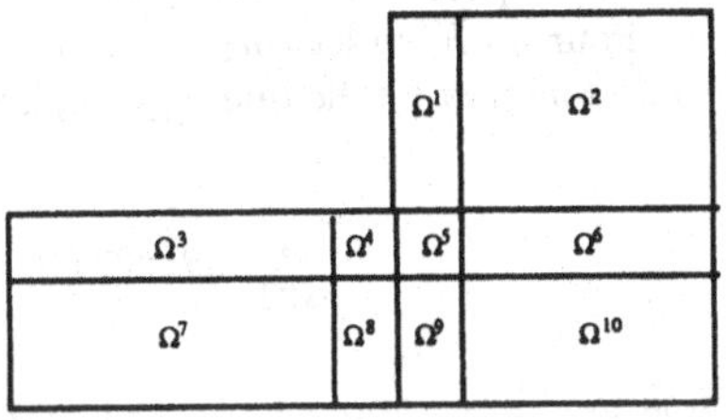

Notation: Pout tout entier $n \geq 0$, on note $\mathbb{P}_n$ l'espace des polynômes de degré $\leq n$ par rapport à chaque variable sur $]-1,1[^2$. Pour tout segment de droite γ, on désigne par $\mathbb{P}_n(\gamma)$ l'espace des polynômes de degré $\leq n$ par rapport à la variable tangentielle sur γ.

1. Soit T l'application de $L^2(\Omega)$ dans $\prod_{k=1}^K L^2(\Omega^k)$:

$$v \mapsto (v_{|\Omega^1}, \ldots, v_{|\Omega^K}).$$

Montrer que l'application T est un isomorphisme. On considère maintenant la restriction T^1 de l'application T à l'espace $H^1(\Omega)$. Montrer que T^1 est une application continue à valeurs dans un sous-espace fermé Y de $\prod_{k=1}^K H^1(\Omega^k)$. Caractériser ce sous-espace.

2. Pour tout k, $1 \leq k \leq K$, on introduit une application polynômiale Φ^k de degré 1 par rapport à chaque variable, qui envoie le carré $]-1,1[^2$ sur Ω^k. On choisit K entiers positifs N_k, $1 \leq k \leq K$, et on note δ le K-uplet $(N_1, \ldots, N_K)$. On définit l'espace discret

$$Z_\delta = \{q_\delta^* = (q_1, \ldots, q_K);\ q_k \circ \Phi^k \in \mathbb{P}_{N_k}\}.$$

Pour tout K-uplet $q_\delta^* = (q_1, \ldots, q_K)$ de Z_δ, on convient de noter q_δ la fonction dont la restriction à chaque Ω^k, $1 \leq k \leq K$, est q_k. Quelle est la dimension de l'espace Z_δ? On fixe un K-uplet $(m_1, \ldots, m_K)$ d'entiers positifs ou nuls. Démontrer la majoration suivante, vraie pour toute fonction q telle que $q_{|\Omega^k}$ appartienne à $H^{m_k}(\Omega^k)$, $1 \leq k \leq K$:

$$\inf_{q_\delta^* \in Z_\delta} \|q - q_\delta\|_{L^2(\Omega)} \leq c \sum_{k=1}^{K} N_k^{-m_k} \|q_{|\Omega^k}\|_{H^{m_k}(\Omega^k)}.$$

3. On introduit maintenant les espaces

$$Y_\delta = Z_\delta \cap Y \quad \text{et} \quad Y_\delta^0 = \{v_\delta^* \in Y_\delta;\ v_\delta \in H_0^1(\Omega)\}.$$

Dans le cas particulier où K est égal à 2, combien de relations supplémentaires doit satisfaire un élément de Z_δ pour appartenir à Y_δ? Quelle sont les dimensions de Y_δ et de Y_δ^0? Dans le cas général, montrer qu'un élément $(v_1, \dots, v_K)$ de Z_δ appartient à Y_δ si et seulement s'il vérifie les conditions pour tous k et ℓ, $1 \leq k < \ell \leq K$:

$$\forall a \text{ sommet commun de } \Omega^k \text{ et } \Omega^\ell, \quad v_k(a) = v_\ell(a),$$

$$\forall \varphi_\delta \in \mathbb{P}_{\sup\{N_k, N_\ell\}-2}(\partial\Omega^k \cap \partial\Omega^\ell), \quad \int_{\partial\Omega^k \cap \partial\Omega^\ell} (v_k - v_\ell)(\tau)\varphi_\delta(\tau)\, d\tau = 0.$$

4. On suppose dans cette question que tous les entiers N_k sont égaux à un même entier N. Pour un K–uplet $(m_1, \dots, m_K)$ d'entiers ≥ 2, prouver les majorations suivantes: pour toute fonction v telle que $v_{|\Omega^k}$ appartienne à $H^{m_k}(\Omega^k)$, $1 \leq k \leq K$,

$$\inf_{v_\delta^* \in Y_\delta} \|v - v_\delta\|_{H^1(\Omega)} \leq c \sum_{k=1}^{K} N^{1-m_k} \|v_{|\Omega^k}\|_{H^{m_k}(\Omega^k)};$$

si la fonction v appartient en outre à $H_0^1(\Omega)$,

$$\inf_{v_\delta^* \in Y_\delta^0} \|v - v_\delta\|_{H^1(\Omega)} \leq c \sum_{k=1}^{K} N^{1-m_k} \|v_{|\Omega^k}\|_{H^{m_k}(\Omega^k)}$$

(on pourra utiliser un opérateur d'interpolation).

5. On se place dans le cas d'un K–uplet δ général et on fixe un K–uplet $(m_1, \dots, m_k)$ d'entiers ≥ 2. Soit v une fonction telle que $v_{|\Omega^k}$ appartienne à $H^{m_k}(\Omega^k)$. Construire un élément $(v_1, \dots, v_k)$ de Z_δ tel que

$$\|v_{|\Omega^k} - v_k\|_{H^1(\Omega^k)} \leq c N_k^{1-m_k} \|v_{|\Omega^k}\|_{H^{m_k}(\Omega^k)}, \quad 1 \leq k \leq K.$$

Puis démontrer les majorations généralisées:

$$\inf_{v_\delta^* \in Y_\delta} \|v - v_\delta\|_{H^1(\Omega)} \leq c \sum_{k=1}^{K} N_k^{1-m_k} \|v_{|\Omega^k}\|_{H^{m_k}(\Omega^k)},$$

et, si la fonction v appartient en outre à $H_0^1(\Omega)$,

$$\inf_{v_\delta^* \in Y_\delta^0} \|v - v_\delta\|_{H^1(\Omega)} \leq c \sum_{k=1}^{K} N_k^{1-m_k} \|v_{|\Omega^k}\|_{H^{m_k}(\Omega^k)}$$

(on ajoutera aux polynômes v_k construits précédemment, des interpolés polynômiaux d'un relèvement du saut $v_k - v_\ell$ de la trace sur l'interface $\partial\Omega^k \cap \partial\Omega^\ell$). Quel avantage y a-t-il à utiliser des degrés N_k différents?

2. Application au problème de Stokes

Soit $\boldsymbol{f}$ une fonction de Ω dans $\mathbb{R}^2$ dont la restriction à chaque $\overline{\Omega}^k$ est continue et soit ν un paramètre réel positif. Le but est d'approcher la solution $(\boldsymbol{u}, p)$ du problème de Stokes:

$$\begin{cases} -\nu\Delta \boldsymbol{u} + \mathbf{grad}\, p = \boldsymbol{f} & \text{dans } \Omega, \\ \text{div } \boldsymbol{u} = 0 & \text{dans } \Omega, \\ \boldsymbol{u} = \mathbf{0} & \text{sur } \partial\Omega. \end{cases}$$

Pour cela, on définit les espaces discrets

$$X_\delta = Y_\delta^0 \times Y_\delta^0,$$

$$M_\delta = \{(q_1, \dots, q_K);\ q_k \circ \Phi^k \in \mathbb{P}_{N_k-2},\ 1 \le k \le K, \text{ et } \sum_{k=1}^{K} \int_{\Omega^k} q_k(\boldsymbol{x})\, d\boldsymbol{x} = 0\}.$$

On introduit également les nœuds ξ_j^N et les poids ρ_j^N, $0 \le j \le N$, de la formule de Gauss–Lobatto à $N+1$ points (avec $\xi_0^N = -1$ et $\xi_N^N = 1$):

$$\forall \Phi \in \mathbb{P}_{2N-1}(-1,1), \quad \int_{-1}^{1} \Phi(\zeta)\, d\zeta = \sum_{j=0}^{N} \Phi(\xi_j^N)\, \rho_j^N.$$

On définit alors sur chaque Ω^k la forme bilinéaire

$$(u, v)_{N_k} = \frac{\text{mes}(\Omega^k)}{4} \sum_{i=0}^{N_k} \sum_{j=0}^{N_k} (u \circ \Phi^k)(\xi_i^{N_k}, \xi_j^{N_k})(v \circ \Phi^k)(\xi_i^{N_k}, \xi_j^{N_k})\, \rho_i^{N_k} \rho_j^{N_k},$$

puis finalement, pour toutes fonctions u et v telles que leurs restrictions à chaque $\overline{\Omega}^k$ soient continues:

$$(u, v)_\delta = \sum_{k=1}^{K} (u_{|\Omega^k}, v_{|\Omega^k})_{N_k}.$$

Le problème discret s'écrit: *trouver* $(\boldsymbol{u}_\delta, p_\delta)$ *dans* $X_\delta \times M_\delta$ *tel que*

$$\begin{aligned} &\forall \boldsymbol{v}_\delta \in X_\delta, \quad \nu(\mathbf{grad}\, \boldsymbol{u}_\delta, \mathbf{grad}\, \boldsymbol{v}_\delta)_\delta - (\text{div } \boldsymbol{v}_\delta, p_\delta)_\delta = (\boldsymbol{f}, \boldsymbol{v}_\delta)_\delta, \\ &\forall q_\delta \in M_\delta, \quad (\text{div } \boldsymbol{u}_\delta, q_\delta)_\delta = 0. \end{aligned}$$

6. On désigne par V_δ le sous-espace

$$V_\delta = \{\boldsymbol{v}_\delta \in X_\delta;\ \forall q_\delta \in M_\delta,\ (\text{div } \boldsymbol{v}_\delta, q_\delta)_\delta = 0\}.$$

Écrire le problème discret posé dans V_δ dont $\boldsymbol{u}_\delta$ est solution. En étudiant les propriétés de la forme:

$$(\boldsymbol{u}_\delta, \boldsymbol{v}_\delta) \mapsto (\mathbf{grad}\, \boldsymbol{u}_\delta, \mathbf{grad}\, \boldsymbol{v}_\delta)_\delta,$$

montrer qu'il admet une solution unique.

7. En utilisant les mêmes techniques que dans la question 5, montrer que, pour toute fonction ψ de $H_0^2(\Omega)$, de classe $\mathcal{C}^1$ sur $\overline{\Omega}$, telle que $\psi_{|\Omega^k}$, $1 \leq k \leq K$, appartienne à $H^{m_k+1}(\Omega^k)$, $m_k \geq 3$, il existe un élément ψ_δ^* de Y_δ tel que la fonction ψ_δ appartienne à $H_0^2(\Omega^k)$ et soit de classe $\mathcal{C}^1$ et que

$$\|\psi - \psi_\delta\|_{H^2(\Omega)} \leq c \sum_{k=1}^{K} N_k^{1-m_k} \|\psi_{|\Omega^k}\|_{H^{m_k+1}(\Omega^k)}.$$

En déduire que pour toute fonction $\boldsymbol{u}$ de $H_0^1(\Omega)^2$ à divergence nulle telle que sa restriction à chaque Ω^k, $1 \leq k \leq K$, appartienne à $H^{m_k}(\Omega^k)$, $m_k \geq 3$, il existe une fonction $\boldsymbol{v}_\delta$ de V_δ telle que

$$\|\boldsymbol{u} - \boldsymbol{v}_\delta\|_{H^1(\Omega)^2} \leq c \sum_{k=1}^{K} N_k^{1-m_k} \|\boldsymbol{u}_{|\Omega^k}\|_{H^{m_k}(\Omega^k)^2}.$$

8. En faisant des hypothèses de régularité sur la donnée $\boldsymbol{f}$ et la fonction $\boldsymbol{u}$ (où le couple $(\boldsymbol{u}, p)$ est solution du problème de Stokes), en déduire une majoration de l'erreur entre les fonctions $\boldsymbol{u}$ et $\boldsymbol{u}_\delta$.

9. a) Soit $q_\delta^* = (q_1, \dots, q_K)$ un élément quelconque de M_δ. Écrire une condition inf-sup pour les $q_k - \frac{1}{\text{mes}(\Omega^k)} \int_{\Omega^k} q_k(\boldsymbol{x})\, d\boldsymbol{x}$, $1 \leq k \leq K$.
b) On pose: $\chi(x, y) = (1 + x)(1 - y^2)$. Calculer la norme de div χ dans $L^1(]-\pi, \pi[^2)$ et dans $L^2(]-\pi, \pi[^2)$. En déduire que, pour tout polynôme q_N de $\mathbb{P}_{N-2}$, il existe un polynôme $\boldsymbol{v}_N$ de $\mathbb{P}_N \times \mathbb{P}_N$, nul sur trois côtés de $]-\pi, \pi[^2$, tel que

$$\int_\Omega (\text{div } \boldsymbol{v}_N)(\boldsymbol{x}) q_N(\boldsymbol{x})\, d\boldsymbol{x} \geq \beta_N \|q_N\|_{L^2(]-\pi,\pi[^2)} \|\boldsymbol{v}_N\|_{H^1(]-\pi,\pi[^2)^2},$$

où β_N est une constante positive ne dépendant que de N. Donner une minoration de cette constante.
c) En déduire l'existence d'une constante β_δ positive telle que

$$\forall q_\delta^* \in M_\delta, \quad \sup_{\boldsymbol{v}_\delta^* \in X_\delta} \frac{-(\text{div } \boldsymbol{v}_\delta, q_\delta)_\delta}{\|\boldsymbol{v}_\delta\|_{H^1(\Omega)^2}} \geq \beta_\delta \|q_\delta\|_{L^2(\Omega)}.$$

Donner une minoration de β_δ en fonction de δ.
d) Montrer que le problème discret admet une solution unique $(\boldsymbol{u}_\delta, p_\delta)$.

10. Établir une majoration de l'erreur entre les fonctions p et p_δ.

11. Lorsque l'ouvert Ω est supposé convexe, prouver une majoration d'ordre optimal de la quantité $\|\boldsymbol{u} - \boldsymbol{u}_\delta\|_{L^2(\Omega)^2}$.

Problème 7

Soit Ω un ouvert polygonal borné de $\mathbb{R}^2$, de côtés parallèles aux axes de coordonnées. Le but est d'approcher la solution u de l'équation de Poisson

$$\begin{cases} -\Delta u = f & \text{dans } \Omega, \\ u = 0 & \text{sur } \partial\Omega. \end{cases}$$

où f est une fonction de $L^2(\Omega)$. Pour cela, on introduit une partition du domaine Ω en K rectangles ouverts Ω^k, $1 \le k \le K$:

$$\overline{\Omega} = \bigcup_{k=1}^{K} \overline{\Omega}^k \quad \text{et} \quad \Omega^k \cap \Omega^\ell = \emptyset, \quad 1 \le k < \ell \le K.$$

On suppose en outre que l'intersection d'un côté d'un rectangle $\overline{\Omega}^k$ avec la frontière $\partial\Omega$ est soit vide soit un coin de Ω^k soit le côté tout entier. Par contre, on ne fait aucune hypothèse sur l'intersection des frontières des rectangles $\overline{\Omega}^k$ et $\overline{\Omega}^\ell$. On définit $\mathcal{V}$ comme l'ensemble des coins des rectangles Ω^k, $1 \le k \le K$. Pour tout k, $1 \le k \le K$, on note $\Gamma^{k,j}$, $j = 1, 2, 3, 4$, les côtés (ouverts) de Ω^k. On désigne par $\mathcal{S}$ la *structure* de la décomposition, c'est-à-dire l'union des côtés et des coins des Ω^k. Il existe un ensemble M d'indices et une application: $m \mapsto (k(m), j(m))$ de M dans $\{1, \dots, K\} \times \{1, 2, 3, 4\}$ tel que $\mathcal{S}$ soit l'union des côtés $\overline{\Gamma}^{k(m),j(m)}$, $m \in M$, et que l'intersection de deux $\Gamma^{k(m),j(m)}$ distincts soit vide.

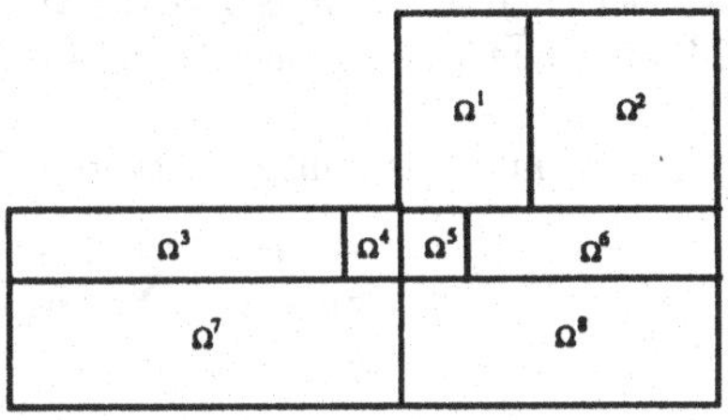

1. L'espace discret

Le paramètre de discrétisation est un K-uplet δ d'entiers N_1, ... et N_K supérieurs ou égaux à 2. Pour tout entier $n \ge 0$ et pour tout domaine $\mathcal{O}$ de $\mathbb{R}$ ou $\mathbb{R}^2$, on note $\mathbb{P}_n(\mathcal{O})$ l'espace des polynômes sur $\mathcal{O}$, de degré $\le n$ par rapport à chaque variable. On introduit alors l'espace W_δ (dit de *joints*) des fonctions continues sur $\mathcal{S}$ dont la restriction à $\Gamma^{k(m),j(m)}$ appartient à $\mathbb{P}_{N_{k(m)}}(\Gamma^{k(m),j(m)})$. Puis on définit l'espace discret X_δ comme l'ensemble des fonctions v définies sur Ω à valeurs réelles vérifiant:
(i) pour $1 \le k \le K$, $v_{|\Omega^k}$ appartient à $\mathbb{P}_{N_k}(\Omega^k)$;
(ii) v s'annule sur la frontière $\partial\Omega$;
(iii) il existe une fonction φ de W_δ telle que, pour $1 \le k \le K$,

$$\begin{cases} \forall \boldsymbol{a} \text{ coin de } \Omega^k, \quad v_{|\Omega^k}(\boldsymbol{a}) = \varphi(\boldsymbol{a}), \\ \forall \psi \in \mathbb{P}_{N_k-2}(\Gamma^{k,j}), \quad \int_{\Gamma^{k,j}} (v_{|\Omega^k} - \varphi)(\tau)\psi(\tau)\, d\tau = 0, \quad j = 1, 2, 3, 4. \end{cases}$$

1. Montrer que la fonction φ de W_δ associée à une fonction v de X_δ par les conditions précédentes est unique.

2. Citer un exemple de géométrie et de fonction prouvant que l'espace X_δ n'est pas nécessairement inclus dans l'espace $H_0^1(\Omega)$. Dans le cas particulier $K = 2$, donner une condition nécessaire et suffisante pour que cette inclusion ait lieu. Peut-on étendre ce résultat à K quelconque?

2. Le problème discret

3. On note L le nombre maximal de points de $\mathcal{V}$ contenus dans un même côté $\overline{\Gamma}^{k,j}$, $1 \le k \le K$, $j = 1,2,3,4$. On définit X comme l'espace des fonctions v de Ω dans $\mathbb{R}$ vérifiant:
(i) pour $1 \le k \le K$, $v_{|\Omega^k}$ appartient à $H^1(\Omega^k)$;
(ii) v s'annule sur la frontière $\partial\Omega$;
(iii) la fonction φ étant définie sur $\mathcal{S}$ comme coïncidant avec la trace de $v_{|\Omega^{k(m)}}$ sur $\Gamma^{k(m),j(m)}$, $m \in M$, la propriété suivante est satisfaite pour $1 \le k \le K$:

$$\forall \psi \in \mathbb{P}_{L-2}(\Gamma^{k,j}), \quad \int_{\Gamma^{k,j}} (v_{|\Omega^k} - \varphi)(\tau)\psi(\tau)\, d\tau = 0, \quad j = 1,2,3,4.$$

On munit l'espace X de la norme

$$\|v\|_* = \Big(\sum_{k=1}^{K} \|v_{|\Omega^k}\|^2_{H^1(\Omega^k)}\Big)^{\frac{1}{2}}.$$

a) Montrer que X est un espace de Hilbert.
b) Montrer que la seule fonction de X constante sur chaque Ω^k, $1 \le k \le K$, est la fonction nulle.
c) Montrer qu'il existe une constante c positive telle que l'inégalité suivante soit vraie:

$$\forall v \in X, \quad \sum_{k=1}^{K} \|v_{|\Omega^k}\|^2_{L^2(\Omega^k)} \le c \sum_{k=1}^{K} |v_{|\Omega^k}|^2_{H^1(\Omega^k)}$$

On pourra raisonner par l'absurde en considérant une suite $(v_n)_n$ de X vérifiant

$$\sum_{k=1}^{K} \|v_{n\,|\Omega^k}\|^2_{L^2(\Omega^k)} = 1 \quad \text{et} \quad \lim_{n\to+\infty} \sum_{k=1}^{K} |v_{n\,|\Omega^k}|^2_{H^1(\Omega^k)} = 0.$$

En déduire que la semi-norme $(\sum_{k=1}^{K} |v_{|\Omega^k}|^2_{H^1(\Omega^k)})^{\frac{1}{2}}$ est une norme sur X, équivalente à la norme $\|.\|_*$.

4. Écrire une nouvelle formulation variationnelle de l'équation de Poisson, utilisant l'espace X, et déduire du résultat précédent que le problème variationnel admet une solution unique.

5. On suppose désormais tous les N_k, $1 \le k \le K$, supérieurs ou égaux à L. Le problème discret que l'on considère est le suivant: *trouver u_δ dans X_δ tel que*

$$\forall v_\delta \in X_\delta, \quad \sum_{k=1}^{K} \int_{\Omega^k} (\mathbf{grad}\, u_{\delta\,|\Omega^k})(\boldsymbol{x}) \cdot (\mathbf{grad}\, v_{\delta\,|\Omega^k})(\boldsymbol{x})\, d\boldsymbol{x} = \sum_{k=1}^{K} \int_{\Omega^k} f_{|\Omega^k}(\boldsymbol{x}) v_{\delta\,|\Omega^k}(\boldsymbol{x})\, d\boldsymbol{x}.$$

Montrer qu'il admet une solution unique.

6. La fonction f étant supposée continue sur Ω, donner l'énoncé d'un autre problème discret, où les intégrales figurant dans la formulation précédente sont remplacées par des formules de quadrature appropriées, et montrer qu'il admet une solution unique.

3. Majorations d'erreur

7. Prouver la majoration abstraite de l'erreur entre la solution u de l'équation de Poisson et la solution u_δ du problème discret:

$$\|u-u_\delta\|_* \leq c\Big(\inf_{v_\delta \in X_\delta} \|u-v_\delta\|_* + \sup_{w_\delta\in X_\delta} \frac{\sum_{1\leq k<\ell\leq K} \int_{\partial\Omega^k\cap\partial\Omega^\ell} (\frac{\partial u}{\partial n_{k\ell}})(\tau)(w_{\delta\,|\Omega^k} - w_{\delta\,|\Omega^\ell})(\tau)\,d\tau}{\|w_\delta\|_*}\Big)$$

(ici, $\boldsymbol{n}_{k\ell}$ désigne le vecteur unitaire normal dirigé de Ω^k vers Ω^ℓ). On suppose désormais la solution u telle que $u_{|\Omega^k}$, $1 \leq k \leq K$, appartienne à $H^{m_k}(\Omega)$ pour un entier $m_k \geq 2$.

8. On désigne par Λ l'intervalle $]-1,1[$ et par N un entier quelconque ≥ 3. Soit π_N l'opérateur de projection orthogonale de $L^2(\Lambda)$ sur $\mathbb{P}_N(\Lambda)$. Démontrer la majoration suivante, vraie pour tout entier $s \geq 0$:

$$\forall \varphi \in H^s(\Lambda), \quad \|\varphi - \pi_N\varphi\|_{H^{-\frac12}(\Lambda)} \leq c\,N^{-\frac12-s}\,\|\varphi\|_{H^s(\Lambda)}$$

(la norme $\|.\|_{H^{-\frac12}(\Lambda)}$ est celle du dual de l'espace $H^{\frac12}(\Lambda)$). On *admettra* que ce résultat est encore vrai lorsque s n'est plus entier mais que $s-\frac12$ l'est. En déduire une majoration du terme

$$\sum_{1\leq k<\ell\leq K} \int_{\partial\Omega^k\cap\partial\Omega^\ell} (\frac{\partial u}{\partial n_{k\ell}})(\tau)(w_{\delta\,|\Omega^k} - w_{\delta\,|\Omega^\ell})(\tau)\,d\tau$$

en fonction de u et de $\|w_\delta\|_*$, pour tout w_δ dans X_δ.

9. On définit l'opérateur π_N^* de la façon suivante: pour toute fonction φ de $H^1(\Lambda)$, $\pi_N^*\varphi$ appartient à $\mathbb{P}_N(\Lambda)$, coïncide avec φ aux extrémités de l'intervalle et vérifie

$$\forall \psi_{N-2} \in \mathbb{P}_{N-2}(\Lambda), \quad \int_{-1}^{1} (\varphi - \pi_N^*\varphi)(\zeta)\psi_{N-2}(\zeta)\,d\zeta = 0.$$

Montrer que la restriction de l'opérateur π_N^* à l'espace $H_0^1(\Lambda)$ est un opérateur de projection orthogonale. En déduire la majoration, vraie pour tout entier $s \geq 1$:

$$\forall \varphi \in H^s(\Lambda), \quad |\varphi - \pi_N^*\varphi|_{H^1(\Lambda)} + N\,\|\varphi - \pi_N^*\varphi\|_{L^2(\Lambda)} \leq c\,N^{1-s}\,\|\varphi\|_{H^s(\Lambda)}.$$

On *admettra* ensuite la propriété de stabilité

$$\forall \varphi \in H^{\frac12}(\Lambda), \quad \|\pi_N^*\varphi\|_{H^{\frac12}(\Lambda)} \leq c\,\|\varphi\|_{H^{\frac12}(\Lambda)}.$$

10. On admettra que, pour $1 \leq k \leq K$, il existe un opérateur R_N^k, défini sur l'espace

$$\{\varphi_N \in \mathcal{C}^0(\partial\Omega^k);\ \varphi_{N\,|\Gamma^{k,j}} \in \mathbb{P}_{N^k}(\Gamma^{k,j}),\ j=1,2,3,4\},$$

à valeurs dans l'espace $\mathbb{P}_N(\Omega^k)$, tel que

$$\|R_N\varphi_N\|_{H^1(\Omega^k)} \le c \sum_{j=1}^{4} \|\varphi_{N\,|\Gamma^{k,j}}\|_{H^{\frac{1}{2}}(\Gamma^{k,j})}.$$

Prouver une majoration optimale de l'erreur d'approximation $\inf_{v_\delta \in X_\delta} \|u - v_\delta\|_*$ (on construira d'abord une fonction, polynômiale sur chaque Ω^k, qui approche bien la fonction u, puis on la modifiera en utilisant un opérateur d'interpolation et l'opérateur étudié à la question précédente, pour construire un élément approprié de v_δ).

11. En déduire une majoration de l'erreur $\|u - u_\delta\|_*$. Commenter le résultat.

12. Lorsque l'ouvert Ω est convexe, démontrer une majoration de la quantité $\|u - u_\delta\|_{L^2(\Omega)}$.

13. Effectuer une étude similaire pour le problème avec intégration numérique de la question 6.

Problème 8

Soit Ω un ouvert polygonal borné quelconque de $\mathbb{R}^2$, et soit f une fonction continue sur $\overline{\Omega}$. Le but de ce problème est d'étudier une nouvelle méthode d'approximation du problème

$$(P)\quad \begin{cases} -\Delta u = f & \text{dans } \Omega, \\ u = 0 & \text{sur } \partial\Omega. \end{cases}$$

On fixe un rectangle Ω_s tel que $\overline{\Omega}_s$ soit contenu dans Ω et on définit Ω_{ef} comme le complémentaire de Ω_s dans Ω. La méthode de discrétisation utilise une approximation spectrale sur Ω_s et des éléments finis sur Ω_{ef}.

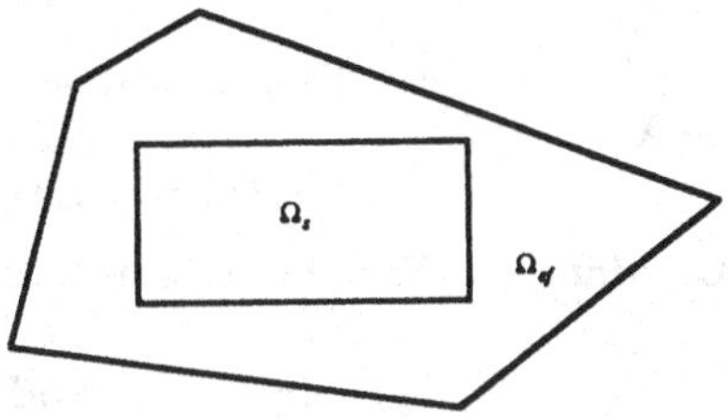

Notations: Pour toute fonction v définie sur Ω, on convient de noter v^* le couple de restrictions $(v_s = v_{|\Omega_s}, v_{ef} = v_{|\Omega_{ef}})$. On désigne par X l'espace

$$X = \{v^* = (v_s, v_{ef}) \in H^1(\Omega_s) \times H^1(\Omega_{ef});\ v_{ef} = 0 \text{ sur } \partial\Omega\}.$$

On munit X de la norme

$$\|v^*\| = \left(\|v_s\|^2_{H^1(\Omega_s)} + \|v_{ef}\|^2_{H^1(\Omega_{ef})}\right)^{\frac{1}{2}}$$

et on définit sur $X \times X$ la forme bilinéaire

$$a(u\ , v^*) = \int_{\Omega_s} (\mathbf{grad}\, u_s)(\boldsymbol{x}) \,.\, (\mathbf{grad}\, v_s)(\boldsymbol{x})\, d\boldsymbol{x} + \int_{\Omega_{ef}} (\mathbf{grad}\, u_{ef})(\boldsymbol{x}) \,.\, (\mathbf{grad}\, v_{ef})(\boldsymbol{x})\, d\boldsymbol{x}.$$

On suppose que le rectangle Ω_s est de côtés parallèles aux axes de coordonnées et on note $\boldsymbol{a}_J$, $J = 1, 2, 3, 4$, ses sommets et Γ_J, $J = 1, 2, 3, 4$, ses côtés. Pour tout entier $n \geq 0$, on désigne par $\mathbb{P}_n(\Gamma_J)$ l'espace des polynômes de degré $\leq n$ sur Γ_J et par $\mathbb{P}_n(\Omega_s)$ l'espace des polynômes sur Ω_s de degré $\leq n$ par rapport à chaque variable. On note Φ une application affine inversible qui envoie le carré $]-1, 1[^2$ sur Ω_s. Soit maintenant N un entier ≥ 2. On note ξ_j, $0 \leq j \leq N$, les zéros du polynôme $(1-\zeta^2)L'_N(\zeta)$, où L_N désigne le polynôme de Legendre de degré N, et ρ_j, $0 \leq j \leq N$, les poids tels que la formule de quadrature

$$\int_{-1}^{1} f(\zeta)\, d\zeta \simeq \sum_{j=0}^{N} f(\xi_j)\, \rho_j$$

soit exacte sur $\mathbb{P}_{2N-1}(]-1, 1[)$. Finalement, pour toutes fonctions f et g continues sur Ω_s, on pose

$$(f, g)_N = \frac{\text{mes}(\Omega_s)}{4} \sum_{j=0}^{N} \sum_{k=0}^{N} (f \circ \Phi)(\xi_j, \xi_k)(g \circ \Phi)(\xi_j, \xi_k)\, \rho_j \rho_k,$$

où $\text{mes}(\Omega_s)$ désigne la surface du rectangle.

Soit maintenant h un paramètre réel positif. À toute valeur de h, on associe une triangulation $\mathcal{T}_h$ de Ω_{ef}, c'est-à-dire un ensemble fini de triangles dont l'union est égale à $\overline{\Omega}_{ef}$ et tels que l'intersection de deux triangles soit vide ou bien réduite à un sommet ou un côté de chacun des deux triangles; h désigne le maximum du diamètre de ces triangles. On suppose la famille $(\mathcal{T}_h)_h$ régulière (c'est-à-dire que le rapport du diamètre d'un triangle quelconque de $\mathcal{T}_h$ au diamètre du cercle inscrit dans ce triangle est majoré indépendamment de h). Soit k un entier fixé ≥ 1; pour tout triangle T, on note $\mathcal{P}_k(T)$ l'espace des polynômes de degré total $\leq k$ sur T. On définit l'espace Q_h par

$$Q_h = \{v_h \in \mathcal{C}^0(\overline{\Omega}_{ef});\ \forall T \in \mathcal{T}_h,\ v_{h|T} \in \mathcal{P}_k(T)\}.$$

Le paramètre d'approximation est le couple $\delta = (N, h)$. On considère le sous-espace de X

$$X_\delta = \{v_\delta^* = (v_N, v_h) \in \mathbb{P}_N(\Omega_s) \times Q_h;\ v_h = 0 \text{ sur } \partial\Omega\}.$$

On définit sur $X_\delta \times X_\delta$ la forme bilinéaire

$$a_\delta(u_\delta^*, v_\delta^*) = (\mathbf{grad}\, u_N, \mathbf{grad}\, v_N)_N + \int_{\Omega_{ef}} (\mathbf{grad}\, u_h)(\boldsymbol{x}) \,.\, (\mathbf{grad}\, v_h)(\boldsymbol{x})\, d\boldsymbol{x},$$

où u_δ^* est le couple (u_N, u_h) et v_δ^* est le couple (v_N, v_h). Un sous-espace V_δ de X_δ étant choisi, le problème discret consiste à trouver un couple u_δ^* de V_δ tel que

$$(P)_\delta \quad \forall v_\delta^* = (v_N, v_h) \in V_\delta, \quad a_\delta(u_\delta^*, v_\delta^*) = (f, v_N)_N + \int_{\Omega_{ef}} f(\boldsymbol{x}) v_h(\boldsymbol{x})\, d\boldsymbol{x}.$$

1. Position du problème

1. Déterminer un sous-espace V de X tel que le problème (P) soit équivalent au problème variationnel suivant: *trouver u^* dans V tel que*

$$\forall v^* \in V, \quad a(u^*, v^*) = \int_\Omega f(\boldsymbol{x}) v(\boldsymbol{x})\, d\boldsymbol{x}.$$

Prouver que ce problème admet une solution unique.

Le sous-espace V_δ est défini de la façon suivante:

$$V_\delta = \Big\{ v_\delta^* = (v_N, v_h) \in X_\delta;\quad v_N(\boldsymbol{a}_J) = v_h(\boldsymbol{a}_J),\ J = 1,2,3,4,$$
$$\forall q_N \in \mathbb{P}_{N-2}(\Gamma_J),\quad \int_{\Gamma_J} (v_N - v_h)(\tau) q_N(\tau)\, d\tau = 0,\ J = 1,2,3,4 \Big\}.$$

2. Montrer qu'il existe une constante positive c indépendante de δ telle que, pour tout élément u_δ^* de X_δ, on ait

$$a_\delta(u_\delta^*, u_\delta^*) \geq |u_N|^2_{H^1(\Omega_s)} + c\, \|u_h\|^2_{H^1(\Omega_{ef})}.$$

3. Montrer que, pour tout domaine borné Δ de $\mathbb{R}^2$, il existe une constante c telle que, pour toute fonction u de $H^1(\Delta)$, on ait

$$\|u\|_{L^2(\Delta)} \leq c\Big(\Big|\int_\Delta u(x)\,dx\Big| + |u|_{H^1(\Delta)}\Big)$$

(on pourra décomposer la fonction u sous la forme $u = \bar{u} + u_0$, où $\bar{u}$ est la moyenne de u sur Δ).

4. Déterminer des constantes c_1 et c_2 indépendantes de N telles que, pour tout polynôme u_N de $\mathbb{P}_N(\Omega_s)$, on ait

$$\Big|\int_{\Omega_s} u_N(x)\,dx\Big| \leq c_1\Big|\int_{\Gamma_1} u_N(\tau)\,d\tau\Big| + c_2|u_N|_{H^1(\Omega_s)}.$$

Puis, pour tout couple u_δ^* de V_δ, établir une majoration de $\int_{\Gamma_1} u_N(\tau)\,d\tau$ en fonction de $\|u_h\|_{H^1(\Omega_{ef})}$. En déduire l'ellipticité uniforme de la forme $a_\delta(.,.)$ sur V_δ.

5. Montrer que le problème $(P)_\delta$ admet une solution unique.

6. Établir l'estimation d'erreur abstraite

$$\begin{aligned}\|u - u_\delta^*\| \leq c\Big\{ &\inf_{v_\delta^*\in V_\delta}\Big(\|u - v_\delta^*\| + \sup_{w_\delta^*\in V_\delta}\frac{(a-a_\delta)(v_\delta^*, w_\delta^*)}{\|w_\delta^*\|}\Big)\\ &+ \sup_{w_\delta^*\in V_\delta}\frac{\sum_{J=1}^4\int_{\Gamma_J}(\frac{\partial u}{\partial n})(\tau)(w_N - w_h)(\tau)\,d\tau}{\|w_\delta^*\|}\\ &+ \sup_{w_N\in\mathbb{P}_N(\Omega_s)}\frac{\int_{\Omega_s} f(x)w_N(x)\,dx - (f, w_N)_N}{\|w_N\|_{H^1(\Omega_s)}}\Big\}.\end{aligned}$$

2. Estimations d'erreur

Dans tout ce qui suit, on suppose qu'il existe des entiers m, $2 \leq m \leq k+1$, $\sigma \geq 2$ et $\rho \geq 2$, tels que la solution u^* du problème (P) appartienne à $H^\sigma(\Omega_s) \times H^m(\Omega_{ef})$ et que la restriction de la donnée f à Ω_s appartienne à $H^\rho(\Omega_s)$.

7. On note π_N^0 l'opérateur de projection orthogonale de $L^2(-1,1)$ sur $\mathbb{P}_N(]-1,1[)$. Montrer que, pour tout entier $\sigma \geq 0$, il existe une constante c telle que, pour toute fonction φ de $H^\sigma(-1,1)$, on ait

$$\|\varphi - \pi_N^0\varphi\|_{H^{-\frac{1}{2}}(-1,1)} \leq c\,N^{-\frac{1}{2}-\sigma}\,\|\varphi\|_{H^\sigma(-1,1)}.$$

8. En déduire une majoration optimale du terme

$$\sup_{w_\delta^*\in V_\delta}\frac{\sum_{J=1}^4\int_{\Gamma_J}(\frac{\partial u}{\partial n})(\tau)(w_N - w_h)(\tau)\,d\tau}{\|w_\delta^*\|}.$$

9. On introduit le polynôme

$$\xi_N(\zeta) = \frac{(1-\zeta)L'_N(\zeta)}{2L'_N(-1)}.$$

Puis on définit l'opérateur $\bar{R}_N$ de $\prod_{J=1}^4 \mathbb{P}_N(-1,1) \cap H_0^1(-1,1)$ dans $\mathbb{P}_N(]-1,1[^2)$ suivant: pour tout $\varphi = (\varphi_1, \varphi_2, \varphi_3, \varphi_4)$ dans $\prod_{J=1}^4 \mathbb{P}_N(-1,1) \cap H_0^1(-1,1)$, on pose

$$(\bar{R}_N\varphi)(x,y) = \varphi_1(y)\xi_N(x) + \varphi_2(x)\xi_N(y) + \varphi_3(y)\xi_N(-x) + \varphi_4(x)\xi_N(-y).$$

Majorer $\|\bar{R}_N\varphi\|_{H^1(-1,1)}$ en fonction des $\|\varphi_J\|_{L^2(-1,1)}$, $J = 1,2,3,4$.

Construire un opérateur R_N de $\prod_{J=1}^4 \mathbb{P}_N(\Gamma_J) \cap H_0^1(\Gamma_J)$ dans $\mathbb{P}_N(\Omega_s)$ vérifiant des propriétés de traces et de stabilité analogues.

10. Pour $J = 1,2,3,4$, on définit un opérateur π_N^{*J} de $\mathcal{C}^0(\overline{\Gamma}_J)$ dans $\mathbb{P}_N(\Gamma_J)$ de la façon suivante: pour toute fonction φ continue sur $\overline{\Gamma}_J$, $\pi_N^{*J}\varphi$ appartient à $\mathbb{P}_N(\Gamma_J)$, coïncide avec φ aux deux extrémités de Γ_J et vérifie

$$\forall q_N \in \mathbb{P}_{N-2}(\Gamma_J), \quad \int_{\Gamma_J} (\varphi - \pi_N^{*J}\varphi)(\tau) q_N(\tau)\, d\tau = 0.$$

Montrer que le polynôme π_N^{*J} ainsi défini est unique.

Prouver que la restriction de π_N^{*J} à l'espace $H_0^1(\Gamma_J)$ coïncide avec l'opérateur de projection orthogonale de $H_0^1(\Gamma_J)$ sur $\mathbb{P}_N(\Gamma_J) \cap H_0^1(\Gamma_J)$ pour le produit scalaire associé à la norme $|.|_{H^1(\Gamma_J)}$. En déduire une estimation de $|\varphi - \pi_N^{*J}\varphi|_{H^1(\Gamma_J)}$ et de $\|\varphi - \pi_N^{*J}\varphi\|_{L^2(\Gamma_J)}$, valable pour tout entier $\sigma \geq 1$ et pour toute fonction φ de $H_0^1(\Gamma_J) \cap H^\sigma(\Gamma_J)$.

Finalement, pour toute fonction φ continue sur $\partial\Omega_s$, on pose

$$\pi_N^*\varphi = (\pi_N^{*1}\varphi, \pi_N^{*2}\varphi, \pi_N^{*3}\varphi, \pi_N^{*4}\varphi).$$

11. Pour construire une aproximation v_δ^* du couple u^* dans V_δ, on procède ainsi. Soit $\mathcal{I}_h$ l'opérateur d'interpolation standard, défini sur $\mathcal{C}^0(\overline{\Omega}_{ef})$ à valeurs dans Q_h, qui interpole les valeurs de la fonction sur le treillis principal d'ordre k dans chaque triangle. Soit $\tilde{\Pi}_N^1$ un opérateur de $H^2(]-1,1[^2)$ dans $\mathbb{P}_N(]-1,1[^2)$, défini dans le chapitre II, qui conserve les valeurs aux sommets; on lui associe un opérateur, noté simplement Π_N et défini de $H^2(\Omega_s)$ dans $\mathbb{P}_N(\Omega_s)$ par

$$\forall v \in H^2(\Omega_s), \quad \Pi_N v = \big(\tilde{\Pi}_N^1(v \circ \Phi)\big) \circ \Phi^{-1}.$$

On choisit alors le couple $v_\delta^* = (v_N, v_h)$ suivant

$$v_h = \mathcal{I}_h u_{ef} \quad \text{et} \quad v_N = \Pi_N u_s + R_N \pi_N^* \big((\mathcal{I}_h u_{ef} - \Pi_N u_s)_{|\partial\Omega_s}\big).$$

Établir une majoration du terme $\|u^* - v_\delta^*\|$.

12. Démontrer une majoration de l'erreur entre la solution u^* du problème (P) et la solution u_δ^* du problème $(P)_\delta$ en norme $\|.\|$.

13. Établir une majoration de l'erreur $\|u - u_\delta\|_{L^2(\Omega)}$ lorsque Ω est convexe.

14. Indiquer les avantages de la méthode étudiée dans ce problème par rapport à d'autres plus classiques.

Problème 9

Soit Ω un ouvert borné lipschitzien de $\mathbb{R}^2$. Pour une distribution f donnée de $H^{-1}(\Omega)$ et un paramètre $\lambda > 0$, on considère le problème non linéaire

$$\begin{cases} -\lambda \Delta u + u\frac{\partial u}{\partial x} = f & \text{dans } \Omega, \\ u = 0 & \text{sur } \partial\Omega. \end{cases}$$

Le but est de montrer que ce problème admet une solution unique lorsque λ est assez grand et d'étudier deux discrétisations spectrales.

On désigne par γ la quantité

$$\gamma = \sup_{v \in H_0^1(\Omega)} \frac{< f, v >}{|v|_{H^1(\Omega)}}.$$

Le théorème de Sobolev général indique que $H^1(\Omega)$ est inclus dans $L^4(\Omega)$ avec injection continue: on définit alors $\mathcal{S}$ comme la plus petite constante c telle que

$$\forall v \in H_0^1(\Omega), \left(\int_\Omega v^4(x)\,dx\right)^{\frac{1}{2}} \le c\,|v|^2_{H^1(\Omega)}.$$

1. Le problème continu

1. Montrer que l'on a pour toutes fonctions u, v et w de $H_0^1(\Omega)$, les inégalités

$$\int_\Omega u(x)\frac{\partial v}{\partial x}(x)w(x)\,dx \le \mathcal{S}\,|u|_{H^1(\Omega)}|v|_{H^1(\Omega)}|w|_{H^1(\Omega)},$$
$$\int_\Omega u(x)\frac{\partial v}{\partial x}(x)v(x)\,dx \le \frac{\mathcal{S}}{2}\,|u|_{H^1(\Omega)}|v|^2_{H^1(\Omega)}.$$

Que se passe-t-il dans le cas $u = v = w$?

2. Écrire la formulation variationnelle du problème. Montrer que toute solution u du problème vérifie l'estimation

$$|u|_{H^1(\Omega)} \le \frac{\gamma}{\lambda}.$$

Déterminer un réel λ_0 (le plus petit possible) tel que, pour $\lambda > \lambda_0$, le problème ait au plus une solution.

3. Dans la suite du problème, on supposera toujours vérifiée l'inégalité

$$\lambda^2 > 3\mathcal{S}\gamma.$$

Étant donné une fonction v de $H_0^1(\Omega)$ vérifiant

$$|v|_{H^1(\Omega)} \le \frac{2\gamma}{\lambda},$$

montrer en utilisant le lemme de Lax–Milgram que le problème

$$\begin{cases} -\lambda\Delta u + v\frac{\partial u}{\partial x} = f & \text{dans } \Omega, \\ u = 0 & \text{sur } \partial\Omega, \end{cases}$$

admet une solution unique u dans $H_0^1(\Omega)$. On note $T(v)$ cette solution.

4. On définit la boule

$$\mathcal{B} = \{w \in H_0^1(\Omega);\ |w|_{H^1(\Omega)} \le \frac{2\gamma}{\lambda}\}.$$

Vérifier que l'image de $\mathcal{B}$ par l'application T est contenue dans $\mathcal{B}$.

5. Prouver que l'application T est une contraction de $\mathcal{B}$. En déduire que le problème de départ admet une solution unique dans $\mathcal{B}$.

2. Méthode de Galerkin

On suppose maintenant que Ω est le carré $]-1,1[^2$. On fixe un entier $N \ge 2$ et on rappelle que $\mathbb{P}_N^0(\Omega)$ désigne l'espace des polynômes sur Ω, de degré $\le N$ par rapport à chaque variable, s'annulant sur la frontière de Ω. On considère le problème discret, obtenu par la méthode de Galerkin: *trouver u_N dans $\mathbb{P}_N^0(\Omega)$ tel que*

$$\forall v_N \in \mathbb{P}_N^0(\Omega),$$
$$\lambda \int_\Omega (\mathbf{grad}\, u_N)(\boldsymbol{x}) \,.\, (\mathbf{grad}\, v_N)(\boldsymbol{x})\, d\boldsymbol{x} + \int_\Omega u_N(\boldsymbol{x})(\frac{\partial u_N}{\partial x})(\boldsymbol{x}) v_N(\boldsymbol{x})\, d\boldsymbol{x} = \int_\Omega f(\boldsymbol{x}) v_N(\boldsymbol{x})\, d\boldsymbol{x}.$$

6. Montrer que, sous les hypothèses précédentes, le problème admet une solution unique.

7. On suppose désormais que la solution u du problème non linéaire appartient à $H^m(\Omega)$ pour un entier $m \ge 2$. Établir une majoration de l'erreur $|u - u_N|_{H^1(\Omega)}$.

8. Établir une majoration de l'erreur $\|u - u_N\|_{L^2(\Omega)}$. On pourra utiliser le problème, pour toute fonction g de $L^2(\Omega)$:

$$\begin{cases} -\lambda\Delta w - u\frac{\partial w}{\partial x} = g & \text{dans } \Omega, \\ w = 0 & \text{sur } \partial\Omega, \end{cases}$$

on vérifiera qu'il a une solution unique et on admettra que cette solution appartient à $H^2(\Omega)$ et vérifie

$$\|w\|_{H^2(\Omega)} \le c\, \|g\|_{L^2(\Omega)}.$$

9. Indiquer un algorithme se réduisant à une succession de résolutions de systèmes linéaires et permettant de construire une suite $(u_N^k)_k$ convergeant vers u_N.

3. Méthode de collocation

On note ξ_j, $0 \leq j \leq N$, les zéros du polynôme $(1-\zeta^2)L'_N$, où L_N est le polynôme de Legendre de degré N, et ρ_j, $0 \leq j \leq N$, les poids tels que la formule de quadrature

$$\int_{-1}^{1} \Phi(\zeta)\, d\zeta = \sum_{j=0}^{N} \Phi(\xi_j)\, \rho_j,$$

soit exacte lorsque Φ est un polynôme de degré $\leq 2N-1$.

On définit la forme bilinéaire:

$$(u,v)_N = \sum_{j=0}^{N} \sum_{k=0}^{N} u(\xi_j,\xi_k) v(\xi_j,\xi_k)\, \rho_j \rho_k.$$

La fonction f étant supposée continue sur $\overline{\Omega}$, le nouveau problème discret s'écrit ainsi: *trouver* u_N *dans* $\mathbb{P}_N^0(\Omega)$ *tel que*

$$\forall v_N \in \mathbb{P}_N^0(\Omega), \quad \lambda(\mathbf{grad}\, u_N, \mathbf{grad}\, v_N)_N + (u_N \frac{\partial u_N}{\partial x}, v_N)_N = (f, v_N)_N.$$

10. Vérifier que ce problème équivaut à un système d'équations de collocation que l'on écrira.
11. On suppose désormais la donnée f dans $H^r(\Omega)$, pour un entier $r \geq 2$. Montrer qu'il existe une constante γ^* indépendante de N telle que

$$\sup_{w_N \in \mathbb{P}_N^0(\Omega)} \frac{(f, w_N)_N}{|w_N|_{H^1(\Omega)}} \leq \gamma^*.$$

12. On *admet* la propriété de stabilité suivante: il existe une constante κ indépendante de N telle qu'on ait pour tout polynôme φ_N de degré $\leq N$ sur $]-1,1[$ l'inégalité

$$\sum_{j=0}^{N} \varphi_N^4(\xi_j)\, \rho_j \leq \kappa \int_{-1}^{1} \varphi_N^4(\zeta)\, d\zeta.$$

Montrer que l'on a pour tous polynômes u_N, v_N et w_N de $\mathbb{P}_N^0(\Omega)$

$$|(u_N \frac{\partial v_N}{\partial x}, w_N)_N| \leq \sqrt{3}\kappa\mathcal{S}\, |u_N|_{H^1(\Omega)} |v_N|_{H^1(\Omega)} |w_N|_{H^1(\Omega)}.$$

On pose: $\mathcal{S}^* = \sqrt{3}\kappa\mathcal{S}$.
13. Montrer que le problème discret a au plus une solution u_N vérifiant

$$|u_N|_{H^1(\Omega)} < \frac{\lambda}{2\mathcal{S}^*}.$$

14. Construire une application T_N de la boule

$$\mathcal{B}_N = \{w_N \in \mathbb{P}_N^0(\Omega);\ |w_N|_{H^1(\Omega)} \leq \frac{2\gamma^*}{\lambda}\},$$

dans $\mathbb{P}_N^0(\Omega)$ telle que:
(i) tout point fixe de T_N soit une solution du problème discret;
(ii) l'application T_N soit une contraction sur $\mathcal{B}_N$, à valeurs dans $\mathcal{B}_N$, lorsque la condition suivante est vérifiée

$$\lambda^2 > 4\mathcal{S}^*\gamma^*.$$

Conclure.

15. Établir une majoration de l'erreur entre u et u_N, en norme $|.|_{H^1(\Omega)}$, puis en norme $\|.\|_{L^2(\Omega)}$.

Problème 10

Soit Ω l'ouvert $]-\pi,\pi[^2$ (le point générique de Ω sera noté $\boldsymbol{x}=(x_1,x_2)$). Pour une fonction $\boldsymbol{f}$ donnée dans $L^2(\Omega)$, on s'intéresse à la discrétisation du problème de Stokes

$$\begin{cases} -\Delta \boldsymbol{u} + \mathbf{grad}\, p = \boldsymbol{f} & \text{dans } \Omega, \\ \operatorname{div} \boldsymbol{u} = 0 \quad \text{dans } \Omega, \end{cases}$$

lorsqu'il est muni de conditions aux limites périodiques:

$$\boldsymbol{u}(-\pi,x_2)=\boldsymbol{u}(\pi,x_2) \quad \text{et} \quad \boldsymbol{u}(x_1,-\pi)=\boldsymbol{u}(x_1,\pi), \quad -\pi\le x_1,x_2\le\pi.$$

L'espace d'approximation est constitué de séries de Fourier tronquées.

1. Le problème continu

1. Pour tout entier $m\ge 0$, on note $H^m_\sharp(\Omega)$ l'adhérence dans $H^m(\Omega)$ des fonctions de classe $\mathcal{C}^\infty$ à valeurs réelles, périodiques de période 2π par rapport à chaque variable d'espace. Montrer que toute fonction v de $H^m_\sharp(\Omega)$ vérifie, pour $0\le\ell\le m-1$,

$$\Big(\frac{\partial^\ell v}{\partial x_1^\ell}\Big)(-\pi,x_2)=\Big(\frac{\partial^\ell v}{\partial x_1^\ell}\Big)(\pi,x_2) \quad \text{et} \quad \Big(\frac{\partial^\ell v}{\partial x_2^\ell}\Big)(x_1,-\pi)=\Big(\frac{\partial^\ell v}{\partial x_2^\ell}\Big)(x_1,\pi), \quad -\pi\le x_1,x_2\le\pi.$$

2. On note $\hat{v}^{\boldsymbol{k}}$, $\boldsymbol{k}\in\mathbb{Z}^2$, les coefficients de Fourier de la fonction v:

$$v=\sum_{\boldsymbol{k}\in\mathbb{Z}^2}\hat{v}^{\boldsymbol{k}}\exp(i\boldsymbol{k}.\boldsymbol{x}), \quad \text{avec } \hat{v}^{\boldsymbol{k}}=\frac{1}{4\pi^2}\int_\Omega v(\boldsymbol{x})\exp(-i\boldsymbol{k}.\boldsymbol{x})\,d\boldsymbol{x}.$$

Pour tout entier m, on définit la norme:

$$\|v\|_{H^m_\sharp(\Omega)}=\Big(\sum_{\boldsymbol{k}\in\mathbb{Z}^2}(1+|\boldsymbol{k}|^2)^m\,|\hat{v}^{\boldsymbol{k}}|^2\Big)^{\frac12}.$$

Montrer que, pour tout $m\ge 0$, cette norme est équivalente à $\|.\|_{H^m(\Omega)}$ sur l'espace $H^m_\sharp(\Omega)$. Montrer aussi que, pour $m<0$, c'est une norme sur l'espace dual de $H^{-m}_\sharp(\Omega)$, équivalente à la norme duale.

3. On désigne par $L^2_0(\Omega)$ l'espace des fonctions de $L^2(\Omega)$ à moyenne nulle sur Ω. Écrire la formulation variationnelle du problème de Stokes dans l'espace $\big(H^1_\sharp(\Omega)\cap L^2_0(\Omega)\big)^2\times L^2_0(\Omega)$.

4. Montrer que le problème de Stokes équivaut à un système d'équations portant sur les coefficients de Fourier des fonctions $\boldsymbol{u}$ et p. Résoudre ce système et en déduire que le problème de Stokes admet une solution unique dans $\big(H^1_\sharp(\Omega)\cap L^2_0(\Omega)\big)^2\times L^2_0(\Omega)$.

5. Prouver la propriété de régularité suivante: si la donnée $\boldsymbol{f}$ appartient à $H^{m-2}(\Omega)^2$ pour un entier $m\ge 2$, la solution $(\boldsymbol{u},p)$ du problème de Stokes dans $\big(H^1_\sharp(\Omega)\cap L^2_0(\Omega)\big)^2\times L^2_0(\Omega)$ appartient à $H^m_\sharp(\Omega)^2\times H^{m-1}_\sharp(\Omega)$ et vérifie

$$\|\boldsymbol{u}\|_{H^m_\sharp(\Omega)^2}+\|p\|_{H^{m-1}_\sharp(\Omega)}\le c\,\|\boldsymbol{f}\|_{H^{m-2}_\sharp(\Omega)^2}.$$

2. Le problème discret

6. On définit les points $\theta_j = \frac{(j-K)\pi}{2K+1}$, $0 \le j \le 2K$. Démontrer la formule, vraie pour tous entiers k et ℓ:

$$\frac{1}{2K+1}\sum_{j=0}^{2K} \exp(ik\theta_j)\exp(-i\ell\theta_j) = \begin{cases} 1 & \text{si } 2K+1 \text{ divise } k-\ell, \\ 0 & \text{sinon.} \end{cases}$$

7. Soit K un entier ≥ 0 fixé. On définit l'espace discret $\mathbb{S}_K(\Omega)$ par

$$\mathbb{S}_K(\Omega) = \{ \sum_{\boldsymbol{k}\in J(K)} \hat{v}^{\boldsymbol{k}} \exp(i\boldsymbol{k}.\boldsymbol{x})\}, \quad \text{avec } J(K) = \{\boldsymbol{k} = (k_1,k_2) \in \mathbb{Z}^2;\ -K \le k_1, k_2 \le K\}.$$

On suppose la fonction $\boldsymbol{f}$ continue sur $\overline{\Omega}$. Le problème discret consiste à trouver un couple $(\boldsymbol{u}_K, p_K)$ de l'espace $\big(\mathbb{S}_K(\Omega) \cap L^2_0(\Omega)\big)^2 \times \big(\mathbb{S}_K(\Omega) \cap L^2_0(\Omega)\big)$ vérifiant

$$\begin{cases} (-\Delta \boldsymbol{u}_K + \mathbf{grad}\, p_K)(\theta_i, \theta_j) = \boldsymbol{f}(\theta_i,\theta_j), & 0 \le i,j \le 2K, \\ (\operatorname{div} \boldsymbol{u}_K)(\theta_i,\theta_j) = 0, \quad 0 \le i,j \le 2K. \end{cases}$$

En utilisant la formule de la question 6, écrire la formulation variationnelle de ce problème.

8. Montrer que ce problème équivaut à un système d'équations portant sur les coefficients de Fourier des fonctions $\boldsymbol{u}_K$ et p_K. En déduire qu'il admet une solution unique.

3. Majoration d'erreur

9. L'opérateur $\Pi_K^\sharp$ est défini de la façon suivante: pour toute fonction v de $L^2(\Omega)$, on pose

$$\Pi_K^\sharp v = \sum_{\boldsymbol{k}\in J(K)} \hat{v}^{\boldsymbol{k}} \exp(i\boldsymbol{k}.\boldsymbol{x}),$$

où les $\hat{v}^{\boldsymbol{k}}$, $\boldsymbol{k} \in \mathbb{Z}^2$, sont les coefficients de Fourier de v. Démontrer la majoration, vraie pour tous entiers m et s, $0 \le s \le m$:

$$\forall v \in H^m_\sharp(\Omega), \quad \|v - \Pi_K^\sharp v\|_{H^s_\sharp(\Omega)} \le c\, K^{s-m}\, \|v\|_{H^m_\sharp(\Omega)}.$$

10. On définit un opérateur d'interpolation de la manière suivante: pour toute fonction φ continue sur $]-\pi,\pi[$, $j_N^\sharp\varphi$ s'écrit sous la forme

$$(j_N^\sharp\varphi)(\theta) = \sum_{k=-K}^{K} \hat{\psi}^k \exp(ik\theta),$$

et vérifie

$$(j_K^\sharp\varphi)(\theta_j) = \varphi(\theta_j), \quad 0 \le j \le 2K.$$

Montrer que ces équations définissent $j_K^\sharp \varphi$ de façon unique. On définit aussi $H_\sharp^m(-\pi, \pi)$ comme l'adhérence dans $H^m(-\pi, \pi)$ de l'espace des fonctions de classe $\mathcal{C}^\infty$ périodiques de période 2π. En utilisant les mêmes techniques que dans le chapitre III, établir la majoration, vraie pour tout entier $m \geq 1$:

$$\forall \varphi \in H_\sharp^m(-\pi, \pi), \quad \|\varphi - j_K^\sharp \varphi\|_{L^2(-\pi,\pi)} \leq c\, K^{-m} \, \|\varphi\|_{H_\sharp^m(-\pi,\pi)}.$$

On définit ensuite l'opérateur $\mathcal{J}_K^\sharp$: pour toute fonction v continue sur Ω, $\mathcal{J}_K^\sharp v$ appartient à $\mathbf{S}_K(\Omega)$ et vérifie

$$(\mathcal{J}_K^\sharp v)(\theta_i, \theta_j) = v(\theta_i, \theta_j), \quad 0 \leq i, j \leq 2K.$$

Démontrer la majoration, vraie pour tout entier $m \geq 2$:

$$\forall v \in H_\sharp^m(\Omega), \quad \|v - \mathcal{J}_K^\sharp v\|_{L^2(\Omega)} \leq c\, K^{-m} \, \|v\|_{H_\sharp^m(\Omega)}.$$

11. Établir une majoration de l'erreur $\|\boldsymbol{u} - \boldsymbol{u}_K\|_{H^1(\Omega)^2} + \|p - p_K\|_{L^2(\Omega)}$ entre la solution du problème de Stokes et celle du problème discret. Donner également une majoration de la quantité $\|\boldsymbol{u} - \boldsymbol{u}_K\|_{L^2(\Omega)^2}$.

4. Algorithme

12. Écrire l'algorithme d'Uzawa permettant de ramener la résolution du problème discret à un système d'équations linéaires portant sur les valeurs de la pression aux points (θ_i, θ_j), $0 \leq i, j \leq 2K$. Donner une estimation du nombre de condition de sa matrice.

Problème 11

On désigne par Θ l'intervalle $]-\pi,\pi[$, par Λ l'intervalle $]-1,1[$ et par Ω le rectangle $\Theta\times\Lambda$. Pour une fonction $\boldsymbol{f}$ donnée dans $L^2(\Omega)^2$, on veut approcher la solution du problème de Stokes

$$\begin{cases} -\Delta \boldsymbol{u} + \mathbf{grad}\, p = \boldsymbol{f} & \text{dans } \Omega, \\ \operatorname{div} \boldsymbol{u} = 0 & \text{dans } \Omega, \end{cases}$$

lorsqu'il est muni de conditions aux limites périodiques dans une direction et de type Dirichlet dans l'autre:

$$\boldsymbol{u}(-\pi,y) = \boldsymbol{u}(\pi,y), \quad y\in\Lambda, \quad \text{et} \quad \boldsymbol{u}(x,-1) = \boldsymbol{u}(x,1) = \mathbf{0}, \quad x\in\Theta.$$

1. Le problème continu

1. Pour tout entier $m\ge 0$, on note $H_\sharp^m(\Theta)$ l'adhérence dans $H^m(\Theta)$ des fonctions de classe $\mathscr{C}^\infty$ à valeurs réelles, périodiques de période 2π. Montrer que toute fonction φ de $H_\sharp^m(\Theta)$ vérifie:

$$\left(\frac{\partial^\ell v}{\partial\theta^\ell}\right)(-\pi) = \left(\frac{\partial^\ell v}{\partial\theta^\ell}\right)(\pi), \quad 0\le\ell\le m-1.$$

Pour toute fonction φ de $L^2(\Theta)$, on note $\hat\varphi^k$, $k\in\mathbb{Z}$, les coefficients de Fourier de la fonction φ:

$$\varphi = \sum_{k\in\mathbb{Z}} \hat\varphi^k \exp(ik\theta), \quad \text{avec } \hat\varphi^k = \frac{1}{2\pi}\int_\Omega \varphi(\theta)\exp(-ik\theta)\,d\theta.$$

Montrer que, pour tout entier $m\ge 0$, la norme

$$\|\varphi\|_{H_\sharp^m(\Theta)} = \Big(\sum_{k\in\mathbb{Z}} (1+k^2)^m\, |\hat\varphi^k|^2\Big)^{\frac12}$$

est équivalente à $\|.\|_{H^m(\Theta)}$ sur l'espace $H_\sharp^m(\Theta)$. Indiquer une norme pour l'espace dual de $H_\sharp^m(\Theta)$.

2. Étant donnée une fonction v définie sur Ω, on désignera par $\hat v^k$, $k\in\mathbb{Z}$, ses coefficients de Fourier par rapport à la première variable x (ce sont des fonctions de la seconde variable y). Pour tout entier $m\ge 1$, on définit les espaces $H_\sharp^m(\Omega) = L^2(\Theta;H^m(\Lambda))\cap H_\sharp^m(\Theta;L^2(\Lambda))$ et $H_{\sharp 0}^m(\Omega) = L^2(\Theta;H_0^m(\Lambda))\cap H_\sharp^m(\Theta;L^2(\Lambda))$, que l'on munit de la norme

$$\|v\|_{H_\sharp^m(\Omega)} = \Big(\sum_{k\in\mathbb{Z}} |\hat v^k|_{H^m(\Lambda)} + k^{2m}\, \|\hat v^k\|^2_{L^2(\Lambda)}\Big)^{\frac12}.$$

Montrer que ces espaces sont inclus dans $H^m(\Omega)$.

3. En supposant la distribution $\boldsymbol{f}$ dans le dual de l'espace $H_{\sharp 0}^1(\Omega)^2$, écrire la formulation variationnelle du problème de Stokes dans l'espace $H_{\sharp 0}^1(\Omega)^2\times L_0^2(\Omega)$, où $L_0^2(\Omega)$ est l'espace

des fonctions de $L^2(\Omega)$ à moyenne nulle sur Ω. Démontrer une condition inf-sup et en déduire l'existence d'une solution unique dans cet espace.

4. Montrer que le problème de Stokes équivaut à un système d'équations différentielles portant sur les coefficients de Fourier des fonctions $\boldsymbol{u}$ et p.

2. Le problème discret

On fixe deux entiers positifs K et N, et on note δ le couple (K, N). Pour tout $n \geq 0$, on définit l'espace

$$Z_{K,n} = \{v;\ v(x,y) = \sum_{k=-K}^{K} \hat{v}^k(y) \exp(ikx),\ \hat{v}^k \in \mathbb{P}_n(\Lambda),\ -K \leq k \leq K\},$$

où $\mathbb{P}_n(\Lambda)$ est l'espace des polynômes de degré $\leq n$ sur Λ. Le problème discret consiste à trouver un couple $(\boldsymbol{u}_\delta, p_\delta)$ de $\left(Z_{K,N} \cap H^1_{\sharp 0}(\Omega)\right)^2 \times \left(Z_{K,N-2} \cap L^2_0(\Omega)\right)$ vérifiant

$$\forall \boldsymbol{v}_\delta \in \left(Z_{K,N} \cap H^1_{\sharp 0}(\Omega)\right)^2,$$
$$\int_{-\pi}^{\pi}\int_{-1}^{1} \mathbf{grad}\, \boldsymbol{u}_\delta \,.\, \mathbf{grad}\, \boldsymbol{v}_\delta \, dx\, dy - \int_{-\pi}^{\pi}\int_{-1}^{1} (\mathrm{div}\ \boldsymbol{v}_\delta) p_\delta \, dx\, dy = \int_{-\pi}^{\pi}\int_{-1}^{1} \boldsymbol{f} \,.\, \boldsymbol{v}_\delta \, dx\, dy,$$
$$\forall q_\delta \in Z_{K,N-2}, \quad \int_{-\pi}^{\pi}\int_{-1}^{1} (\mathrm{div}\ \boldsymbol{u}_\delta) q_\delta \, dx\, dy = 0.$$

5. Écrire le problème variationnel vérifié par chaque couple $(\hat{\boldsymbol{u}}^k_N, \hat{p}^k_{N-2})$, $-K \leq k \leq K$, de coefficients de Fourier du couple $(\boldsymbol{u}_\delta, p_\delta)$ solution du problème précédent.

6. Soit k un entier fixé (positif ou négatif). Étant donné un polynôme q_{N-2} de $\mathbb{P}_{N-2}(\Lambda)$, on considère le problème consistant à trouver ψ_N dans $\mathbb{P}_N(\Lambda) \cap H^1_0(\Lambda)$ tel que

$$\forall r_{N-2} \in \mathbb{P}_{N-2}(\Lambda), \quad \int_{-1}^{1} (|k|^2\, \psi_N - \psi''_N + q_{N-2}) r_{N-2}\, dy = 0.$$

Montrer que l'application: $\psi \mapsto \psi''$ est bijective de $\mathbb{P}_N(\Lambda) \cap H^1_0(\Lambda)$ sur $\mathbb{P}_{N-2}(\Lambda)$. En déduire que le problème précédent admet une solution unique ψ_N vérifiant

$$|k|\, \|\psi'_N\|_{L^2(\Lambda)} + \|\psi''_N\|_{L^2(\Lambda)} \leq 2 \|q_{N-2}\|_{L^2(\Lambda)}.$$

Établir par une méthode de dualité la majoration

$$|k|^2\, \|\psi_N\|_{L^2(\Lambda)} \leq c\, \|q_{N-2}\|_{L^2(\Lambda)}.$$

7. On considère le polynôme

$$\chi_N(\zeta) = \frac{(1+\zeta)^2}{4}\left(\frac{L'_{N-1}(\zeta)}{L'_{N-1}(1)} + (1-\zeta)(1 + \frac{L''_{N-1}(1)}{L'_{N-1}(1)})\frac{L'''_{N-1}(\zeta)}{L'''_{N-1}(1)}\right).$$

Calculer $\chi_N(\pm 1)$ et $\chi'_N(\pm 1)$. Puis, après avoir établi la décomposition

$$L'''_{N-1} = (2N-3)L''_{N-2} + (2N-7)L''_{N-4} + \cdots,$$

établir l'estimation

$$\|\chi_N\|_{L^2(\Lambda)} + N^{-4}\,\|\chi''_N\|_{L^2(\Lambda)} \le c\,N^{-1}.$$

8. On définit les polynômes w_N et z_N par

$$w_N(y) = ik\psi_N(y) + \frac{i}{k}\psi'_N(-1)\chi'_N(y) + \frac{i}{k}\psi'_N(1)\chi'_N(1-y),$$
$$z_N(y) = \psi'_N(y) - \psi'_N(-1)\chi_N(y) - \psi'_N(1)\chi'_N(1-y).$$

Montrer qu'ils appartiennent tous deux à l'espace $\mathbb{P}_N(\Lambda) \cap H_0^1(\Lambda)$. Majorer les quantités $|k|^2\,\|w_N\|_{L^2(\Lambda)} + \|w''_N\|_{L^2(\Lambda)}$ et $|k|^2\,\|z_N\|_{L^2(\Lambda)} + \|z''_N\|_{L^2(\Lambda)}$.

9. Déduire de ce qui précède une condition inf-sup optimale pour le terme de pression du problème discret. Montrer que le problème discret admet une solution unique $(\boldsymbol{u}_\delta, p_\delta)$. Majorer $\|\boldsymbol{u}_\delta\|_{H^1_\sharp(\Omega)^2}$ et $\|p_\delta\|_{L^2(\Omega)}$ en fonction de la donnée $\boldsymbol{f}$.

3. Majoration d'erreur

10. L'opérateur $\pi_K^\sharp$ est défini de la façon suivante: pour toute fonction v de $L^2(\Theta)$, on pose

$$\pi_K^\sharp v = \sum_{k=-K}^{K} \hat{v}^k \exp(ikx),$$

où les $\hat{v}^k$, $k \in \mathbb{Z}$, sont les coefficients de Fourier de v. Démontrer la majoration, vraie pour tous entiers m et s, $0 \le s \le m$:

$$\forall v \in H_\sharp^m(\Theta), \quad \|v - \pi_K^\sharp v\|_{H_\sharp^s(\Theta)} \le c\,K^{s-m}\,\|v\|_{H_\sharp^m(\Theta)}.$$

11. Construire un opérateur Π_δ de $L^2(\Omega)$ dans $Z_{K,N}$ vérifiant, pour tout entier $m \ge 0$:

$$\forall v \in H_\sharp^m(\Omega), \quad \|v - \Pi_\delta v\|_{L^2(\Omega)} \le c\,(K^{-m} + N^{-m})\,\|v\|_{H_\sharp^m(\Omega)}.$$

Puis construire un autre opérateur Π_δ^* de $H^1_{\sharp 0}(\Omega)$ dans $Z_{K,N} \cap H^1_{\sharp 0}(\Omega)$ vérifiant, pour tout entier $m \ge 1$:

$$\forall v \in H_\sharp^m(\Omega) \cap H^1_{\sharp 0}(\Omega), \quad \|v - \Pi_\delta^* v\|_{H^1_\sharp(\Omega)} \le c\,(K^{1-m} + N^{1-m})\,\|v\|_{H_\sharp^m(\Omega)}.$$

12. On pose

$$V_\delta = \{\boldsymbol{v}_\delta \in \big(Z_{K,N} \cap H^1_{\sharp 0}(\Omega)\big)^2;\ \forall q_\delta \in Z_{K,N-2},\ \int_{-\pi}^{\pi}\int_{-1}^{1} (\operatorname{div} \boldsymbol{v}_\delta) q_\delta \,dx\,dy = 0\}.$$

Montrer que, pour toute fonction $\boldsymbol{v}$ de $H^1_{\sharp 0}(\Omega)^2$, on a

$$\inf_{\boldsymbol{w}_\delta \in V_\delta} \|\boldsymbol{v} - \boldsymbol{w}_\delta\|_{H^1_\sharp(\Omega)} \leq c \inf_{\boldsymbol{v}_\delta \in (Z_{K,N} \cap H^1_{\sharp 0}(\Omega))^2} \|\boldsymbol{v} - \boldsymbol{v}_\delta\|_{H^1_\sharp(\Omega)}.$$

13. Déduire de tout ce qui précède une majoration de l'erreur $\|\boldsymbol{u}-\boldsymbol{u}_\delta\|_{H^1_\sharp(\Omega)^2}+\|p-p_\delta\|_{L^2(\Omega)}$ entre la solution du problème de Stokes et celle du problème discret. Quelle estimation obtient-on pour la quantité $\|\boldsymbol{u} - \boldsymbol{u}_\delta\|_{L^2(\Omega)^2}$?

4. Le problème discret avec intégration numérique

On définit les points $\theta_i = \frac{(i-K)\pi}{2K+1}$, $0 \leq i \leq 2K$, et on note ξ_j, $0 \leq j \leq N$, les zéros du polynôme $(1 - \zeta^2)L'_N$, où L_N est le polynôme de Legendre de degré N.

14. Démontrer la formule, vraie pour tous entiers k et ℓ:

$$\frac{1}{2K+1} \sum_{j=0}^{2K} \exp(ik\theta_j) \exp(-i\ell\theta_j) = \begin{cases} 1 & \text{si } 2K+1 \text{ divise } k-\ell, \\ 0 & \text{sinon.} \end{cases}$$

15. Indiquer une formule de quadrature exacte sur $Z_{K,2N-1}$ ayant pour nœuds les points (θ_i, ξ_j), $0 \leq i \leq 2K$, $0 \leq j \leq N$. Écrire un nouveau problème discret, où la solution est cherchée dans le même espace que précédemment mais où les intégrales sur Ω sont remplacées par cette formule. Montrer qu'il équivaut à un système d'équations différentielles portant sur les coefficients de Fourier des fonctions $\boldsymbol{u}_\delta$ et p_δ.

16. Montrer que le nouveau problème discret admet une solution unique et établir une majoration d'erreur entre sa solution et la solution du problème de Stokes (on indiquera simplement les modifications à apporter par rapport à l'étude des paragraphes 2 et 3).

17. Écrire les équations vérifiées par la solution du nouveau problème discret aux points (θ_i, ξ_j), $0 \leq i \leq 2K$, $1 \leq j \leq N-1$. Est-ce un problème de collocation?

Formulaire sur les polynômes de Legendre

(démonstrations dans les paragraphes 2 et 3 du chapitre I)

Les polynômes de Legendre L_n, $n \geq 0$, sont deux à deux orthogonaux dans $L^2(-1,1)$. Le polynôme L_n est de degré n et vérifie: $L_n(1) = 1$.

Norme :

$$\forall n \geq 0, \quad \int_{-1}^{1} L_n^2(\zeta)\, d\zeta = \frac{1}{n+\frac{1}{2}}. \tag{F.1}$$

Relation de récurrence :

$$\begin{cases} L_0(\zeta) = 1 \quad \text{et} \quad L_1(\zeta) = \zeta, \\ (n+1)\, L_{n+1}(\zeta) = (2n+1)\, \zeta L_n(\zeta) - n\, L_{n-1}(\zeta), \quad n \geq 1. \end{cases} \tag{F.2}$$

Équation différentielle :

$$\forall n \geq 0, \quad \left(\frac{d}{d\zeta}\right)\left((1-\zeta^2)\, L_n'\right) + n(n+1)\, L_n = 0. \tag{F.3}$$

Équation intégrale:

$$\forall n \geq 1, \quad \int_{-1}^{\zeta} L_n(\xi)\, d\xi = \frac{1}{2n+1}\big(L_{n+1}(\zeta) - L_{n-1}(\zeta)\big). \tag{F.4}$$

Formules de quadrature

Soit N un entier positif. On considère deux formules de quadrature, toutes deux exactes sur les polynômes de degré inférieur ou égal à $2N-1$:

1) la formule de Gauss

$$\int_{-1}^{1} \Phi(\zeta)\, d\zeta \simeq \sum_{j=1}^{N} \Phi(\zeta_j)\, \omega_j; \tag{F.5}$$

les nœuds ζ_j, $1 \leq j \leq N$, sont les zéros de L_N et les poids ω_j, $1 \leq j \leq N$, sont donnés par

$$\omega_j = \frac{2}{N L_N'(\zeta_j) L_{N-1}(\zeta_j)}; \tag{F.6}$$

2) la formule de Gauss–Lobatto

$$\int_{-1}^{1} \Phi(\zeta)\, d\zeta \simeq \sum_{j=0}^{N} \Phi(\xi_j) \rho_j; \tag{F.7}$$

les nœuds ξ_j, $0 \leq j \leq N$, sont les zéros de $(1-\zeta^2)L_N'$ et les poids ρ_j, $0 \leq j \leq N$, sont donnés par

$$\rho_j = \frac{2}{N(N+1)\, L_N^2(\xi_j)}. \tag{F.8}$$

Notations

Géométrie

$\mathcal{O}$	Ouvert borné lipschitzien de $\mathbb{R}^d$	9
Γ	Partie de la frontière de $\mathcal{O}$	9
Λ	Intervalle $]-1,1[$	15
Ω	Carré $]-1,1[^2$	13
$\boldsymbol{a}_J$	Coin de Ω	13
Γ_J	Côté de Ω	13
$\boldsymbol{n}_J$	Vecteur unitaire normal à Γ_J	13
$\boldsymbol{\tau}_J$	Vecteur unitaire tangent à Γ_J	13
Ω_d	Hypercube $]-1,1[^d$	60

Mesures pondérées

$\rho_{\text{ч}}(\zeta)\,d\zeta$	Mesure à poids de Tchebycheff sur Λ	15
$\varpi_{\text{ч}}(\boldsymbol{x})\,d\boldsymbol{x}$	Mesure à poids de Tchebycheff sur Ω	16

Espaces de fonctions

$\mathcal{D}(\overline{\mathcal{O}})$	Espace de fonctions indéfiniment différentiables sur $\mathcal{O}$	10
$\mathcal{D}(\mathcal{O})$	Espace de fonctions indéfiniment différentiables à support compact dans $\mathcal{O}$	10
$L^2(\mathcal{O})$	Espace des fonctions de carré intégrable sur $\mathcal{O}$	10
$H^m(\mathcal{O})$	Espace de Sobolev d'ordre m sur $\mathcal{O}$	10
$H_0^m(\mathcal{O})$	Adhérence de $\mathcal{D}(\mathcal{O})$ dans $H^m(\mathcal{O})$	11
$H^{-m}(\mathcal{O})$	Dual de $H_0^m(\mathcal{O})$	11
$H^{m-\frac{1}{2}}(\Gamma)$	Espace de Sobolev de traces	12
$L^2_{\text{ч}}(\Lambda)$	Espace des fonctions de carré intégrable sur Λ pour la mesure de Tchebycheff	15
$H^m_{\text{ч}}(\Lambda)$	Espace de Sobolev d'ordre m sur Λ pour la mesure de Tchebycheff	15
$H^m_{\text{ч},0}(\Lambda)$	Adhérence de $\mathcal{D}(\Lambda)$ dans $H^m_{\text{ч}}(\Lambda)$	15
$H^{-m}_{\text{ч}}(\Lambda)$	Dual de $H^m_{\text{ч},0}(\Lambda)$	15
$L^2_{\text{ч}}(\Omega)$	Espace des fonctions de carré intégrable sur Ω pour la mesure de Tchebycheff	16
$H^m_{\text{ч}}(\Omega)$	Espace de Sobolev d'ordre m sur Ω pour la mesure de Tchebycheff	16
$H^m_{\text{ч},0}(\Omega)$	Adhérence de $\mathcal{D}(\Omega)$ dans $H^m_{\text{ч}}(\Omega)$	16
$H^{-m}_{\text{ч}}(\Omega)$	Dual de $H^m_{\text{ч},0}(\Omega)$	16

Opérateurs de traces

T_m^Γ	Opérateur de traces	12
R_m	Relèvement de $T_m^{\partial\mathcal{O}}$	12

Opérateurs différentiels

$\frac{d^k}{d\zeta^k}$	Dérivée d'ordre k	10
∂^α	Dérivée partielle, d'ordre α_j par rapport à chaque x_j, $\alpha=(\alpha_1,\dots,\alpha_d)$	10
$\frac{\partial}{\partial x_j}$	Dérivée partielle par rapport à x_j	10
$\mathbf{grad}$	Gradient	10
div	Divergence	109
Δ	Laplacien	17

Δ^2	Bilaplacien	167
$\frac{\partial}{\partial n}$	Dérivée normale	12
A	Opérateur de Sturm–Liouville pour les polynômes de Legendre	23
A_*	Opérateur de Sturm–Liouville pour les polynômes de Tchebycheff	27

Polynômes

$\mathbb{P}_N(\Lambda)$	Espace des polynômes de degré $\leq N$ sur Λ	27
$\mathbb{P}_N^0(\Lambda)$	Espace $\mathbb{P}_N(\Lambda) \cap H_0^1(\Lambda)$	45
$\mathbb{P}_N^{k,0}(\Lambda)$	Espace $\mathbb{P}_N(\Lambda) \cap H_0^k(\Lambda)$	48
$\mathbb{P}_N(\Omega)$	Espace des polynômes de degré $\leq N$ par rapport à chaque variable sur Ω	54
$\mathbb{P}_N^0(\Omega)$	Espace $\mathbb{P}_N(\Omega) \cap H_0^1(\Omega)$	56
$\mathbb{P}_N^{k,0}(\Omega)$	Espace $\mathbb{P}_N(\Omega) \cap H_0^k(\Omega)$	59
$\mathbb{P}_N(\Omega_d)$	Espace des polynômes de degré $\leq N$ par rapport à chaque variable sur Ω_d	60
$\mathbb{P}_N^0(\Omega_d)$	Espace $\mathbb{P}_N(\Omega_d) \cap H_0^1(\Omega_d)$	61
$(L_n)_n$	Famille des polynômes de Legendre	22
$(T_n)_n$	Famille des polynômes de Tchebycheff	26

Formules de quadrature

ζ_j	Zéros de L_N	27
ω_j	Poids de la formule de Gauss de type Legendre	27
ζ_j^*	Zéros de T_N	30
ω_j^*	Poids de la formule de Gauss de type Tchebycheff	30
ξ_j	Zéros de $(1-\zeta^2)L_N'$	31
ρ_j	Poids de la formule de Gauss–Lobatto de type Legendre	31
ξ_j^*	Zéros de $(1-\zeta^2)T_N'$	35
ρ_j^*	Poids de la formule de Gauss–Lobatto de type Tchebycheff	35
μ_j	Zéros de L_N''	162
σ_j, $\sigma_\pm^k$	Poids de la formule de Gauss généralisée de type Legendre	162
Σ_N	Grille construite à partir des ζ_j	81
Σ_N^*	Grille construite à partir des ζ_j^*	83
Ξ_N	Grille construite à partir des ξ_j	82
Ξ_N^*	Grille construite à partir des ξ_j^*	84
Ω_N	Grille construite à partir des μ_j	168

Opérateurs à valeurs polynômiales

π_N	Opérateur de projection orthogonale de $L^2(\Lambda)$ sur $\mathbb{P}_N(\Lambda)$	41
$\pi_N^{1,0}$	Opérateur de projection orthogonale de $H_0^1(\Lambda)$ sur $\mathbb{P}_N^0(\Lambda)$	45
$\tilde{\pi}_N^1$	Opérateur d'approximation de $H^1(\Lambda)$ sur $\mathbb{P}_N(\Lambda)$	47
$\pi_N^{k,0}$	Opérateur de projection orthogonale de $H_0^k(\Lambda)$ sur $\mathbb{P}_N^{k,0}(\Lambda)$	48
π_N^*	Opérateur de projection orthogonale de $L_*^2(\Lambda)$ sur $\mathbb{P}_N(\Lambda)$	51
$\pi_N^{*1,0}$	Opérateur de projection orthogonale de $H_{*,0}^1(\Lambda)$ sur $\mathbb{P}_N^0(\Lambda)$	51
$\tilde{\pi}_N^{*1,0}$	Opérateur d'approximation de $H_{*,0}^1(\Lambda)$ sur $\mathbb{P}_N^0(\Lambda)$	52
$\tilde{\pi}_N^{*1}$	Opérateur d'approximation de $H_*^1(\Lambda)$ sur $\mathbb{P}_N(\Lambda)$	53
$\pi_N^{*k,0}$	Opérateur de projection orthogonale de $H_{*,0}^k(\Lambda)$ sur $\mathbb{P}_N^{k,0}(\Lambda)$	53
Π_N	Opérateur de projection orthogonale de $L^2(\Omega)$ sur $\mathbb{P}_N(\Omega)$	55
$\Pi_N^{1,0}$	Opérateur de projection orthogonale de $H_0^1(\Omega)$ sur $\mathbb{P}_N^0(\Omega)$	56
Π_N^1	Opérateur de projection orthogonale de $H^1(\Omega)$ sur $\mathbb{P}_N(\Omega)$	57

$\Pi_N^{k,0}$	Opérateur de projection orthogonale de $H_0^k(\Omega)$ sur $\mathbb{P}_N^{k,0}(\Omega)$	59
$\Pi_N^{\curlyvee}$	Opérateur de projection orthogonale de $L^2_{\curlyvee}(\Omega)$ sur $\mathbb{P}_N(\Omega)$	60
$\Pi_N^{\curlyvee 1,0}$	Opérateur de projection orthogonale de $H^1_{\curlyvee,0}(\Omega)$ sur $\mathbb{P}^0_N(\Omega)$	60
$\Pi_N^{\curlyvee 1}$	Opérateur de projection orthogonale de $H^1_{\curlyvee}(\Omega)$ sur $\mathbb{P}_N(\Omega)$	61
$\Pi_N^{\curlyvee k,0}$	Opérateur de projection orthogonale de $H^k_{\curlyvee,0}(\Omega)$ sur $\mathbb{P}_N^{k,0}(\Omega)$	61
j_{N-1}	Opérateur d'interpolation de Lagrange sur les ζ_j	70
$j^{\curlyvee}_{N-1}$	Opérateur d'interpolation de Lagrange sur les $\zeta_j^{\curlyvee}$	74
i_N	Opérateur d'interpolation de Lagrange sur les ξ_j	75
$i_N^{\curlyvee}$	Opérateur d'interpolation de Lagrange sur les $\xi_j^{\curlyvee}$	80
k_{N+1}	Opérateur d'interpolation d'Hermite sur les μ_j	169
$\mathcal{J}_{N-1}$	Opérateur d'interpolation de Lagrange sur Σ_N	81
$\mathcal{J}^{\curlyvee}_{N-1}$	Opérateur d'interpolation de Lagrange sur $\Sigma_N^{\curlyvee}$	83
$\mathcal{I}_N$	Opérateur d'interpolation de Lagrange sur Ξ_N	82
$\mathcal{I}_N^{\curlyvee}$	Opérateur d'interpolation de Lagrange sur $\Xi_N^{\curlyvee}$	84
$\mathcal{K}_{N+1}$	Opérateur d'interpolation d'Hermite sur Ω_N	169

Index

H

I

J

L

M

N

O

P

Références

[1] R.A. Adams — *Sobolev Spaces*, Academic Press, New-York, San Francisco, London (1975).

[2] K. Arrow, L. Hurwicz, H. Uzawa — *Studies in Nonlinear Programming*, Stanford University Press, Stanford (1958).

[3] M. Azaïez — Calcul de la pression dans le problème de Stokes pour des fluides visqueux incompressibles par une méthode spectrale de collocation, Thèse, Université Paris-Sud (1990).

[4] M. Azaïez, G. Coppoletta — Calcul de la pression dans le problème de Stokes par une méthode spectrale de "quasi-collocation" à grille unique, à paraître aux *Annales Maghrébines de l'Ingénieur*.

[5] I. Babuška — The finite element method with Lagrangian multipliers, *Numer. Math.* **20** (1973), p. 179–192.

[6] J. Bergh, J. Löfström — *Interpolation Spaces: an Introduction*, Springer-Verlag, Berlin, Heidelberg (1976).

[7] C. Bernardi, C. Canuto, Y. Maday — Generalized inf-sup conditions for Chebyshev spectral approximation of the Stokes problem, *SIAM J. Numer. Anal.* **25** (1988), p. 1237–1271.

[8] C. Bernardi, G. Coppoletta, Y. Maday — Some spectral approximations of multi-dimensional fourth-order problems, Rapport Interne, Analyse Numérique, Université Pierre et Marie Curie (1990).

[9] C. Bernardi, M. Dauge, Y. Maday — *Polynomials in Weighted Sobolev Spaces*, en préparation.

[10] C. Bernardi, Y. Maday — Properties of some weighted Sobolev spaces, and application to spectral approximations, *SIAM J. Numer. Anal.* **26** (1989), p. 769–829.

[11] C. Bernardi, Y. Maday — Relèvement polynômial de traces et applications, *Modél. Math. et Anal. Numér.* **24** (1990), p. 557–611.

[12] C. Bernardi, Y. Maday — A collocation method over staggered grids for the Stokes problem, *Intern. J. for Numer. Methods in Fluids* **8** (1988), p. 537–557.

[13] C. Bernardi, Y. Maday — Some spectral approximations of one-dimensional fourth-order problems, *Progress in Approximation Theory*, édité par P. Nevai & A. Pinkus, Academic Press, San Diego (1991), p. 43–116.

[14] C. Bernardi, Y. Maday, B. Métivet — Calcul de la pression dans la résolution spectrale du problème de Stokes, *La Recherche Aérospatiale* **1** (1987), p. 1–21.

[15] J.P. Boyd — *Chebyshev and Fourier Spectral Methods*, Lectures Notes in Engineering **49**, Springer-Verlag, Berlin, Heidelberg (1989).

[16] H. Brezis — *Analyse fonctionnelle: Théorie et applications*, Masson, Paris (1983).

[17] F. Brezzi — On the existence, uniqueness and approximation of saddle-point problems arising from Lagrange multipliers, *R.A.I.R.O. Anal. Numér.* **8** R2 (1974), p. 129–151.

[18] C. Canuto, M.Y. Hussaini, A. Quarteroni, T.A. Zang — *Spectral Methods in Fluid Dynamics*, Springer-Verlag, Berlin, Heidelberg (1987).

[19] C. Canuto, A. Quarteroni — Approximation results for orthogonal polynomials in Sobolev spaces, *Math. Comput.* **38** (1982), p. 67–86.

[20] C. Canuto, A. Quarteroni — Variational methods in the theoretical analysis of spectral approximations, in *Spectral Methods for Partial Differential Equations*, édité par R.G. Voigt, D. Gottlieb et M.Y. Hussaini, SIAM CBMS, Philadelphia (1984), p. 55–78.

[21] P.G. Ciarlet — *The Finite Element Method for Elliptic Problems*, North-Holland, Amsterdam, New-York, Oxford (1978).

[22] P.G. Ciarlet — *Introduction à l'analyse numérique matricielle et à l'optimisation*, Masson, Paris (1982).

[23] J.W. Cooley, J.W. Tukey — An algorithm for the machine calculation of complex Fourier series, *Math. Comput.* **19** (1965), p. 297–301.

[24] M. Crouzeix, A. Mignot — *Analyse numérique des équations différentielles*, Masson, Paris (1984).

[25] R. Dautray, J.-L. Lions — *Analyse mathématique et calcul numérique pour les sciences et les techniques*, Masson, Paris (1987).

[26] P.J. Davis, P. Rabinowitz — *Methods of Numerical Integration*, Academic Press, Orlando (1985).

[27] D. Funaro — *Polynomial Approximation of Differential Equations*, Springer-Verlag, Berlin, Heidelberg (1992).

[28] V. Girault, P.-A. Raviart — *Finite Element Methods for Navier–Stokes Equations, Theory and Algorithms*, Springer-Verlag, Berlin, Heidelberg (1986).

[29] D. Gottlieb, S.A. Orszag — *Numerical Analysis of Spectral Methods, Theory and Applications*, SIAM Publications, Philadelphia (1977).

[30] P. Grisvard — *Elliptic Problems in Nonsmooth Domains*, Pitman, Boston, London, Melbourne (1985).

[31] P. Haldenwang, G. Labrosse, S. Abboudi, M. Deville — Chebychev 3-D and 2-D pseudospectral solver for the Helmholtz equation, *J. Comp. Phys.* **55** (1984), p. 115–128.

[32] S. Jensen, M. Vogelius — Divergence stability in connection with the p–version of the finite element method, *Modél. Math. et Anal. Numér.* **24** (1990), p. 737–764.

[33] P. Joly — *Mise en œuvre de la méthode des éléments finis*, Ellipses, Paris (1990).

[34] H.O. Kreiss, J. Oliger — Comparison of accurate methods for the integration of hyperbolic equations, *Tellus* **24** (1972), p. 199–215.

[35] P. Lax, N. Milgram — *Parabolic Equations. Contribution to the Theory of Partial Differential Equations*, Princeton (1954).

[36] P. LeQuéré — Mono and multi domain Chebyshev algorithm on staggered grid, *Proceedings of the Seventh International Conference on Finite Element Methods in Flow Problems* (1989).

[37] J.-L. Lions, E. Magenes — *Problèmes aux limites non homogènes et applications, Volume I*, Dunod, Paris (1968).

[38] Y. Maday — Relèvement de traces polynômiales et interpolations hilbertiennes entre espaces de polynômes, *C.R. Acad. Sc. Paris* **309** série I (1989), p. 463–468.

[39] Y. Maday — Résultats d'approximation optimaux pour les opérateurs d'interpolation polynômiale, *C.R. Acad. Sc. Paris* **312** série I (1991), p. 705–710.

[40] Y. Maday, D. Meiron, A.T. Patera, E.M. Rønquist — Analysis of iterative methods for the steady and unsteady Stokes problem: application to spectral element discretizations, à paraître dans *SIAM J. Numer. Anal.*

[41] Y. Maday, B. Métivet — Chebyshev spectral approximation of Navier–Stokes equations in a two-dimensional domain, *Modél. Math. et Anal. Numér.* **21** (1986), p. 93–123.

[42] Y. Maday, R. Muñoz — Spectral element multigrid. II. Theoretical justifications, *J. Scientific Computing* **3** (1988), p. 323–354.

[43] Y. Maday, A.T. Patera — Spectral element methods for the incompressible Navier–Stokes equations, *State-of-the-Art Surveys in Computational Mechanics*, édité par A.K. Noor, ASME (1989).

[44] Y. Maday, E.M. Rønquist — Optimal error analysis of spectral methods with emphasis on non-constant coefficients and deformed geometries, *Comp. Methods in Applied Mathematics and Engineering* **80** (1990), p. 91–115.

[45] B. Mercier — *An Introduction to the Numerical Analysis of Spectral Methods*, Springer-Verlag, Berlin, Heidelberg (1989).

[46] *Méthodes spectrales*, Collection de la Direction des Études et Recherches d'E.D.F., Eyrolles, Paris (1988).

[47] F. Montigny-Rannou, Y. Morchoisne — A spectral element method with staggered grid for incompressible Navier–Stokes equations, *Int. J. for Num. Methods in Fluids* **7** (1987), p. 175–189.

[48] Y. Morchoisne — Résolution des équations de Navier–Stokes par une méthode spectrale de sous-domaines, *Comptes-rendus du 3ème Congrès International sur les Méthodes Numériques de l'Ingénieur*, édités par P. Lascaux, Paris (1983).

[49] J. Nečas — *Les méthodes directes en théorie des équations elliptiques*, Masson, Paris (1967).

[50] S.A. Orszag — Comparison of pseudospectral and spectral approximations, *Stud. Appl. Math.* **51** (1972), p. 253–259.

[51] S.A. Orszag — Spectral methods for problems in complex geometries, *J. Comp. Physics* **37** (1980), p. 70–92.

[52] J.E. Pasciak — Spectral and pseudospectral methods for advection equations, *Math. Comput.* **35** (1980), p. 1081–1092.

[53] A.T. Patera — A spectral element method for fluid dynamics: laminar flow in a channel expansion, *J. Comp. Phys.* **54** (1984), p. 468–488.

[54] O. Pironneau — *Méthode des éléments finis pour les fluides*, Masson, Paris (1988).

[55] A. Quarteroni — Blending Fourier and Chebyshev interpolation, *J. Approx. Theory* **51** (1987), p. 115–126.

[56] E.M. Rønquist — Optimal spectral element methods for the unsteady 3–dimensional incompressible Navier–Stokes equations, Ph.D. Thesis, Massachusetts Institute of Technology (1988).

[57] G. Sacchi-Landriani, H. Vandeven — Polynomial approximation of divergence-free functions, *Math. Comput.* **52** (1989), p. 33–130.

[58] L. Schwartz — *Théorie des distributions*, Hermann, Paris (1966).

[59] G. Szegö — *Orthogonal Polynomials*, Colloquium Publications AMS, Providence (1978).

[60] R. Temam — *Theory and Numerical Analysis of the Navier–Stokes Equations*, North-Holland, Amsterdam, New-York, Oxford (1977).

[61] H. Vandeven — Compatibilité des espaces discrets pour l'approximation spectrale du problème de Stokes périodique/non périodique, *Modél. Math. et Anal. Numér.* **23** (1989), p. 649–688.

Déjà parus dans la même collection

1.
T. CAZENAVE, A. HARAUX
Introduction aux problèmes d'évolution semi-linéaires

2.
P. JOLY
Mise en œuvre de la méthode des éléments finis

3/4.
E. GODLEWSKI, P.-A. RAVIART
Hyperbolic systems of conservation laws.

5/6.
PH. DESTUYNDER
Modélisation mécanique des milieux continus

7.
J. C. NEDELEC
Notions sur les techniques d'éléments finis

8.
G. ROBIN
Algorithmique et cryptographie

9.
D. LAMBERTON, B. LAPEYRE
Introduction an calcul stochastique appliqué

Printed in the United States
By Bookmasters